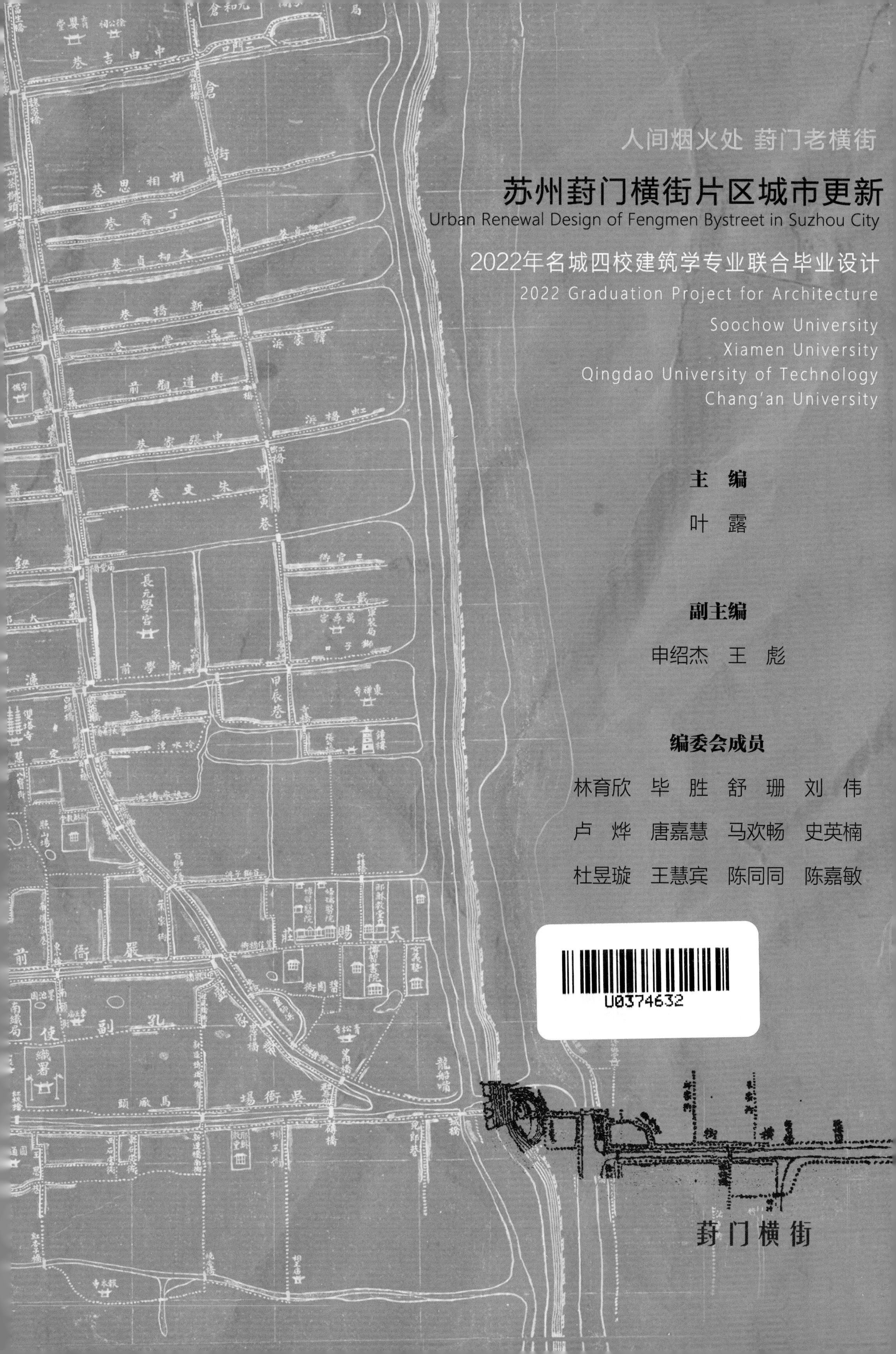
人间烟火处 葑门老横街
苏州葑门横街片区城市更新
Urban Renewal Design of Fengmen Bystreet in Suzhou City
2022年名城四校建筑学专业联合毕业设计
2022 Graduation Project for Architecture
Soochow University
Xiamen University
Qingdao University of Technology
Chang'an University
主 编
叶 露
副主编
申绍杰 王 彪
编委会成员
林育欣 毕 胜 舒 珊 刘 伟
卢 烨 唐嘉慧 马欢畅 史英楠
杜昱璇 王慧宾 陈同同 陈嘉敏
葑门横街

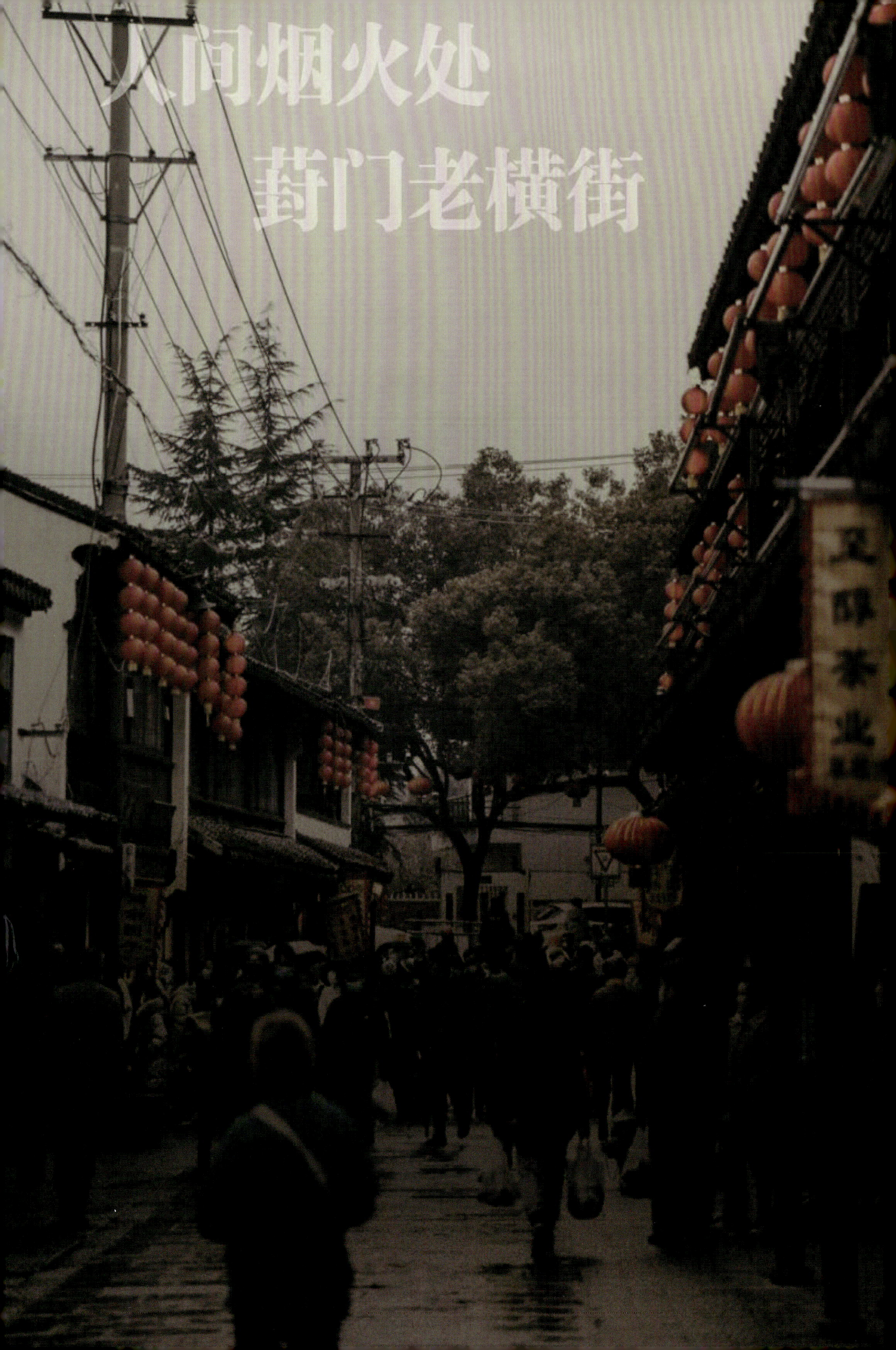
人间烟火处
葑门老横街

序

名城四校建筑学专业联合毕业设计（以下简作“名城四校联合毕业设计”）是2018年由苏州大学发起，联合青岛理工大学、厦门大学和长安大学等三所高校合作进行的毕业设计。这四所高校分别所在的城市苏州、青岛、厦门、西安历史悠久、文化璀璨，因此名城四校联合毕业设计既是兄弟院校之间的教学交流与合作，也是不同地域历史文化名城之间的文化交流与碰撞。

从2018年一路走来，名城四校联合毕业设计至2022年已经举办了五届。

名城四校联合毕业设计每年由一所学校负责提出选题建议，四校通过教研讨论确定设计任务。选题围绕城市更新主题，由轮值学校在其所在城市历史区域选定相应基地，以城市历史地段为场景，让学生在理解城市历史文脉的基础上锻炼合理应用城市更新方法的能力。五年来，学生之间、老师之间、师生之间通过交流与合作，也探索实践了联合毕业设计的新模式。其间经历了疫情的考验，而考验也没能消减大家的热情，跨地区的师生主动适应在线的互动模式，深入开展课程交流，联合毕业设计成果纷呈。在过去的四年里，联合毕业设计培养下的学生也纷纷奔赴锦绣前程。

经过四年的轮转，名城四校联合毕业设计开始了第二个轮值周期。2022年正值苏州获批首批国家历史文化名城40周年，这一年我们共同见证了《设计创新引领高品质城乡建设——苏州宣言（2022）》的发布。“设计创新引领高品质城乡建设”指引设计师发挥设计智慧，推动城市的高质量发展。在此背景下，2022年的选题定位于苏州古城东南隅葑门之外的横街。伴城门而生的葑门横街不仅反映了苏州古城前街后河、河街并行的水陆双棋盘格局，也是今日苏州仅存的百年菜场，保留着城门边特有的菜市场的记忆。自清代以来，葑门横街与城门内外水域联动，既是苏州城东保留着枕河人家风貌的生鲜集散地，也是苏州最具烟火气的市集。该街区的更新实践为建筑师提供了理解城市生活的新视角，为即将走出校门的年轻建筑师提供了理解城市日常生活的机会。同学们的联合毕业设计成果呈现出丰富的创意，贡献了年轻建筑师们的智慧，表达了对未来苏州古城复兴的畅想。

2022年的联合毕业设计得到了各校师生、同行、专家的大力支持，在大家的共同努力下圆满完成。借此机会，对所有参与联合毕业设计的师生表示衷心的感谢！也祝愿名城四校联合毕业设计越办越好！

吴永发

苏州大学金螳螂建筑学院院长、教授、博士生导师

2022年11月15日

目　录

平江圖

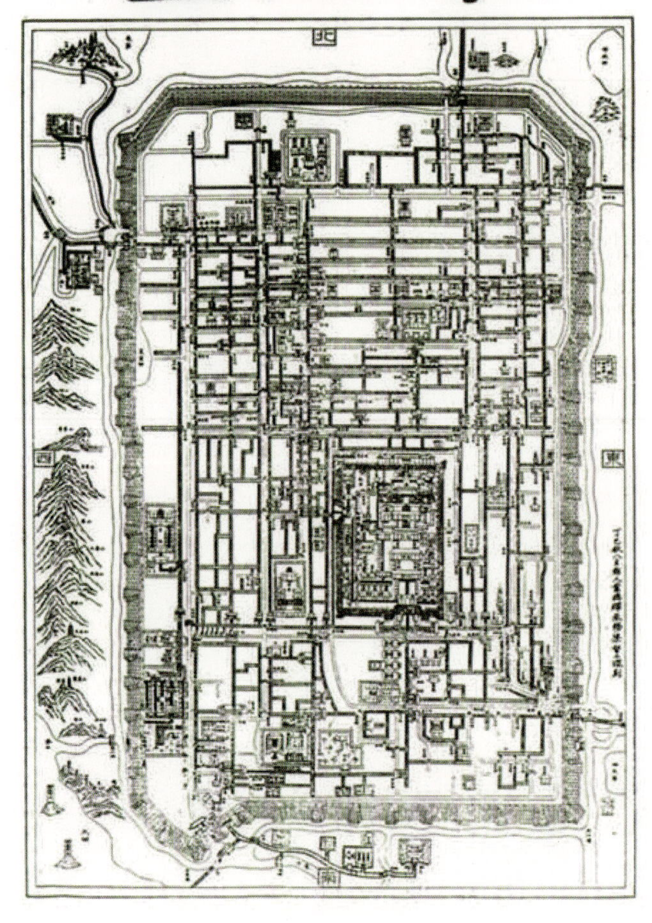

一、项目背景

苏州是首批国家历史文化名城，素有“人间天堂”“东方威尼斯”的美誉。苏州的历史可追溯到春秋时期。公元前 514 年，吴王阖闾在姑苏台建立吴都，命伍子胥“相土尝水”“象天法地”，建成阖闾城。之后经过千余年的发展，苏州的城市建设在唐朝达到顶峰，全城有 60 坊、300 多条街巷、300 多座桥梁，有“甲郡标天下”之说。进入宋代后，苏州发展成为重要的工商业都会。范仲淹修建文庙之后，苏州文风长期鼎盛，历代文人雅士辈出。北宋政和三年（1113）至元至正二十七年（1367），苏州先后改为平江府和平江路的治所，苏州城改称“平江城”。南宋建炎四年（1130），金兵南下攻入苏州，苏州城遭到极大破坏，但很快恢复重建，并且留下了一张重建完成后的城市现状图——《平江图》，这也是我国现存最古老、最完整的城市地图。平江知府李寿朋于南宋绍定二年（1229）将该图镌刻在石碑上，这就是现存的宋《平江图》碑。《平江图》准确地反映了南宋时期平江城的面貌和建设成就，当时的平江城就已呈现出“水陆平行、河街相邻”的双棋盘城市空间形态，且一直保留至今，成为解读苏州的典型特征要素。

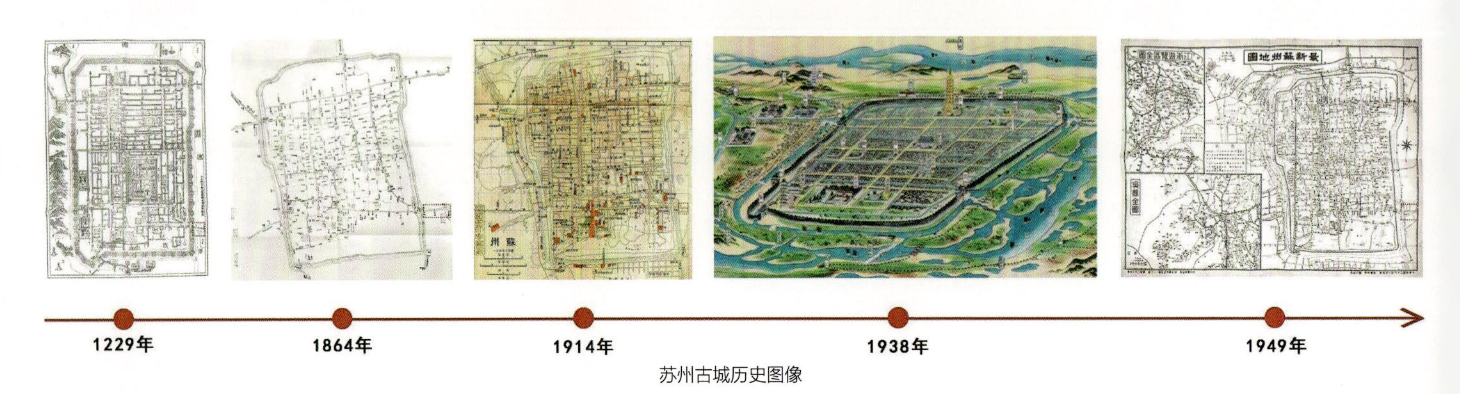

苏州古城历史图像

（一）历史背景

苏州城的发展围绕着水展开，因水就势规划城市、城墙和城门的位置。春秋时期始建的阖闾城有 8 座水陆城门，分别是阊门、胥门、盘门、蛇门、娄门、匠门、平门、齐门。汉代重建的苏州城增设葑门，魏晋时期葑门改名为“乌门”。隋朝时匠门堙塞，唐代时阊门、胥门、盘门、蛇门、葑门、娄门、平门、齐门共 8 座城门全都可以通行。宋初填塞蛇、匠二门；南宋时为便于守卫，只开阊门、盘门、葑门、娄门、齐门。元初重辟胥门，元末张士诚占据苏州后，在六门外增筑瓮城，明、清乃至民国初期均保持这样的格局。从 1924 年开始先后增辟和重辟金门、平门、相门、新胥门，因此 1949 年苏州解放时，共有 10 座城门（新胥门、阊门、胥门、盘门、葑门、相门、娄门、齐门、平门、金门），最后仅有盘门、胥门和金门得以保存。近年来，苏州高度重视古城墙的保护和修缮工作，先后修复了阊门、相门、平门等城门及部分城墙。

葑门，位于苏州城东，在相门之南。初名“封门”，以封禺山得名。因附近河中有鲟鱼（江豚）出没，又名“鲟门”。又以周围多水塘，盛产葑（茭白），改名为“葑门”。该门经历了多次重建。清初重建门楼，题以“溪流清映”额，并增辟水门。民国二十五年（1936）门楼被拆除。20 世纪 50 年代，葑门城门被拆除。

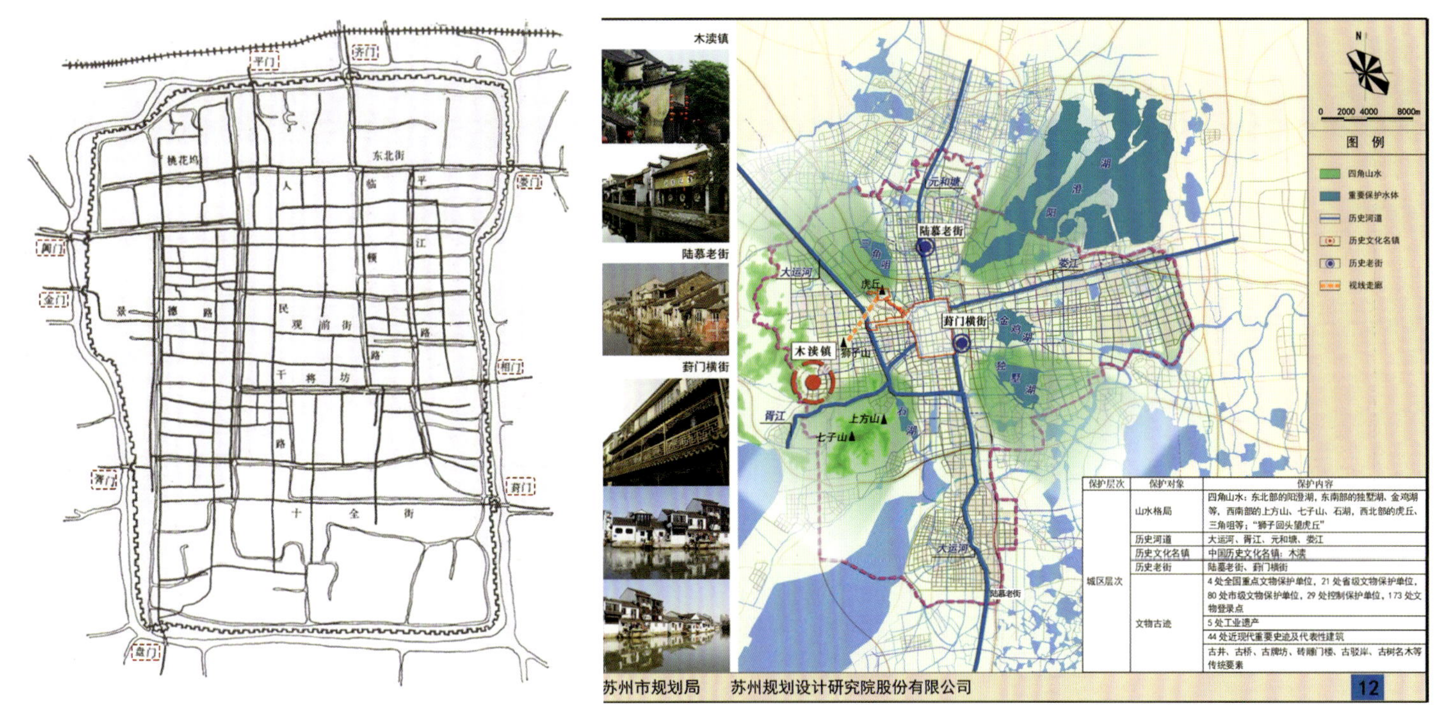

“文革”后期苏州城门标识（9 座城门）

《苏州历史文化名城保护规划（2013—2030）》中的葑门横街

苏州城内外河道纵横交错，不仅是城市的水利设施和水运通道，也承载着居民的日常生活。与河道对应的水陆城门除了防卫之用外，还是城内外居民聚集交易的地方，处在水陆交通要道的葑门横街就反映出古代水陆并行的双棋盘城市格局及商业场景。这样的横街市场还曾分布于苏州的娄门、阊门、盘门、齐门、石塔等处，现仍作为集中商业街使用的仅存葑门横街一处，并逐渐形成了百年菜场——葑门横街。葑门横街沿街建筑多商、住两用，内部建筑多为住宅，其所有者多是从小居住于此的苏州本地人。老匠人、老中医、传统食品制作者集聚于此，延续着葑门古老的历史。

葑门横街反映出原生态市井文化的包容性，有着说不完的故事，民俗节、灯节的举办更突出了传统市井文化的特色。未经旅游开发的葑门横街至今仍保存着原真的苏州文化，承担着城市的商业功能，是承载历史记忆的街区。在《苏州历史文化名城保护规划（2013—2030）》中，葑门横街被列入历史老街名录。

苏州古城的不少横街，因伴城门而生，被冠以城门名，如“阊门横街”“娄门横街”“齐门横街”“盘门横街”等，横街处摊贩聚集，自成集市。或因历史上苏州城内水网密布，路窄巷小，人群很难大规模聚集，所以城门内外水域宽阔处便与横街一起成为苏州城郊主要的大宗商品交易市场。葑门外的横街便是苏州城东重要的生鲜集散地，其西起徐公桥，东至敌楼口与石炮头，因其走向呈东西横向，故称“横街”。作为历史上逐渐形成的附郭集镇式商业中心，葑门横街从清末开始便是城外农民进城卖菜的集散地，整日“鸡毛与蒜皮齐飞、菜叶与鱼虾共舞”。中华人民共和国成立后，葑门横街也一直是苏州重要的蔬菜收购和经营场所，街上绝大部分建筑至今仍保留着清末民初枕河人家的风格，前街后河，河街并行，是“君到姑苏见，人家尽枕河”的真实写照。

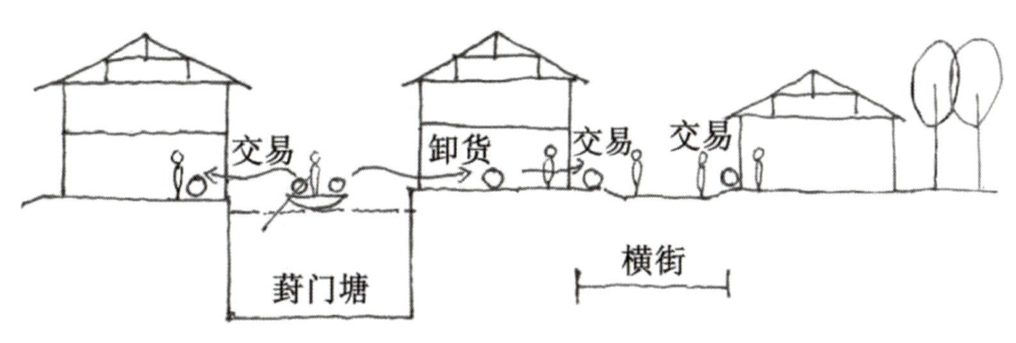

葑门横街剖面示意图

（二）市井文化

葑门横街，苏州人的百年菜场。

葑门横街，浓郁的市井味道。

在葑门横街留下足迹的名人屈指可数，这里也没有什么数得上的文化遗迹，从前还有福音堂、天宁寺等建筑，但早已被拆除。横街上更多的还是菜农、摊贩、手工艺者，他们在充盈着南腔北调的乡土气息里东来西去，这是苏州市井里的小人物与雅俗共赏的大风情，更是苏州人的生活态度。

葑门横街是老苏州口中的“苏州四大菜场”之一。这四大菜场分别指阊门菜场（新民桥菜场、星桥菜场及两者之间三四百米长的山塘街）、娄门批发市场（娄门农贸市场及北仓街）、葑门横街菜场（葑门菜场及葑门至东环路之间 690 米长的横街）和劳动路菜场（三香农贸市场、劳动路 92 号菜场及两者之间 400 米长的劳动路）。四大菜场分据阊、娄、葑、胥四城门，自明清时起便是摊贩聚集之地，有着悠久的农产品交易历史。阊、葑两处菜场临河而建，较好地保留了苏州水乡特色。因城市发展需要，阊门、娄门这两处的老菜场现已拆迁改造为集中式菜场，劳动路菜场经整改实质已不存在。2018 年葑门横街整治基本保留了横街原貌，也使葑门横街菜场成为现今苏州城唯一保留着枕河人家风貌的菜场。

葑门横街曾经是苏州东南城乡交界的重要贸易中心，目前依旧是名副其实的区域交易中心。葑门横街业态门类众多，街上分布的商铺多达百余家，包括水产、服装、蔬菜水果、熟食糕点等多种经营门类。横街上的美食种类也十分丰富，不仅有“赵天禄”卤菜、“沈记青团”等老字号美食，还有茭白、鸡头米、慈姑等“水八仙”食材。除了上述业态之外，横街还有茶馆、书院、日杂用品店、理发店等文化和生活服务场所，人们不出横街即可满足日常生活需求，葑门横街俨然成了传统风貌下的一个自给自足的小社会。

葑门横街业态及特色美食

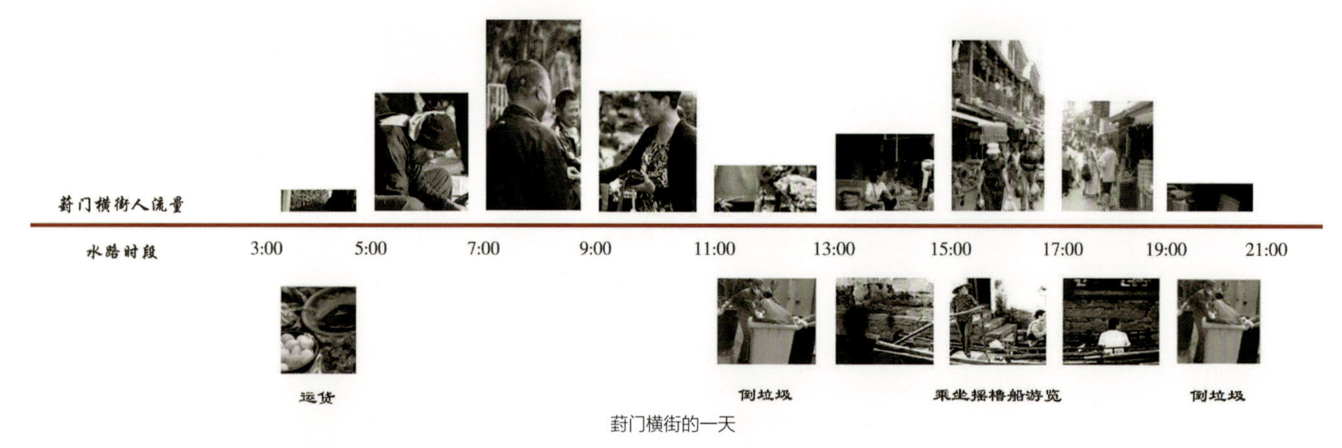

葑门横街的一天

二、基地条件

（一）基地范围

葑门横街地处苏州老城区与苏州工业园区交汇处，一侧是传统的水陆街巷格局与建筑风貌，另一侧则是现代化城市风貌。设计基地北起葑门路，南临葑门塘（又名“葑溪”，位于葑门外，源自外城河，向东流入金鸡湖，为外城河东泄水道），西至莫邪路，东靠东环路，街长约 690 米，宽 3~5 米。20 世纪 80 年代，葑门横街改铺水泥六角道板路面。2011 年改造时，改为长方形石板路面。

（二）基地现状

葑门横街作为苏州市井文化的代表，拥有苏州市文物局颁发的“苏州古街巷标志牌”并受到保护。然而，随着城市更新步伐的加快，葑门塘南侧的民居近日已被拆除，河道和北侧的民居及店铺保留完好。横街上的大部分建筑在外观上保留了白墙灰瓦的特色，形式上为 1~3 层的传统坡顶，功能上多为前商后宅或底商顶宅的传统店铺。横街经历了多次改造：20 世纪 80 年代由住户自行改建；2007 年由政府出资进行了改造，包括拆去沿街搭建的雨棚、改厕、立面更新等；2010 年，政府对横街进行了沿河改造。横街的绝大部分建筑至今仍保留着明末清初枕河人家的风格，前街后河，河街并行。不只是建筑风格得以保留，那份红尘烟火、市井繁荣、人世温情也保留了下来，成为伴随着无数苏州人成长、最难以割舍的一份温暖记忆。2018 年 4 月，葑门横街启动新一轮整治时，网络上众多百姓的留言印证了这条街在苏州人心中的分量。

“应该保留这条老街的，因为苏州现在建设了太多大都市的繁华，总应该保留一条苏州特色的老街吧。每次走到葑门横街我都感到很亲切，也很温馨，总觉得这条街很接地气。我觉得葑门横街是一条属于咱们老百姓的街。”

“希望是改造，而不是改变。老苏州人的记忆，满满的、淡淡的，都是回忆。”

“希望留住文化！”

“爸妈最喜欢逛的一条街，自己去走走看看也爱上了这条老街，一路上的小零食吃得根本停不下来。”

——摘自互联网平台关于葑门横街的评论

目前，葑门横街的商家有街巷店铺和室内市集两种形式。室内市集位于横街中部一栋四层住宅楼的底层，名叫“横街市集”，于 2019 年 10 月完成提质改造工程。街巷散户主要有前商后宅店铺、街巷临时摊位两种形式，横街的主街上多为前商后宅的传统店铺形式，还有部分商户是在自家门口或街巷入口空间摆摊。

基地范围

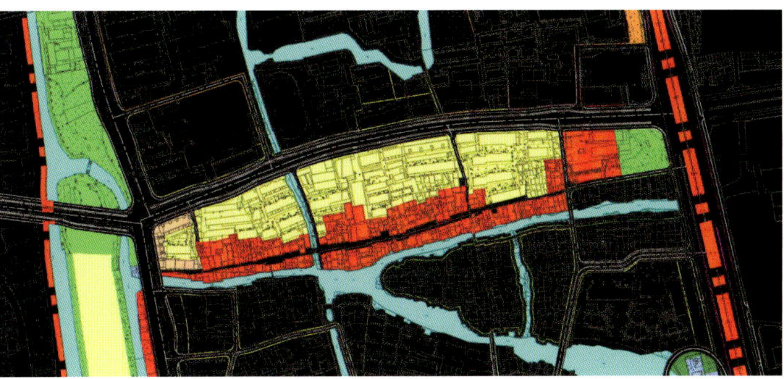

基地土地利用现状图

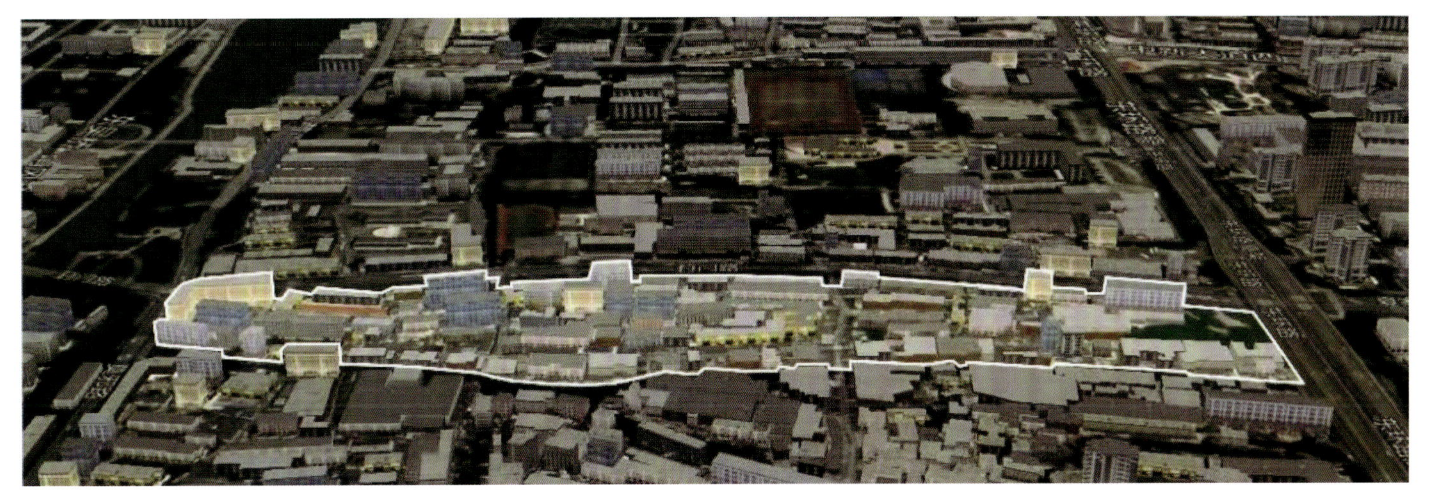

基地范围鸟瞰图

葑门横街街巷空间变迁

三、设计内容

（一）设计目标

葑门横街混杂了众多的服务类业态，是周边居民重要的公共生活中心，但与周边高楼林立、高架环绕的城市面貌格格不入。葑门横街作为联系古城区与苏州工业园区的纽带将如何更新？古城区的东南城门区域应以怎样的面貌迎接未来？基于此，本设计提出了符合城市发展需要且能保留苏州市井生活烟火气的葑门横街提质更新方案。

方案建议考虑并尝试解决以下几个方面的现实问题：

1. 交通及环境问题

葑门横街机动车难以通行，水运废弃后横街货运动线与顾客的行走动线混合，道路拥挤，环境脏、乱、差。

2. 文化问题

葑门横街所蕴含的苏州市井文化如何传承、发扬并启示苏州的菜市场改造?

3. 居住问题

由于居住品质差，横街上的商铺多被出租给外地人经营，住宅则以低廉的价格群租，横街所在区域沦为流动人口廉租区。

（二）设计内容

1. 前期调研和策划

通过对基地进行调研与分析，提出更新概念与相应的策划思路。既要考虑不同主体的现实困境与需求，又要考虑如何应对线上菜场给横街场带来的冲击。如何延续与创造面向未来的葑门横街，是这次联合设计需要面对的城市更新问题。

2. 城市更新方案

葑门横街整体地块的城市更新，在基地范围的基础上可以扩展，也可以选取一部分区域进行重点设计。

3. 建筑设计

根据各组的城市更新方案，选择地块内表达设计构思的重要节点深化设计，思路不限。

四、毕业设计的阶段性工作及要求

（一）现场调研安排

预计学期第一周在苏州进行现场调研，完成初步的城市调研报告及调研成果汇报等内容，具体时间安排经四校协商后确定。

案例调研内容建议如下：

第一，双塔市集（苏州新式菜市场案例）。

第二，阊门 + 山塘街 + 农发新民桥菜市场（苏州新式菜市场案例）。

（二）中期评图

中期评图预定在青岛理工大学进行，每组同学应提出城市更新的策略和相应建筑设计方案的概念构思。中期汇报在图纸的基础上进行，鼓励运用多样的表达方式，以充分表达阶段性设计思维。

（三）终期答辩

各校同学以小组为单位，根据各组设计的任务书，完成毕业设计内容，进行现场答辩。图纸和模型的数量以后期最终通知为准。

2022 年第五届名城四校联合毕业设计进度安排

阶段	时间	地点	内容	形式
第一阶段：开题及调研	第 1 周（2 月 24—27 日，周四—周日）4 月 24 日报到，4 月 27 日离开	苏州大学金螳螂建筑学院	采取混编大组的形式，以大组为单位对设计基地进行综合调研	可考虑四校学生混编进行前期调研及头脑风暴汇报联合工作坊
第二阶段：方案设计	第 2—6 周	各自所在学校	包括背景研究、区位分析、案例借鉴、城市更新与建筑设计方案等内容	每个学校自定
中期检查和答辩	第 7 周（4 月 8—11 日，周五—周一）4 月 9 日报到，4 月 12 日离开	拟于青岛理工大学建筑学院举行	包括综合分析，以及总平布局、空间环境形态、城市设计、建筑平立剖面等内容的概念方案等	以 PPT 的形式进行汇报交流，时间控制在 15 分钟以内（联合工作坊）
第三阶段：设计深化及成果表达	第 8—13 周	各自所在学校	调整优化方案，并开展节点、建筑意向、鸟瞰图、透视图及实体模型等的设计	每个学校自定

建议：各阶段活动地点以四年为一个周期四校轮流（见下表中的灰底部分），四校各有一次开题、中期答辩和成果答辩，下表是 2022—2025 年的相关安排。

时间	2018 年	2019 年	2020 年	2021 年	2022 年	2023 年	2024 年	2025 年
开题学校	苏州大学	青岛理工大学	厦门大学	长安大学	苏州大学	青岛理工大学	厦门大学	长安大学
中期答辩	厦门大学	苏州大学	线上	苏州大学	青岛理工大学	厦门大学	长安大学	苏州大学
成果答辩	青岛理工大学	厦门大学	线上	青岛理工大学	厦门大学	长安大学	苏州大学	青岛理工大学

葑门横街市集

葑门横街从清代开始便是城外农民进城卖菜的集散地，无数农民摇着船送来最新鲜的果蔬鱼虾，靠岸卸货，随时随地交易买卖。

百年
菜场

苏州古城在葑门横街热闹非凡的早市中缓缓醒来，摩肩接踵的横街充斥着外酥里嫩的苏式爆鱼、香气袭人的甜酒酿、新鲜出锅的慈姑片……

GOLD MANTIS SCHOOL OF ARCHITECTURE

教师感言

苏州大学

叶露

王彪

感言

本次联合毕业设计选址在苏州，是我们苏大组的幸运，因为有当地调研的便利条件和环境背景的认知优势。然而疫情来袭，所有教学活动均在线上进行，本来安排的线下调研和开题答辩等交流活动都取消了，好不遗憾！于是我们利用在苏州的便利（虽然出行也有一点受阻）去场地拍照、录视频，发给小组成员及各联合毕业设计高校的同学和老师，也算是尽东道主之谊吧。然而，照片与视频不仅无法代替人的亲身感受和场所体验，也无法代替学生开展采访和其他更精细化的调研。所以此次联合毕业设计的现场调研条件还是较薄弱的，此次对设计成果的评判也适当放宽了与实际场地匹配程度的要求。好在学生还是挺用功的，他们根据照片、卫星地图和大数据展开调研，为后期的空间形态分析和设计打下了很好的基础。

通过联合毕业设计的开题、中期答辩和结题答辩，我们看到了同一个选题的不同思考维度和解决方案。多元的设计策略反映了同学之间，以及学生与老师之间的互动和思想的碰撞。有的学校每个学生出一套方案，有的学校一组一套方案。不同合作分工模式的要求和产出也不同，个人方案灵活，一贯性较好，但广度或丰富度略有不足；群体小组方案思考问题的广度有余，但方案的整体一贯性不足。我们组是每个同学单独出图。如何根据学生的性格和能力特点，合理要求和引导，充分发挥学生的积极性、挖掘其潜力，是很考验指导老师的。我们组两位老师每周分工合作，激励同学们为新时代城市更新区域的原住民、为城市的发展贡献专业智慧，让同学们在本科阶段的最后一个设计不留遗憾！

解题　全时美食街市的日常都市主义探索

人间烟火，葑门百味

苏州大学
Soochow University

小组成员：刘雨萱
指导老师：叶露，王彪

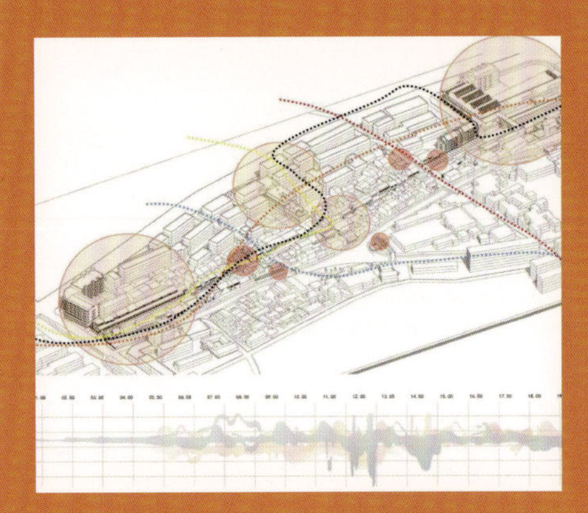

第一阶段　“全时激活”设想

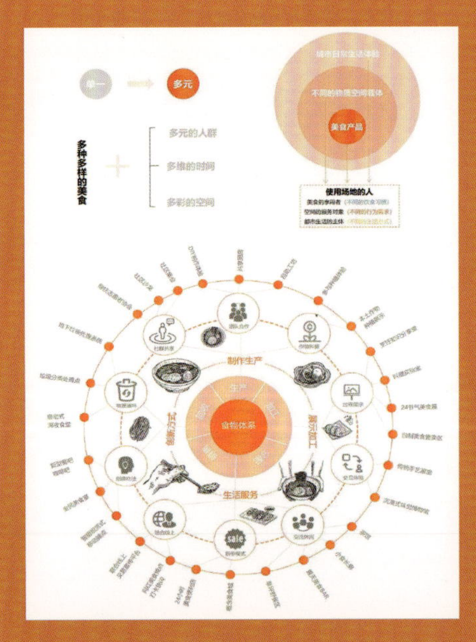

第二阶段　“全时美食”概念

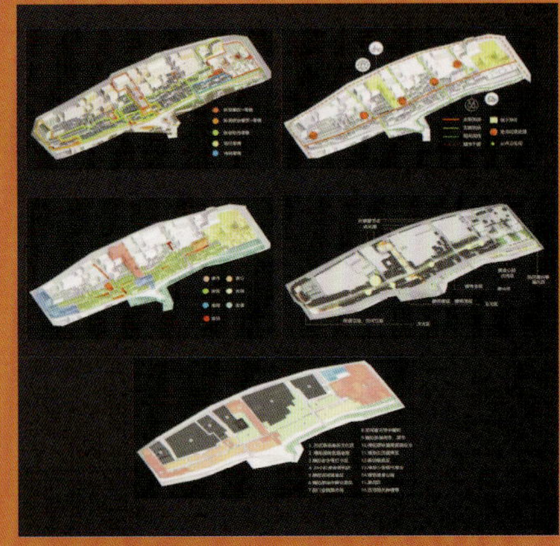

第三阶段 以“美食”为线索的方案策划

设计说明

伴随着城市更新步伐的迈进与国家政策的不断推出，那些在都市中存活了数十年的菜市场正面临着取缔拆除或升级转型的抉择，同时也迎来了新时代的机遇。本项目以苏州葑门百年菜市场为设计对象，着重关注其在当代的生存发展策略。

本次城市更新设计的对象为苏州葑门横街及其周边地块，主题为“全时美食街市的日常都市主义探索”，主要从观察日常生活的视角出发，在日常都市主义理论的引导下，试图用更加灵活的目光看待城市更新设计。设计抓住“美食”这一场地关键要素，试图用食物的体系去渗透城市空间的体系，由“美食”分化出新的业态模式与空间体验，让“多种多样的美食”叠合“多元的人群”“多维的时间”“多彩的空间”，在最大限度保留主街原貌的前提下，根据场地现状重点打造以“食”为线索的七个序列，共同交织出新的空间体验、新的人群碰撞、新的分时使用模式。整体思路依次为：基于业态模式建立设计策略、基于人群画像建立空间策略、基于时间建立四维的分时使用策略。

在设计策略上，横街西入口处被定位为早晚茶文化区，主要采用轻介入的手法对横街西入口处的沿街界面进行整体改造；重建横街中段的葑门菜市场，将之塑造为横街第三入口，同时创新菜市场的交易及空间应用模式；将地块东段的景观绿地联合周边地块打造成面向未来的美食公园，以吸引更多游客尤其是年轻群体。此外，置入智能化装配式构件，以更好地为横街提供引流、展示等服务。

在操作层面，充分打破横街与城市的固有边界，在新的公共空间激发群体活动，为不同类型的人群提供不同类型的停留、集会、交易空间。食玩装置采用灵活拼装的模块化结构，以便融入不同的城市微空间，鼓励使用者发挥主观能动性。为倡导多元主体共同参与，除了场地主体的买卖双方之外，方案还考虑到横街居民、学生、游客包括亲子等，从而注入更多的生活日常。弥补日间活力、激发夜间活力，也为集体活动、多元碰撞提供了可能，由此在横街上构建起了新的叙事。

最后是有关节点的考虑。原本的葑门菜市场纵向地衔接城市主干道与横街主街，本次设计希望把建筑打造成横街的第三入口，由地下、地面、屋顶三条不同流线通往主街。也就是室内葑门菜市场，结合智慧化信息系统，引入灵活租赁的移动摊车。这种摊车能采集卖家的身份信息和产品信息，既能在一定程度上规范监督市场秩序，又能美化移动售卖区的风貌，白天供横街移动摊贩使用，夜晚可以租给一些外来者。这些摊车卖家既可以在横街菜市场卖一些自产的货品，又可以举办一些与时令相关的美食文化节。可以预想，在买菜高峰时间段之外，横街日间提供给社区居民活动，夜间提供给外来者活动，实现了这个节点空间的全时段激活。

设计感悟

这是一个具有研究价值的命题：面对未来更加多元化的需求，葑门横街如何在提升品质的同时回归人本，保留与强化自身特色？这是一个格外有温度的设计命题，包含着设计者对生活、对生命的思考：清晨，勤劳的打工人坐下享用完早点后幸福地离去，社区的老人在水岸旁悠哉游哉地饮早茶，苏醒的商铺纷纷开始了忙碌；下午，热闹了一上午的横街节奏变得慢下来，立体的美食公园里有奔跑的孩童、野餐的青年、喝咖啡的办公者，还有晒太阳的横街居民，游客们在美食博物馆与体验制作中心玩得不亦乐乎；夜间，葑门菜市场人流依然络绎不绝，休闲、聚会的打工人在下班后找回属于自己的“小确幸”，任何路过的人都可以体验和参与空中的美食文化节，全时美食便利店为恢复平静的横街继续提供服务，为工作至深夜甚至凌晨的打工人提供夜宵。

横街美食的背后是精致的生活态度、历史沉淀的工艺、讲究的料理知识，是因食会面、因茶会友的习惯和因时而吃的习俗，以及对健康生活的向往。

最后，真诚感谢其他三校的老师和同学，大家用不同思路和方法共同探讨的过程非常有趣。本次联合毕业设计，每个学校、每个团队、每个人都有精彩呈现，我收获颇丰。

1. 全时美食街市的日常都市主义探索

1.1 背景分析

区位分析

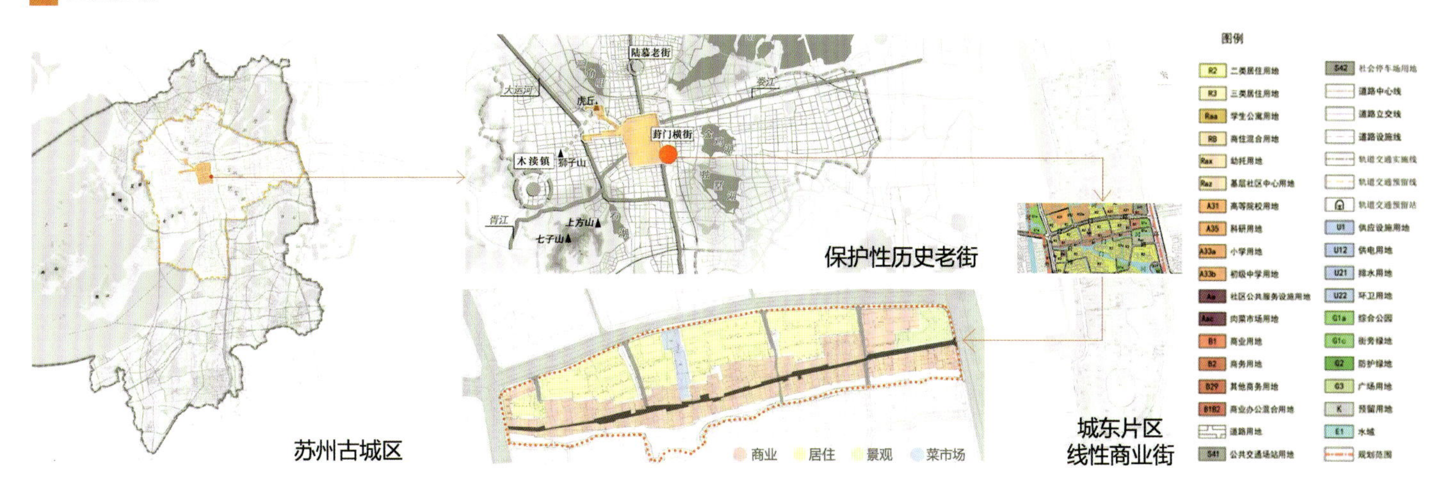

场地概况

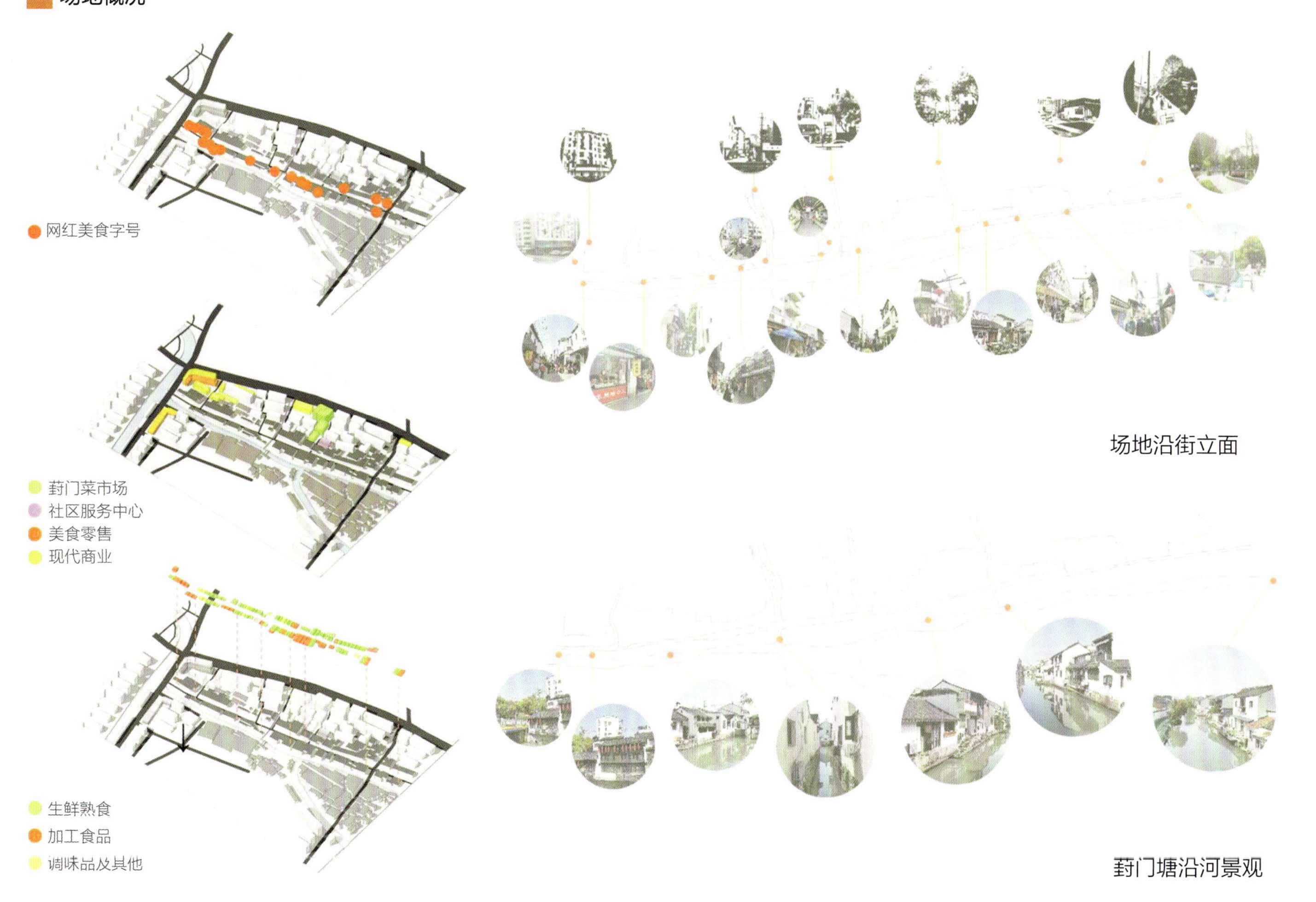

横街店铺调研

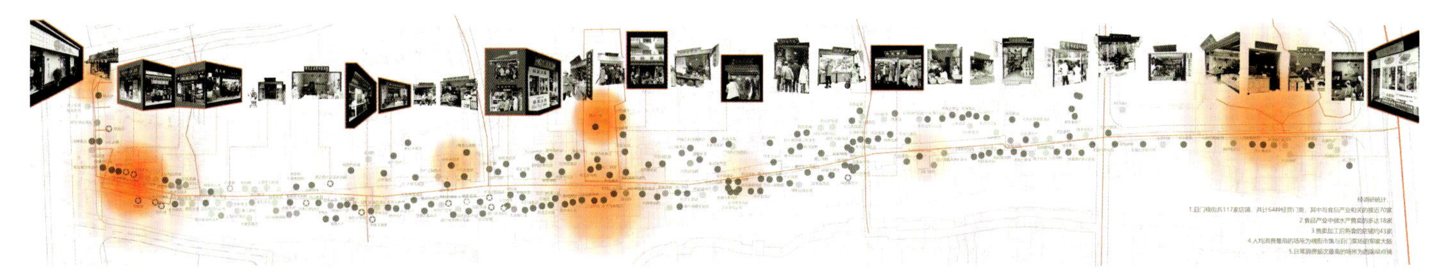

1. 葑门横街共有 117 家店铺，64 种经营门类，其中与食品产业相关的接近 70 家。
2. 食品产业中做水产售卖的多达 33 家。
3. 售卖加工后食品的店铺多达 126 家。
4. 郑家大肠与横街市集的人均消费额最高。
5. 日常人流量最大的区域为横街西端入口处。

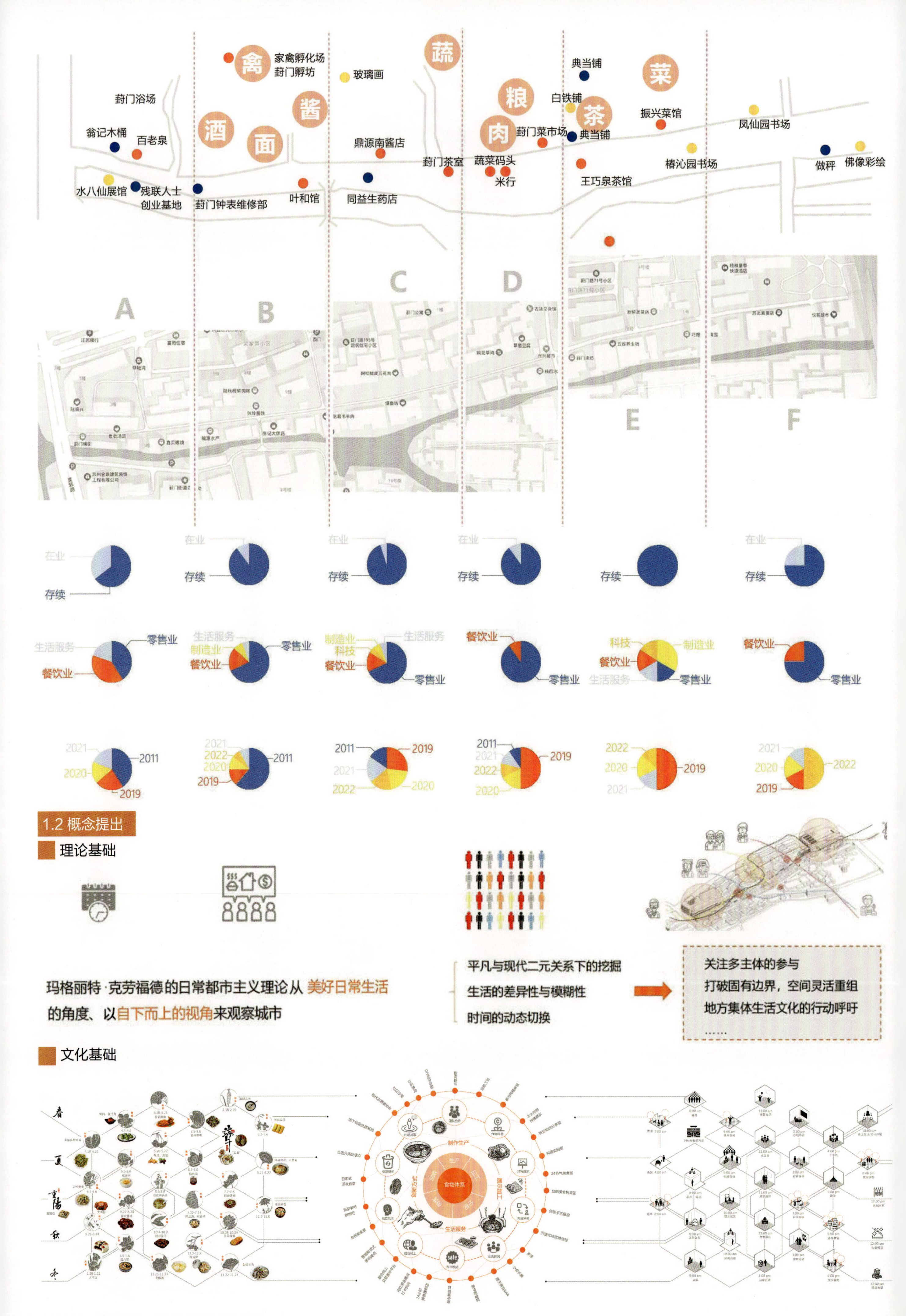

1.2 概念提出

理论基础

玛格丽特·克劳福德的日常都市主义理论从美好日常生活的角度、以自下而上的视角来观察城市

平凡与现代二元关系下的挖掘
生活的差异性与模糊性
时间的动态切换

关注多主体的参与
打破固有边界，空间灵活重组
地方集体生活文化的行动呼吁
……

文化基础

1.3 总体规划

总平面图

总体规划分析

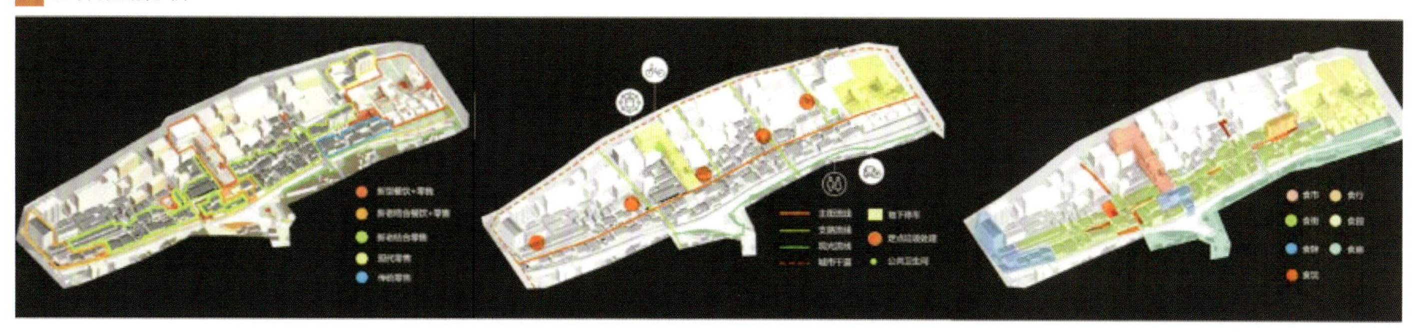

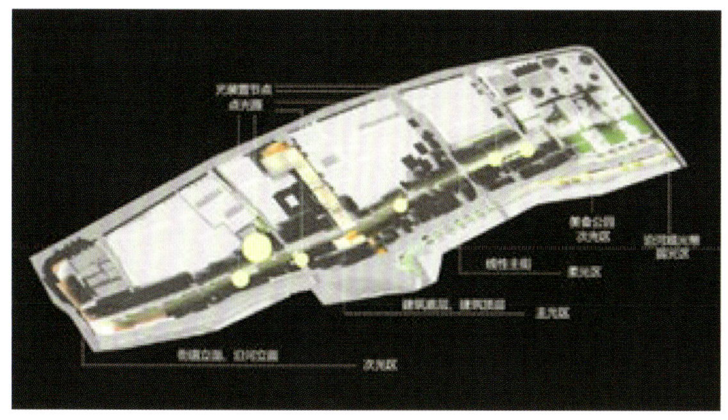

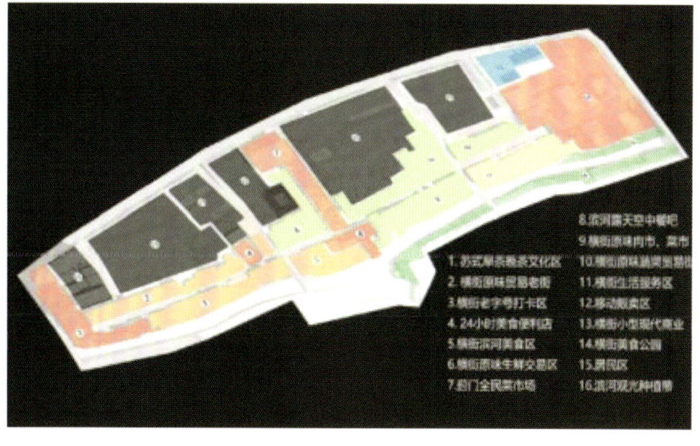

区域全时激活效果

6：00—7：00	7：00—9：00	9：00—11：00	11：00—13：00	13：00—15：00	15：00—18：00	18：00—20：00	20：00—24：00
运货备货 + 公园活动	早点糕点 + 买菜卖菜	小吃 + 购菜高峰 + 游览体验	小吃 + 堂食午餐 + 买菜卖菜	小吃 + 观景 + 下午茶 / 野餐	买菜高峰 + 社区美食活动	堂食晚餐 + 夜市 + 货品处理	自助美食店 + 夜市 + 夜宵

1.4 设计策略

鸟瞰图

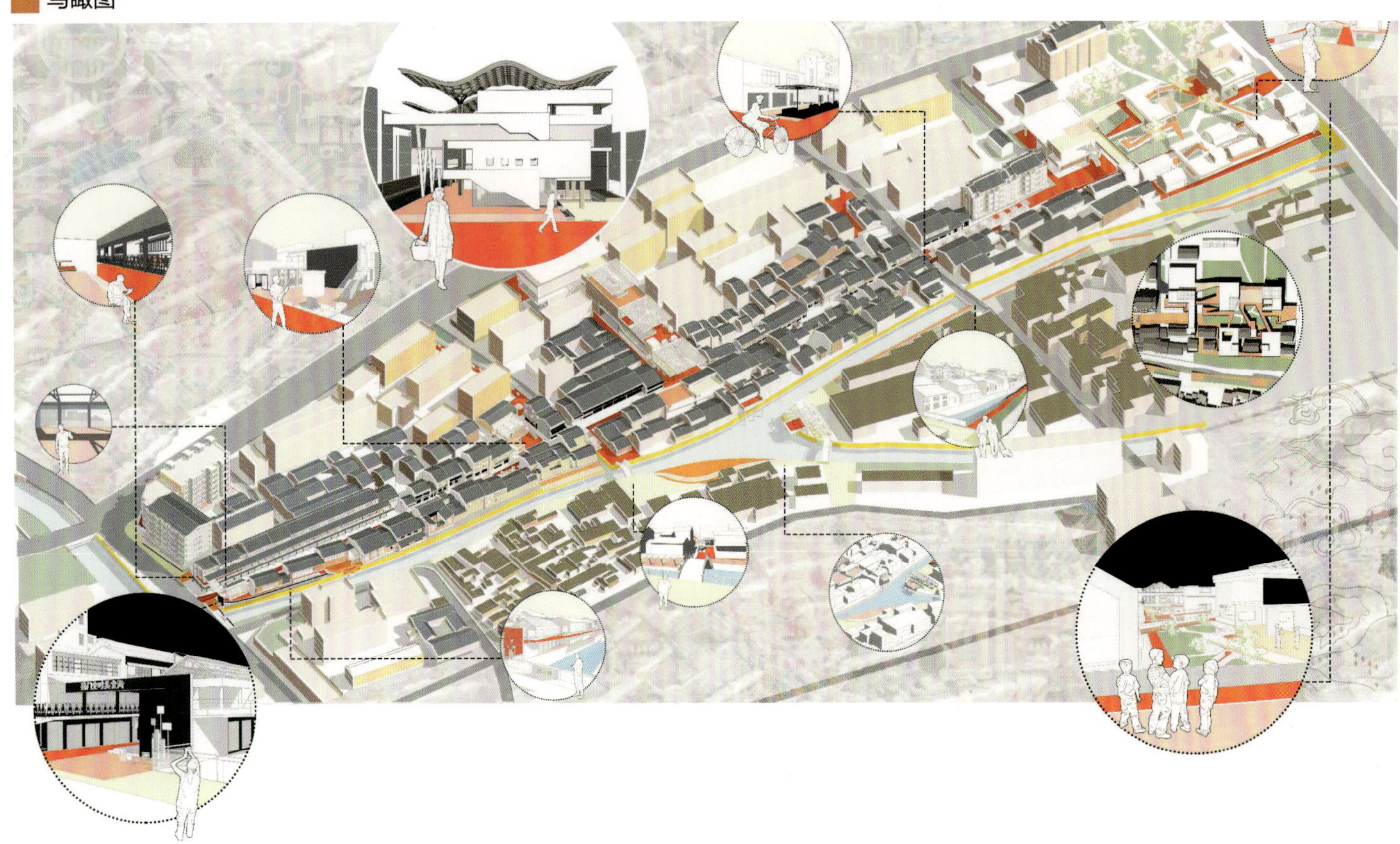

空间操作策略

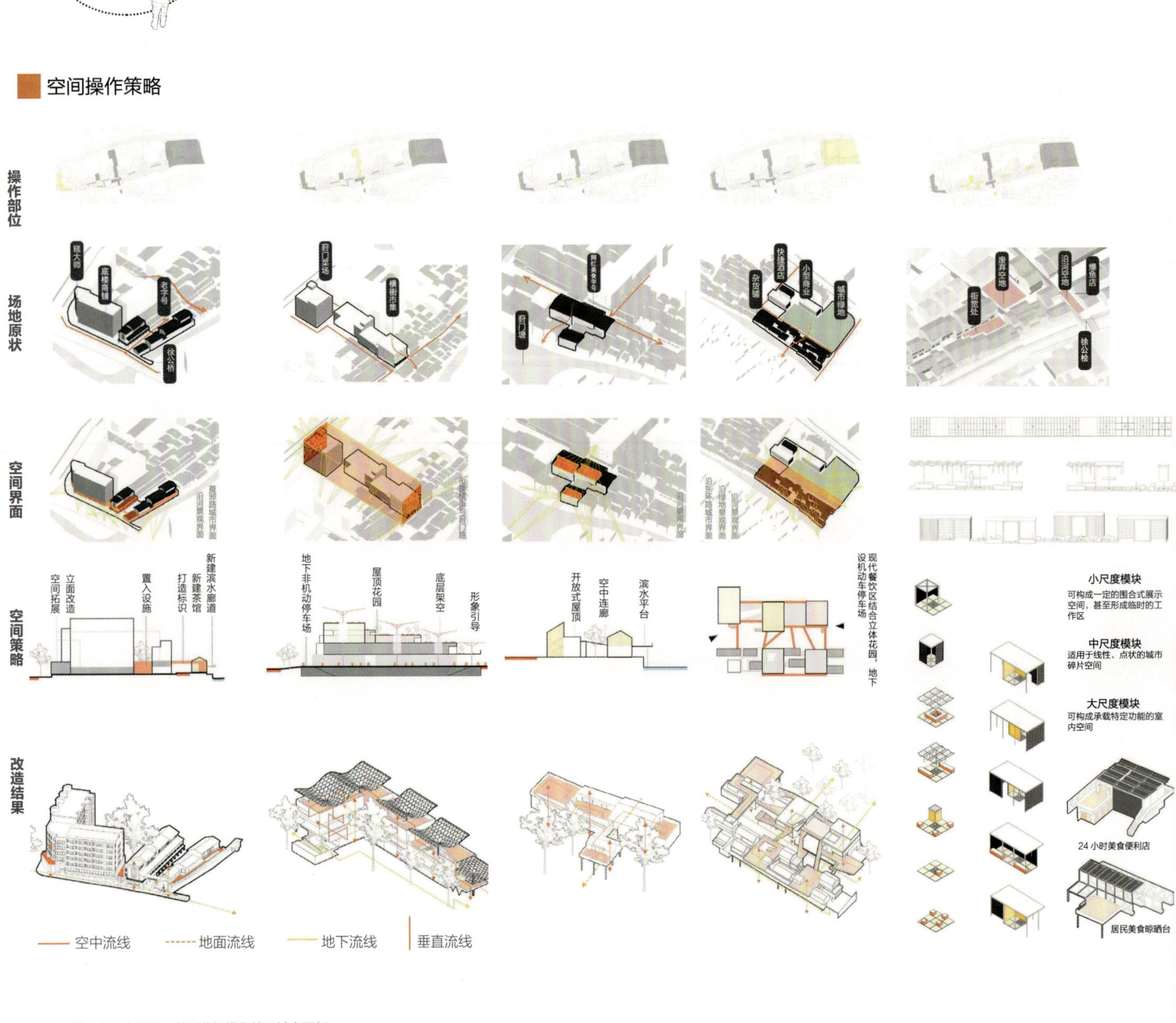

城市智慧家具应用

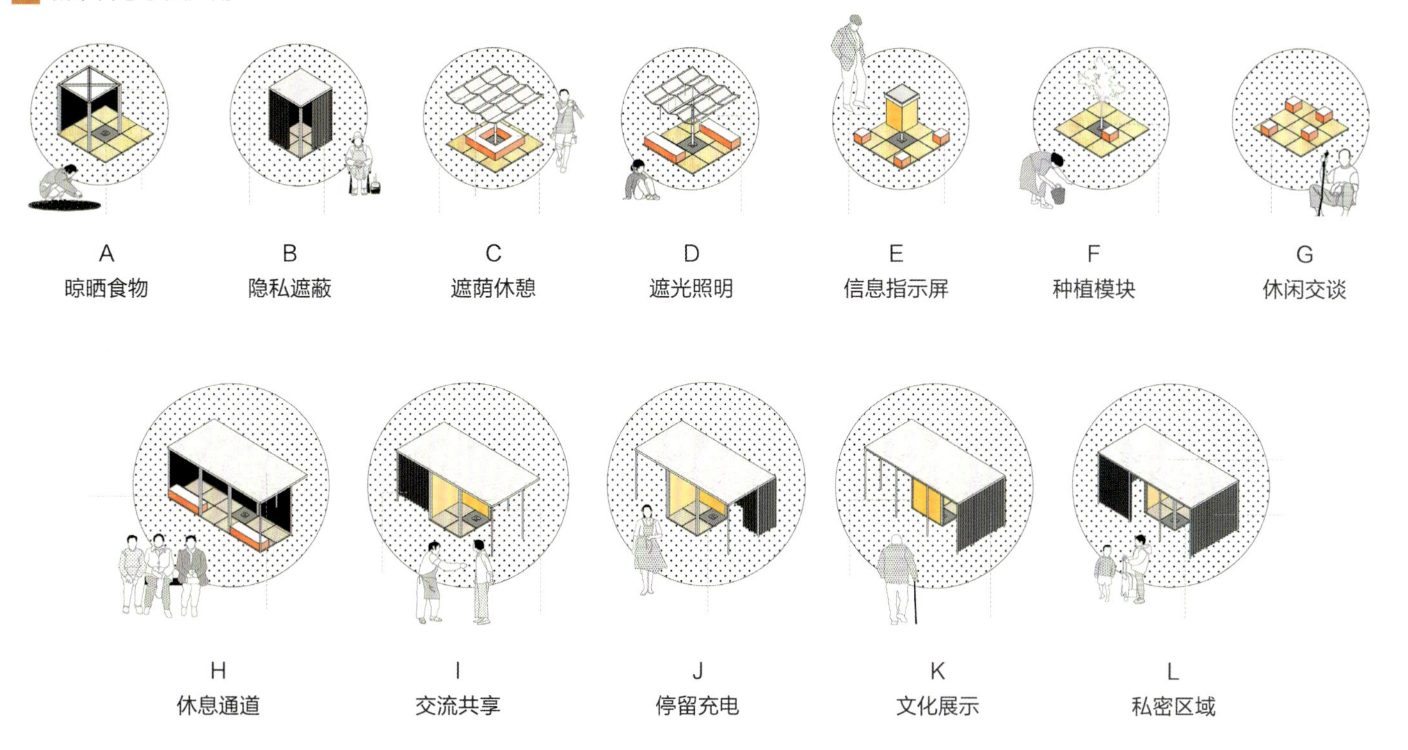

这些不同尺度的智能城市家具均由最基本的板、块、杆拼合而成，类似于乐高玩具，可以组合成不同形式，以满足不同使用需求。城市智慧家具以这样一种“针灸式”手法介入场地，可以起到更新横街公共服务设施的作用。这些基本模块互相结合，既能灵活适应微小的线性空间，又能组成较大的面状区域，还能以点的形式插入场地中的任何地方。

1.5 设计成果

全新行为体验

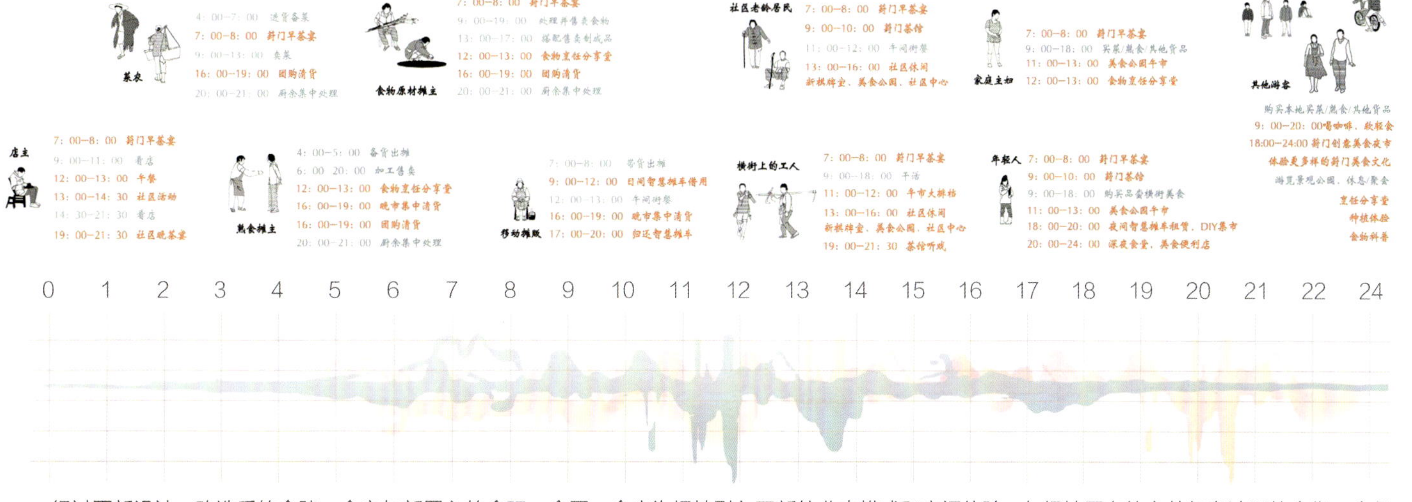

经过更新设计，改造后的食肆、食市与新置入的食玩、食园、食廊为场地引入了新的业态模式和空间体验，与场地原有的市井气息浓厚的食街、食行构成完整的全时美食序列，在 天中的不同时刻、不同节点依次服务于不同需求，既能激发场地活力，又能弘扬本土美食文化。

效果图

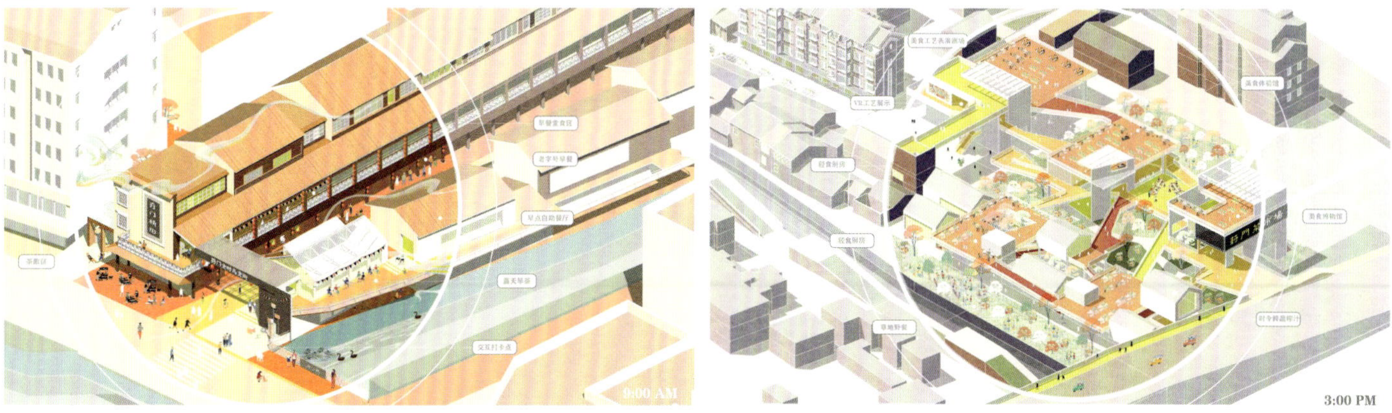

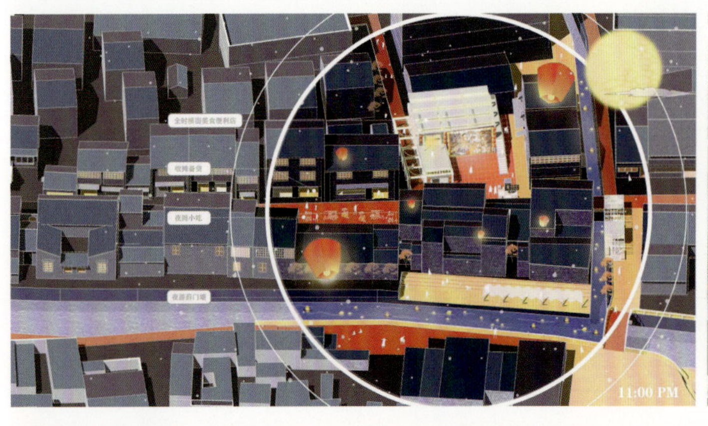
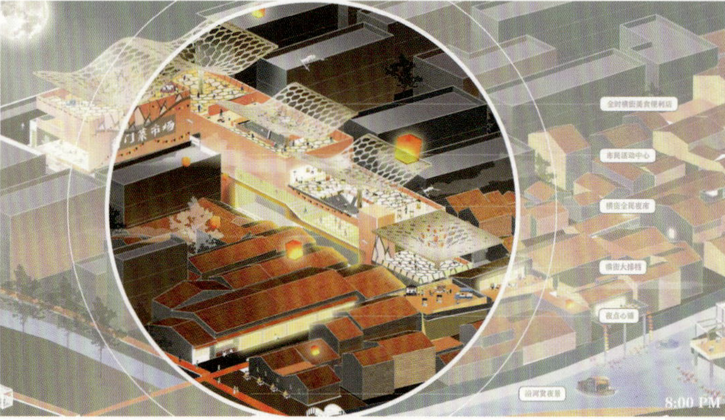

全新场景叙事

1.6 菜市场部分设计

全民菜市场首层平面

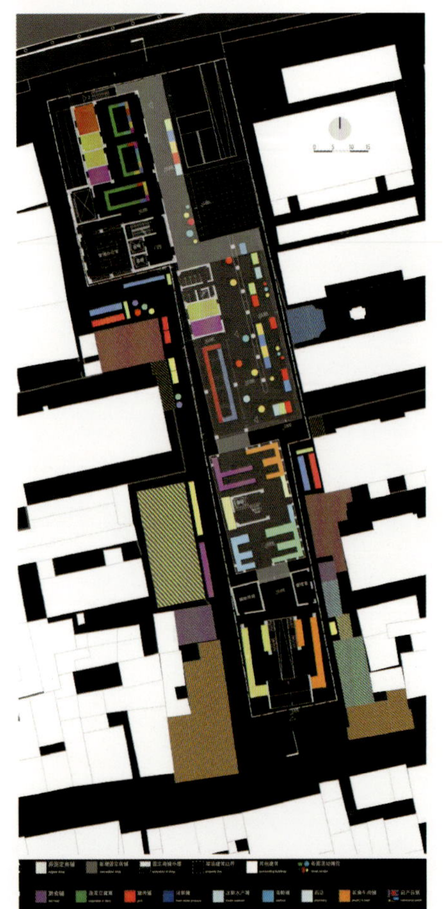

菜市场智能摊车应用

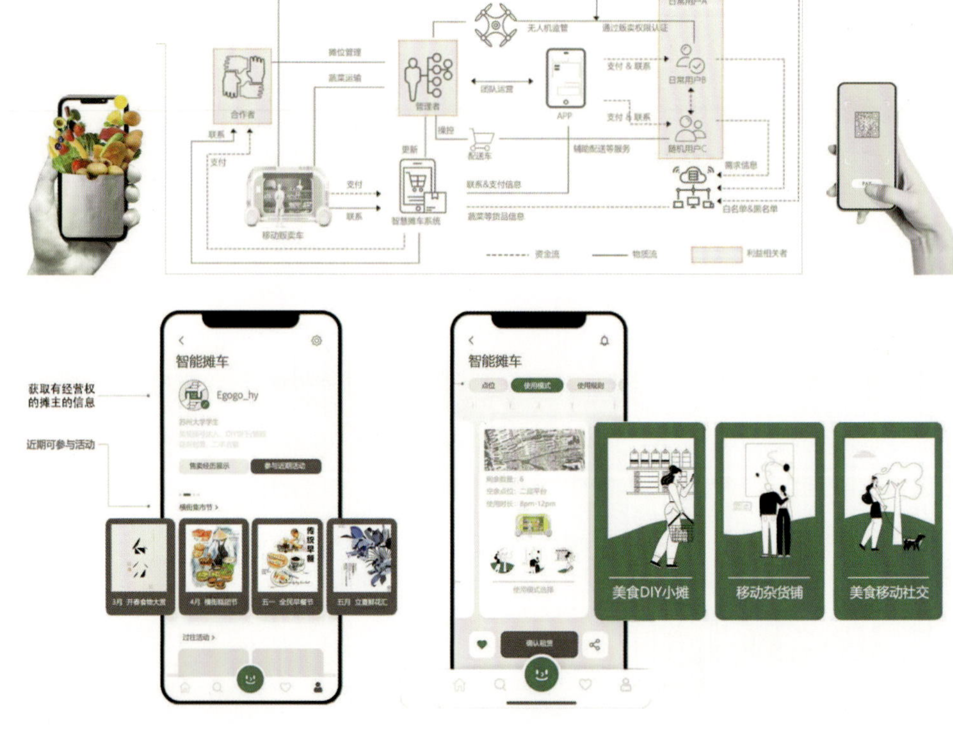

全民菜市场分时使用策略

全民菜市场局部透视

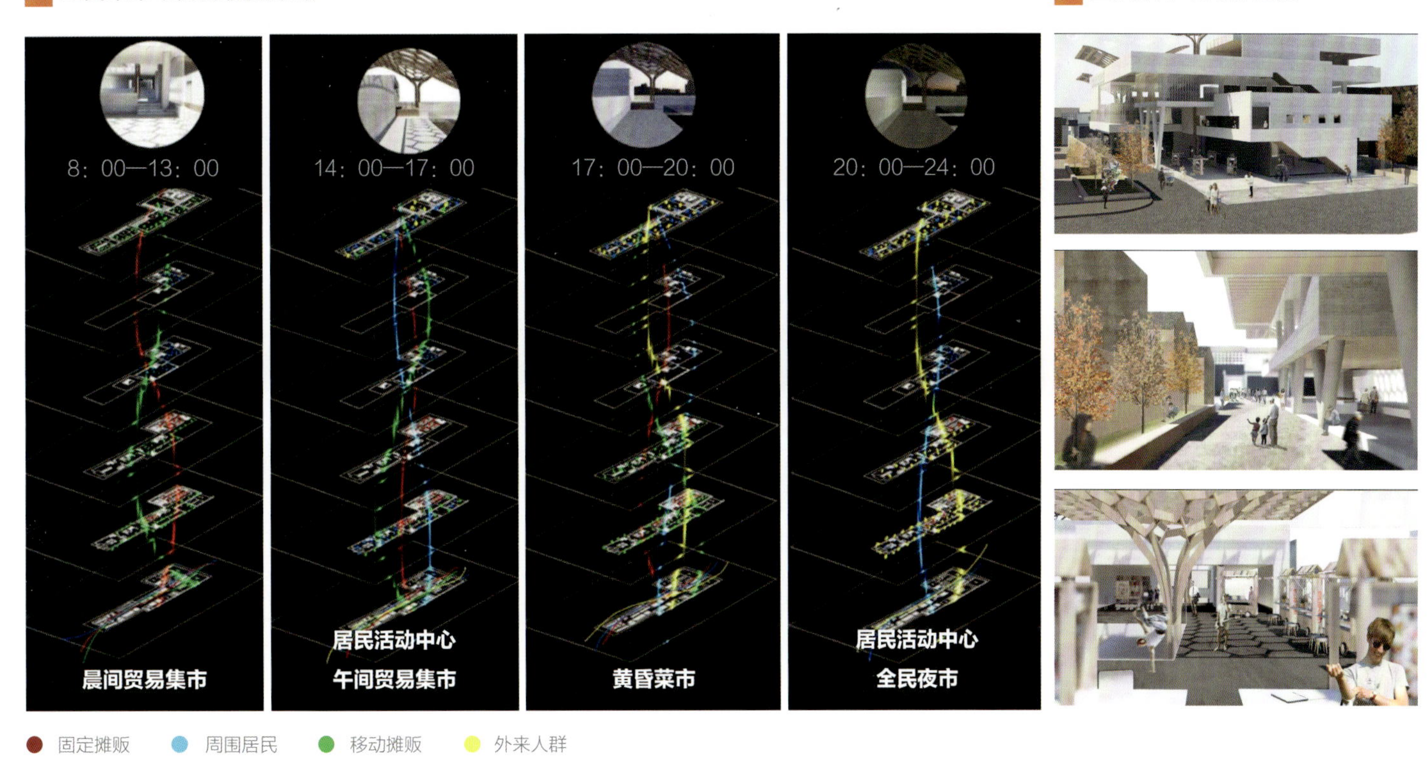

全民菜市场剖透视

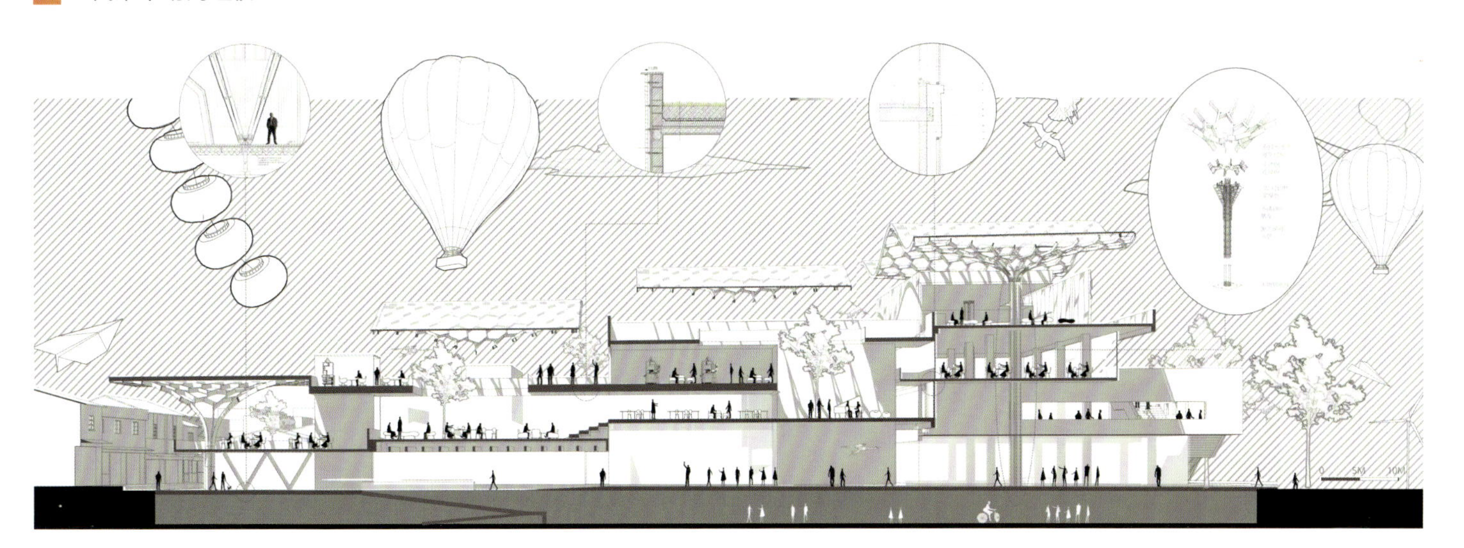

全民菜市场夜景效果

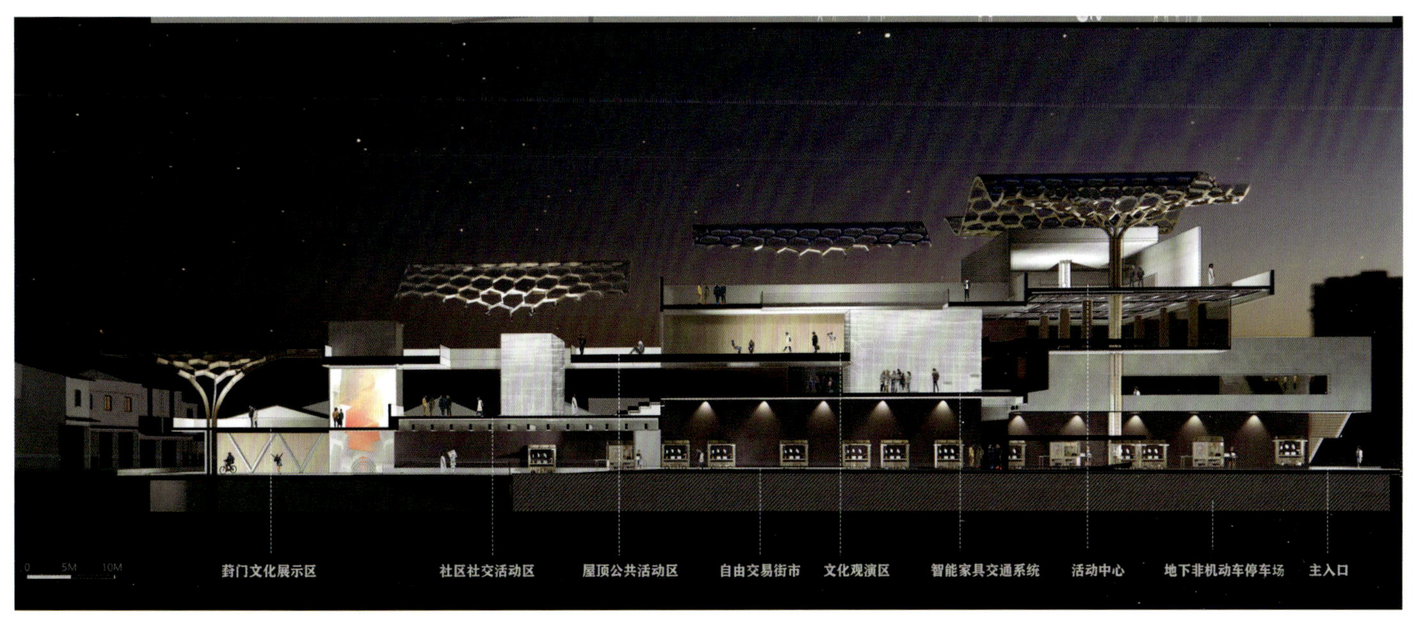

历史街区与老字号商铺的“互焕更新”

老街老字号，互焕新生

苏州大学
Soochow University

小组成员：肖雯娟
指导老师：叶露，王彪

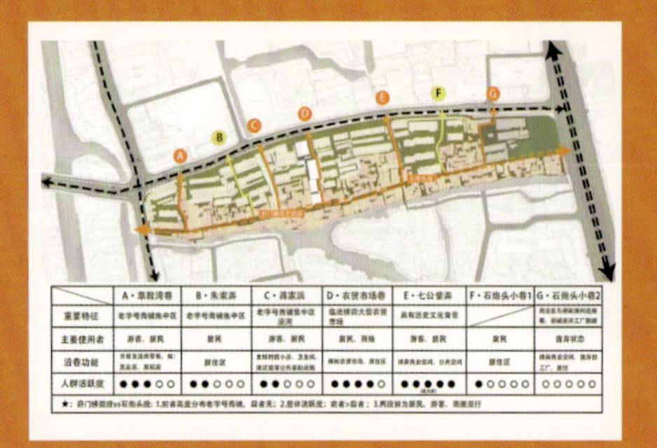

第一阶段　葑门横街片区现状分析

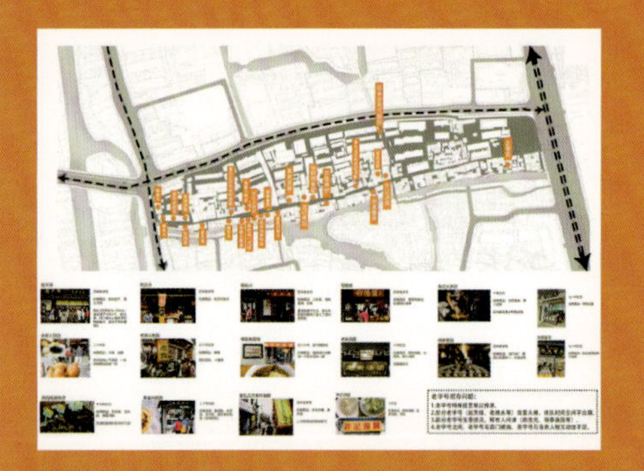

第二阶段　老字号相关研究

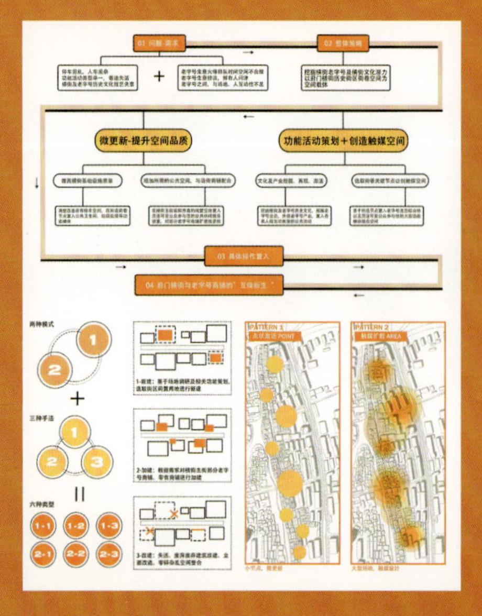

第三阶段　围绕老字号的方案策划

设计说明

历史街区是承载历史文化和传统风貌的重要载体，如何保护与激活历史街区是当代城市更新研究的重要课题。然而在当下，历史街区正遭受着经济发展及大规模快速建设所带来的冲击，这使得历史街区所承载的历史与文化价值受到了破坏。同时，信息时代的快速发展也使年代悠久的传统商铺及相关贸易活动日趋没落，以老字号商铺为代表的传统商铺正处于亟须跟紧新时代、新需求的境况，这也对一些传统商铺集聚的历史街区的活力产生了一定的影响。本设计基于对国内外历史街区更新及老字号商铺升级的研究，以苏州葑门横街为例，尝试用动态的、可持续的方法和设计对葑门横街进行更新，以为当下的历史街区更新提供新的思路。

本设计旨在以苏州葑门横街片区为例，探究历史街区与老字号商铺相互促进新生的可能性。在充分了解控制性详细规划和城市设计的前提下，本设计以横街上的老字号商铺为切入点，对其进行充分调研，深入挖掘老字号商铺的潜力，分析老字号商铺现存的问题，结合葑门横街的更新需求，以横街街巷空间为物质空间载体，使横街与老字号商铺相辅相成，互相刺激，从而焕发新生。

基于调研，本设计提出挖掘葑门横街老字号商铺新型产业、可拓展功能及其历史文化，以葑门横街片区的街巷空间为物质载体，通过两大类处理模式、三种操作手法对场地选定点位进行更新设计，最终达到葑门横街与老字号商铺的“互焕新生”。这两大类处理模式分别为点状激活模式、中心扩散模式，后者对应触媒建筑及空间设计，配合功能活动策划。三种操作手法分别为新建、加建和改建。

在策略的引导下，本设计主要进行了微更新设计和场地触媒设计。微更新设计又包括可变装置设计和公共空间及基础设施改善。

可变装置设计主要分为箱型可变装置、板型可变装置、框架可变装置。这些装置都可以让公众根据需求自行操作，具有极大的灵活性。例如，装置可与老字号商铺结合，作为老字号原料种植及相关展示工具。公共空间及基础设施改善包括对沿街商铺进行加建，对沿街道路拥挤处闲置小建筑进行改建，在巷道原有公共卫生服务建筑基础上进行加建，在横街主街两侧店铺之间的闲置用地上新建公共活动空间等，目的是满足老字号商铺的需求。

场地触媒设计包括多义模块组合体设计和老字号活态中心设计。本设计设想了多种模块化可变空间使用模式，以满足横街老字号商铺的拓展功能产业置入、老字号相关活动策划的需求，以及老字号商铺临时贩卖点位、基础公共服务设施及空间的需求，从而实现葑门横街与老字号商铺的“互焕新生”。老字号活态中心设计则是将老字号拓展新型业态与横街历史文化、公共空间进行了结合。

设计感悟

历史街区和老字号是文化的宝藏，它们身上还有很多东西可挖掘，还有很多文章可做，本设计由于时间把控方面的原因做得还不够深入。另外，疫情的原因肯定使调研结果有些许偏差，这些不确定性确实也影响了我对本设计的把控。

我认为，未来建筑及城市，或者说好的建筑及城市必须有两个关键的品质：一是“动”，动态的、可持续的；二是“情”，有人情味的。因为建筑或城市必须受用于使用者并被使用者所感知。而只有“动”与“情”相结合才能使人“动情”，这两者的结合也使得建筑及城市既能立足于当下，又能激起回忆、牵引未来。

尽管本设计有诸多不足之处，但一直在追求以上这两点，希望以后能继续坚持并做进一步探究。

最后，真诚感谢其他三校的老师和同学，学习不同人的作品和想法也是另一种意义上的自我反思。看了各位同学的设计以后，我真切感受到自己对建筑、对城市的理解还比较肤浅，对其的认识和相关思考也远远不够。这次联合毕业设计我收获颇丰，我想这应该就是联合毕业设计的意义吧。

2. 历史街区与老字号商铺的“互焕更新”

2.1 背景分析

区位分析

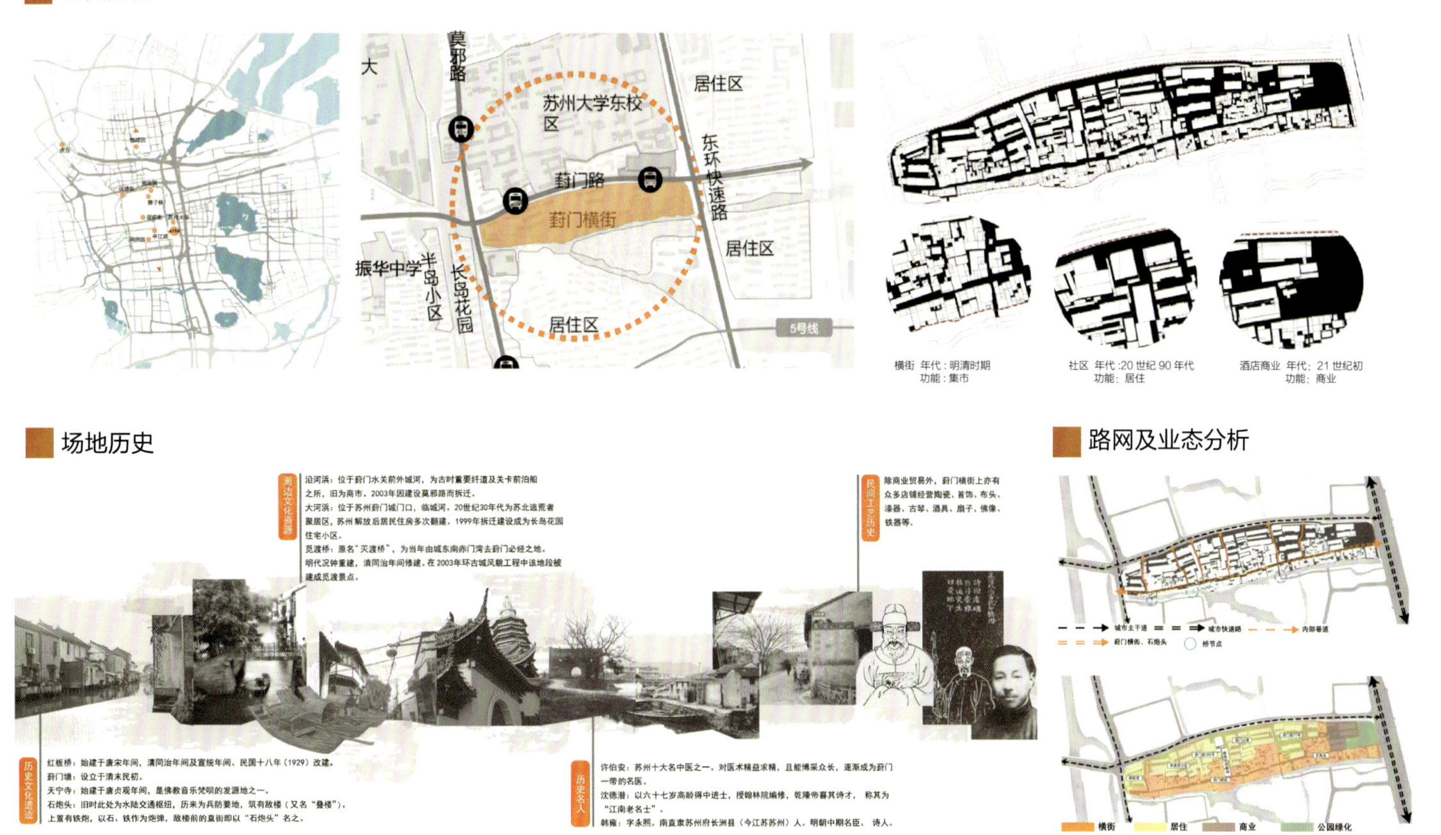

老字号分析

人群需求调研

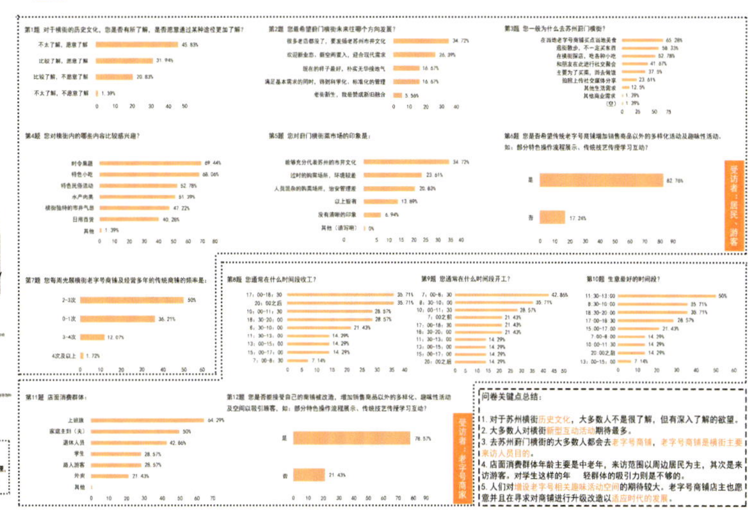

街巷空间调研

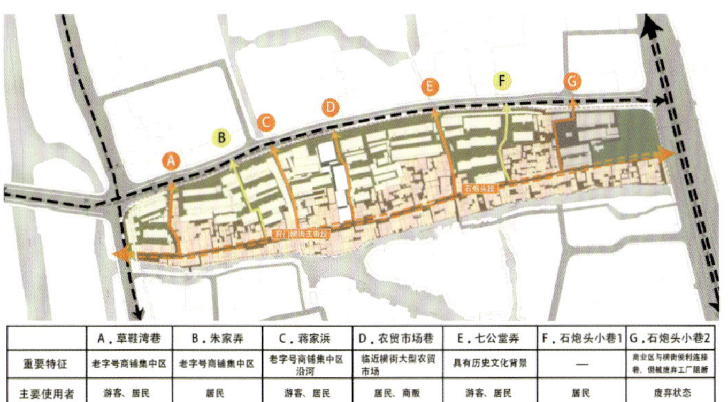

	A．草鞋湾巷	B．朱家弄	C．蒋家浜	D．农贸市场巷	E．七公堂弄	F．石炮头小巷1	G．石炮头小巷2
重要特征	老字号商铺集中区	老字号商铺集中区	老字号商铺集中区沿河	临近横街大型农贸市场	具有历史文化背景	—	商业区与横街便利连接巷，但被废弃工厂阻断
主要使用者	游客、居民	居民	游客、居民	居民、商贩	游客、居民	居民	废弃状态
沿巷功能	日常生活类零售，如五金店、服装店等	居住区	生鲜时蔬小店，以及卫生间、清洁室等公共基础设施	横街农贸市场、居住区	横街商业空间、公共空间	居住区	横街商业空间、废弃旧工厂、居住区
人群活跃度	●●●○○	●●○○○	●●○○○	●●●●○	●●●●●（最活跃）	●○○○○	○○○○○

★ 葑门横街段vs石炮头段：1.前者高度分布老字号商铺，后者无；2.整体活跃度：前者>后者；3.两段皆为居民、游客、商贩混行

街巷现状

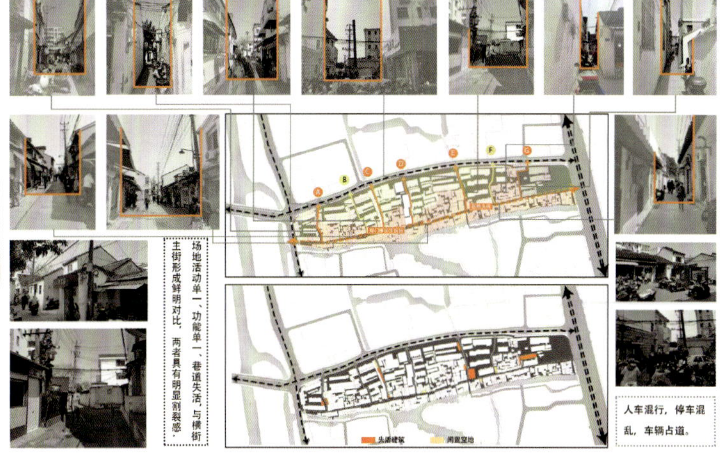

2.2 设计思路

总体策略框架

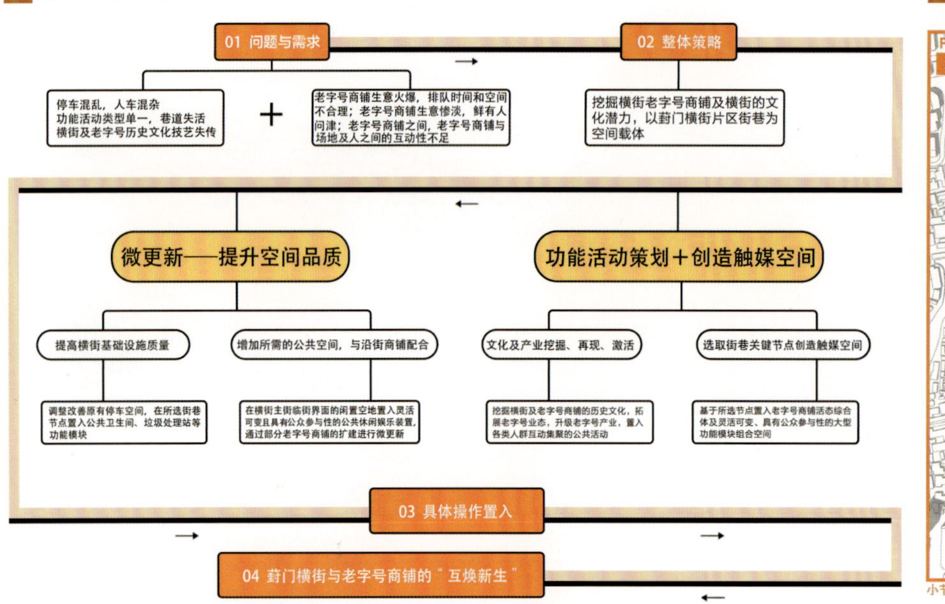

改造模式解析

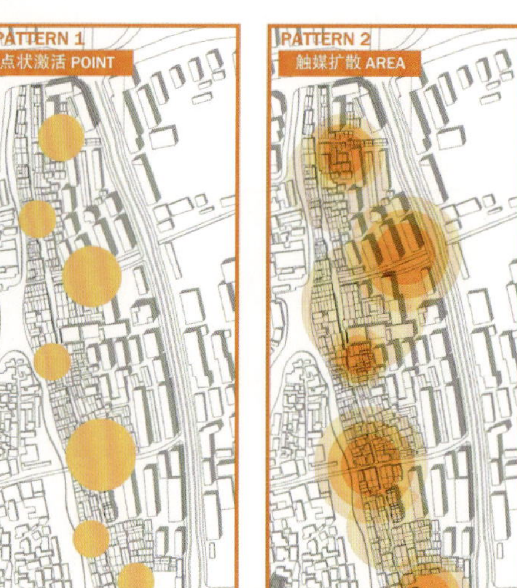

改造手法

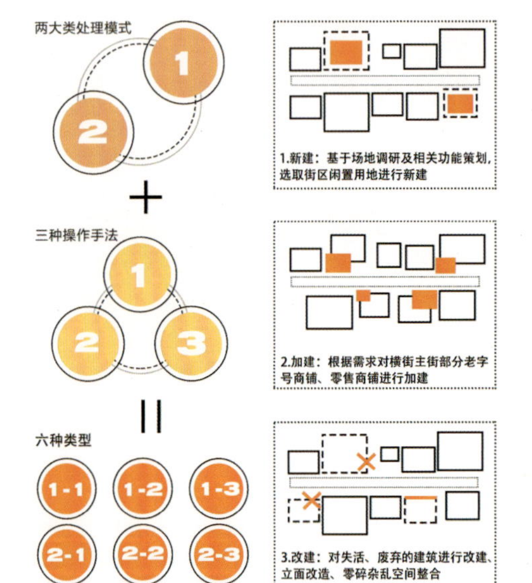

改造点位

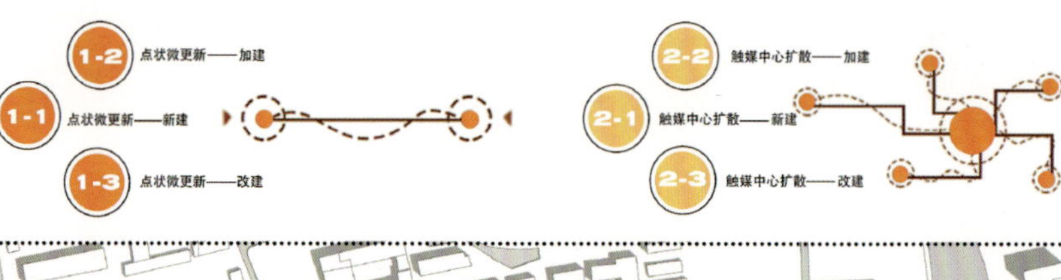

总平生成

2.3 设计策略

效果图

可变装置设计

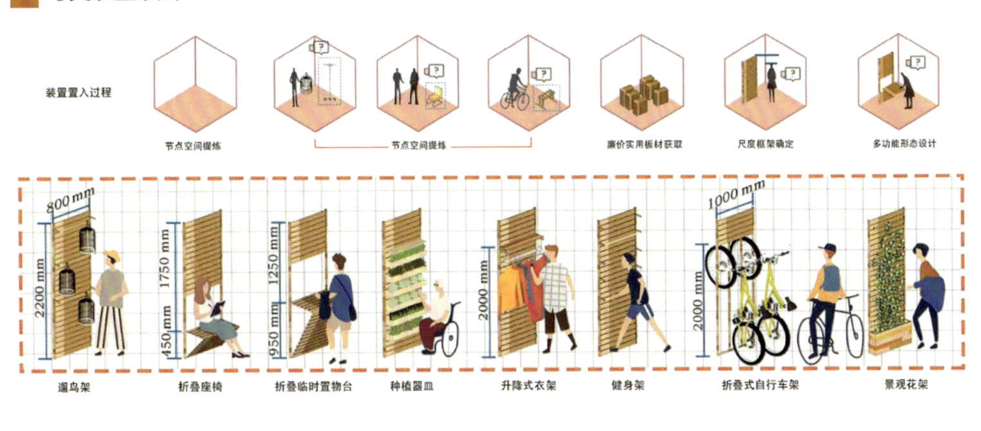

引入器皿装置＋场地人群公共维护＋单体灵活组合

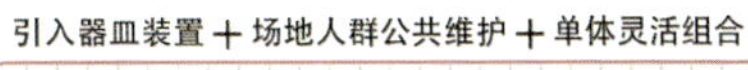

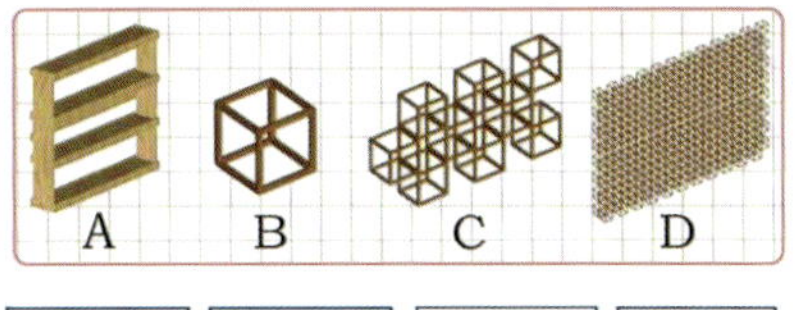

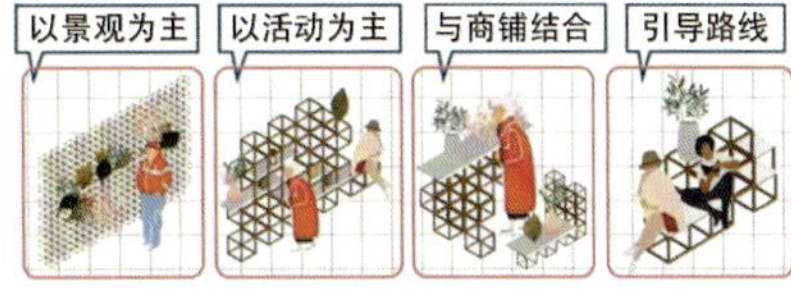

场地人群根据需求自行调整形式，老字号原料种植及展示也可灵活运用该装置

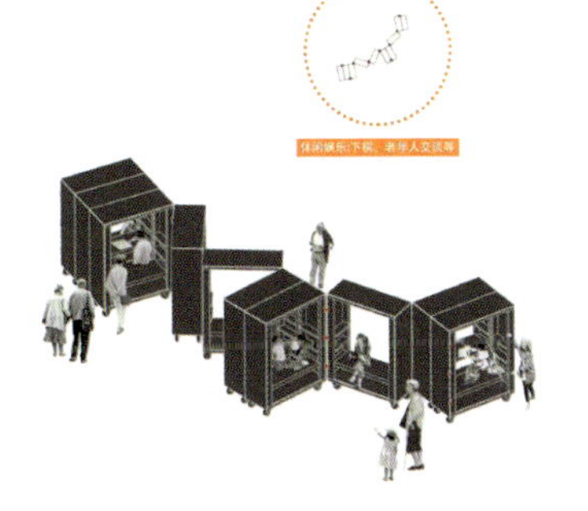

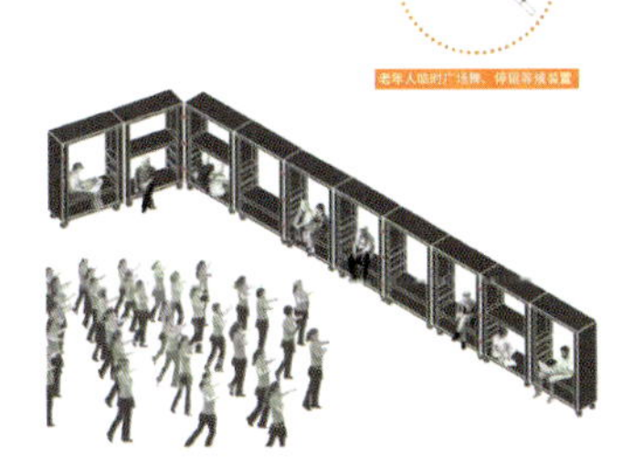

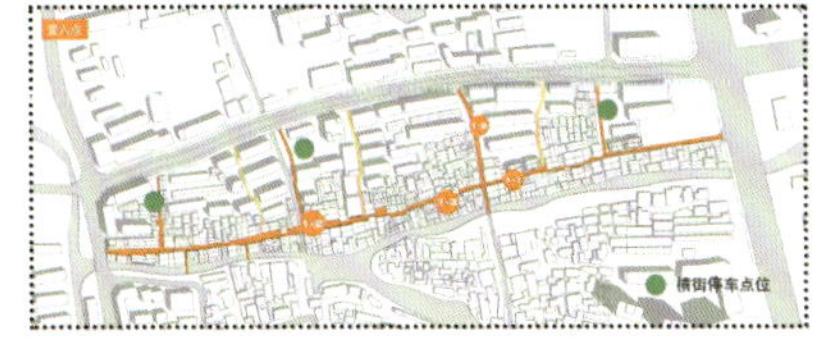

公共空间微更新

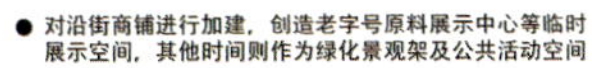

- 对沿街商铺进行加建，创造老字号原料展示中心等临时展示空间，其他时间则作为绿化景观架及公共活动空间

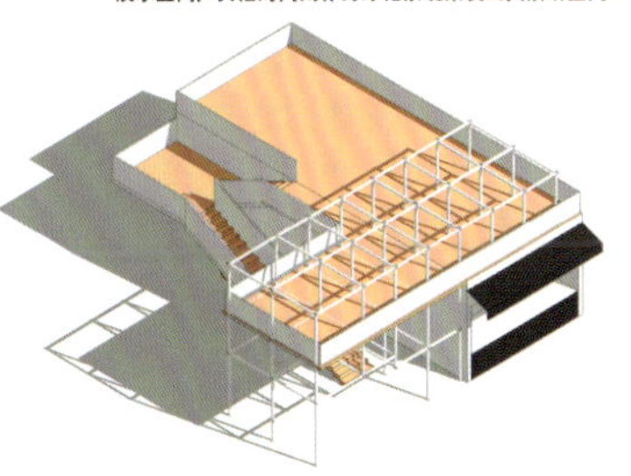

- 将沿街道路拥挤处闲置小建筑改建成公共活动空间，供人流疏散缓冲及公共活动之用

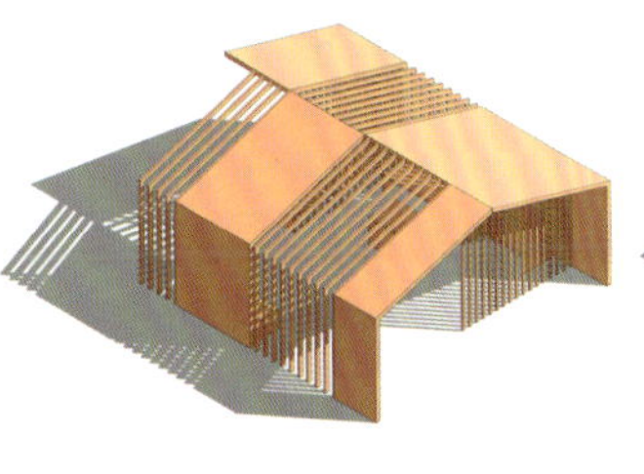

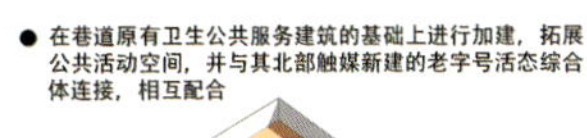

- 在巷道原有卫生公共服务建筑的基础上进行加建，拓展公共活动空间，并与其北部触媒新建的老字号活态综合体连接，相互配合

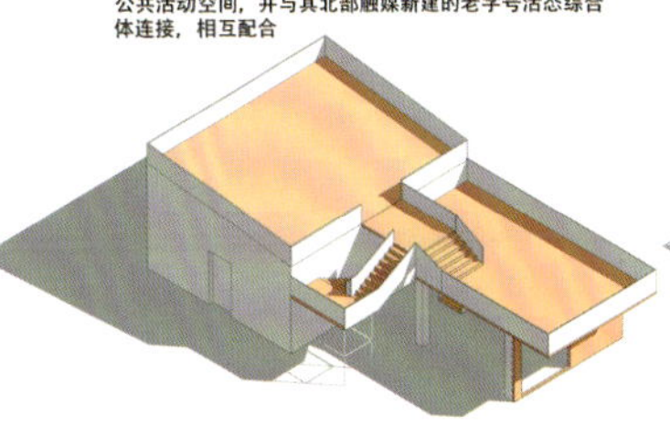

- 在横街主街两侧店铺之间的闲置用地上新建公共活动空间，提供停留等候及休闲活动空间，同时也作为街边绿化空间

2.4 多义模块组合体设计

设计目标

设计目标 设想模块化可变空间使用模式，以满足横街老字号商铺的拓展功能产业置入、老字号相关活动策划的需求，以及老字号临时贩卖点位、基础公共服务设施及空间的需求，从而实现葑门横街与老字号商铺的“互焕新生”。

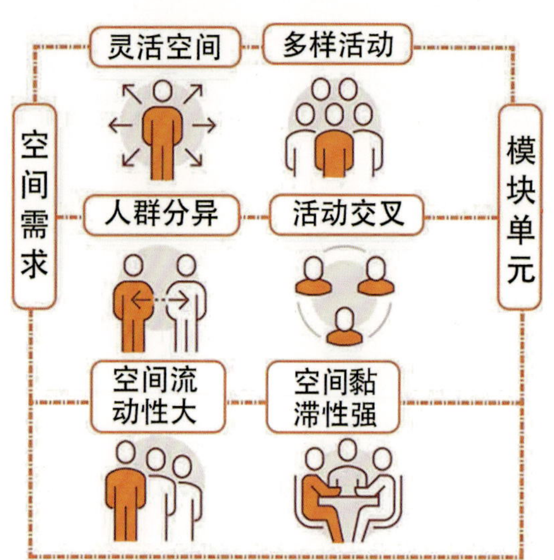

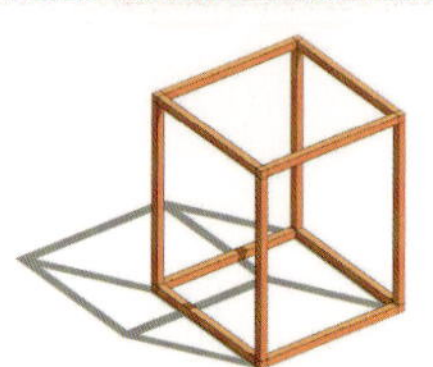

长：2 m
宽：2 m
高：2.5 m

设计方案

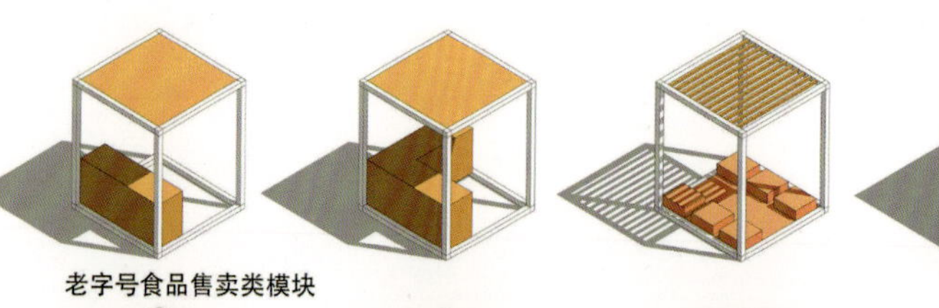

老字号食品售卖类模块

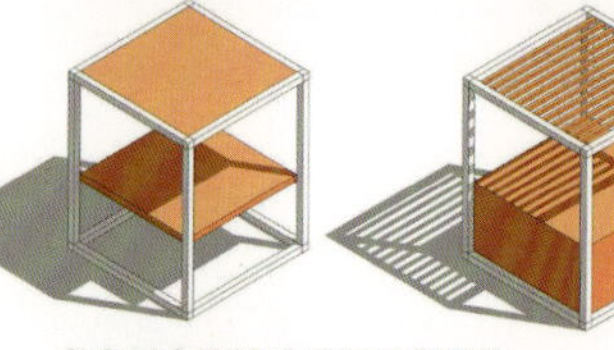

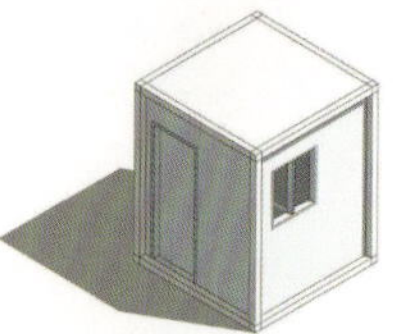

老字号宣传活动及展示类模块

基础设施服务模块（卫生间、垃圾处理）

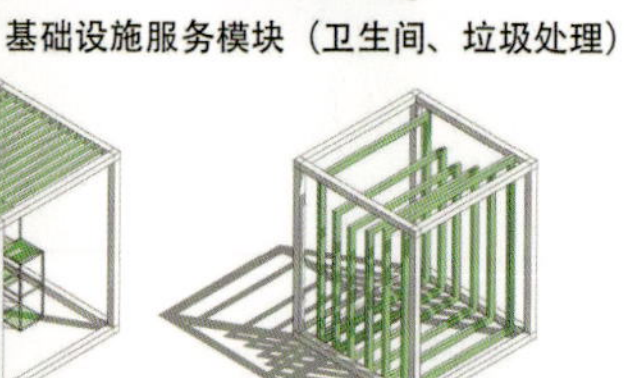

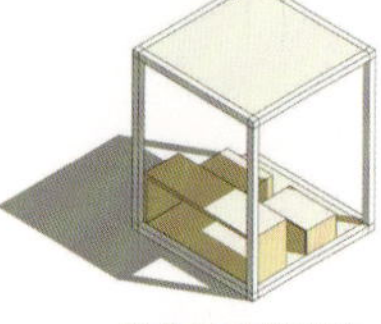

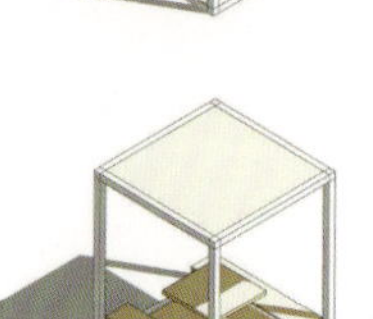

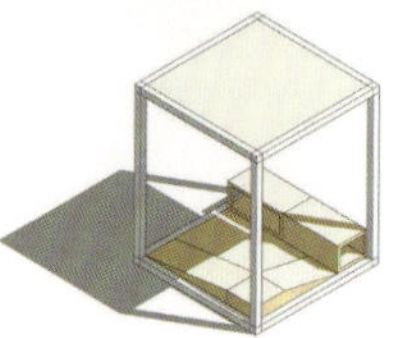

绿化休闲类模块

公共娱乐类模块

两种模式

模式说明

A.老字号节日活动模式
该模式下的主要老字号节日活动包括但不限于老字号美食节、老字号文化宣传大赛、老字号美食创新交流大赛。各类人群可以在此免费品尝老字号美食并参与和老字号相关各类民俗文化活动。各类人群汇集于此，共同促进老字号美食的传播，促进老字号与时俱进。

人群参与情况

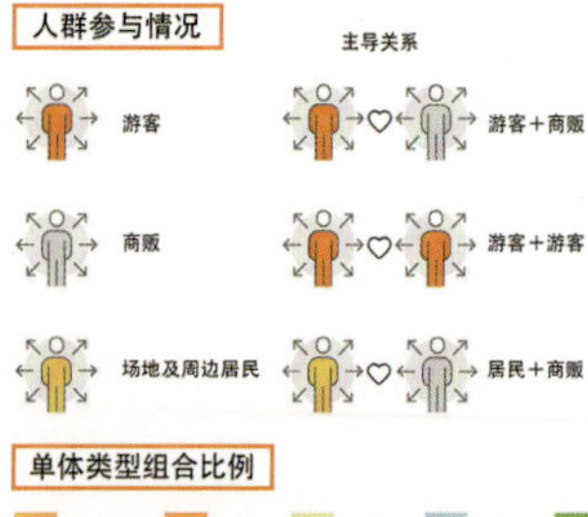

单体类型组合比例

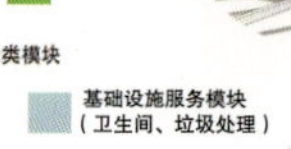

模式说明

B.老字号日常模式
该模式下的主要老字号日常包括但不限于老字号相关元素（如老字号传统用具、老字号原料等）、老字号日常食夜市，常设老字号及横街历史文化展示与宣传、日常休闲娱乐等。

各类人群每日可以在此享受到老字号商夜市美食，还可以就近优先品尝时令美食。该模式下人们将在日常中潜移默化地感受老字号美食与老字号文化的魅力。

人群参与情况

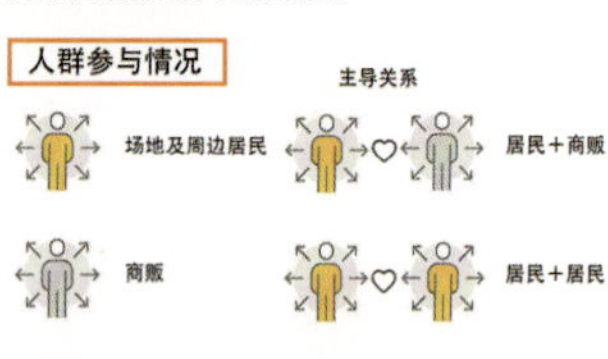

单体类型组合比例

老字号食品售卖类模块
老字号宣传活动及展示类模块
公共娱乐类模块
绿化休闲类模块

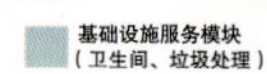

置入点位

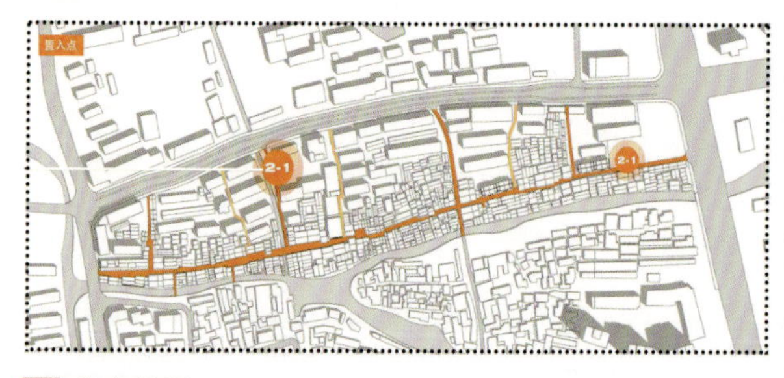

节点效果

效果图

2.5 老字号活态中心设计

技术图纸

设计效果

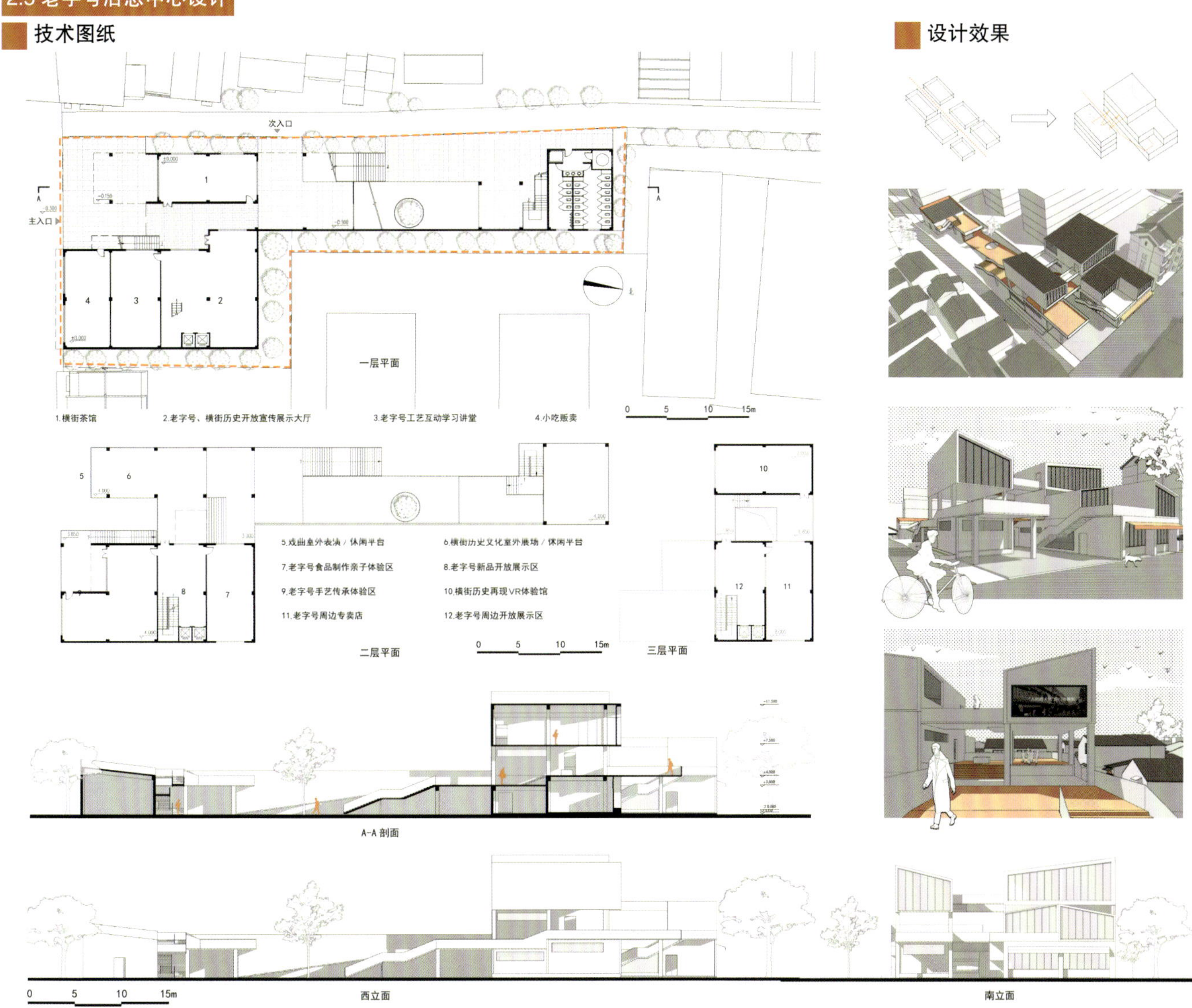

公共服务设施介入下菜场街市的更新路径

用进废退，拾遗补阙

苏州大学
Soochow University

小组成员：徐方舟
指导老师：叶露，王彪

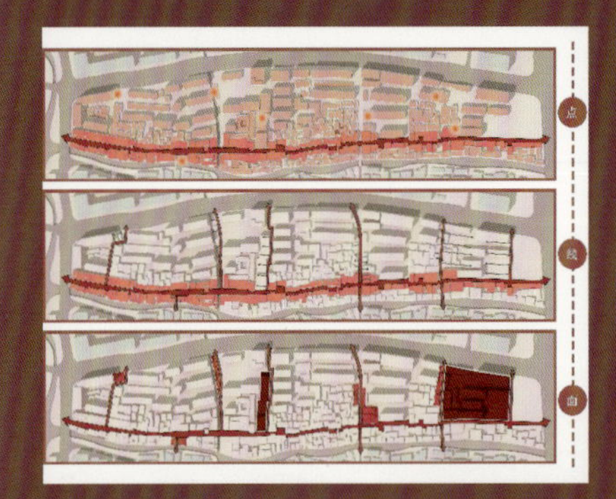

点—线—面的结构关系

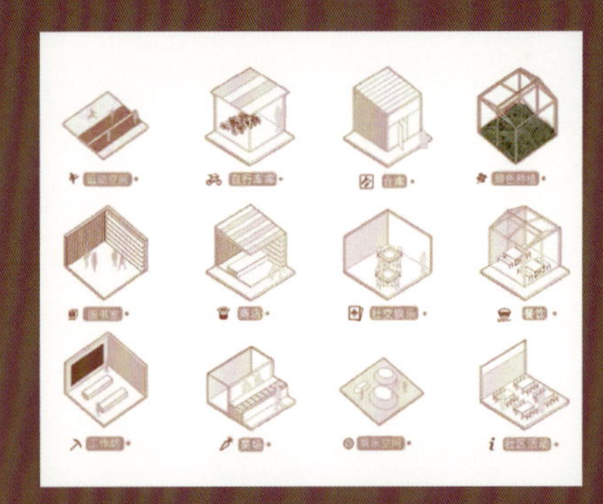

社区功能的置入和更新

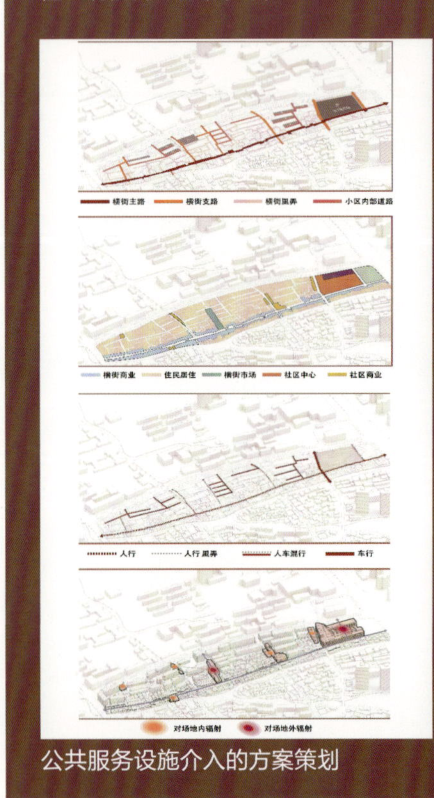

公共服务设施介入的方案策划

设计说明

历史街区一般指文物古迹比较集中或能较完整地体现某一历史时期传统风貌和民族地方特色的街区。历史街区既是体现城市历史文化及风貌特色的空间载体，也是体现城市空间品质及活力特色的重要场所。本次城市设计的地块——葑门横街是一处位于苏州古城城郊，较为典型，且具有浓郁苏州地方特色的历史街区。

自 20 世纪 80 年代以来，在城市扩张的大背景下，历史街区的未来面临严峻挑战。在历史街区文物古迹和历史风貌的保护日益得到重视的同时，历史街区住民的生活环境和日常需求却普遍被忽视，由此引发的一系列问题亟待公共服务设施介入下的街区更新予以改善。

公共服务设施介入下的街区更新作为一种通过优化现有公共服务功能，合理置入新公共服务功能，从而改善历史街区环境的尝试，不仅注重街区环境品质的提升和住民日常需求的满足，还注重对街区活力和融合共生的积极影响。

本次设计首先对葑门横街的场地历史、街巷特点、功能区划和交通流线等四个方面进行了较为细致的分析，并基于场地分析的结果总结了葑门横街在社区环境与配套设施、历史风貌、城市功能更新等三个方面所存在的问题。总体上以解决场地现存诸多问题为目的，在尊重横街历史风貌和空间结构的前提下，以当地住民的日常需求为导向，通过公共服务设施介入的手段进行街区更新实践。

在总体规划和空间布局层面，街区更新设计采用大体保留与局部拆除、新建相结合的模式。街区更新方案以横街主路以北的若干条支路为核心，在此基础上于适当的位置新建连接横街主路与场地北侧葑门路的支路。围绕这一系列支路，笔者将进行一系列操作。操作将以解决现有问题和尊重原有空间结构与历史风貌为导向，操作区域呈现“点—线—面”的分布特点。其中：“点”指在各条支路增设或改建的自行车棚和垃圾回收点等市政公用类公共服务设施；“线”指沿各条支路布置的小规模新建区域，具体布置基本延续现有的支路建筑布置格局；“面”指两处北邻葑门路、南至横街的大规模新建区域，将分别进行市场和社区中心的设计。

笔者希望通过公共服务设施介入这一手段及不同程度的操作，在功能布局、道路组织、景观绿化等多个维度实现葑门横街片区的更新，使现有问题得到较好的解决，当地住民的生活环境得到有效提升，街区的居住与商业功能实现共生共融。

设计感悟

笔者对苏州古城始终怀有浓厚的兴趣，在沉醉于传承至今的古老城市肌理和饱经沧桑的传统民居时，也注意到当地住民较为恶劣的生活环境，以及年轻人大量迁出历史街区的趋势。笔者认为，就历史街区的更新而言，公共服务设施介入保护，改善住民的生活条件并非保护历史建筑和城市肌理的对立面，这两者相辅相成，对于维系历史街区的活力缺一不可。然而令人遗憾的是，这两者中，前者吸引了绝大多数专家学者的目光，针对后者的有关研究与更新实践则要少得多。这也正是我这次毕业设计选题的契机。

本次更新设计是以解决问题为导向的，我针对毕业设计场地现有问题，进行了若干基于公共服务设施介入的探索和尝试，但无论是总体规划还是单体操作都有许多不足之处。例如，虽然对住民、购物者、租户和游客等多个群体之间的平衡进行了一些思考，但仍偏重住民的日常需求，而对其他三个群体的考虑过少；场地东侧的社区中心体量过大，与横街的整体风格不够协调；等等。总的来说，我认为自身在选题上并非没有新意，但在方案的具体推进过程中，一些地方推进不够深入，还有一些地方则走了弯路，这是较为遗憾的。对于这次毕业设计所暴露出的问题，我也要在未来的求学生涯中加以注意和改正。

参加联合毕业设计是一次难得的体验，其他三校同学的思路与表现手法给了我许多启发，老师们的指导意见也对我帮助颇大。在此，我对参加此次联合毕业设计的同学和老师致以最诚挚的谢意。

3. 公共服务设施介入下菜场街市的更新路径

3.1 背景分析

场地历史

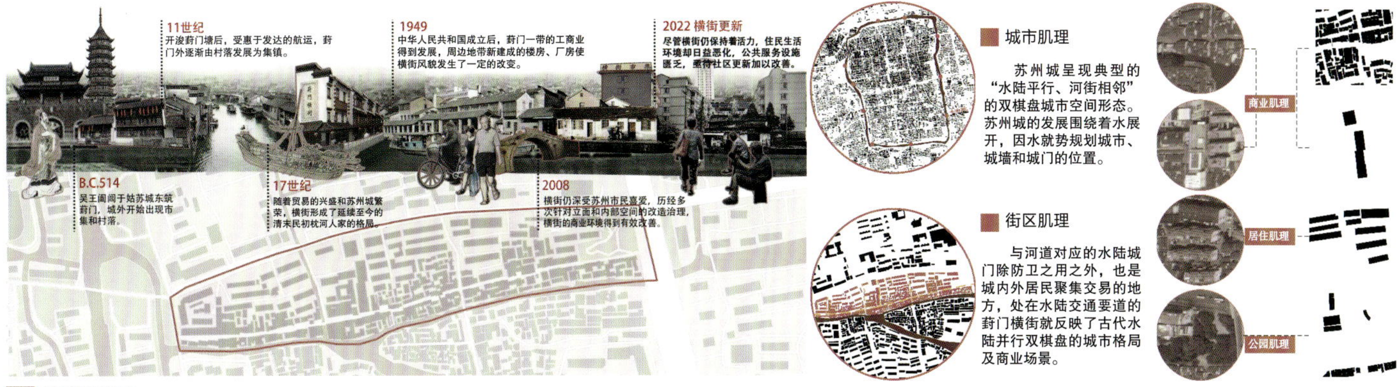

城市肌理

苏州城呈现典型的“水陆平行、河街相邻”的双棋盘城市空间形态。苏州城的发展围绕着水展开，因水就势规划城市、城墙和城门的位置。

街区肌理

与河道对应的水陆城门除防卫之用之外，也是城内外居民聚集交易的地方，处在水陆交通要道的葑门横街就反映了古代水陆并行双棋盘的城市格局及商业场景。

横街肌理

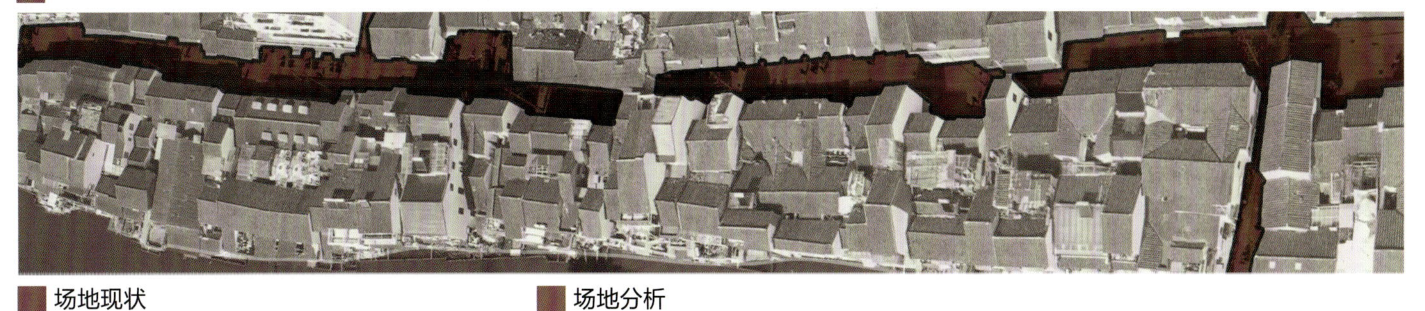

场地现状

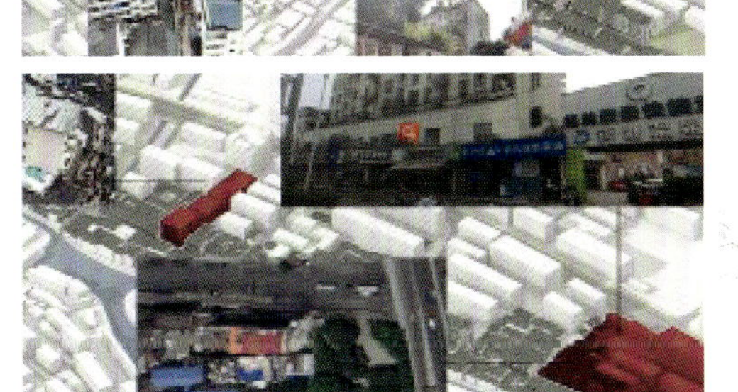

场地分析

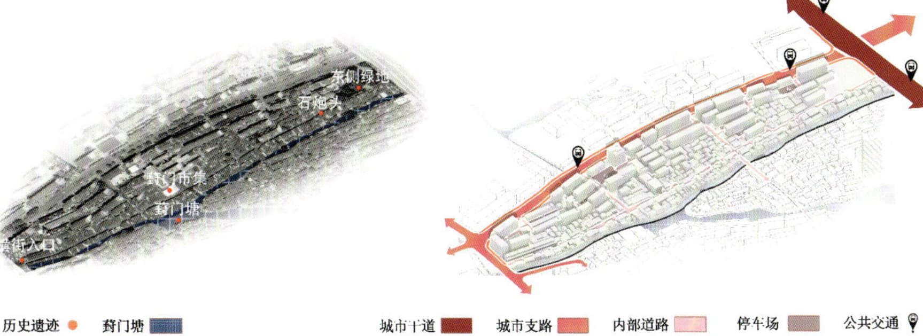

葑门横街　　交通流线

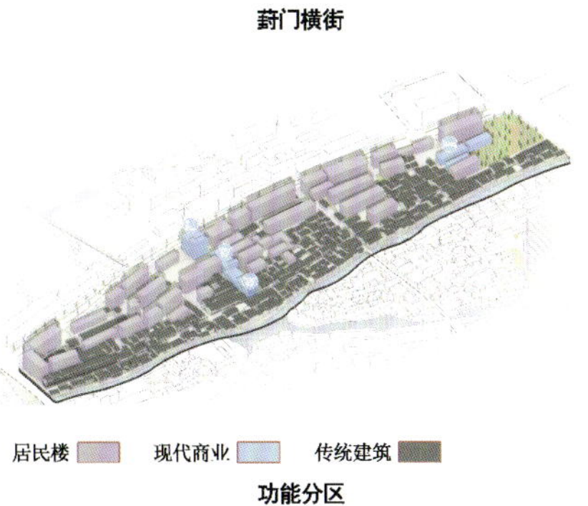

功能分区

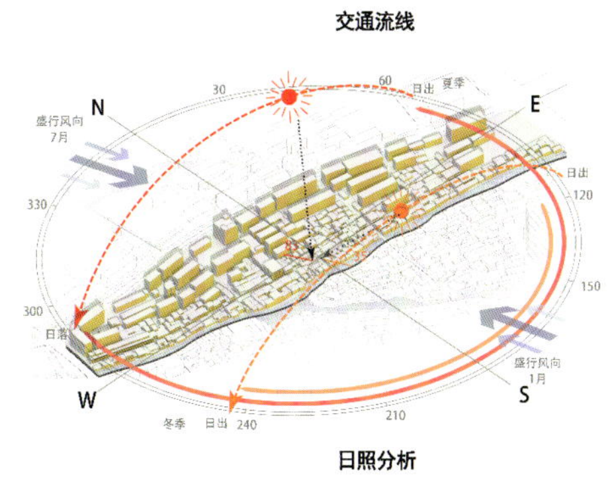

日照分析

现状问题

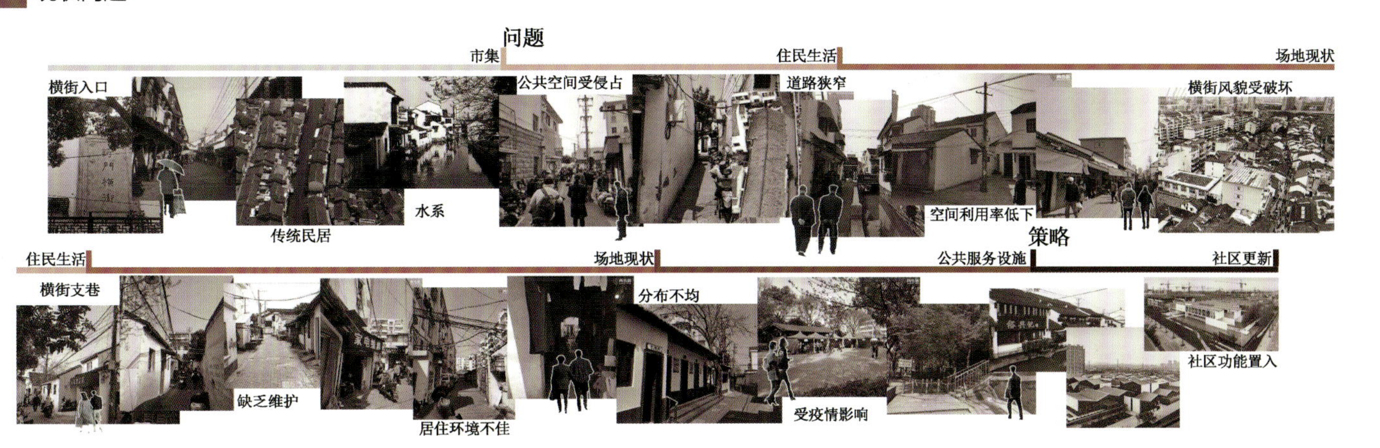

3.2 设计思路

研究框架

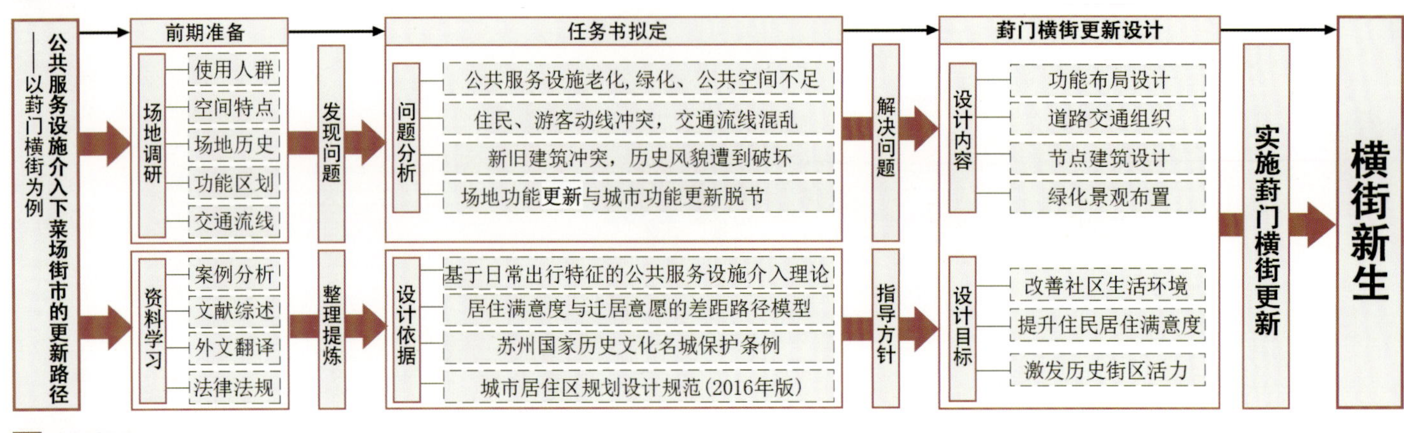

空间提取

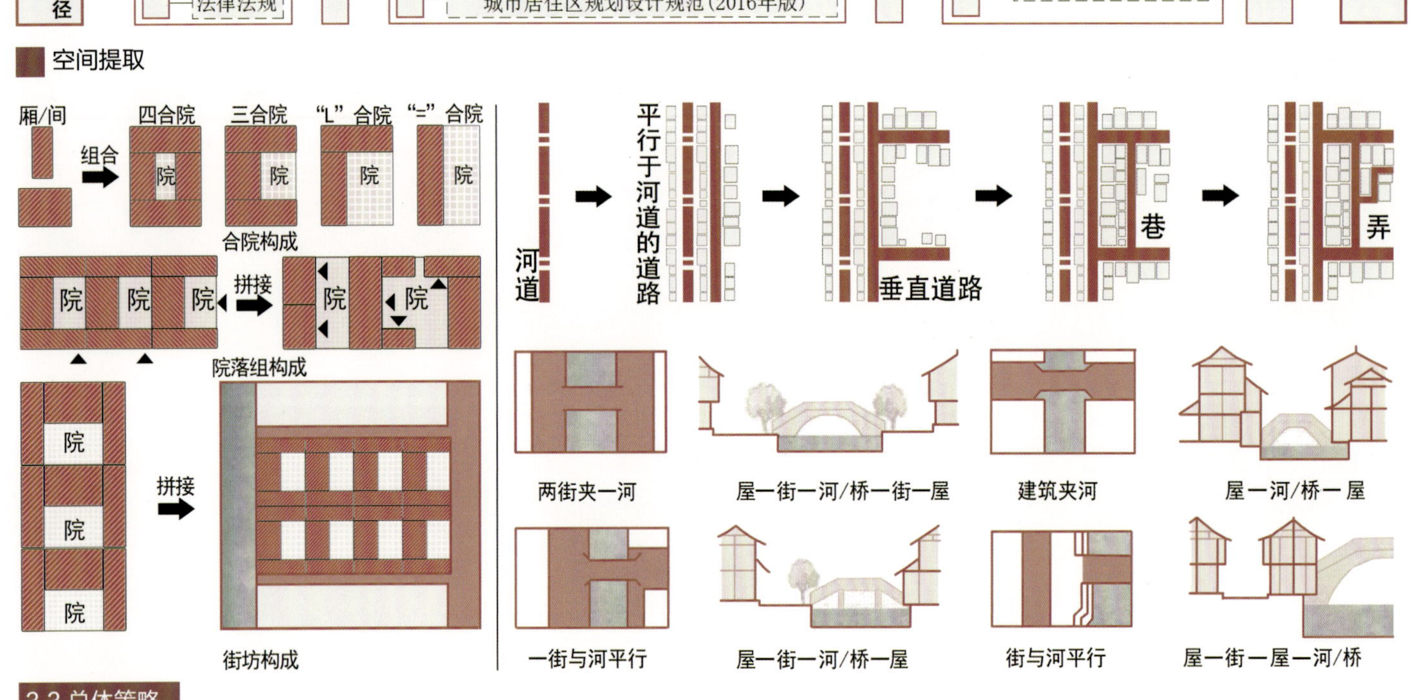

3.3 总体策略

初步策略

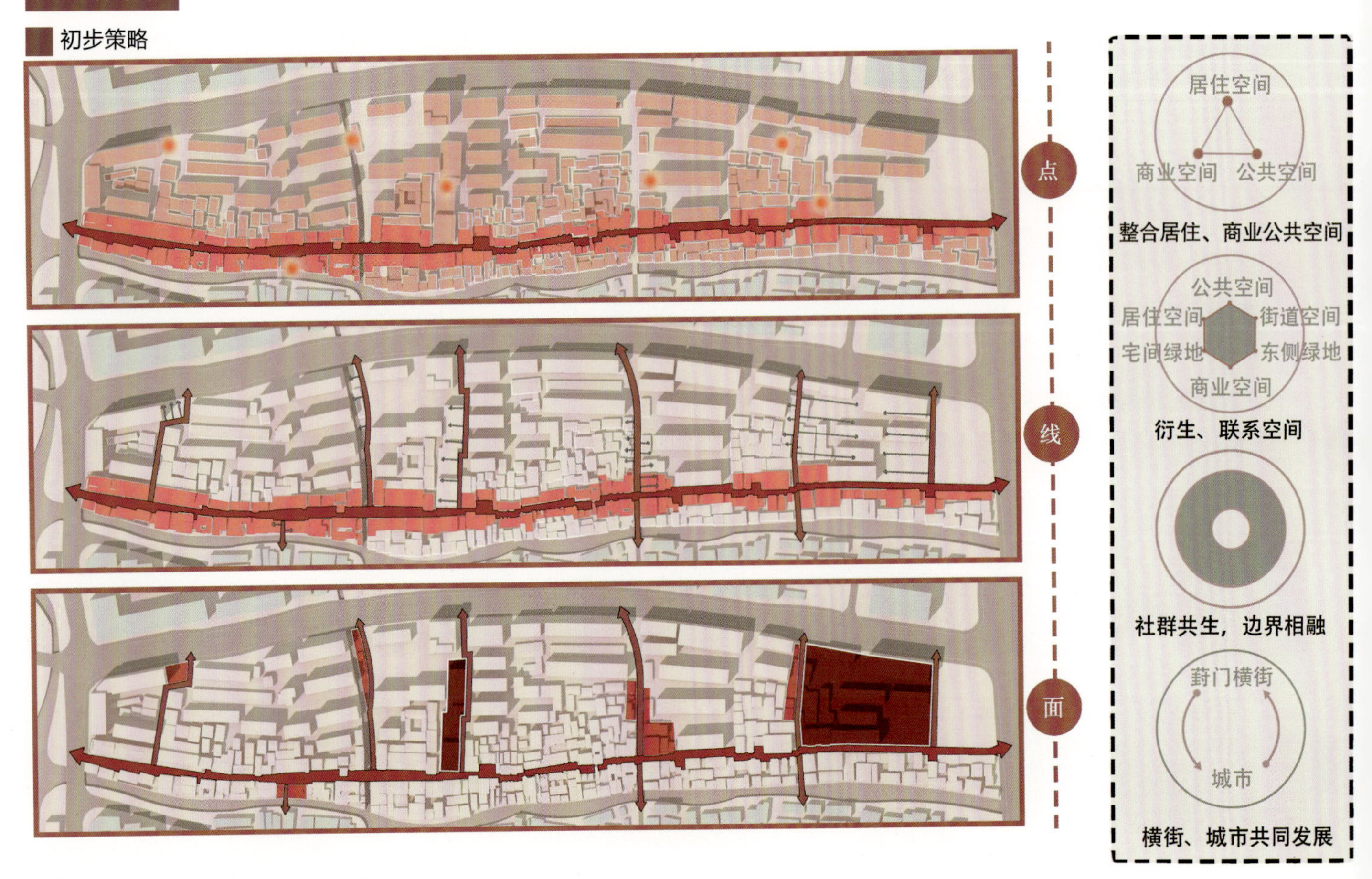

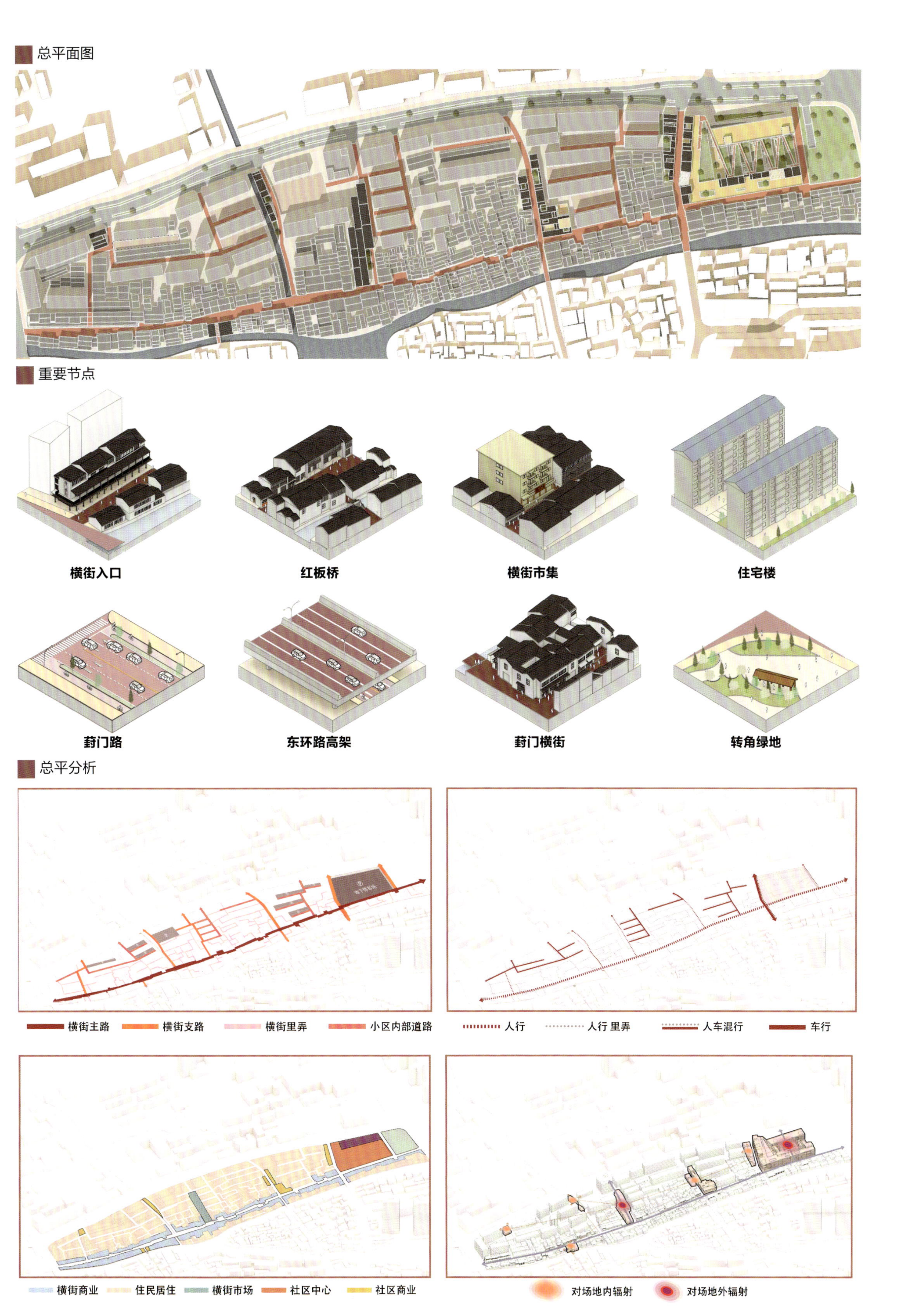
总平面图
重要节点
横街入口
红板桥
横街市集
住宅楼
葑门路
东环路高架
葑门横街
转角绿地
总平分析
横街主路
横街支路
横街里弄
小区内部道路
人行
人行 里弄
人车混行
车行
横街商业
住民居住
横街市场
社区中心
社区商业
对场地内辐射
对场地外辐射

3.4 社区中心设计

效果图

爆炸分析图

体块生成

建筑分析

平面图

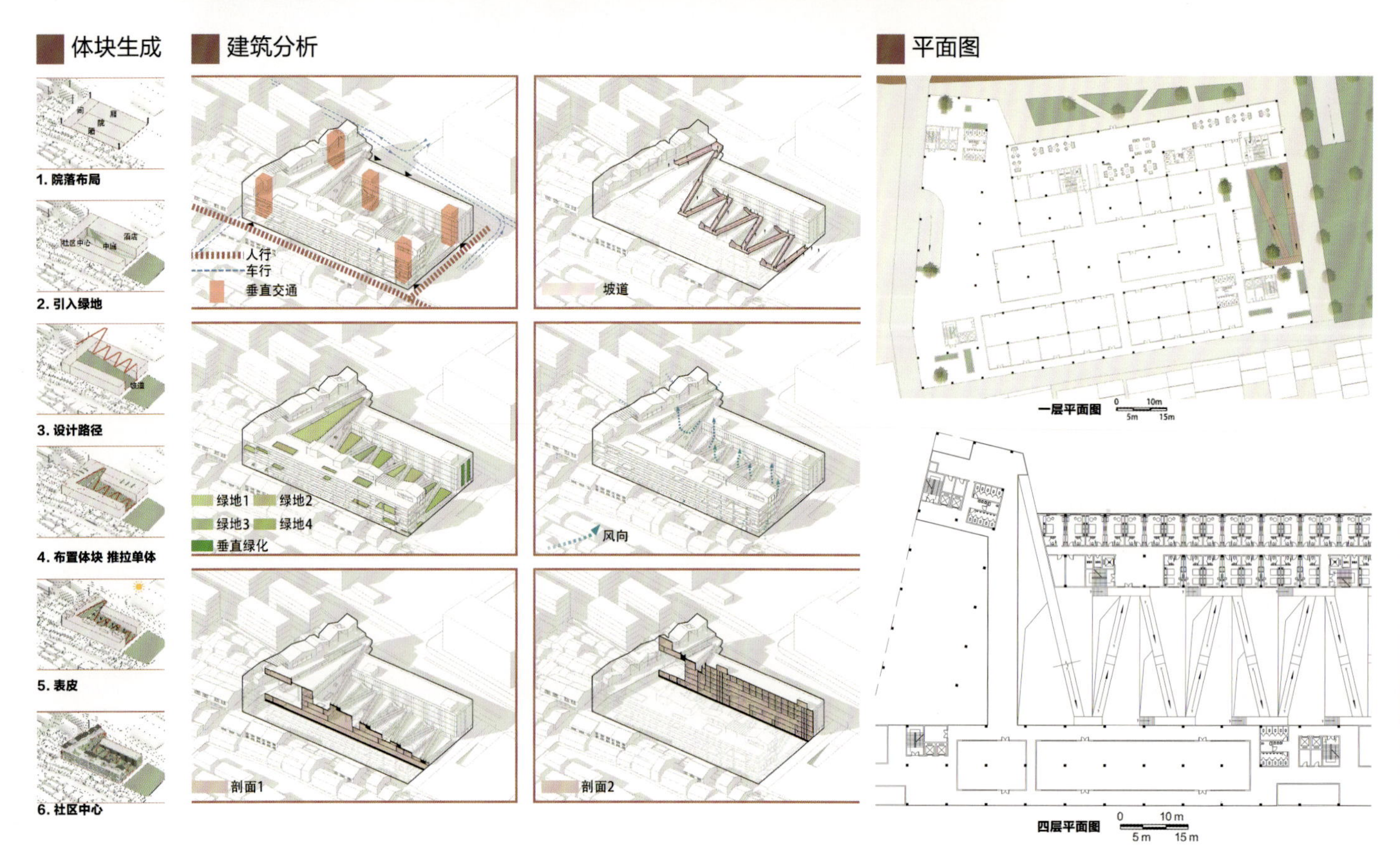

剖面图

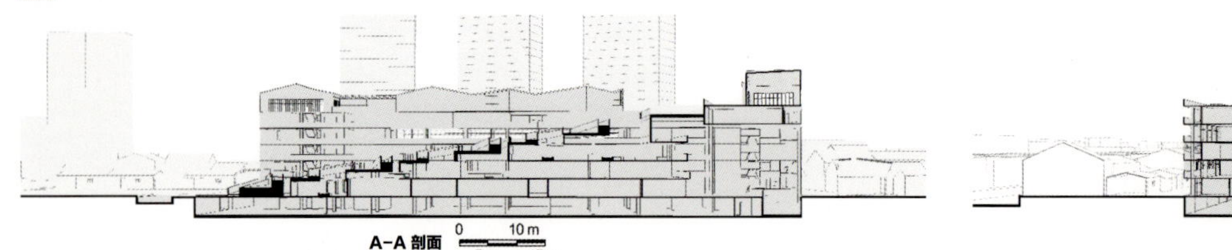

君到葑门见，春船载绮罗

苏州大学
Soochow University

小组成员：孙海航
指导老师：叶露

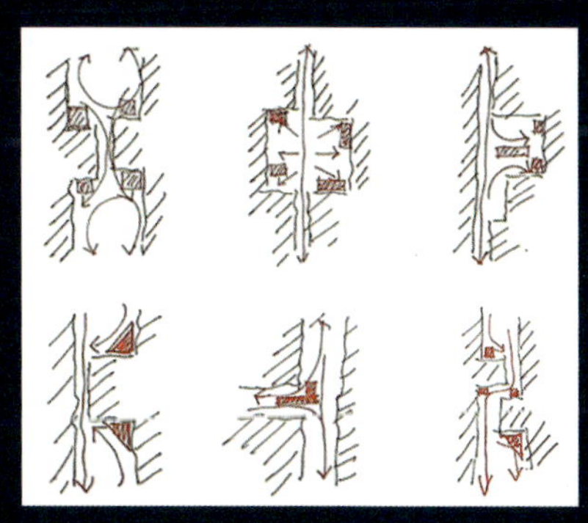

第一阶段

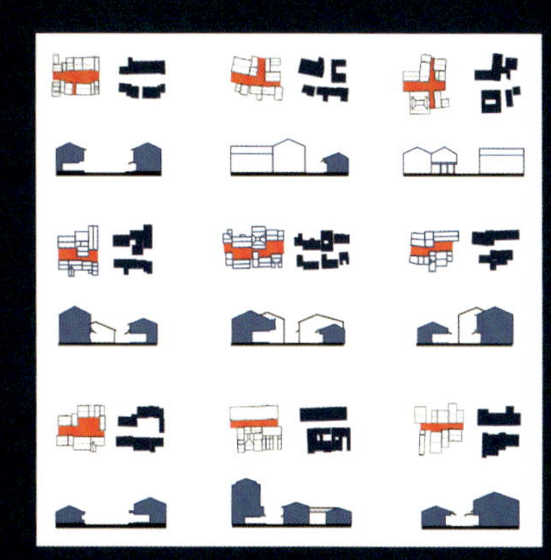

第二阶段

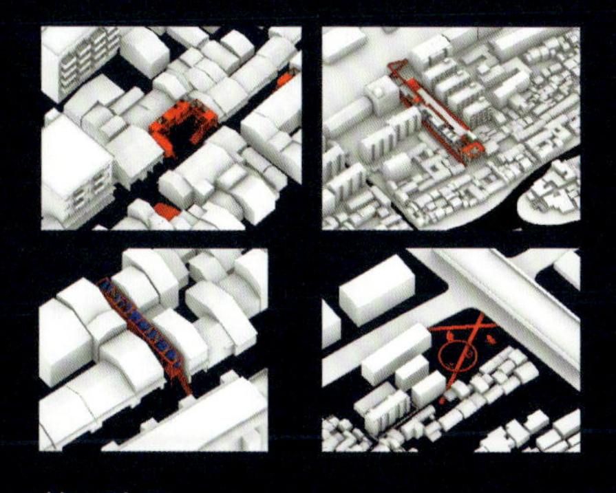

第三阶段

设计说明

本次设计的场地位于苏州市姑苏区葑门横街片区，葑门横街不仅是一条承载了苏州城市发展历史、保存了苏式民居的老街，更重要的是它作为城市菜场对于周边居民的生活意义。百年来城市菜场的功能和形式日新月异，而葑门横街老菜场依旧保留着苏州特有的市井烟火气，这也是葑门横街与其他历史街区最大的不同。作为一条位于城市中心区域的老街，葑门横街最难能可贵的是在商业浪潮席卷的当下，人们依旧能穿梭其中感受苏州老城的生活节奏。

葑门横街菜场之于苏州市井文化的传承意义和它之于周边居民日常生活的不可替代性意味着我们必须跳出一般的古镇设计思维。本次设计我以对城市形态的研究为出发点，试图通过研究型的思维重新梳理古街肌理，并将街道的公共空间作为设计的切入点。我基于意大利城市类型学派的理论，研究其对意大利城市形态类型的研究方法，并将其应用到对横街街道空间的分析中，以空间的公共性为标准总结横街范围内公共空间的形态类型。

基于以上对于基地的理性分析与研究，我提出了一种基于空间形态类型学研究的空间更新策略，从不同空间的形态、条件、需求入手进行节点的改造，并提出了一系列可能的公共空间装置类型及其空间形态。在城市层面，从整体的角度审视横街片区整体的空间使用现状，并对同类型空间进行梳理和整合。在拓展城市公共空间和绿地的同时考虑滨水空间利用的可能性，将零散的开放空间通过路径的重新排列进行联系。

对于街区内的节点空间，采取插入结构体的方式进行空间扩展，在保留横街整体空间肌理的前提下使公共空间的使用更加灵活多变。同时，为了满足城市居民对于日常蔬果购买的需求，我设想了一个面向未来城市的立体菜场空间，将种植、观光、售卖相结合。新型的菜场不仅可以作为居民日常生活的市场，还可以作为城市中的绿色农业景观，并保留了作为城市公共服务空间的其他使用可能。

设计感悟

中国大多数的历史街区改造，与其说是改造不如说是由历史模式向商业模式的转变，立面改造、网红店引入、欧式风格，俨然成了街区改造的一种模板，这也导致了无论哪个城市总会有一条看起来一模一样的“老街”。这种商业模式的兴起导致人们很难再去体味城市的烟火气息，这对于城市文化的传承而言是一个莫大的损失。

通过这次联合毕业设计，首先我对苏州的城市文化和生活有了全新的认识，城市的繁华并不只存在于靓丽的商业中心和招揽游客的商业古镇，更能体现城市本身风景与韵味的地方恰恰是那些被我们逐渐遗忘的隐秘的市井角落。在我对横街进行调研的过程中，横街浓郁的烟火气息、生活气息使我着迷，也充满了生命力。

在本次设计中，我希望通过较为理性的方式，借助一定的理论基础，客观地审视这条老街，在进行设计更新的同时也能将设计结果作为对城市的一种记录保留下来。通过这次设计，我也更加深入地学习了有关类型学的理论和知识，并对城市层面上的设计有了更加全面的了解。同时，我也认识到，我们对于城市更新的操作不仅要谨慎、理性，还要面向未来，为城市生活创造更多可能。

4. 可操作的城市历史

4.1 背景分析

区位分析

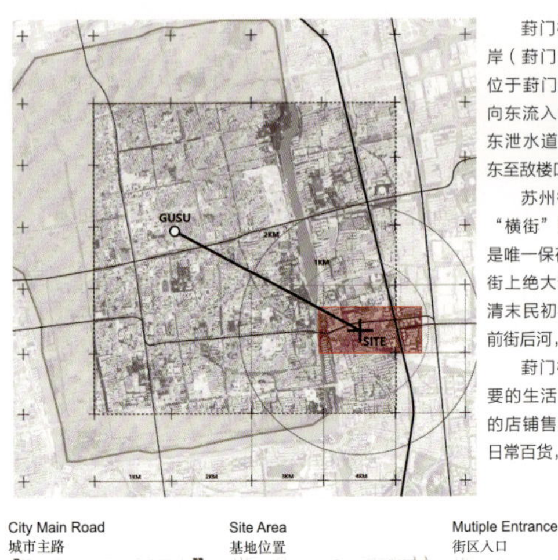

葑门横街位于葑门塘北岸（葑门塘又名“葑溪”，位于葑门外，源自外城河，向东流入金鸡湖，为外城河东泄水道），西起徐公桥，东至敌楼口与石炮头相接。

苏州街巷中有多条名为“横街”的街巷，葑门横街是唯一保存较为完整的横街，街上绝大部分建筑仍保留着清末民初枕河人家的风格，前街后河，河街并行。

葑门横街是周边居民重要的生活市场，沿主街两侧的店铺售卖时令蔬菜水果与日常百货，市井气息浓郁。

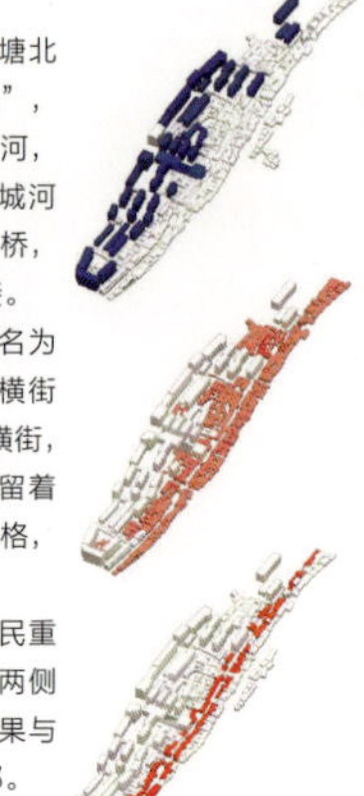

City Main Road 城市主路
Site Area 基地位置
Mutiple Entrance 街区入口
River 河流
Parking Lots 停车场
City Park 城市公园
Residential Quarter 居民区
Public Service 公共服务

沿街空间碎片

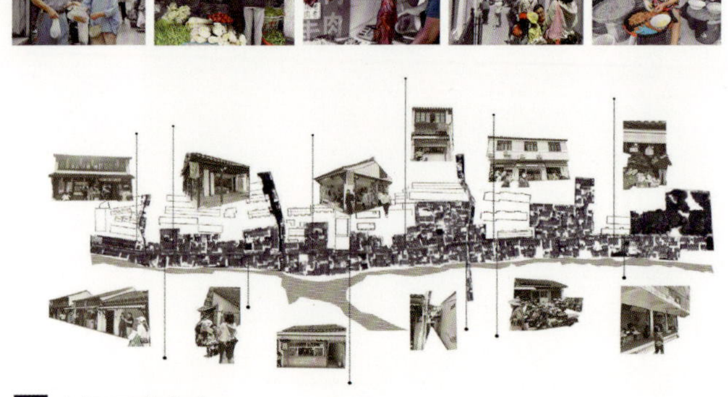

空间尺度分布

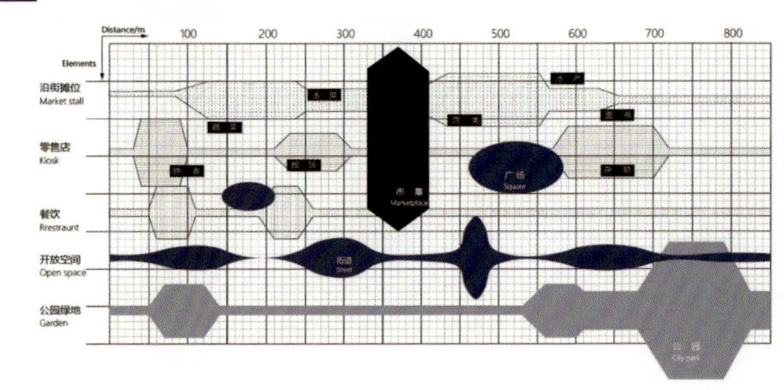

4.2 概念分析

概念来源——形态类型学

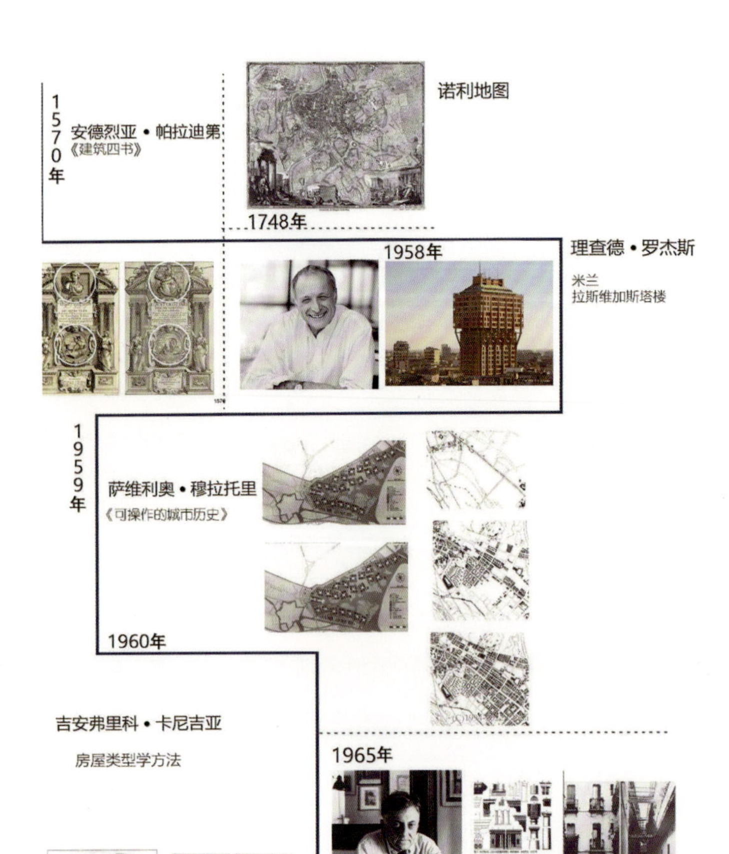

空间形态类型研究

空间类型

平面形态 / 剖面　　平面形态 / 剖面　　平面形态 / 剖面

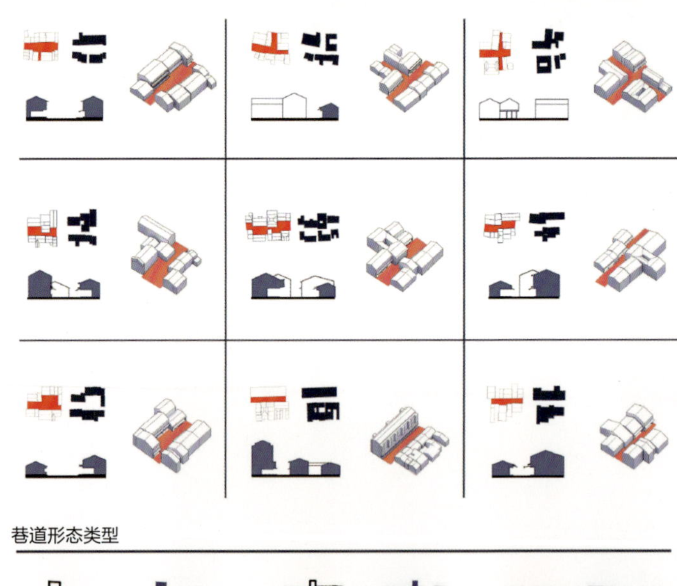

巷道形态类型

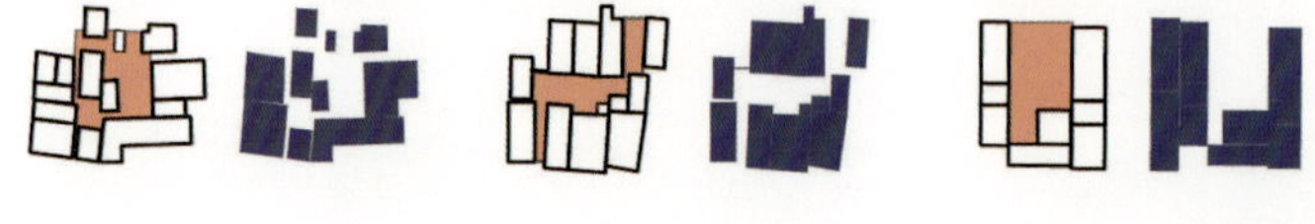

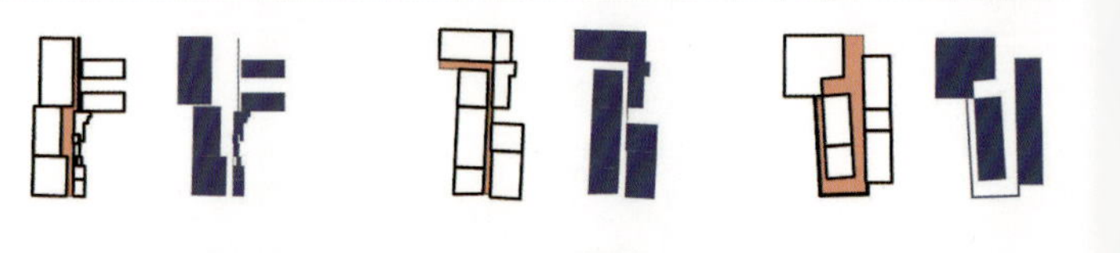

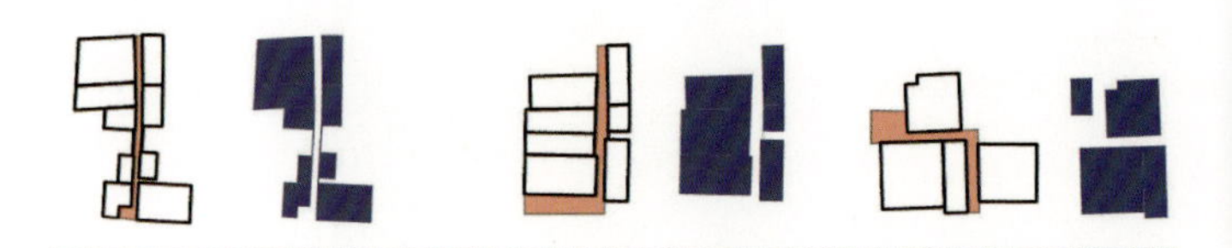

4.3 设计策略

效果图

总体策略

重构绿地空间，置入小尺度口袋公园，整合滨水景观

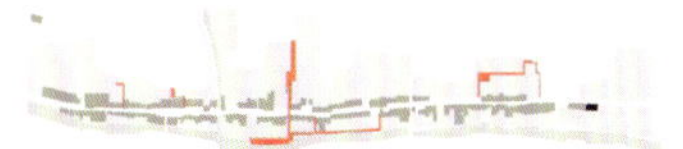

构建立体巷道空间，加强街区内部的可达性与漫游体验感

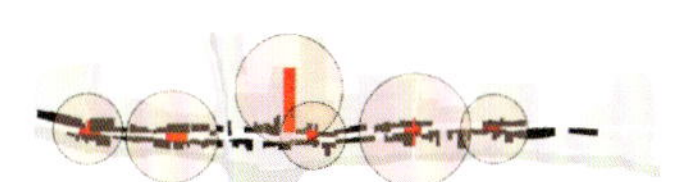

在公共空间节点插入多种装置，拓展公共空间功能，使游览体验多样化

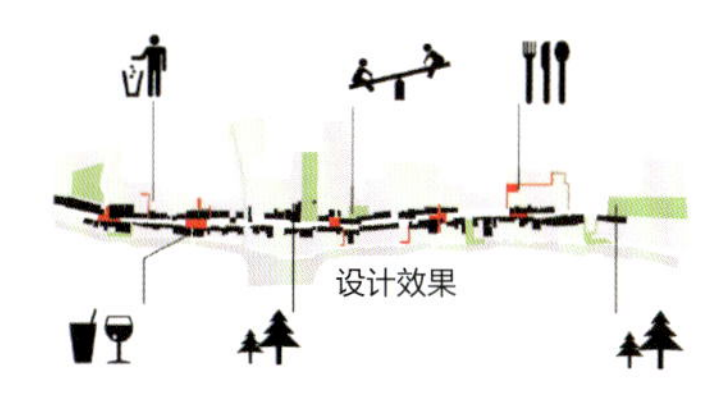

总平面图

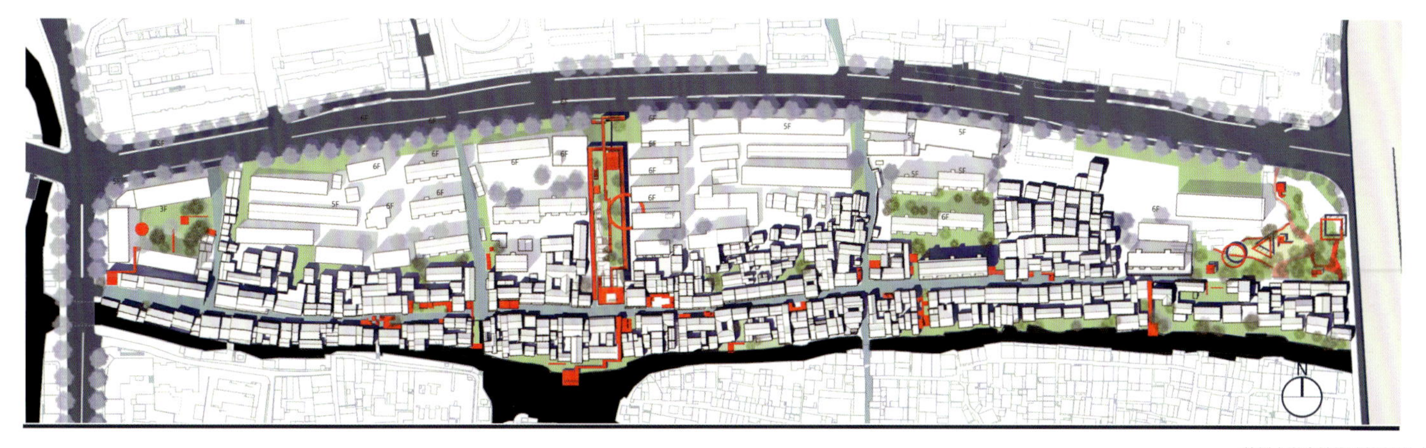

4.4 改造过程

装置介入

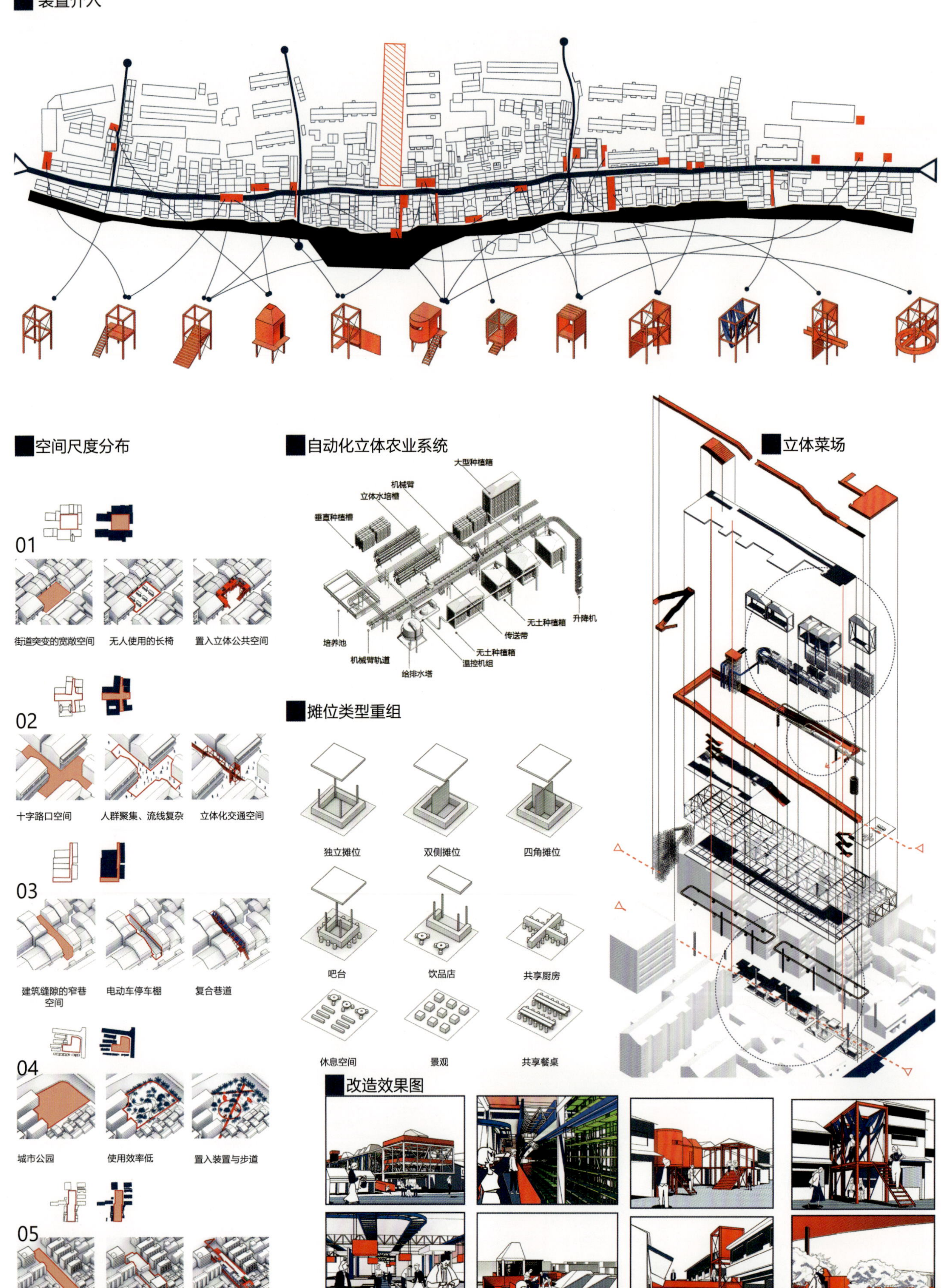
空间尺度分布
01
街道突变的宽敞空间
无人使用的长椅
置入立体公共空间
02
十字路口空间
人群聚集、流线复杂
立体化交通空间
03
建筑缝隙的窄巷空间
电动车停车棚
复合巷道
04
城市公园
使用效率低
置入装置与步道
05
城市菜场
空间杂糅拥挤
主体菜场
自动化立体农业系统
大型种植箱
机械臂
立体水培槽
垂直种植槽
无土种植箱
升降机
传送带
培养池
无土种植箱
温控机组
机械臂轨道
给排水塔
摊位类型重组
独立摊位
双侧摊位
四角摊位
吧台
饮品店
共享厨房
休息空间
景观
共享餐桌
立体菜场
改造效果图

日暮裹盐沽酒归

苏州大学
Soochow University

小组成员：欧得利，潘晶晶
指导老师：叶露

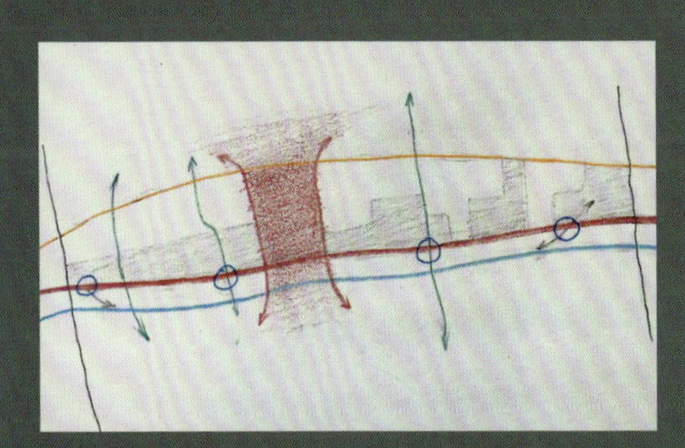

第一阶段 构思图

第二阶段 草图

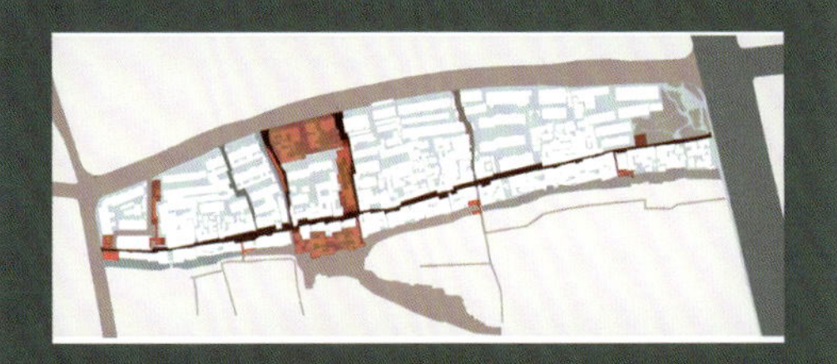

第三阶段 定稿图

设计说明

本次设计基于苏州传统街巷——葑门横街提出场地规划。葑门横街作为苏州的一条历史老街，其河街并行的体系能够很好地反映姑苏的水陆双棋盘城市格局。葑门横街的市集文化与姑苏当地的时令活动紧密结合，是反映苏州风土民情的特色街道，这一区域的城市更新应有效地将街道活力融合到城市活力当中。目前，葑门横街是一条缺少公共停留空间的狭窄街道，不仅受场地入口空间的限制，北部的居民区也对街区活力的延伸产生了阻碍。

于城市界面，规划区作为其西侧老城区的衍生和现代城市风貌的新生，既要服务于当地居民的市井生活，又要服务于周边城市的发展，在街区规划上需要增强场地与城市街道的对话，于边界处引入城市的公共功能作为过渡，将城市商业、居家办公、城市广场、文化策展作为城市线路葑门路的公共活动节点。

于场地红线中，整体规划上保留原有的居民区及横街商业模式，以葑门路、葑门横街及葑门塘三线的打通来突出场地的中心区域，同时提高人群在场地内的流动性，将原有的街区活力延伸到河街并行的滨水岸线及中心区域与城市相结合的入口空间。

其一，城市入口空间的建筑改造在保留其原有功能需要的基础上融入区域缺失的功能，将场地原有的停车区域置入地下，置换出如社区服务、休闲庭院、文化策展、城市广场等功能，于底层补全面对城市道路的沿街界面，作为城市商业的功能，以小尺度的模块肌理呼应横街场地的肌理，构建活动平台，营造出底层的商业氛围。上层以居家办公的形式置换原来的办公楼，打造住宅和办公的结合体。同时，打造城市通向街道的引入口，置入一个小型城市文化建筑，该城市文化建筑与商贸空间围合而成的城市广场可以作为一个聚集性场所，是横街时令活动或文化宣传与城市的对接。这些建筑所围合的内部庭院空间也可以作为城市与街道的公共停留点使用，以促进各类人群之间的交流，提升城市界面的公共活力。

其二，滨水岸线主要以茶楼点心店、民艺生活、制作工坊、街巷酒馆等水岸休闲功能的置入来营造空间氛围，沿用街道原有的小尺度建筑群体，以单坡屋面的形式组合出各类公共空间和庭院绿点空间，包括底层通行空间、二层的平台空间和亲水区域，以建筑的屋顶与二层廊道空间的串接使整个建筑群在分布中散落有致，整体打造出街巷尺度的休闲水岸市集。

于节点线路上，在原有室内集市的场地上以新建的商业贸易线连通三线，于草鞋湾处新增街区的辅助功能，在原有入口区域、城市绿地及连接其他社区的水上节点空间处以点位打开的方式实现节点的放大，以滨水停留点的置入来呼应河街并行体系，并增加狭长街道内的公共停留空间。

设计感悟

首先，在城市设计中对地块的规划需要更多地结合城市实际，让地块融入城市。处理地块与城市边界处的功能，引导城市中的人群走向地块，将地块的魅力散发到城市中是重要目标。

其次，对于地块现有功能的置换。当原有功能显得必要时，我们需要思考如何引进新的功能与之融合，如何在同一块场地上既能丰富功能又能提高场地的利用率，以此为基础使人群在场地的活动多元化，从而自然地激发城市活力，使之与街道活力相融合。

再次，我们在进行城市设计时要发扬场地本身的特色，在表达自己想法的同时不能忽视区域本身的历史文化价值，在地块的设计上以横街的市井烟火气息、河街并行体系为背景和基调，使场地现存的问题得到解决。

最后，城市设计下的建筑设计要以城市设计的整体脉络为基调，无论是建筑功能的置入还是建筑形式的选择，都要根据城市设计的整体规划在不同区域施以适当的设计手法，使建筑设计与城市设计相辅相成、相得益彰，通过它们之间的共同作用使场地更具活力，以更便捷、实用的形式融入城市。

5. 链街连巷——苏州葑门横街片区城市更新

5.1 背景分析

区位分析

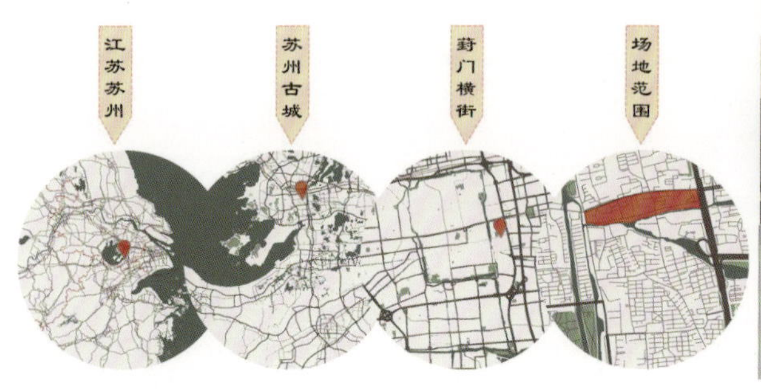

历史分析

《送人游吴》（唐·杜荀鹤）
君到姑苏见，人家尽枕河。古宫闲地少，水巷小桥多。
夜市卖菱藕，春船载绮罗。遥知未眠月，相思在渔歌。

葑门：为旧时吴县水八门之一。东连葑门塘，进独墅湖、金鸡湖等水系，水产资源十分丰富。据资料记载，苏州城区内坊市难以长久，为方便农商交易，在城门内外附近逐渐形成了街市，如阊门横街、盘让横街等。葑门横街就是以葑门外的葑门塘为延伸发展而成街市，旧时与阊门横街组成了东南—西北的格局，而位于葑门的重对角的是吴县商业横街，阊门横街对外与其他县进行贸易，横街则对内仍负责吴县本地的日常交易，后者至今在进行农产品交易。葑门横街最大限度地保留了苏州生活的市井气息，其商业特色就是根据时令变化售卖当季果蔬与熟食。

资源价值分析

1. 生态——水系格局价值

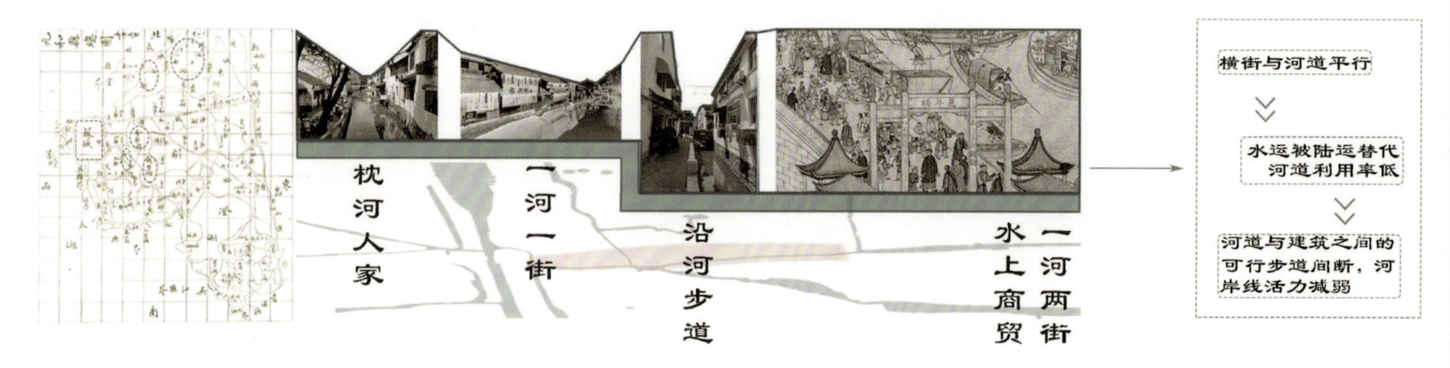

2. 市井风貌——苏州时令文化价值

3. 街巷老字号——非物质传承价值

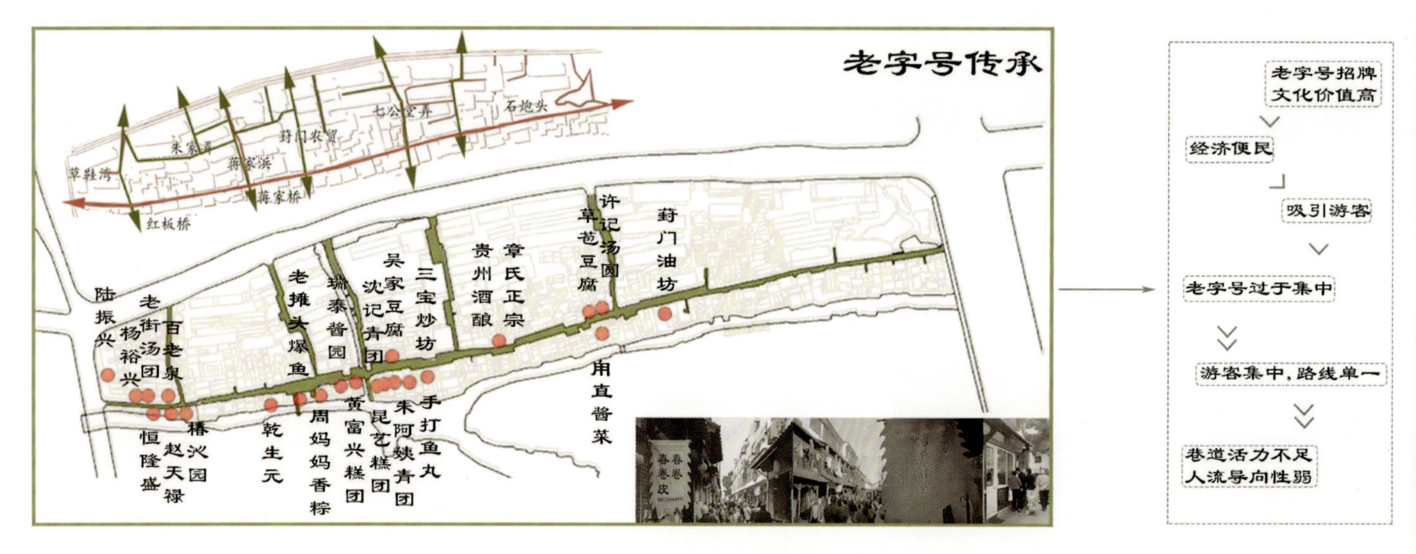

5.2 基地分析

历史分析

现状分析

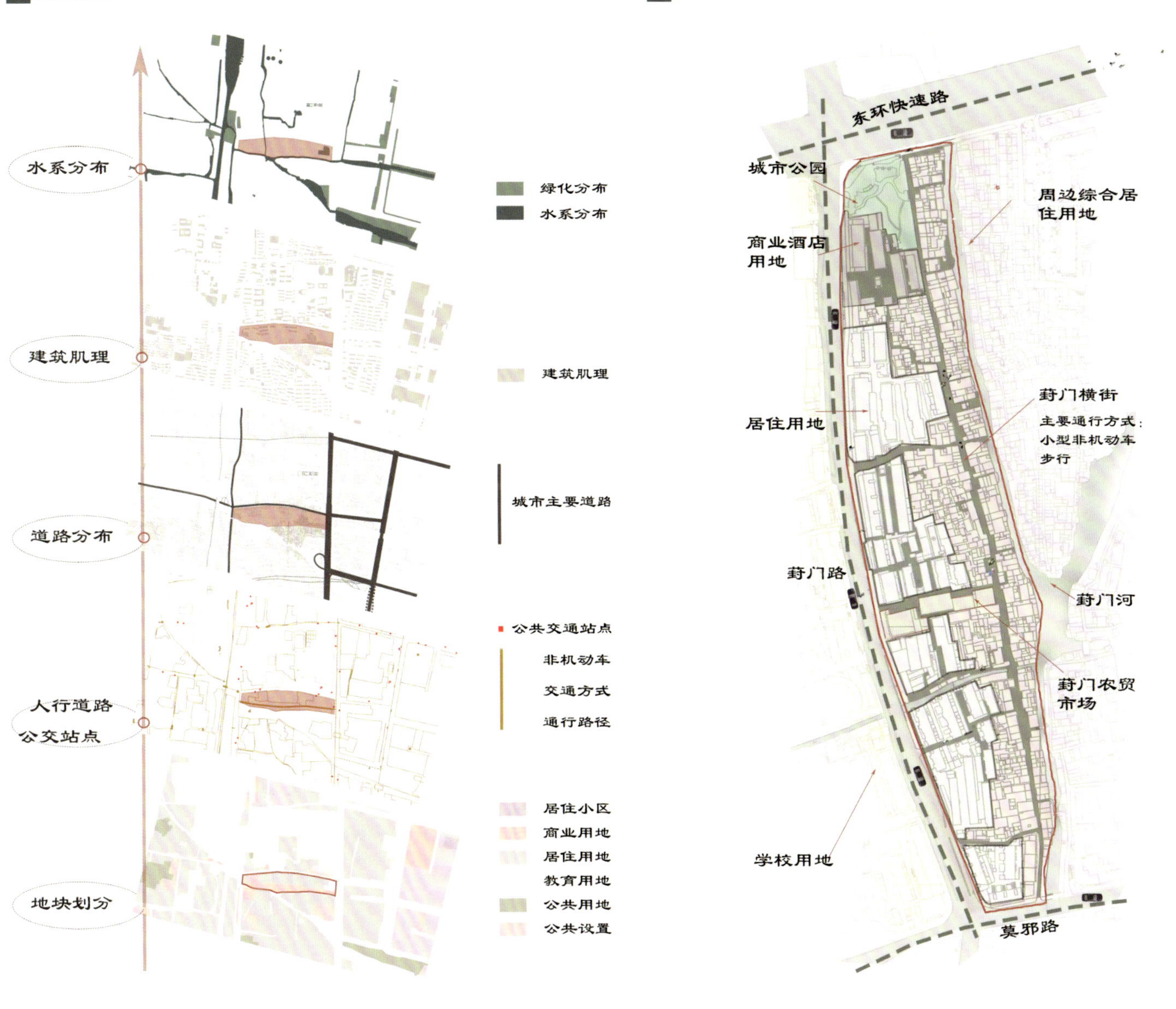

5.3 总体方案设计

初步策略

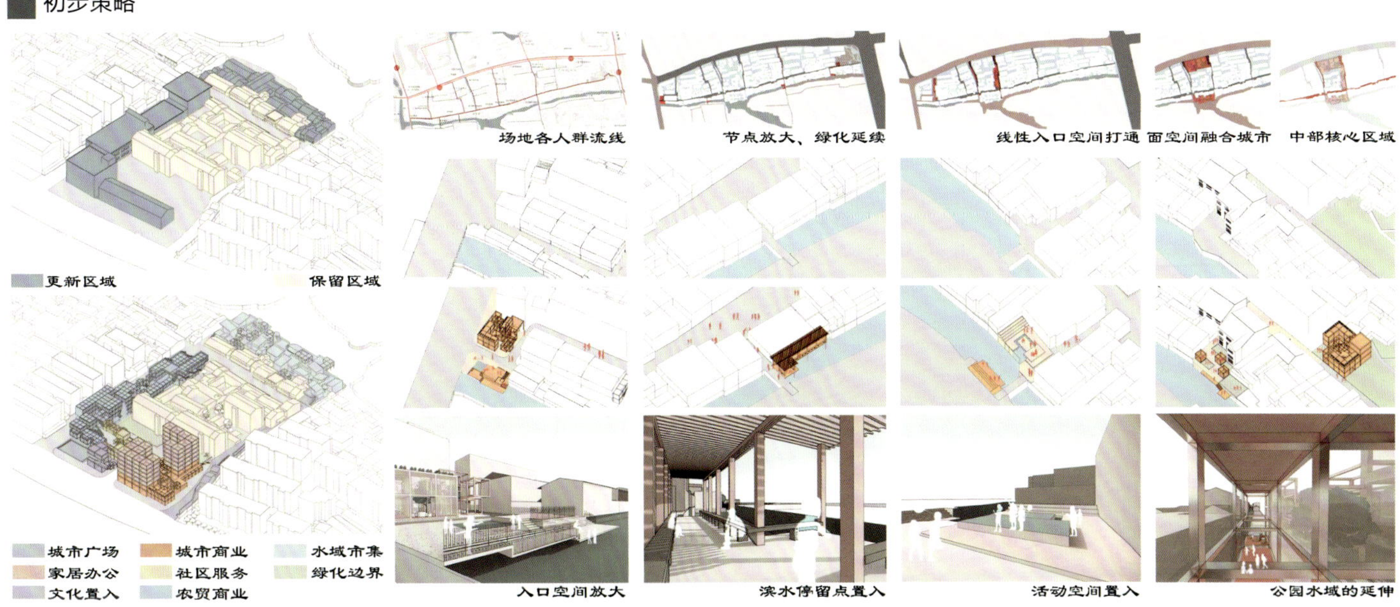

以入口空间的打造来加强街道与城市的对话关系，使之成为横街与葑门路对话的节点空间，在还原原有建筑面积的同时置入区域缺失的功能和面向更多人群的新功能，由外向内引入区域活力。

总平面图

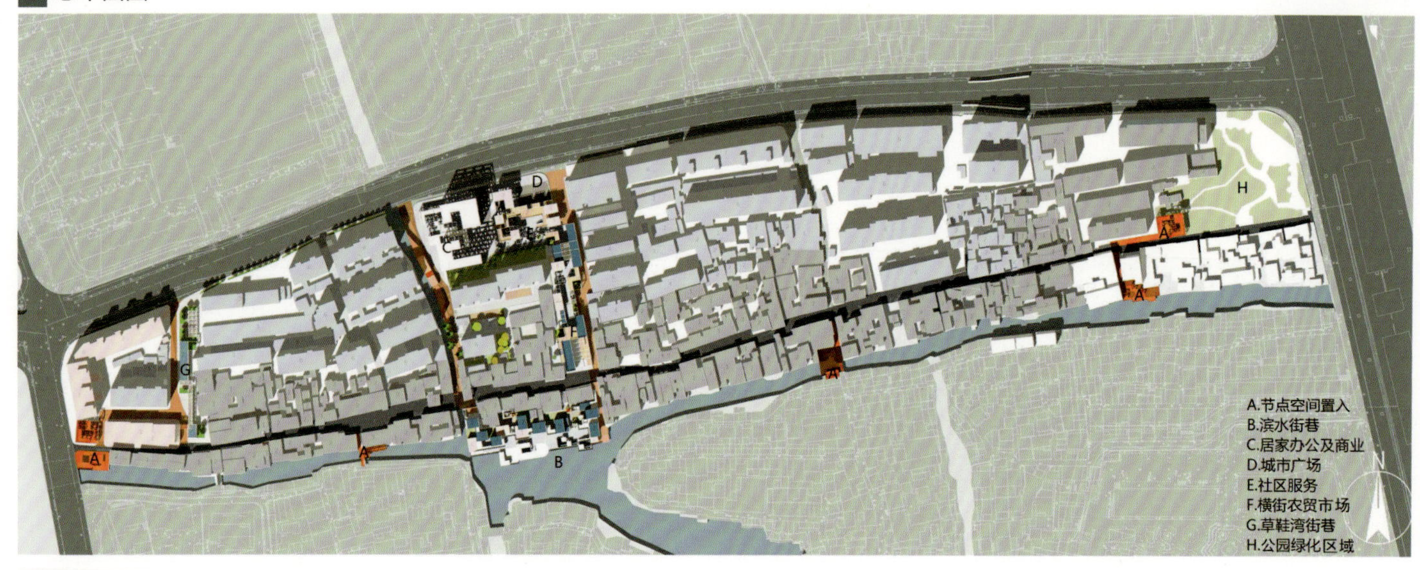

操作方案

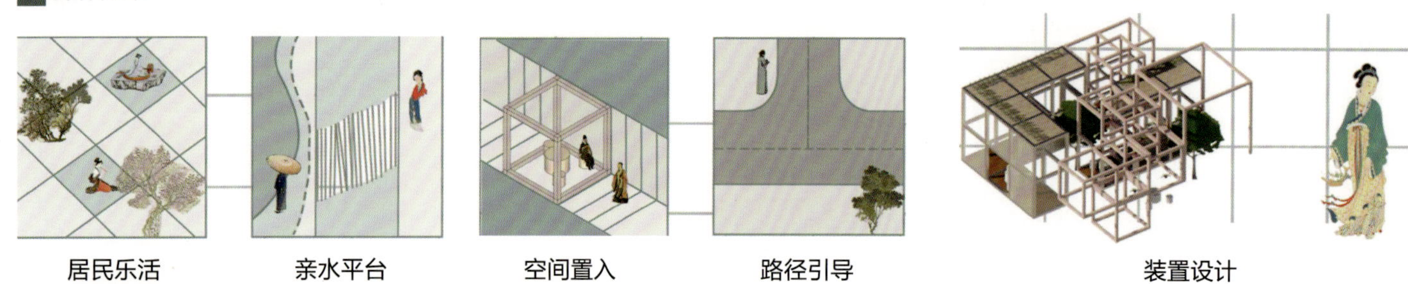

5.4 设计策略

空间操作策略

空间场景轴测

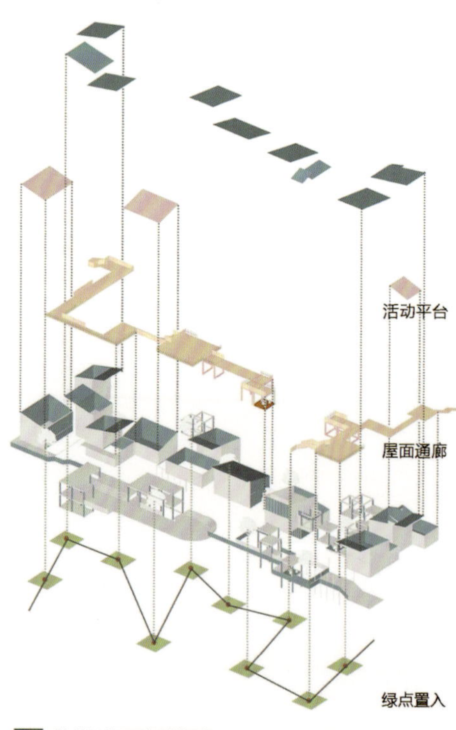

建筑模数控制

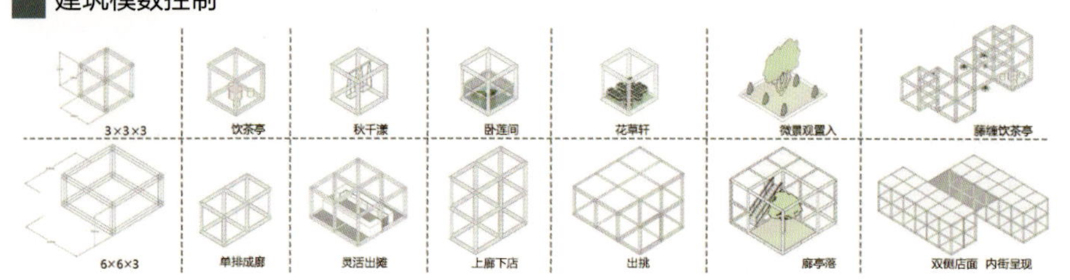

草鞋湾更新策略

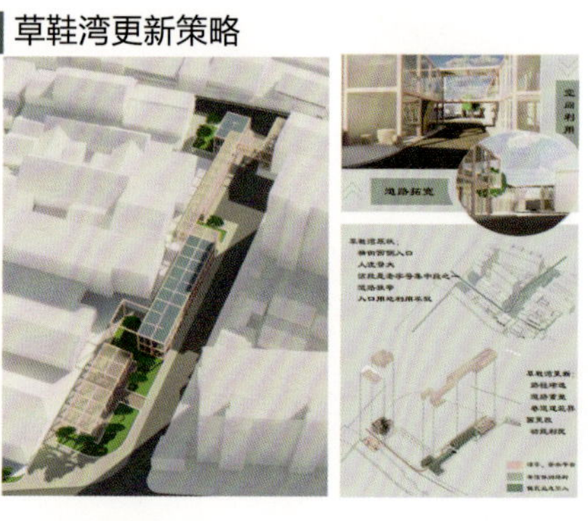

效果图

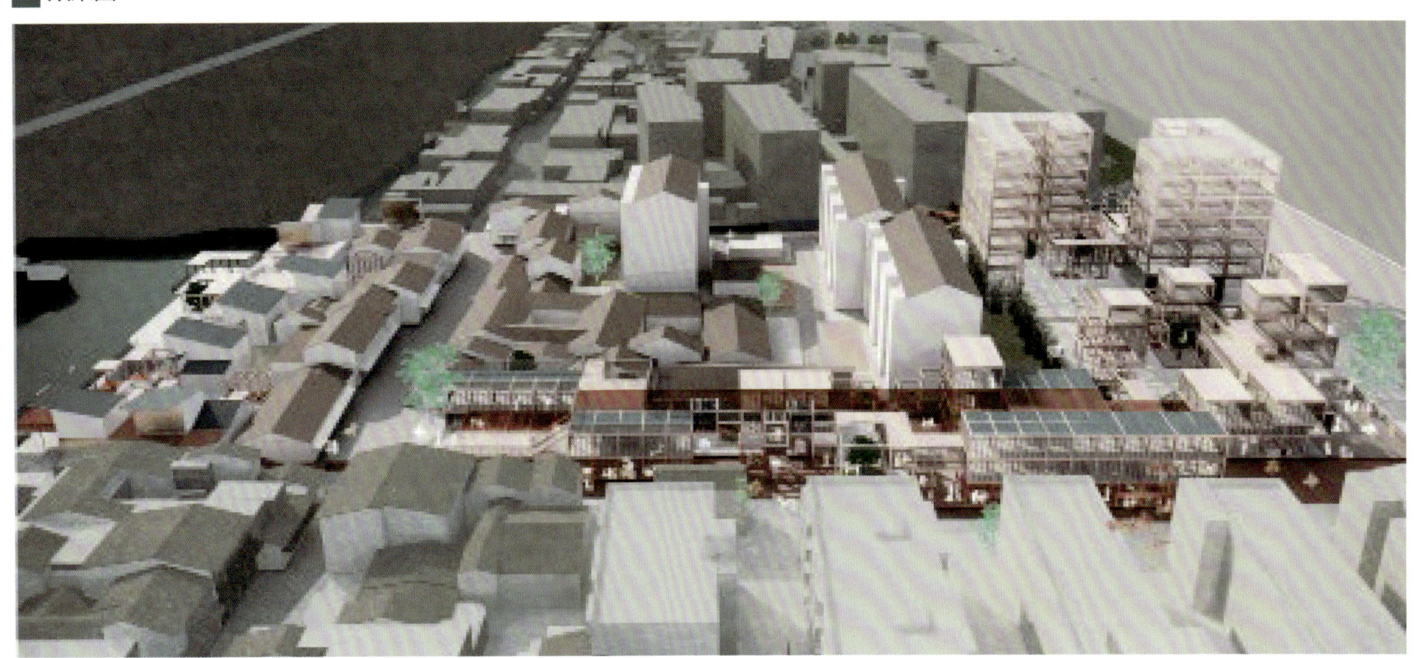

建筑模数控制

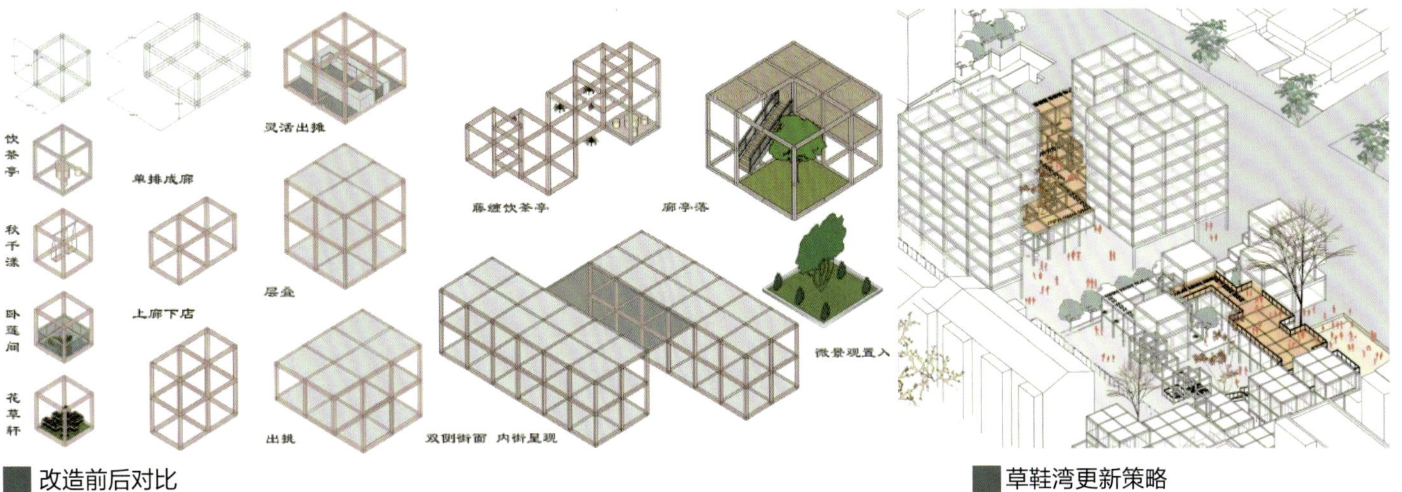

改造前后对比

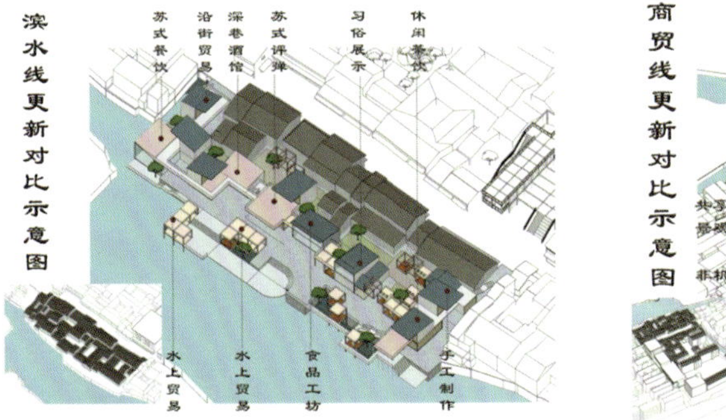

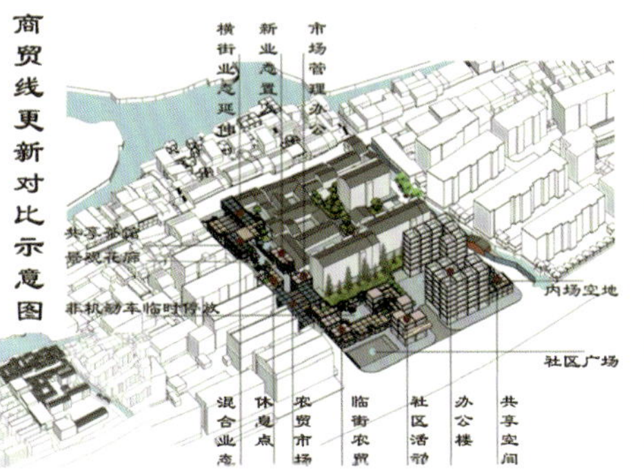

草鞋湾更新策略

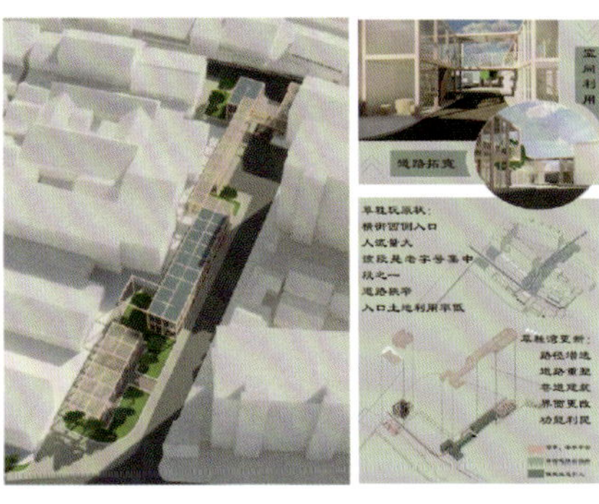

模数下的建筑效果

教师感言

厦门大学

林育欣

名城四校联合毕业设计已经进入第五年，每次看到兄弟院校独特的解决思路和精彩的设计方案，我都会感叹：我们怎么想不到？每次联合研讨、交流和答辩，都会刺激我的神经，促使我要继续努力。我希望同学们的设计过程和最终成果都有交流价值，只有这样，才对得起兄弟院校那么多师生的辛勤付出！

这次联合毕业设计的题目选择苏州葑门横街，非常好。其浓厚的江南生活气息，是我从小熟悉的，也留存在我珍贵的记忆里。我坚定地相信这个百年市集在未来的生命力，但是未来如何发展与演变，我们如何站在城市与建筑空间的角度分析和研究各种可行性，值得我们深思。

我鼓励每位同学都有自己的见解和方案，因为生活本来就没有唯一正确的答案。他们从过去的《姑苏繁华图》（清代）或者从未来跨时空交流的多元宇宙出发，去寻觅葑门横街的发展优化契机。当然，从苏州最有特色的园林出发进行分析，甚至从空间概念出发，都可以挖掘出独特的设计，提供独特的解决问题的可能。我觉得同学们的努力和付出，会促进他们自身的成长。在这个阶段，我作为长辈提供一些参考和建议，并见证四校同学共同的成长经历，真的是一个很有价值的体验。

每次回顾联合毕业设计的过往点滴，总是充满了激情和温馨。感谢各兄弟院校参与其中的每一位师生员工，我们有共同的奋斗目标与向往的方向，未来将会更精彩！

百年市集叙市井之事

厦门大学
Xiamen University

小组成员：范梦凡
指导老师：林育欣

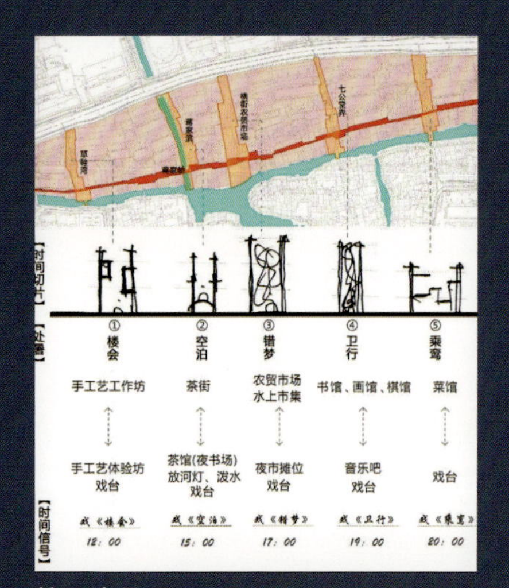

第一阶段

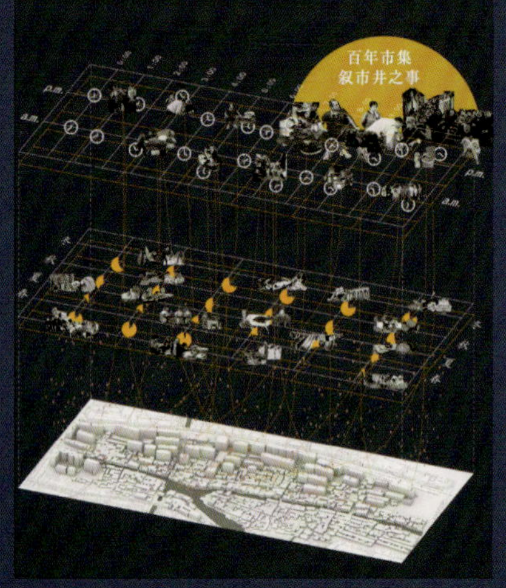

第二阶段

第三阶段

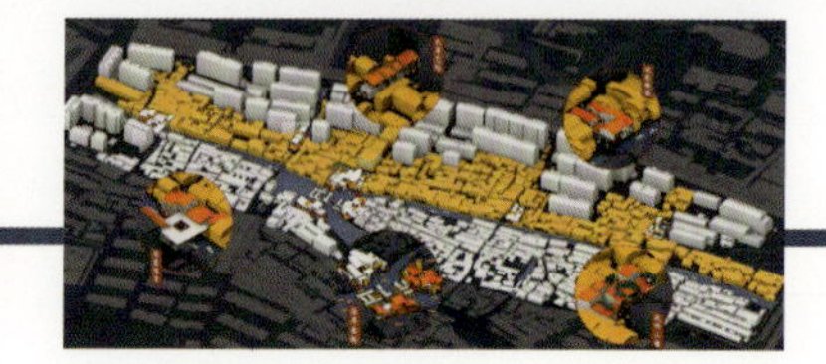

设计说明

本次设计选址位于江苏省苏州市姑苏区葑门横街。葑门横街是苏州现在仅存的一条充满市井气息的横街，也是一条商业老街，它叙述着葑门百年市集的历史。但在现代城市快速发展的冲击下，葑门横街叙事载体的市井气息已不如清代《姑苏繁华图》中所描绘的那般浓厚。因此，本次设计提出依托当下的葑门横街这一叙事线，置入过去的繁华姑苏这一叙事线，让横街重现过往繁华的市井盛况。

设计感悟

在对葑门横街叙事载体进行分析的过程中，我们发现，时间要素是葑门横街的一个重要市井线索。葑门横街之内，人们一年的生活与二十四节气息息相关。比如各个节气都要吃时鲜，如处暑时节要吃鸡头米、处暑鸭等。葑门横街一天二十四小时的生活也是日出而作、日落而归。不论是二十四节气，还是二十四小时，所谓的市井，都在人们随自然时间变化的慢节奏生活中呈现。也正是这种生活态度和生活状态，支撑着葑门横街的市井气息经久不衰。而在葑门横街之外，在各种因素的影响下，人们的日常生活被整齐地细分和程序化，以适应受控的时间表，人们就像时间导轨上的提线木偶。葑门横街之内与葑门横街之外，人们的生活状态已截然不同。

因此，我将此次更新设计作为“葑门横街在未来的发展中不被周边区域所淹没，而始终保留自我特质，甚至利用自身特质影响并带动周边区域发展”的一次尝试。

很开心能够参加此次名城四校联合毕业设计，与各位老师、同学一起交流和学习。

1. 百年市集叙市井之事

1.1 前期调研分析

设计说明

本次设计选址位于江苏省苏州市姑苏区葑门横街。葑门横街是苏州现在仅存的一条充满市井气息的横街，也是一条商业老街，它叙述着葑门百年市集的历史。但在现代城市快速发展的冲击下，葑门横街叙事载体的市井气息已不如清代《姑苏繁华图》中所描绘的那般浓厚。因此，本次设计提出依托当下的葑门横街这一叙事线，置入过去的繁华姑苏这一叙事线，让横街重现过往繁华的市井盛况。

The design is located in Fengmen Hengjie, Gusu District, Suzhou City, Jiangsu Province. Fengmen Hengjie is the only Hengjie left in Suzhou, which is full of market atmosphere. It narrates the history of the century-old market of Fengmen. However, under the impact of the rapid development of modern cities, the market atmosphere of the narrative carrier of Fengmen Hengjie is not as strong as that depicted in the "*Suzhou's Golden Age*" in the Qing Dynasty. Therefore, the design proposes to rely on the current narrative line of "Fengmen Hengjie" and insert a narrative line of the past "prosperous Suzhou", so that Hengjie can reproduce the grand scene of the bustling market in the past.

区位分析

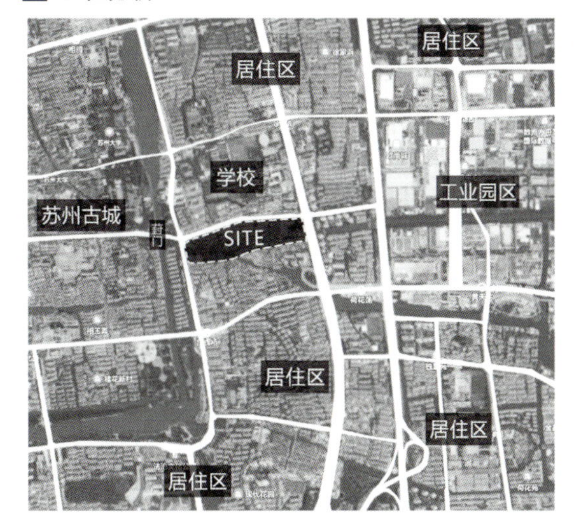

场地现状概况

葑门横街是许多苏州人心中"烟火气""生活味"的代名词。许多老的手工艺者、传统食品制作者集聚于此，延续着葑门百年市集的历史。

问题探究：横街之外

在网络、社会等因素的影响下，横街之外，人们的日常生活被整齐地细分和程序化，时间变得僵化，人们成为时间导轨上的提线木偶。在横街的内与外，人们的生活状态已截然不同。

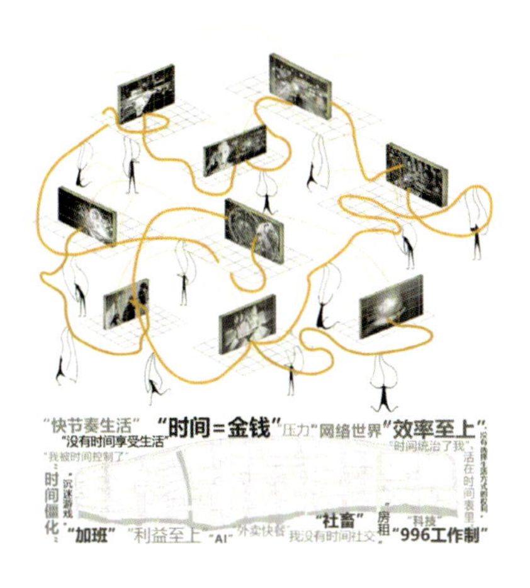

叙百年市集之事

百年来，葑门横街一直作为叙事载体讲述着市集中发生的市井之事，甚至可以追溯到清代画家徐扬在《姑苏繁华图》中所描绘的市井姑苏。当下的横街虽然仍保留着图中所传达的市井气息，但已不如图中浓厚。以下将从叙事三要素——时间、地点、人物这三个方面分析横街叙事线的现状。

叙事要素——时间

7：00　9：00　11：00　12：00

13：00　15：00　16：00　18：00

19：00　20：00　21：00　22：00

由以上热力图可知，一天24小时中横街人流最多的时段为7：00、11：00、15：00、20：00左右；16：00、18：00等下午时段，横街的人流较少；21：00以后，横街的人流几乎为0。总的来说，下午时段与夜间时段横街的人流较少，活力不足。

叙事要素——地点

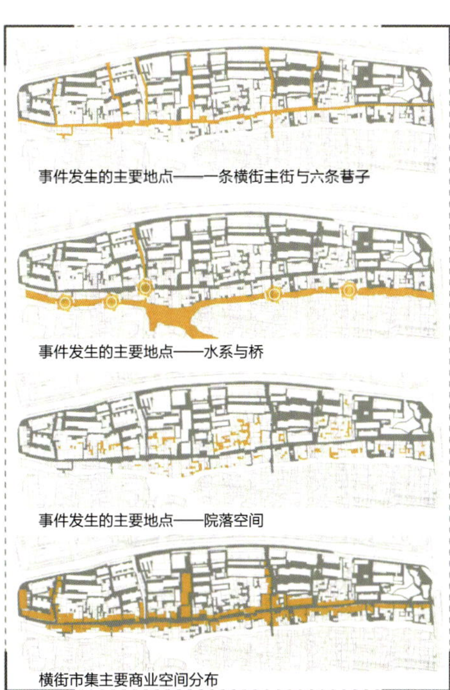

事件发生的主要地点——一条横街主街与六条巷子

事件发生的主要地点——水系与桥

事件发生的主要地点——院落空间

横街市集主要商业空间分布

叙事要素——人物

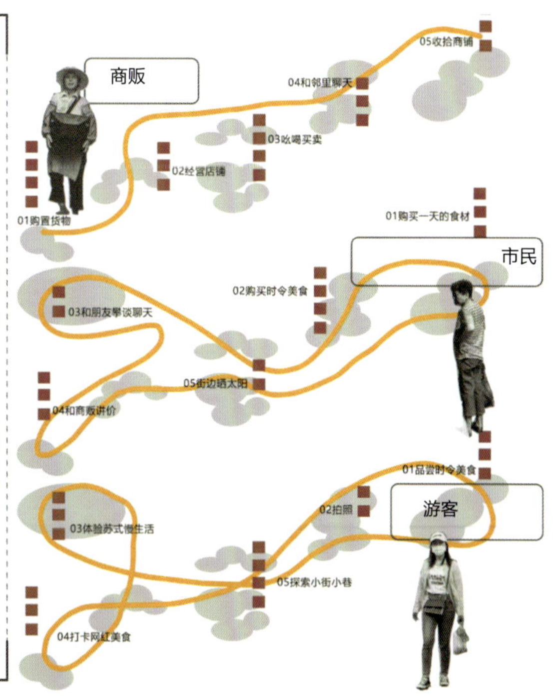

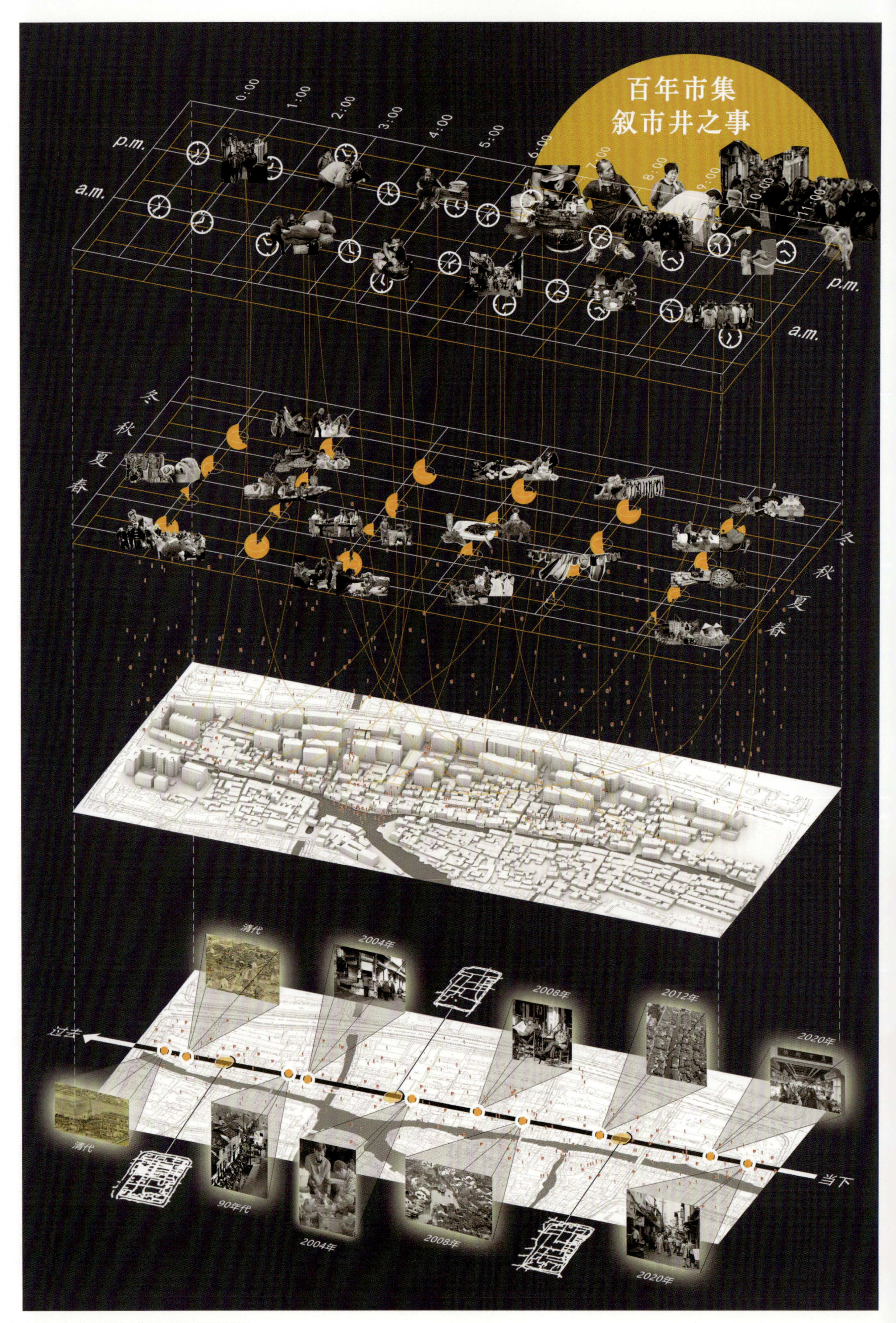
百年市集
叙市井之事
p.m.
a.m.
0:00
1:00
2:00
3:00
4:00
5:00
6:00
7:00
8:00
9:00
10:00
11:00
冬
秋
夏
春
清代
2004年
2008年
2012年
2020年
过去
当下
90年代

1.2 概念提出

引入过去的繁华姑苏叙事线

将此次设计作为“葑门横街在未来的发展中不被周边区域所淹没，而始终保留自我特质，甚至利用自身特质影响并带动周边区域发展”的一次尝试。基于当下的葑门横街叙事线，引入新的叙事线——过去的繁华姑苏，以完善和丰富横街市井叙事，使这处百年市集重现繁华市井盛况。

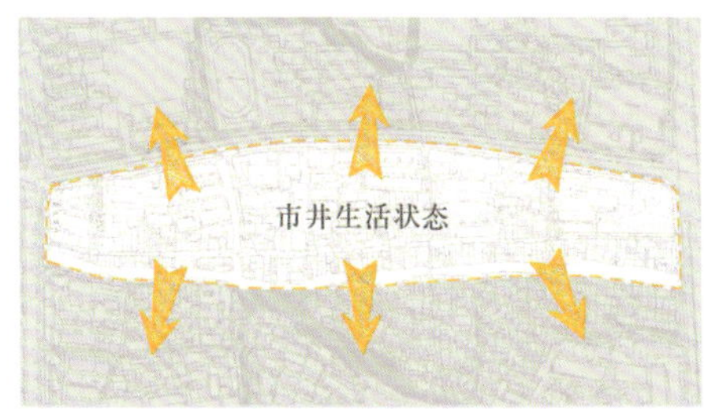

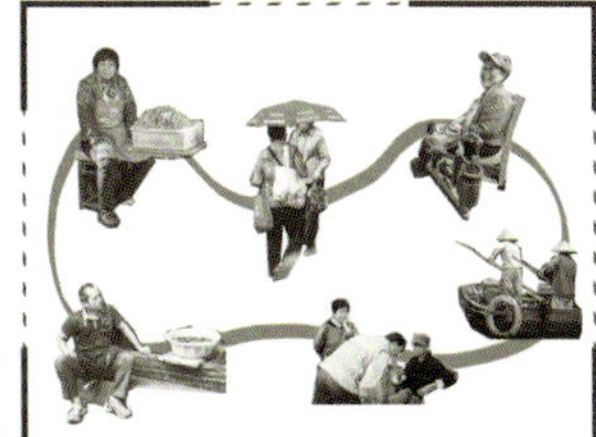

当下的葑门横街叙事线

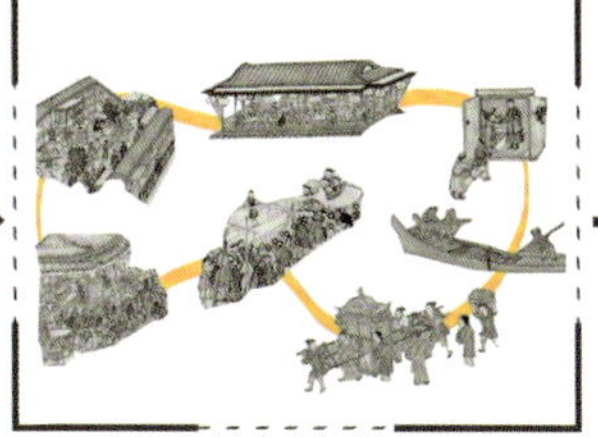

引入过去的繁华姑苏叙事线

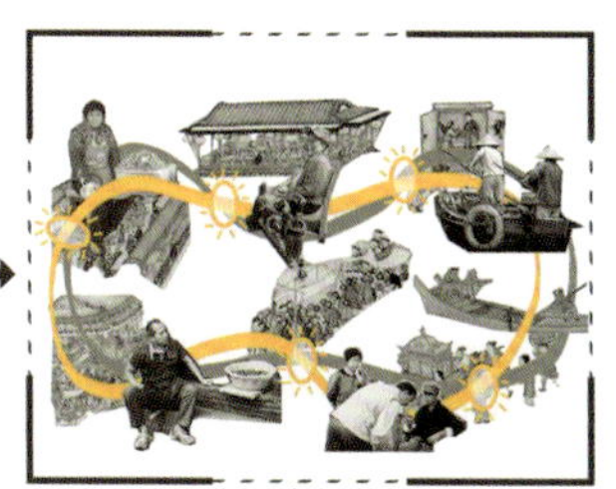

产生更多新的刺激，丰富横街市井叙事线

过去的繁华姑苏叙事线的构建依据——叙事潜力分析

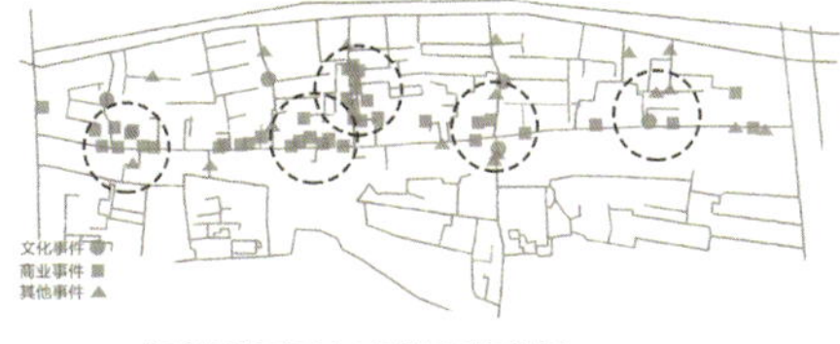

场地重要历史事件要素分析

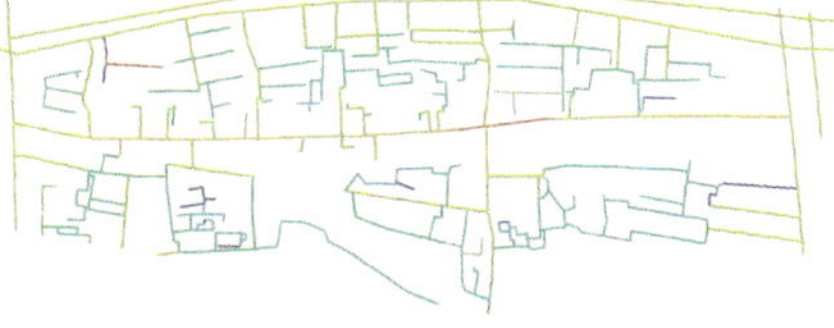

场地路网连接度分析

场地路网整合度分析

以重要历史事件要素、场地路网连接度、场地路网整合度为依据，得到场地中最具叙事潜力的空间，由此确立过去的繁华姑苏叙事线中的叙事空间节点与叙事路径。

过去的繁华姑苏叙事线的构建

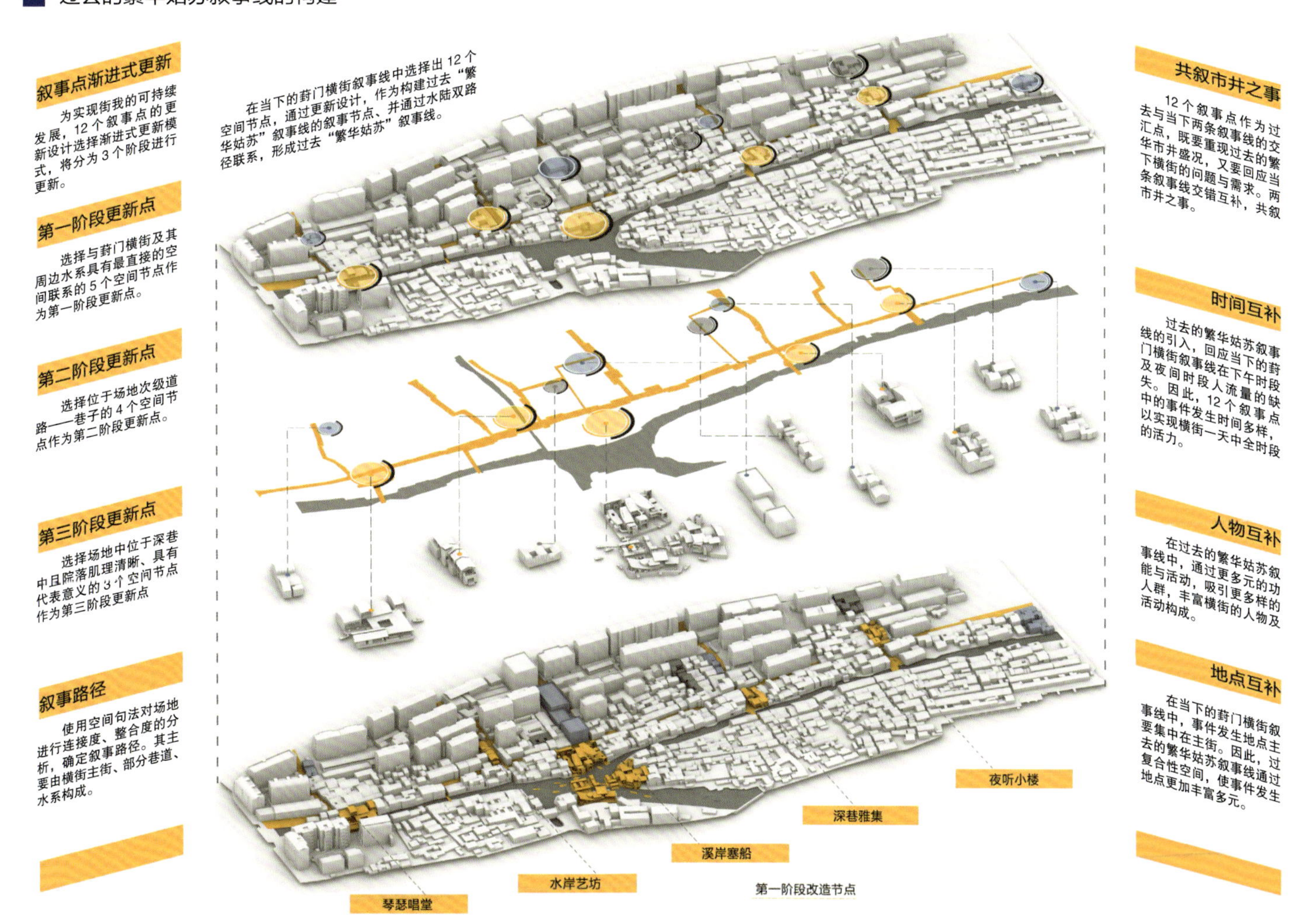

叙事点渐进式更新
为实现街我的可持续发展，12 个叙事点的更新设计选择渐进式更新模式，将分为 3 个阶段进行更新。
第一阶段更新点
选择与葑门横街及其周边水系具有最直接的空间联系的 5 个空间节点作为第一阶段更新点。
第二阶段更新点
选择位于场地次级道路——巷子的 4 个空间节点作为第二阶段更新点。
第三阶段更新点
选择场地中位于深巷中且院落肌理清晰、具有代表意义的 3 个空间节点作为第三阶段更新点
叙事路径
使用空间句法对场地进行连接度、整合度的分析，确定叙事路径。其主要由横街主街、部分巷道、水系构成。
在当下的葑门横街叙事线中选择出 12 个空间节点，通过更新设计，作为构建过去“繁华姑苏”叙事线的叙事节点、并通过水陆双路径联系，形成过去“繁华姑苏”叙事线。
共叙市井之事
12 个叙事点作为过去与当下两条叙事线的交汇点，既要重现过去的繁华市井盛况，又要回应当下横街的问题与需求。两条叙事线交错互补，共叙市井之事。
时间互补
过去的繁华姑苏叙事线的引入，回应当下的葑门横街叙事线在下午时段及夜间时段人流量的缺失。因此，12 个叙事点中的事件发生时间多样，以实现横街一天中全时段的活力。
人物互补
在过去的繁华姑苏叙事线中，通过更多元的功能与活动，吸引更多样的人群，丰富横街的人物及活动构成。
地点互补
在当下的葑门横街叙事线中，事件发生地点主要集中在主街。因此，过去的繁华姑苏叙事线通过复合性空间，使事件发生地点更加丰富多元。
夜听小楼
深巷雅集
溪岸塞船
水岸艺坊
琴瑟唱堂
第一阶段改造节点

叙事点的构建——总体策略

如何重现市井盛况？如何回应当下需求？

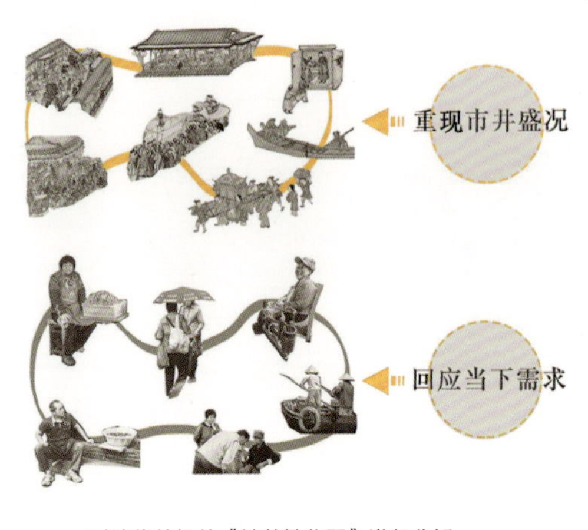

对清代徐扬的《姑苏繁华图》进行分析，了解其叙述市井之事的叙事手法。

5 个叙事点对应《姑苏繁华图》中的 5 个情景，并回应当下横街的需求，进行详细设计。

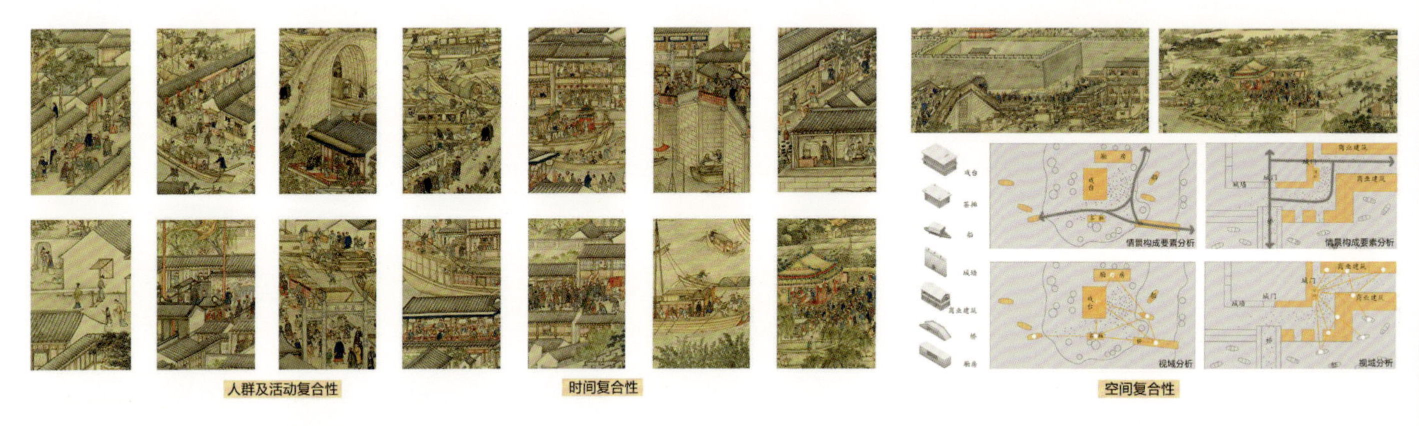

图中描绘了 5 种情景：戏剧演绎、商业交易、集体纺织、读书应考、民间婚礼。这 5 个情景所涉及的人群、活动、发生时间复杂多元，由此传达出昔日姑苏繁华的市井盛况。

选择 5 个情景中的戏剧演绎情景进行空间分析，可以看出图中市井故事发生的空间充满复合性。

叙事点的生成逻辑

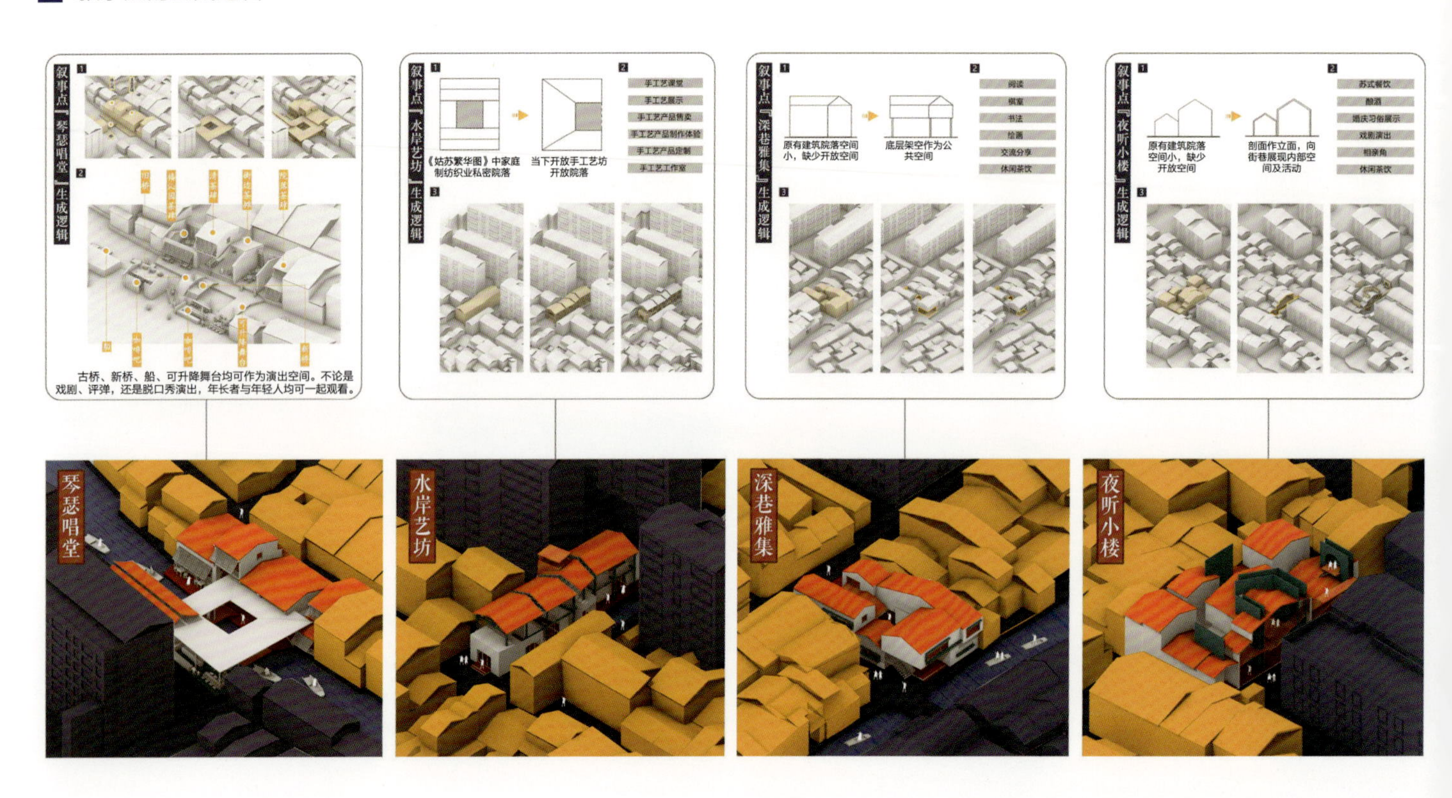

1.3 总平面图

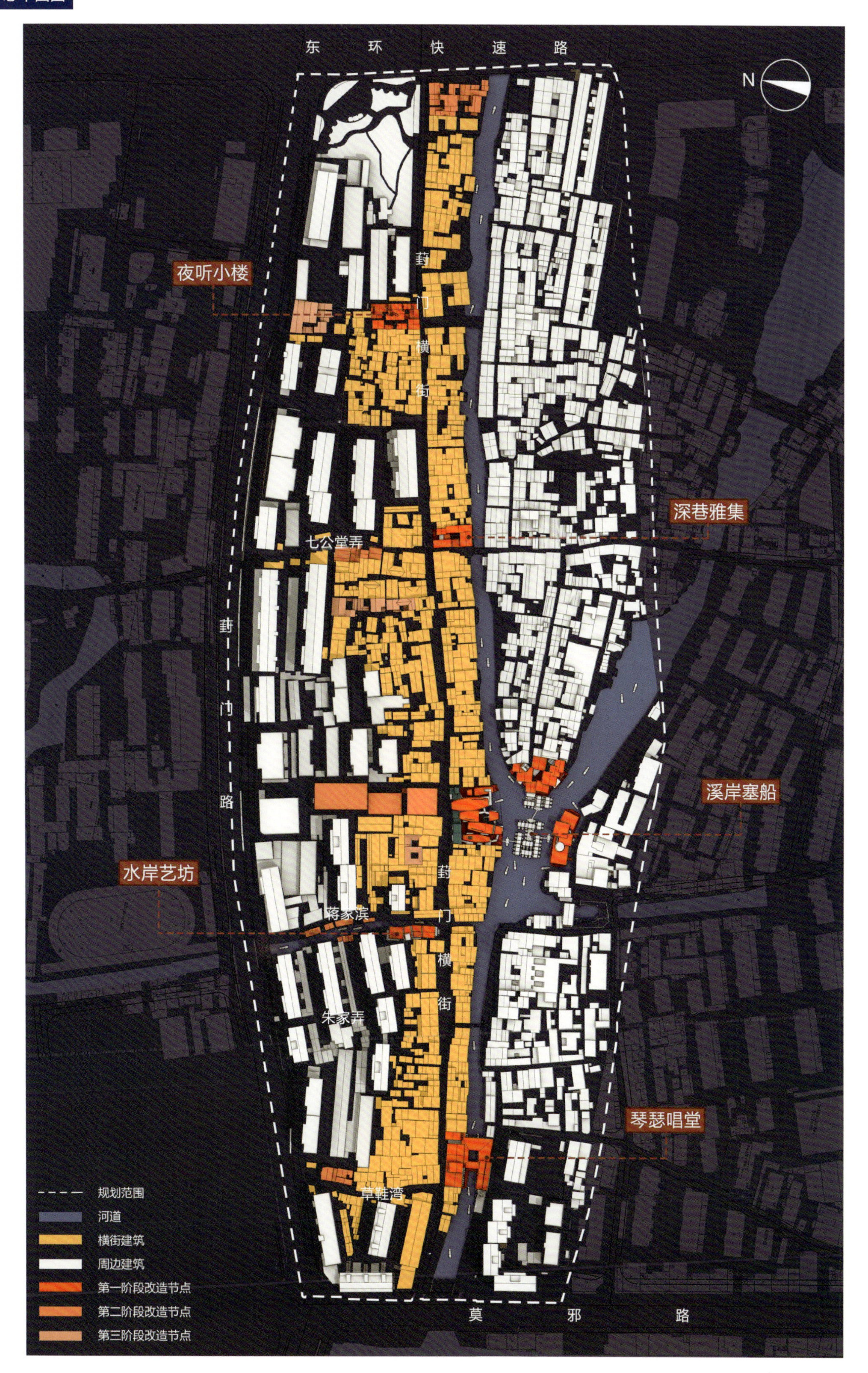

东 环 快 速 路
N
夜听小楼
葑门横街
深巷雅集
七公堂弄
葑门路
溪岸塞船
水岸艺坊
蒋家浜
朱家弄
琴瑟唱堂
草鞋湾
规划范围
河道
横街建筑
周边建筑
第一阶段改造节点
第二阶段改造节点
第三阶段改造节点
莫 邪 路

1.4 鸟瞰图

1.5 叙事点“溪岸塞船”的生成逻辑

1.5.1 总体生成逻辑

01 空间复合化

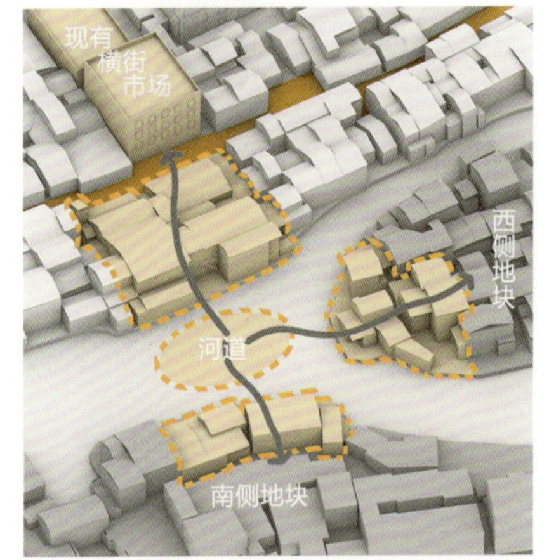

通过水上空间，使横街、南侧、北侧三个地块之间产生空间联系，以创造更多元复合的空间体验。

02 人群复合化

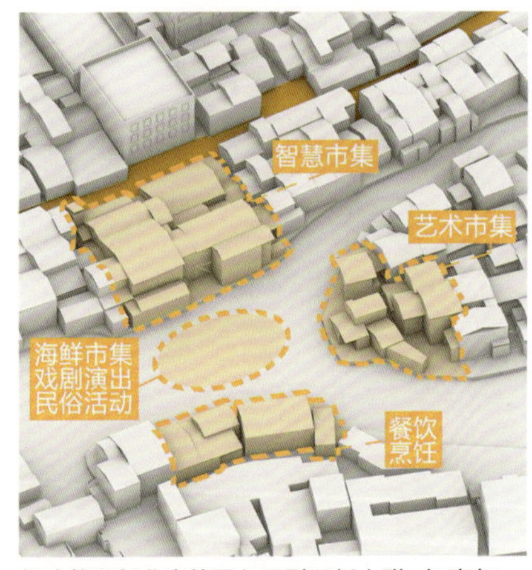

新功能及新业态的置入吸引了新人群，如青年、儿童等，丰富了当下横街的人群构成及活动。

03 时间复合化

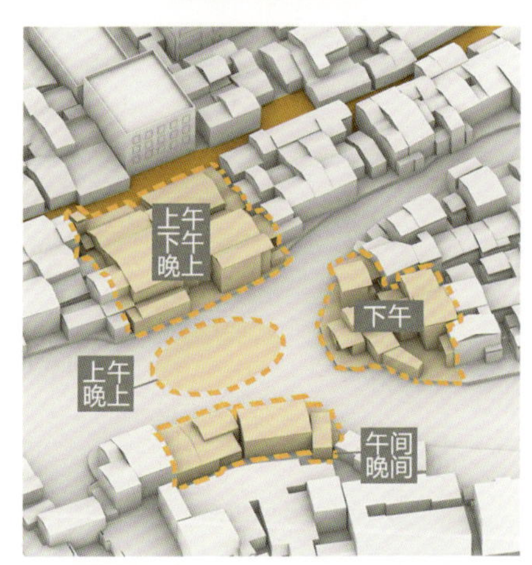

新功能及新业态的置入增加了横街活动的时间点，弥补了横街下午、夜间时段的活力缺失。

1.5.2 水岸市集的生成逻辑

01 空间复合化

如何在历史街区有限的空间创造更多元复合的空间体验？该水岸市集设计通过研究苏州园林以小见大的手法，对园林进行了建筑原型、类型、视域分析，由此在有限的场地中创造出可观可游、多元复合的空间体验。

❶ 园林研究——建筑原型

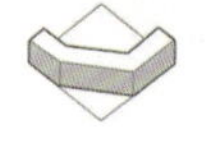
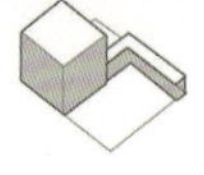
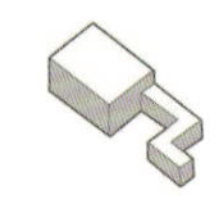
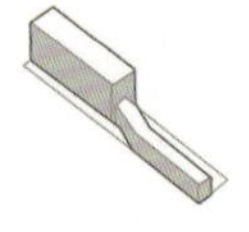
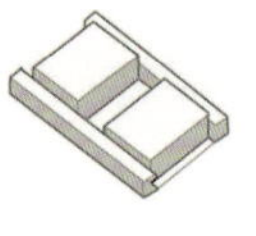
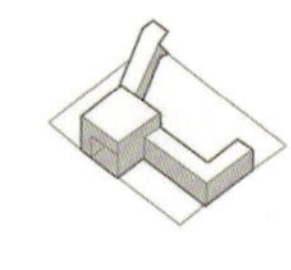
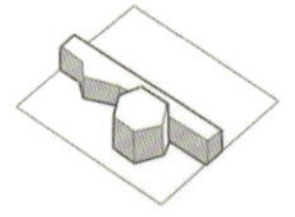
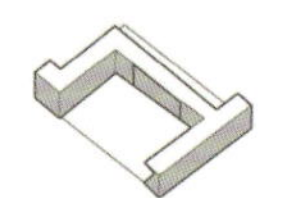
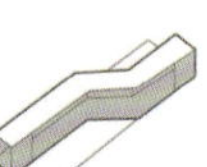
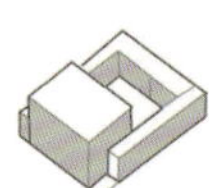
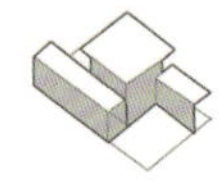
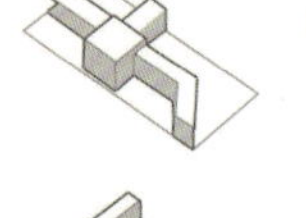
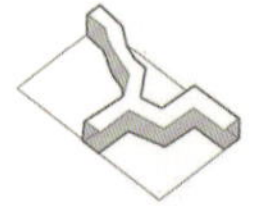
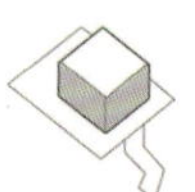
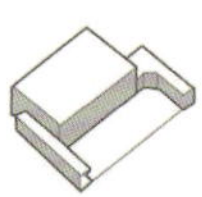
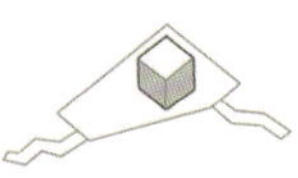
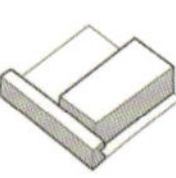
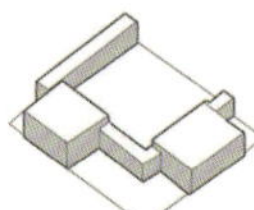

单向通过

单向停留

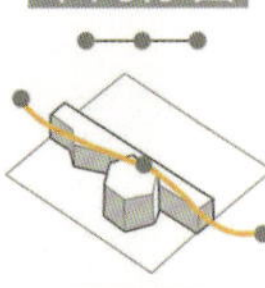

二项连接

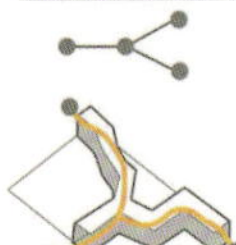

三项连接

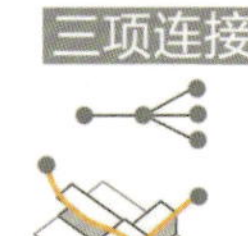

❷ 园林研究——建筑类型

❸ 园林研究——建筑视域

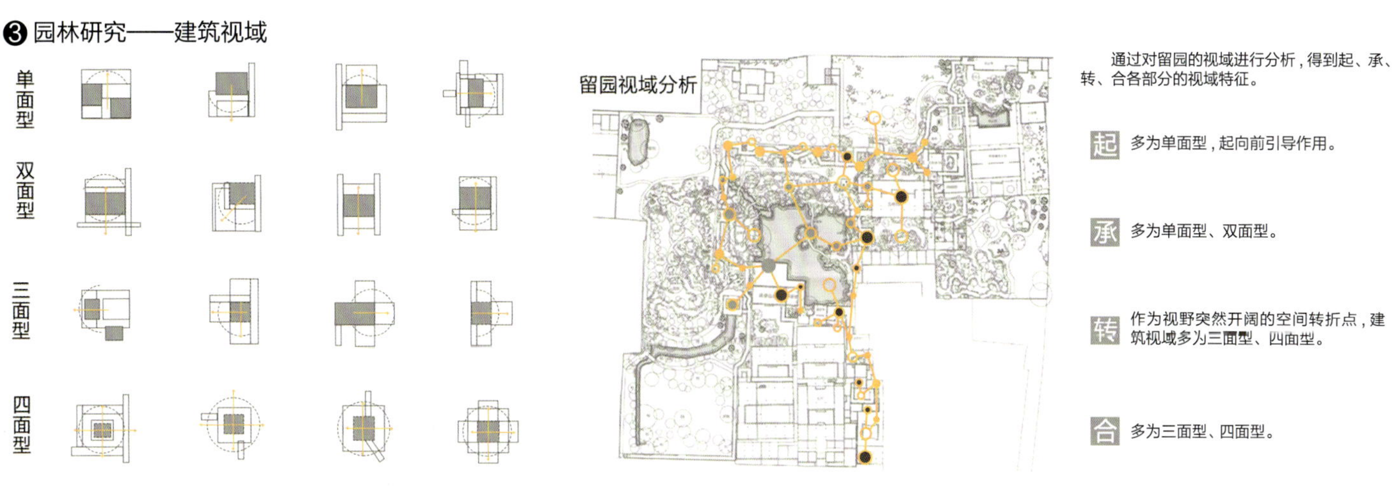

通过对留园的视域进行分析，得到起、承、转、合各部分的视域特征。

起 多为单面型，起向前引导作用。

承 多为单面型、双面型。

转 作为视野突然开阔的空间转折点，建筑视域多为三面型、四面型。

合 多为三面型、四面型。

❹ 空间生成逻辑

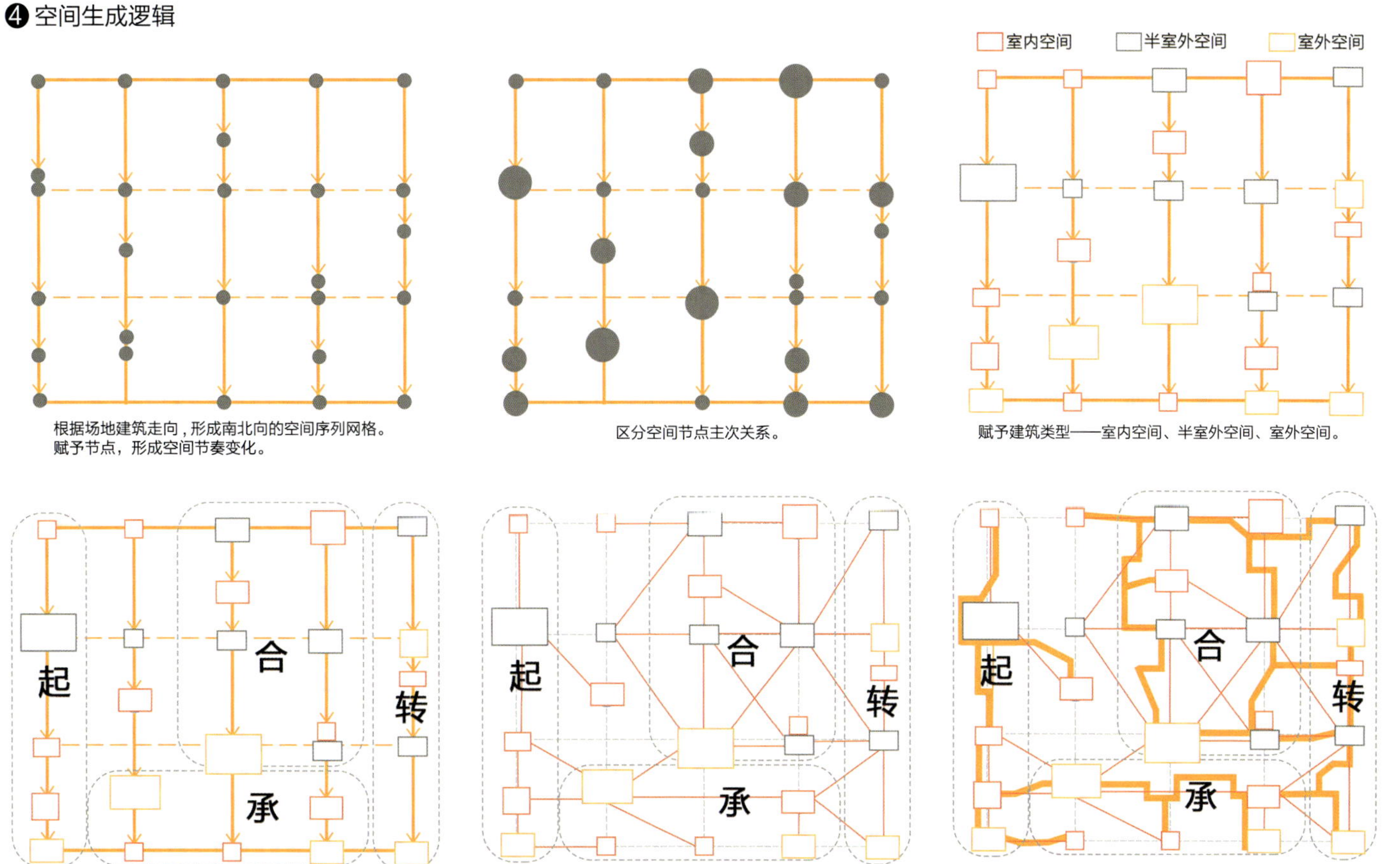

根据场地建筑走向，形成南北向的空间序列网格。赋予节点，形成空间节奏变化。

区分空间节点主次关系。

赋予建筑类型——室内空间、半室外空间、室外空间。

划分起、承、转、合。

对空间节点进行视域设计。

根据空间的起承转合，同时考虑空间的连接性（单向通过、单向停留、二项连接、三项连接），进行路径叠加。

❺ 体块生成逻辑

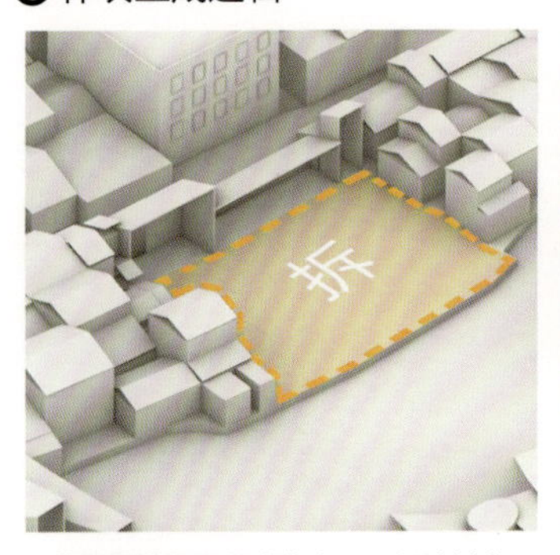

①保留横街沿街建筑立面，拆除其余建筑。

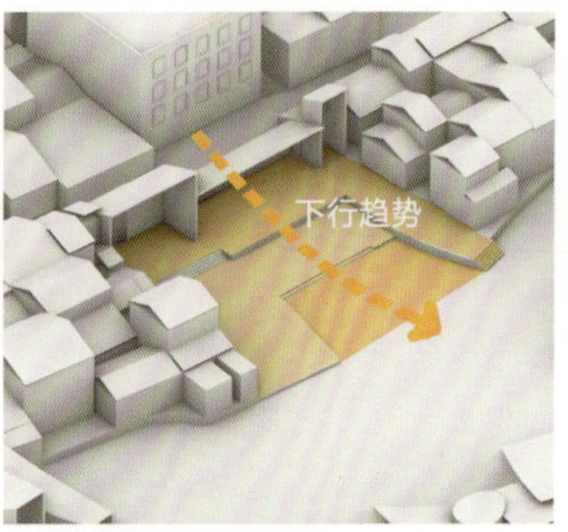

②场地从横街河边开始呈下行趋势，利用人们的亲水喜好吸引人群。

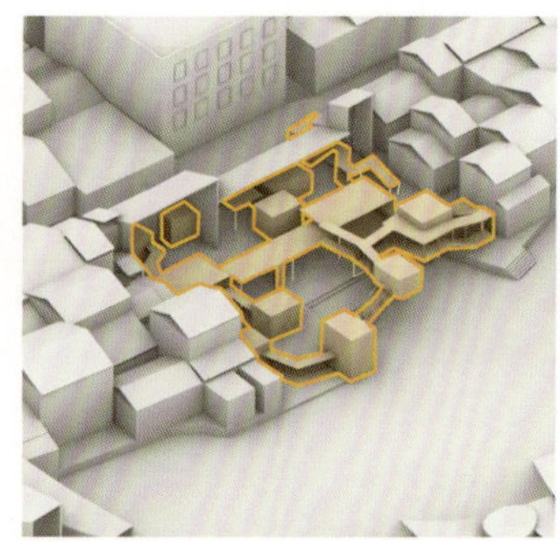

③基于园林空间分析生成的空间节点及路径。

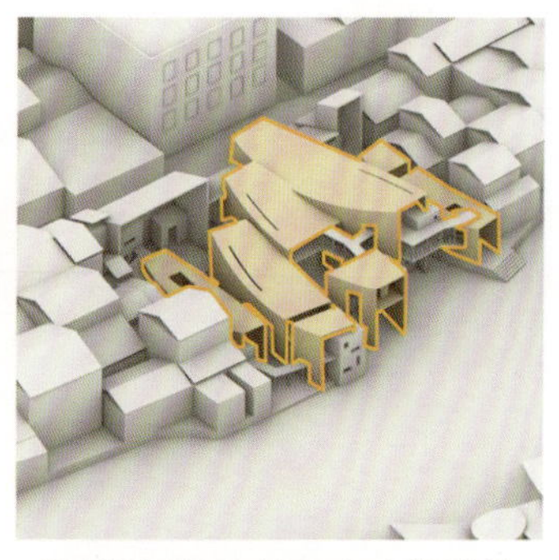

④建筑造型及表皮提取自对《姑苏繁华图》中“溪岸塞船”意象的转译。

02 人群复合化

03 时间复合化

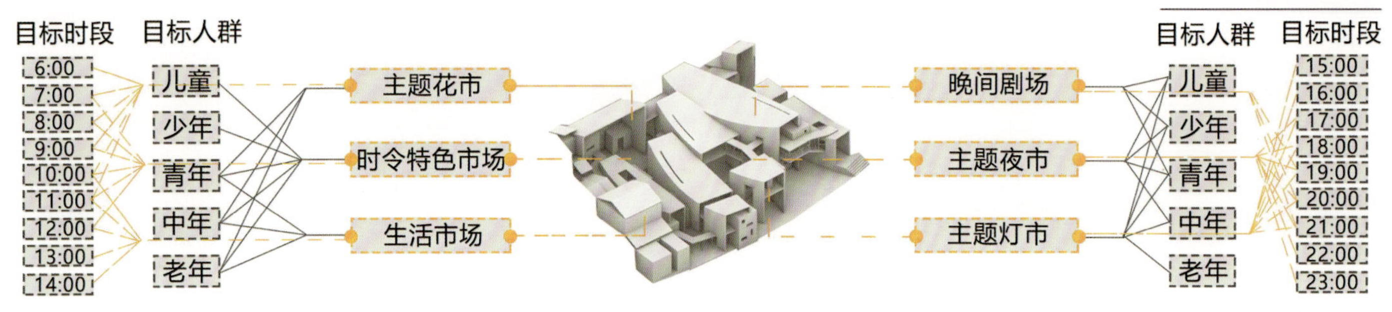

1.5.3 餐饮码头的生成逻辑

01 空间复合化

● 体块生成逻辑

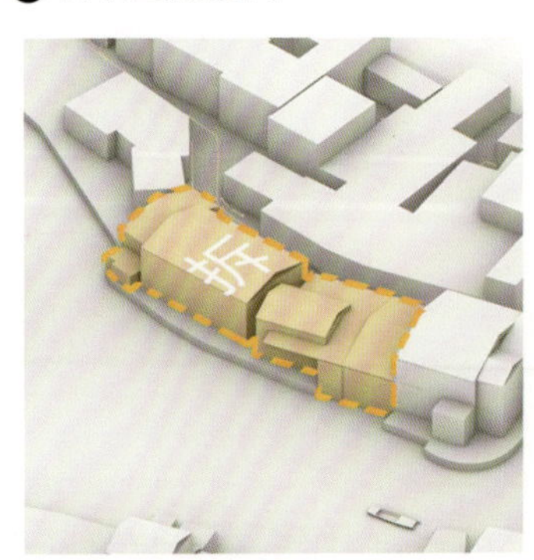

①拆除部分原有建筑。

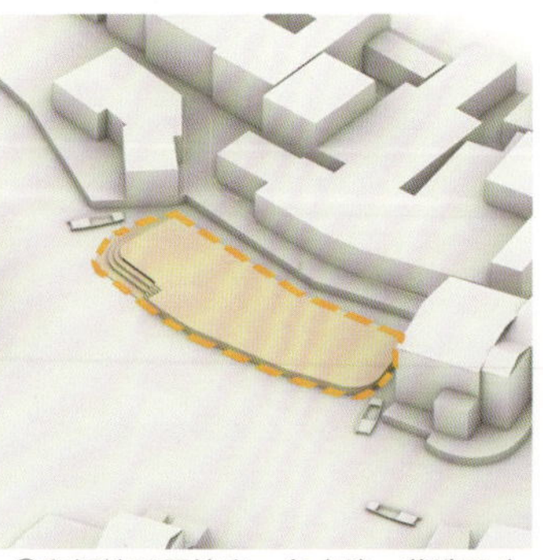

②在场地四周挖出一条水路，营造码头空间意象。

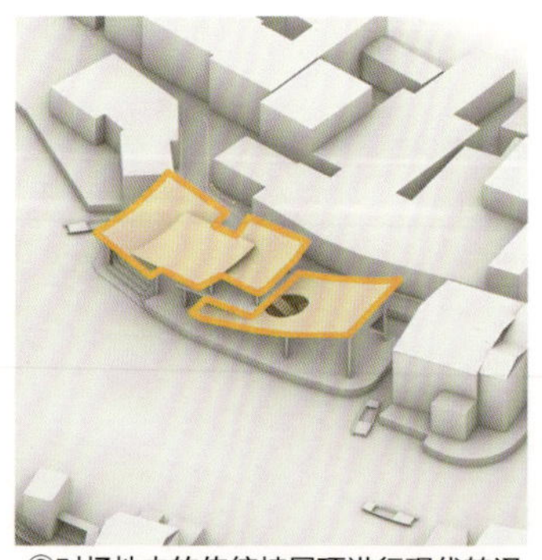

③对场地内的传统坡屋顶进行现代转译，利用屋顶形成开放自由的半室外空间。

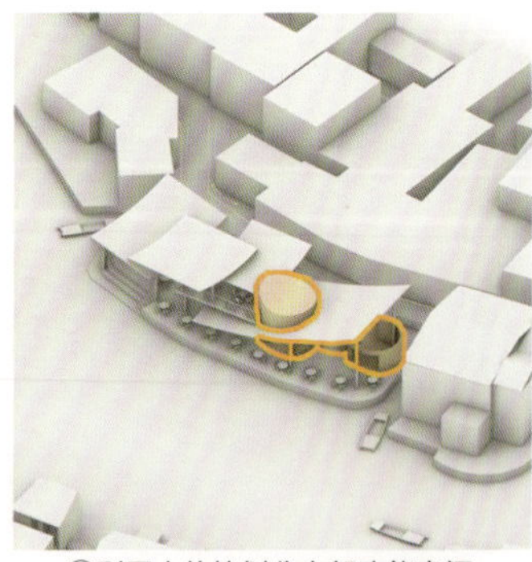

④利用小体块划分内部功能空间。

02 人群复合化

03 时间复合化

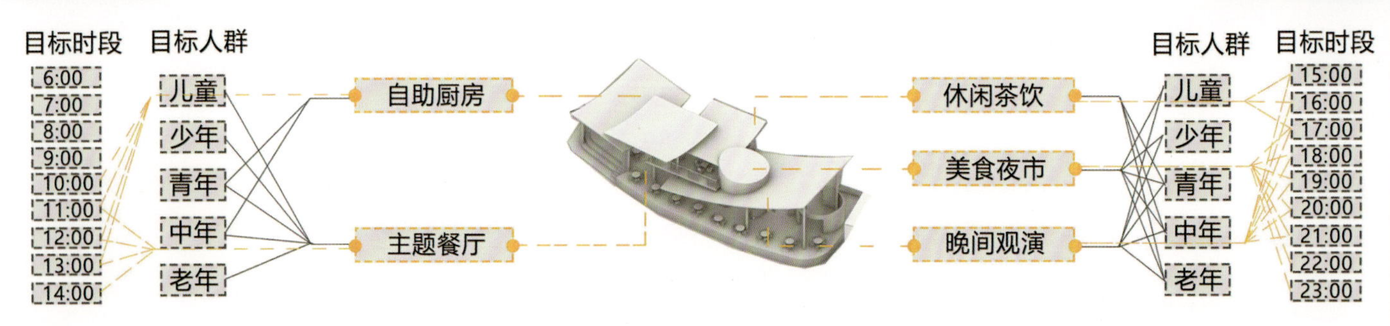

1.5.4 艺术市集的生成逻辑

01 空间复合化

● 体块生成逻辑

①拆除部分原有建筑。

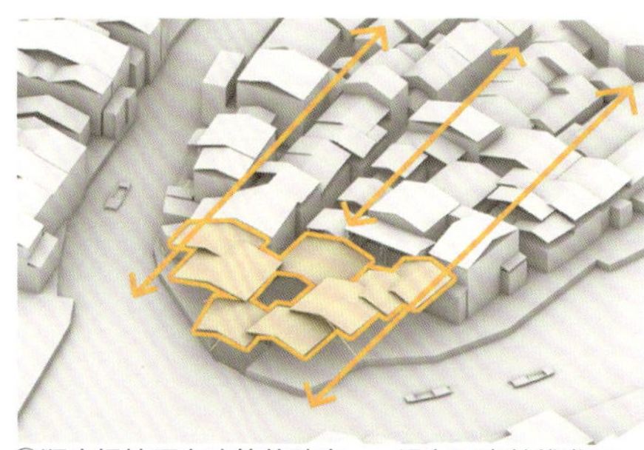

②顺应场地原有建筑的秩序——沿东西向轴线发展，形成新的屋顶。

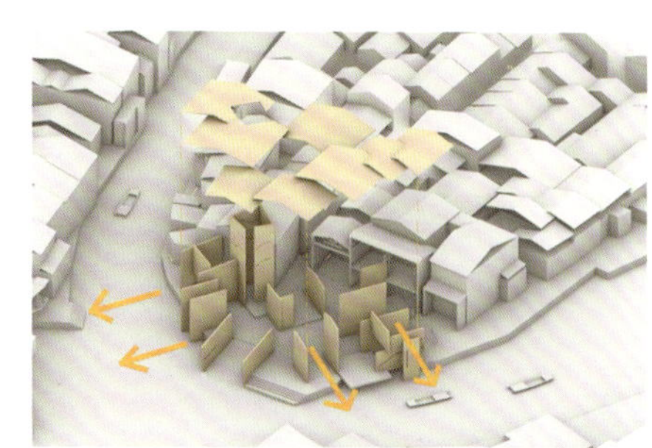

③为呼应对岸建筑，将原有轴线偏转，在建筑中产生新的空间秩序，新老秩序叠加生成多元复合的空间。同时，取苏州民居高墙深巷的意象，用片墙作为引导。

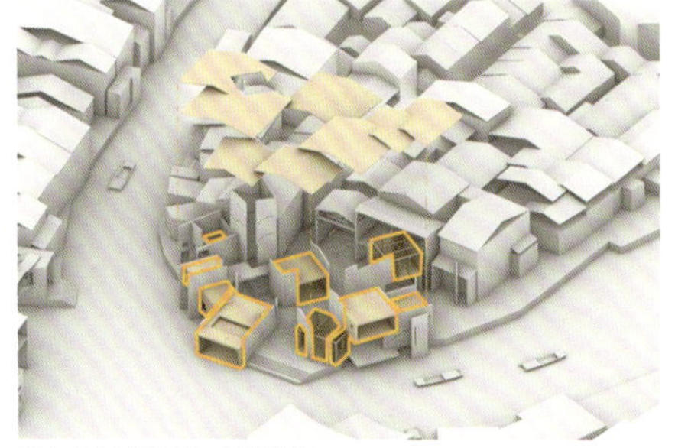

④在片墙间置入功能体块。

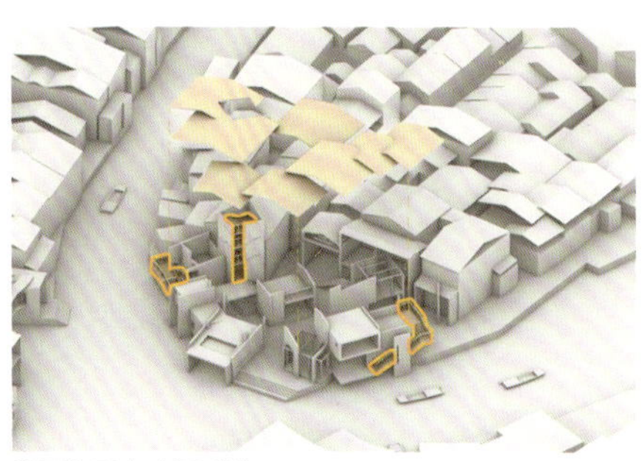

⑤置入垂直交通系统。

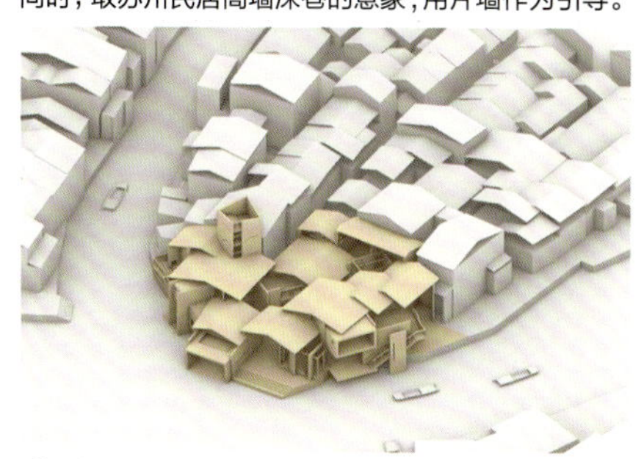

⑥最终形成建筑整体。

02 人群复合化

03 时间复合化

1.5.5 水上集市的生成逻辑

01 空间复合化

● 空间生成逻辑

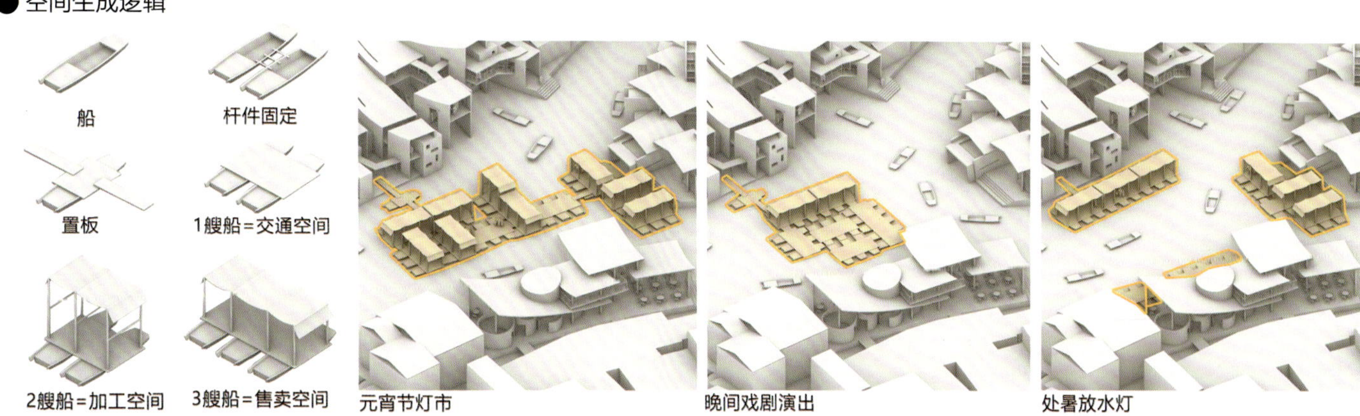

元宵节灯市　晚间戏剧演出　处暑放水灯

02 人群复合化

03 时间复合化

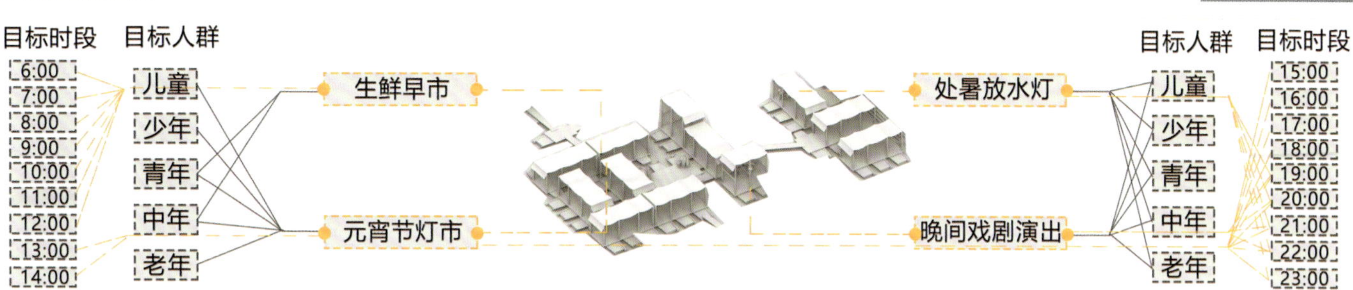

1.6 设计成果

总平面图

效果图

一层平面图

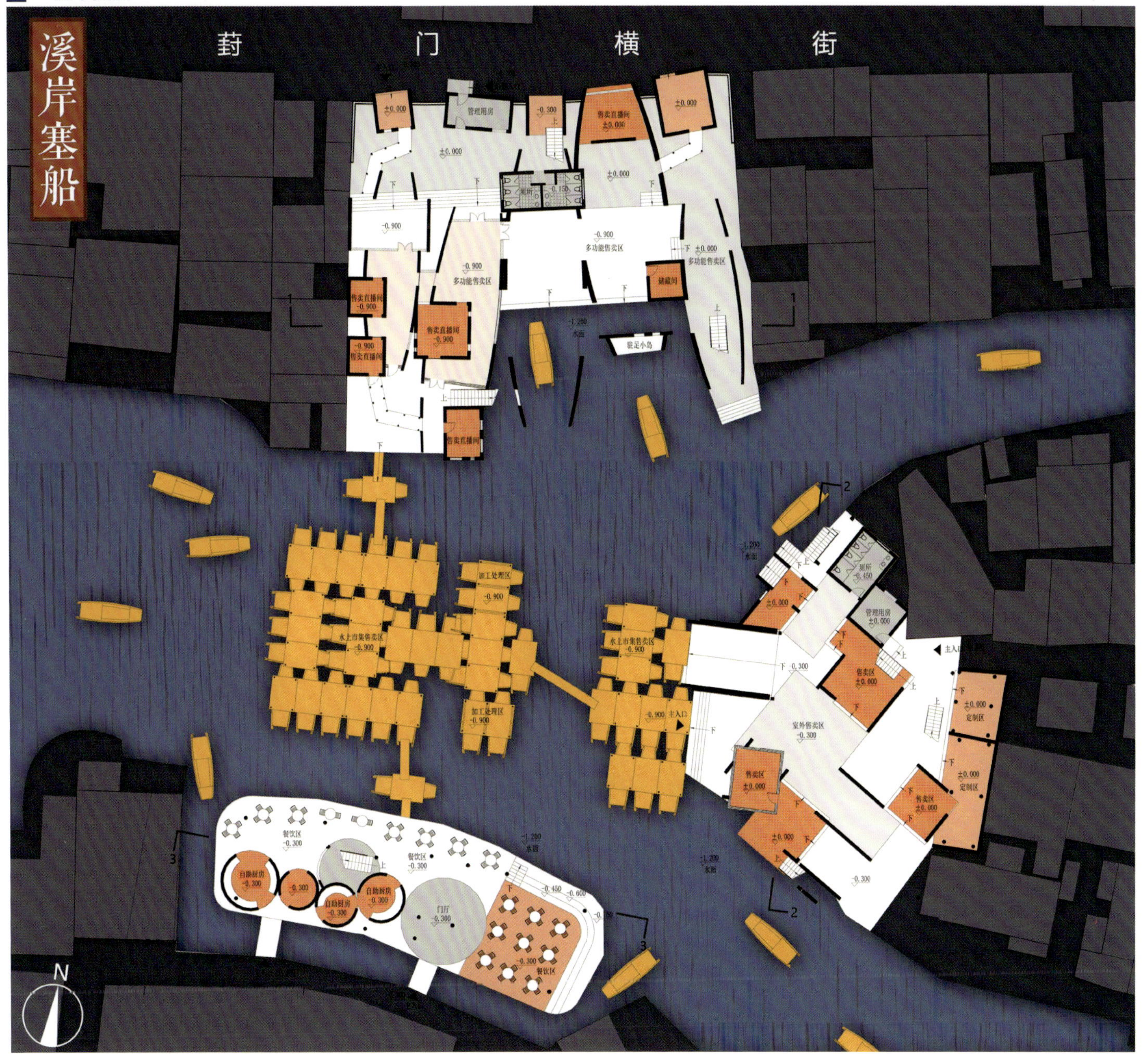

剖面图

1-1剖面图

2-2剖面图

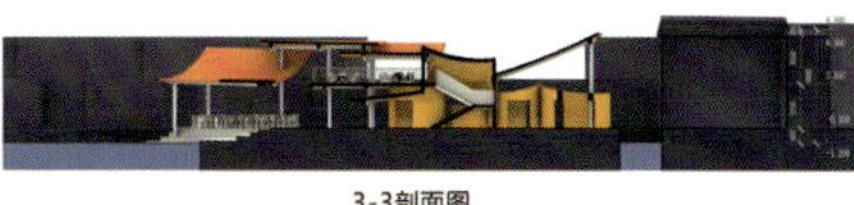
3-3剖面图

立面图

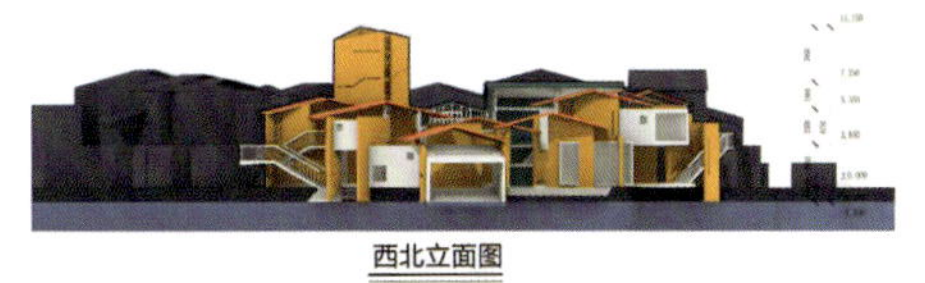
西北立面图

东北立面图

东南立面图

二层平面图

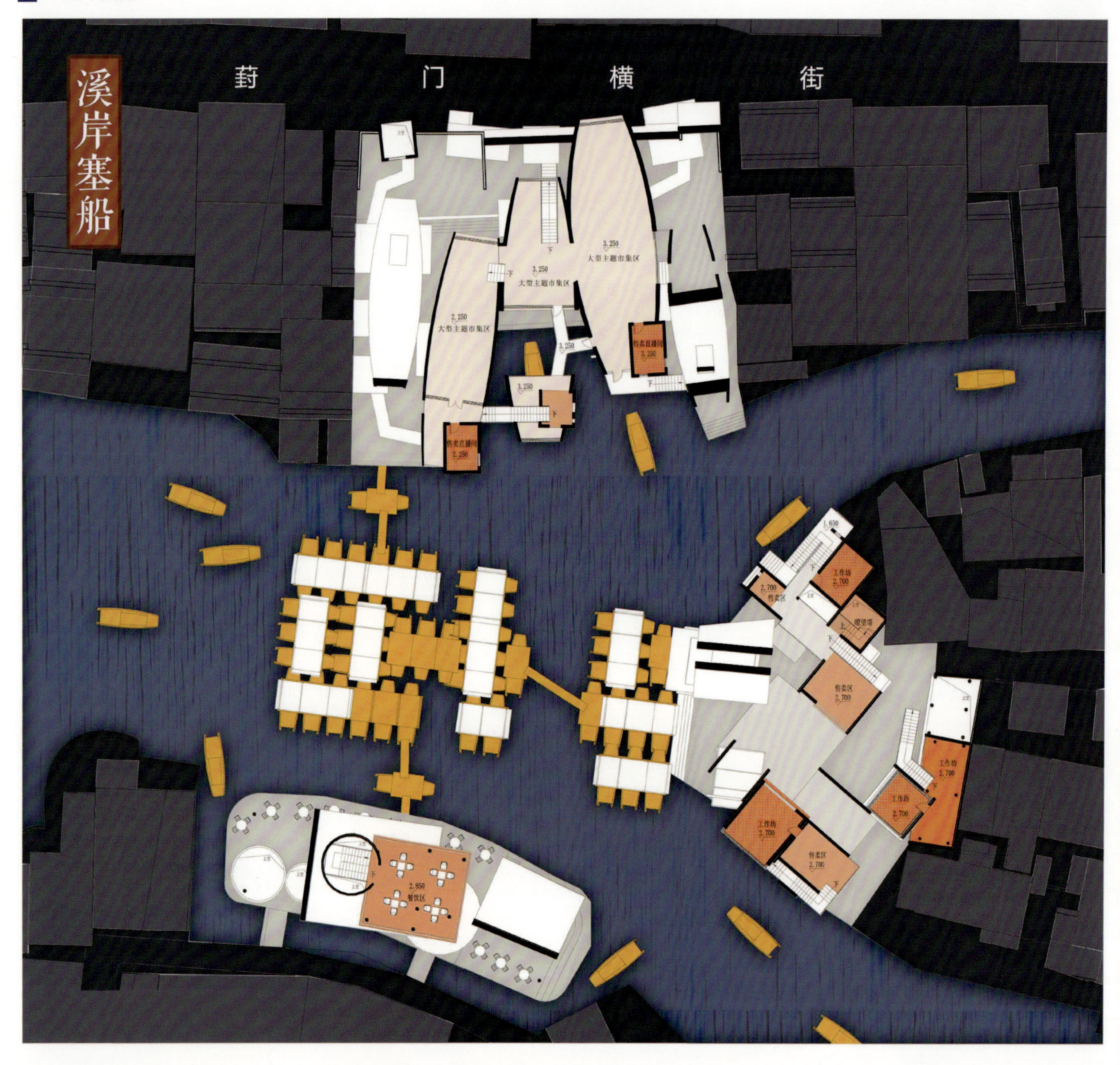

溪岸塞船
葑门横街
3.250
大型主题市集区
3.250
大型主题市集区
2.250
大型主题市集区
3.250
售卖直播间
3.250
3.250
售卖直播间
2.250
1.650
工作坊
2.700
2.700
售卖区
瞭望塔
售卖区
2.700
工作坊
2.700
工作坊
2.700
工作坊
2.700
售卖区
2.700
2.850
餐饮区

节点效果图

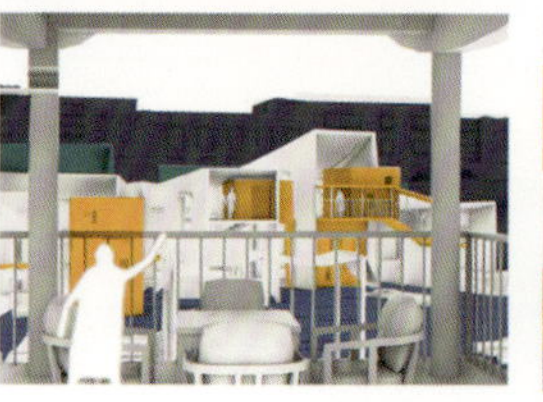

以界融街

厦门大学
Xiamen University

小组成员：郭艳芳
指导老师：林育欣

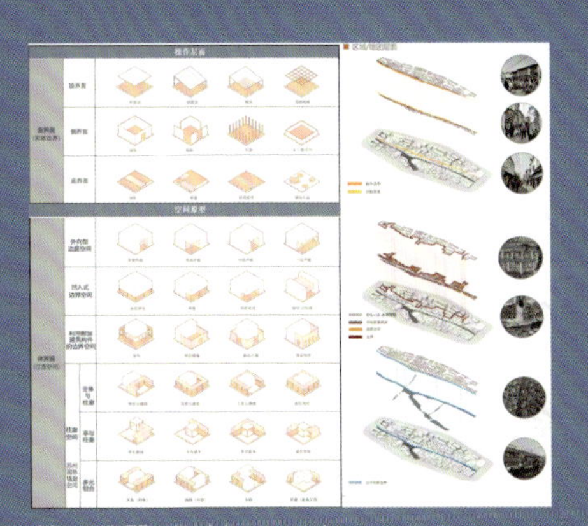

第一阶段 理论问题研究——寻界

第二阶段 问题解决——融界

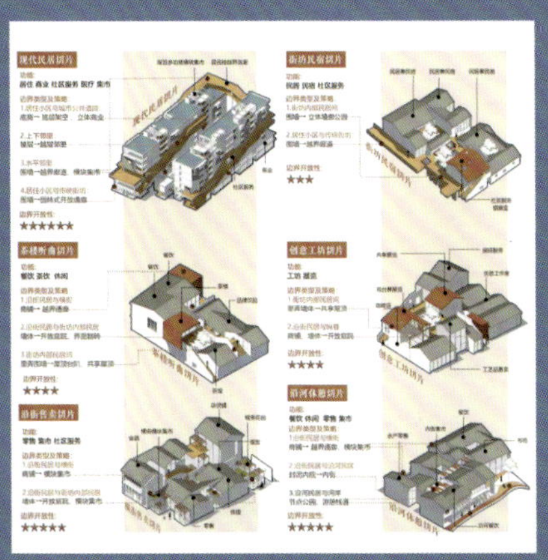

第三阶段 问题深化——越界

设计说明

在现代规划模式下，葑门横街新建建筑在空间形态上缺乏对古城整体空间体系和肌理特征的审视。横街区域内的各边界现状，成为引发横街错综复杂矛盾的根源之一。作为古城区的东南城门区域，葑门横街应以怎样的面貌迎接未来？作为联系古城区与苏州工业园区的边界，葑门横街将如何更新？面对区域间不同的边界，其保留的传统秩序及其所产生的困境应如何应对？

本设计从边界理论研究出发，整理研究国内外相关论文，将之进行等级分类，并通过界面空间演绎，结合模糊边界手法，将面界面转化为体界面，整合出一系列边界策略。

在城市设计层面，从越界方向通过选取融界交集向周边渗透，弱化边界带来的困境，融合整合边界，产生新边界，并激活整体巷网；同时，通过整治，在沿界方向形成烟火市井之界、深巷探索之界、滨水游园之界。

在建筑深化设计层面，选取涵盖葑门各类边界于一身的越界切片，通过建筑分类、路径疏通、开放庭院、置入功能、廊道与组件、立面融合，以微更新的形式将边界策略融入片区设计，形成集不同边界开放度与使用功能于一体的切片组团，作为示范片区进一步引导整个片区的规划与开发。

设计感悟

这次联合毕业设计是我第一次从理论研究出发开展设计，从文献的大量收集、整合分类、空间演绎、引导探究直到最后的指导设计，整个设计都围绕“边界”展开，以解决苏州葑门横街现存的实际问题。这样的尝试，对我来说是一场“蜕变”，有挑战，有惊喜，也有巨大的收获。希望以后也能继续这样深入钻研、挑战自我，从崭新的角度去探究问题、寻求策略。所以，很开心选了这个课题作为毕业设计选题，因为喜欢充满人间烟火气的葑门横街，也喜欢试图寻求问题根源努力蜕变的自己。

2. 以界融街

2.1 前期调研分析

区位分析

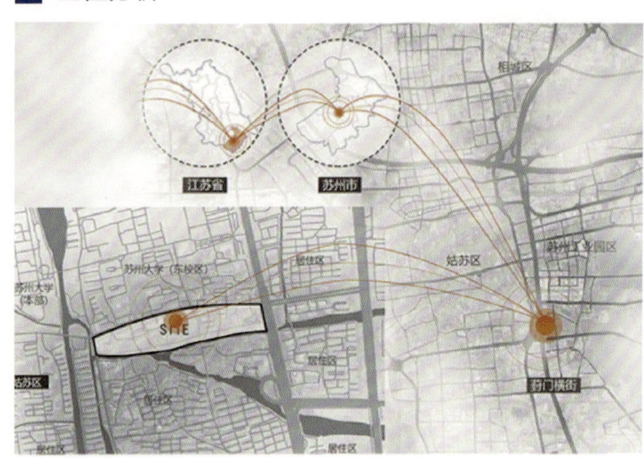

历史沿革

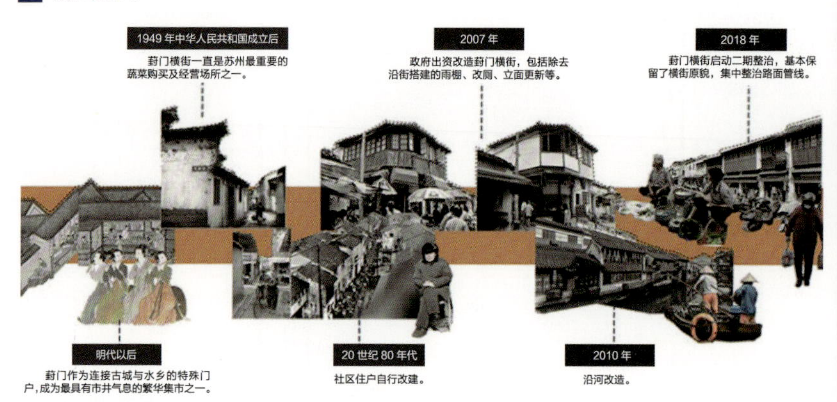

现状分析

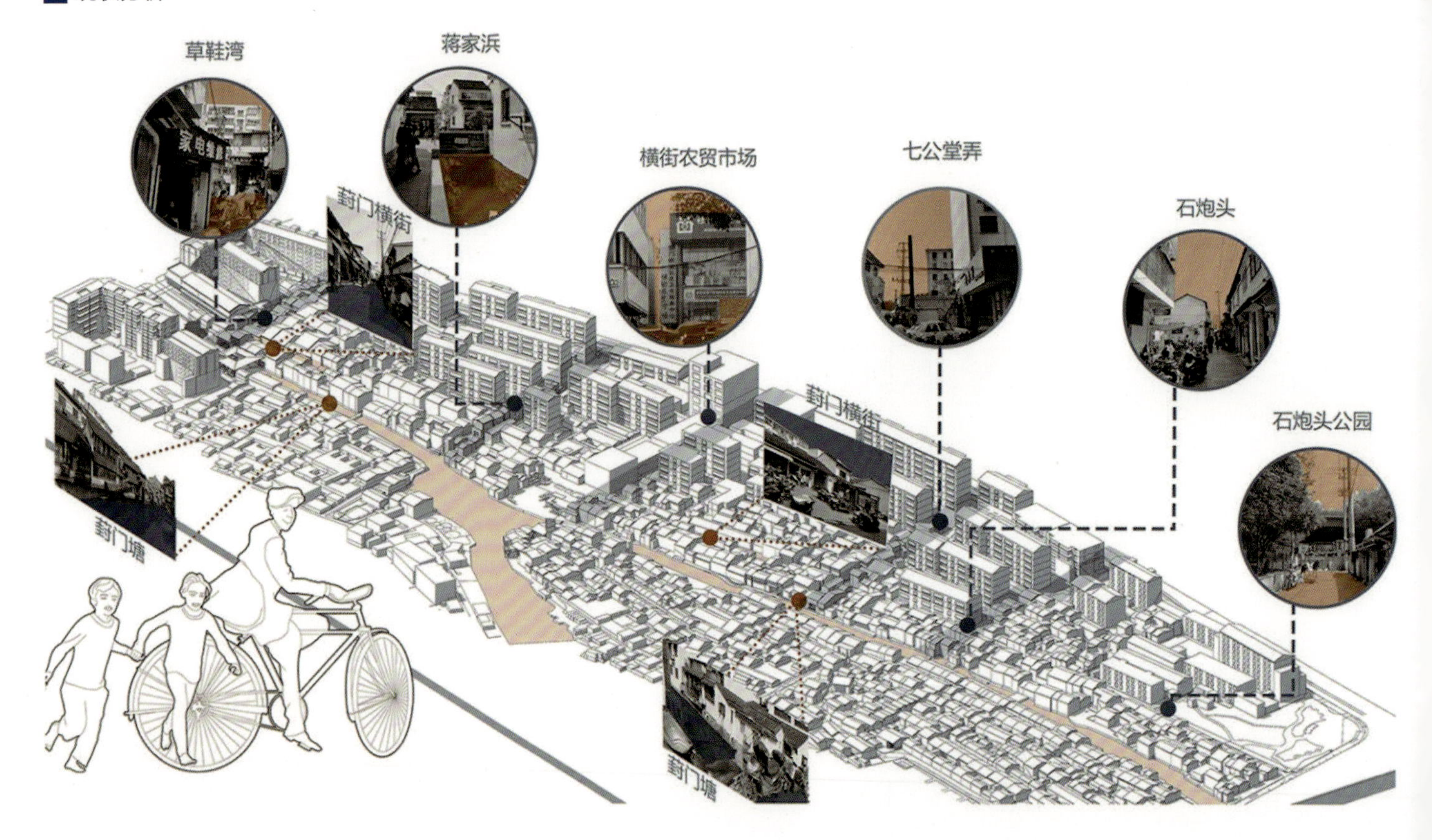

城市层面分析

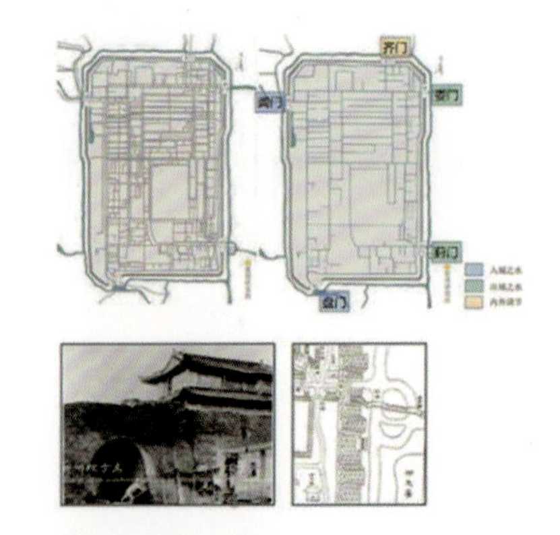
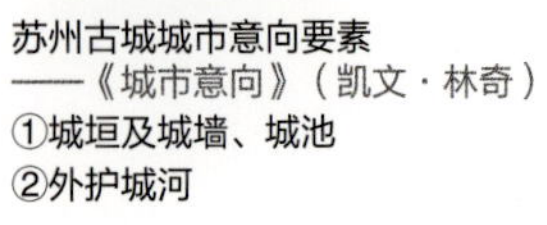
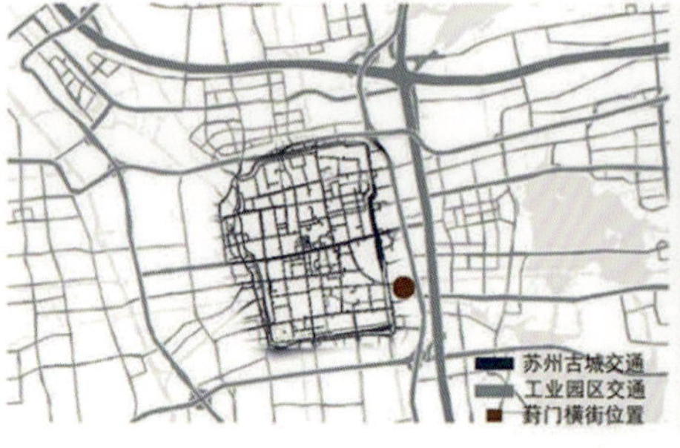

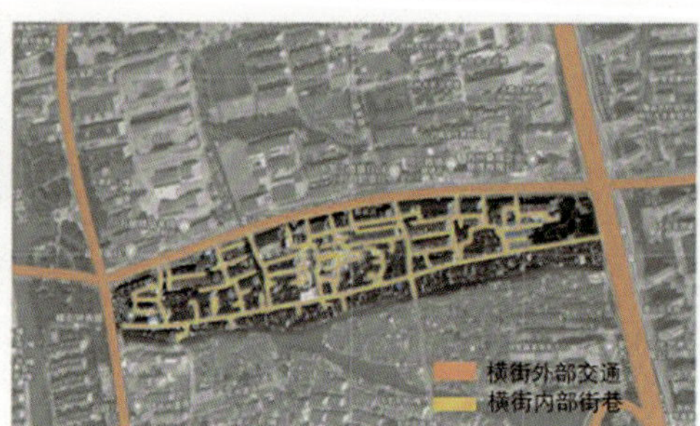

苏州古城城市意向要素
——《城市意向》（凯文 · 林奇）
①城垣及城墙、城池
②外护城河

传统水陆街巷系统与外界快速交通系统叠置
——《身体，记忆与建筑》（肯特 · C. 布鲁姆，查尔斯 · W. 摩尔）
①苏州古城水陆街巷 VS 苏州工业园区快速交通
②葑门横街内部街巷 VS 葑门横街外部快速交通

区域组团层面分析

街市民居边界

功能

以商业为主；满足日常生活、社会交往所需；公共交往；城市流动性强

形式

街道、底楼商铺

封闭性

街道是交往场所

价值

市井文化，人间烟火气

困境

1. 机动车难以通告，横街货运动线、顾客动线混合，道路拥挤，环境脏、乱、差等问题。
2. 缺少娱乐休闲空间。

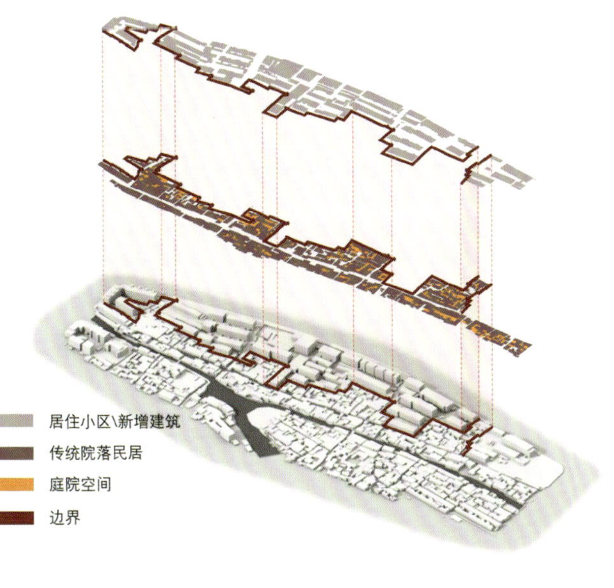

院落街坊边界VS居住小区边界

形成机制

传统空间观念
以家族为单位

功能

以居住为主，满足日常生活所需；内部居民交往场所，排斥外部；无城市公共功能

形式

院落外墙 VS 围墙底商

封闭性

家庭封闭性强，大小街坊开放 VS 封闭或半封闭空间

困境

在现代规划模式下建设的葑门横街新建建筑
在空间和形态上缺乏对古城整体空间体系和
肌理特征的审视

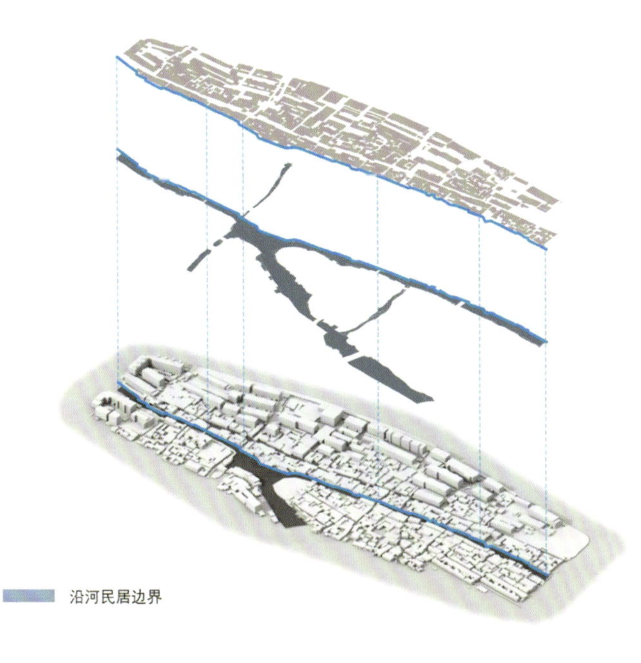

沿河民居边界

功能

以居住为主；满足日常生活、社会交往所需；公共交往；城市流动性强

形式

墙体、平台

封闭性

半封闭

价值

沿河运输，沿河休憩

困境

环境差，休憩空间少

2.2 问题的解决——融合界

总平面图

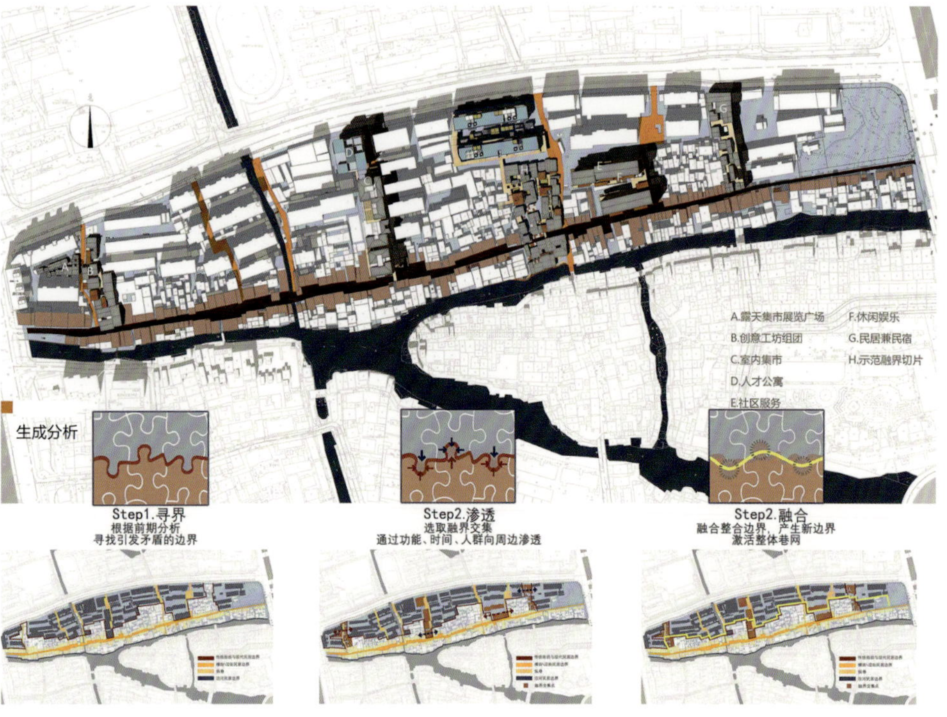

沿界方向

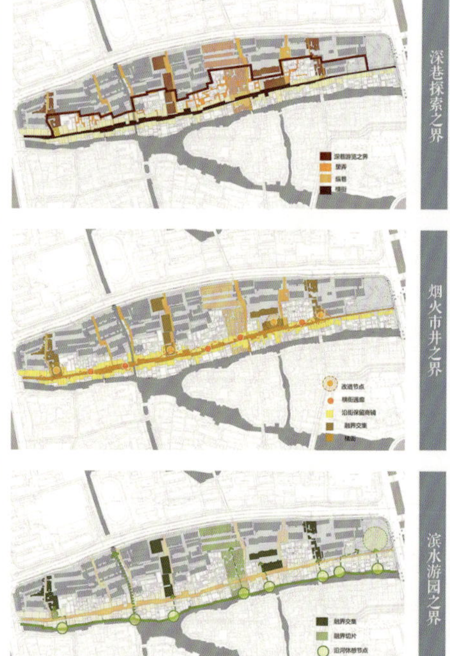

越界方向

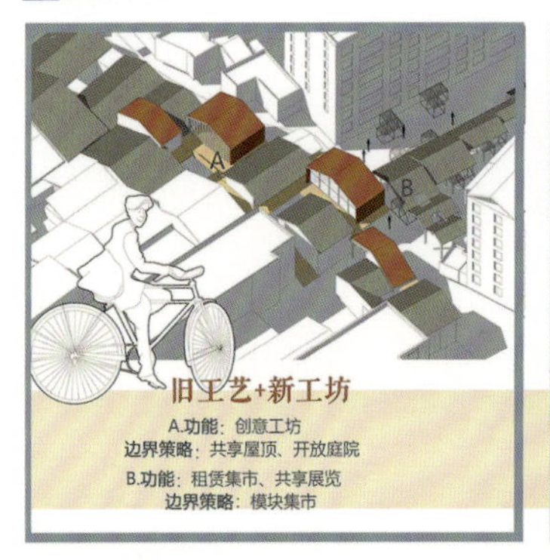

旧工艺+新工坊
A.功能：创意工坊
边界策略：共享屋顶、开放庭院
B.功能：租赁集市、共享展览
边界策略：模块集市

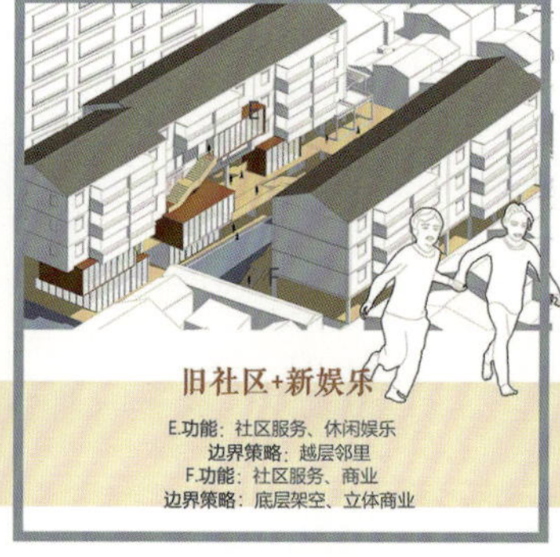

旧社区+新娱乐
E.功能：社区服务、休闲娱乐
边界策略：越层邻里
F.功能：社区服务、商业
边界策略：底层架空、立体商业

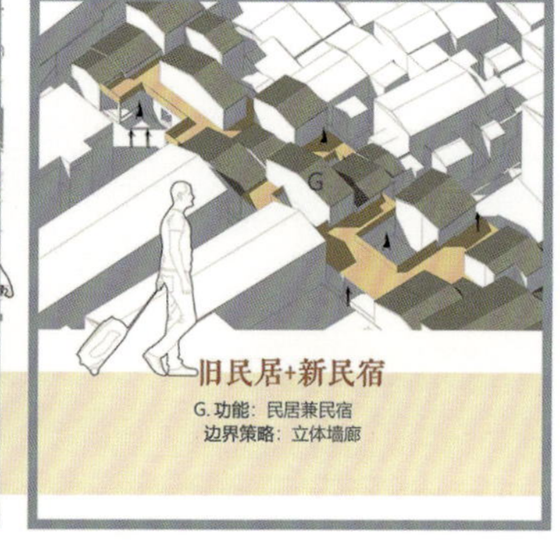

鸟瞰图

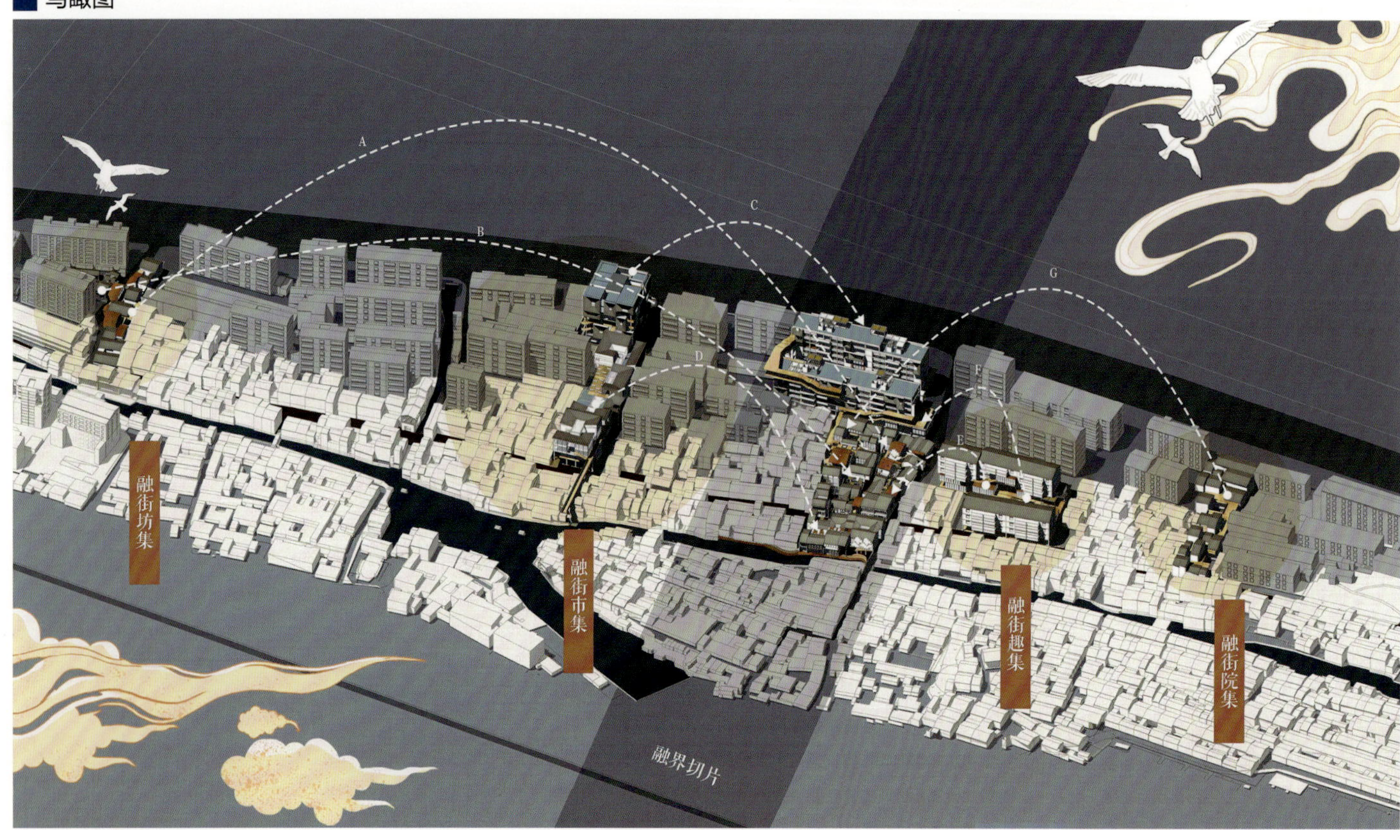

2.3 深化设计

方案生成

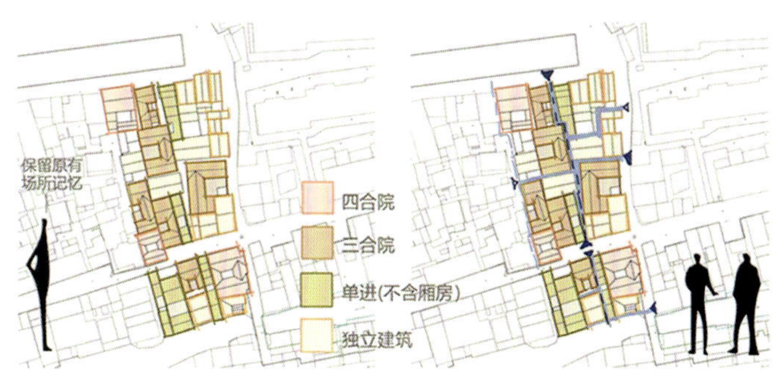

Step1. 建筑分类

根据民居类型、边界封闭程度。

Step2. 路径疏通

根据主要人流，疏通里弄边界。

Step3. 开放庭院

根据边界策略，不同程度地开放庭院。

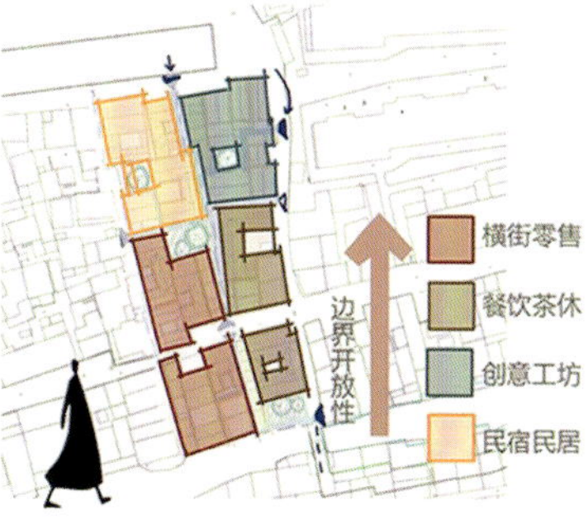

Step4. 置入功能

旧功能 + 新功能，形成复合集市组团庭院。

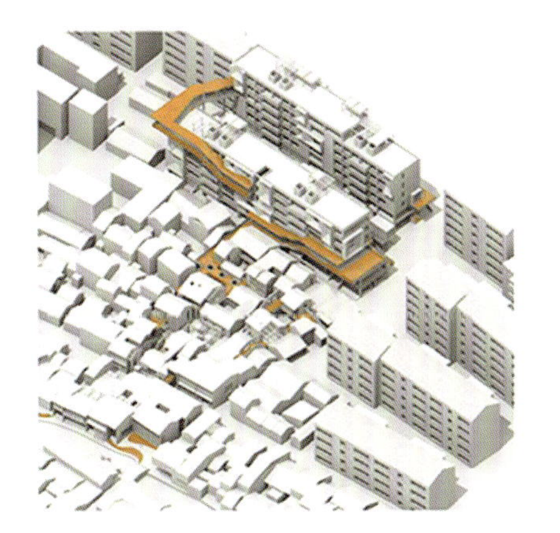

Step5. 置入廊道

通过越界廊道，将各集市组团进行融合。

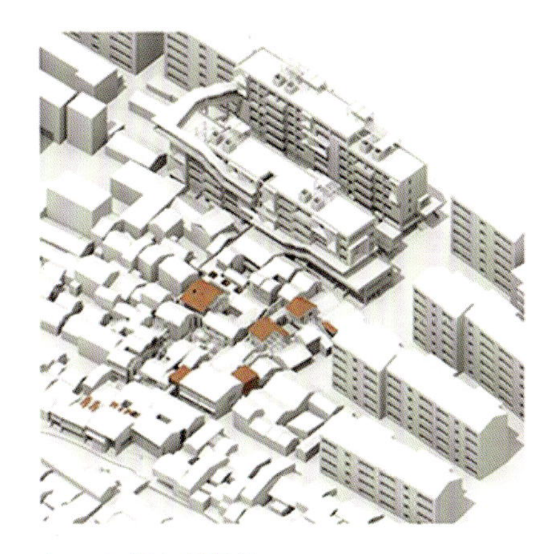

Step6. 置入新组件

局部置入新组件，整体进行微改造。

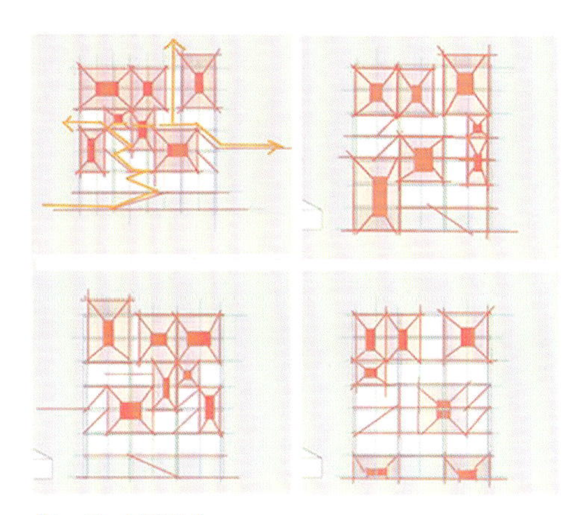

Step7. 立面融合

在对传统街巷平面进行转译后，置入北侧现代民居立面当中，达到立面融合的效果。

效果图

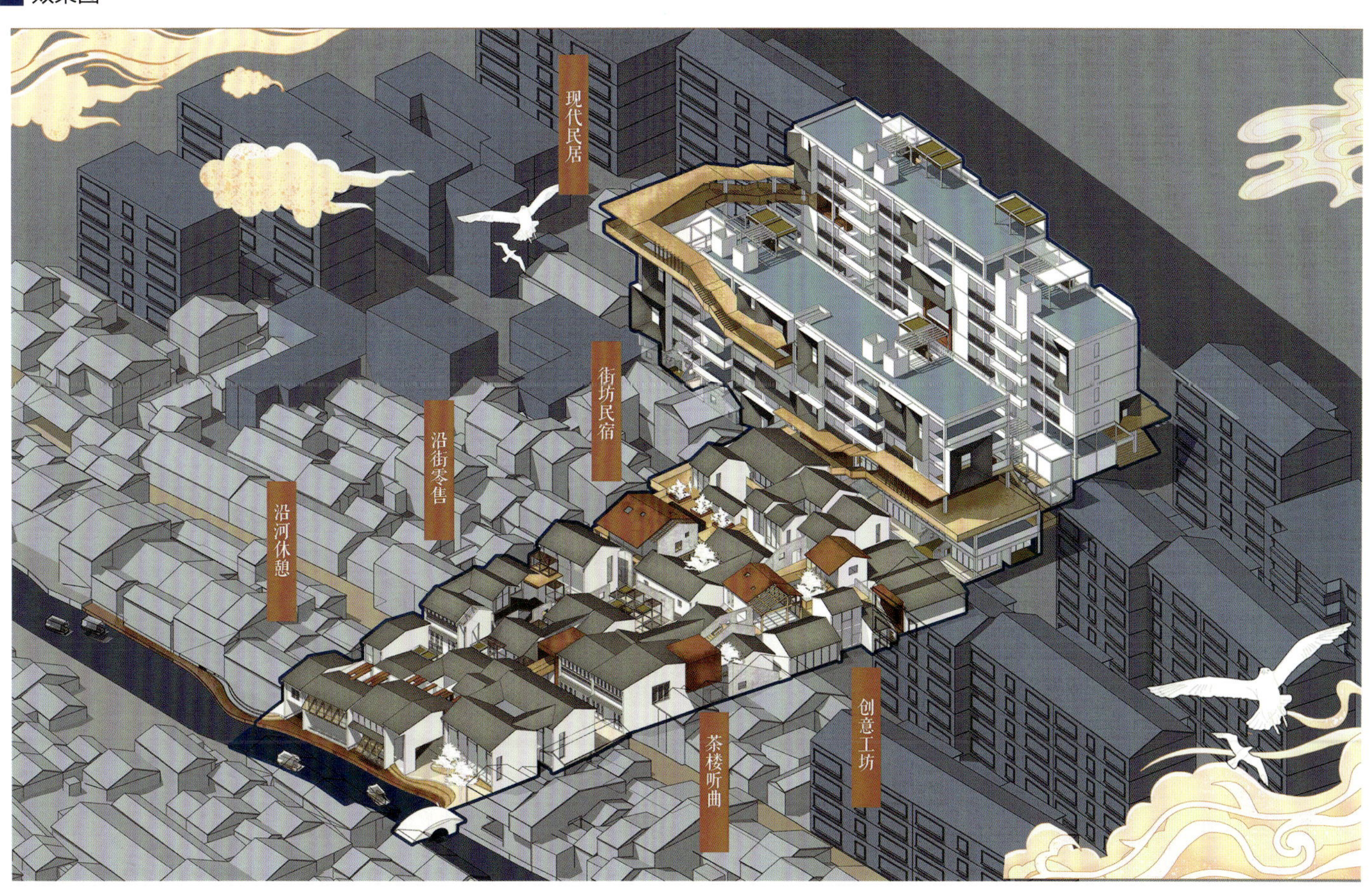

总平面图

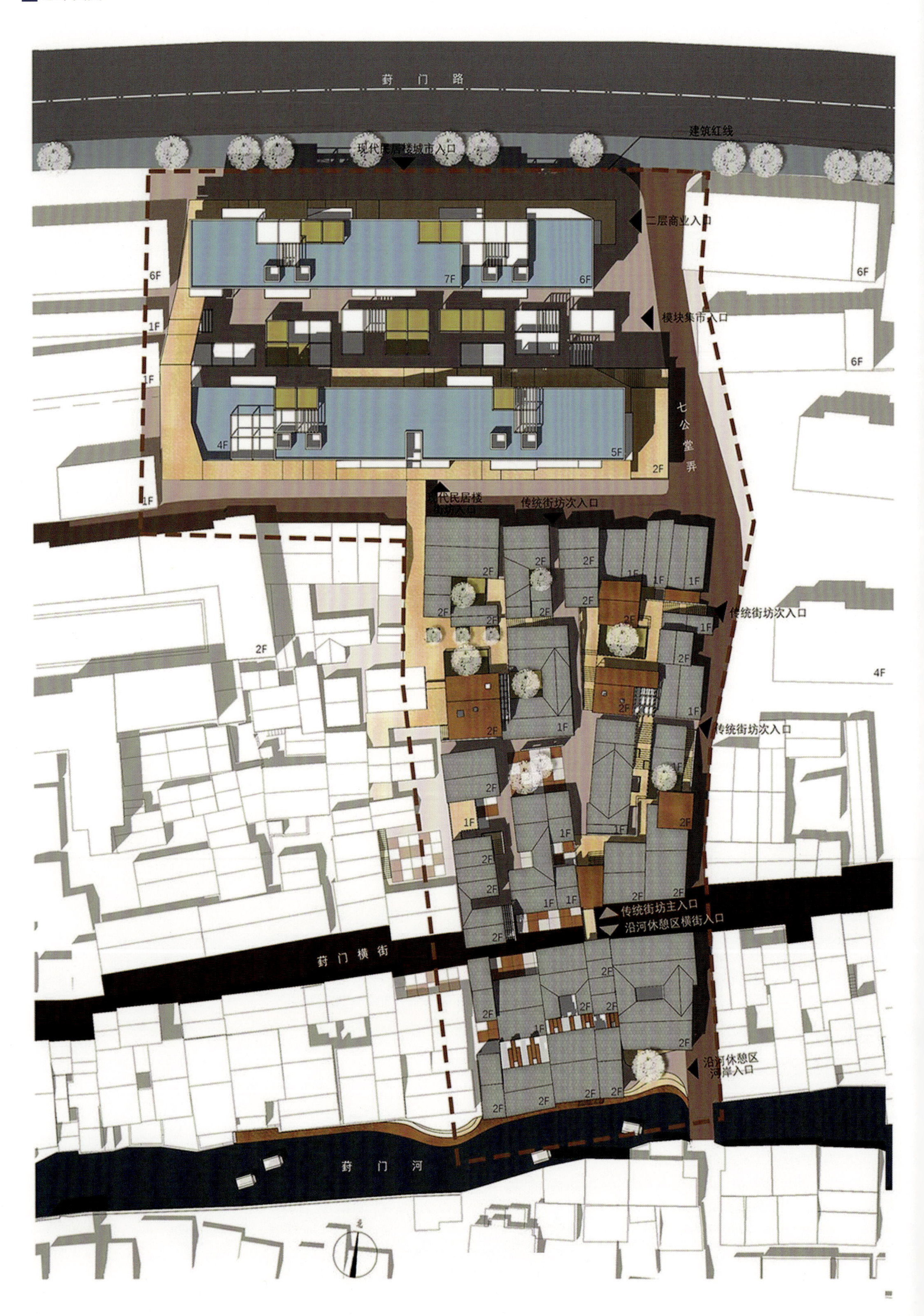

葑门路
建筑红线
现代民居楼城市入口
二层商业入口
模块集市入口
七公堂弄
现代民居楼街坊入口
传统街坊次入口
传统街坊次入口
传统街坊次入口
传统街坊主入口
沿河休憩区横街入口
葑门横街
沿河休憩区河岸入口
葑门河

切片组团具体分析

现代民居切片

功能
居住、商业、社区服务、医疗、集市

边界类型及策略
1.居住小区与城市公共道路
底商→底层架空、立体商业

2.上下邻里
楼层→越层邻里

3.水平邻里
围墙→越界廊道、模块集市

4.居住小区与传统街坊
围墙→园林式开放通廊

边界开放性
★★★★★★

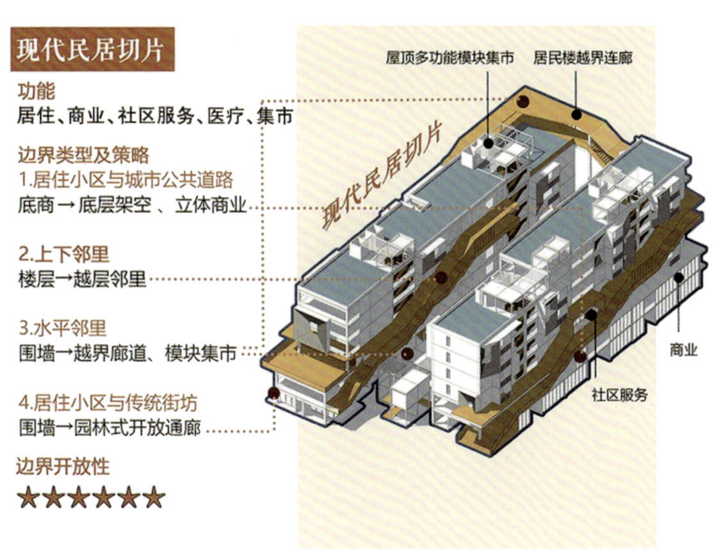

街坊民宿切片

功能
民居、民宿、社区服务

边界类型及策略
1.街坊内部民居间
围墙→立体墙廊公园

2.居住小区与传统街坊
围墙→越界廊道

边界开放性
★★★

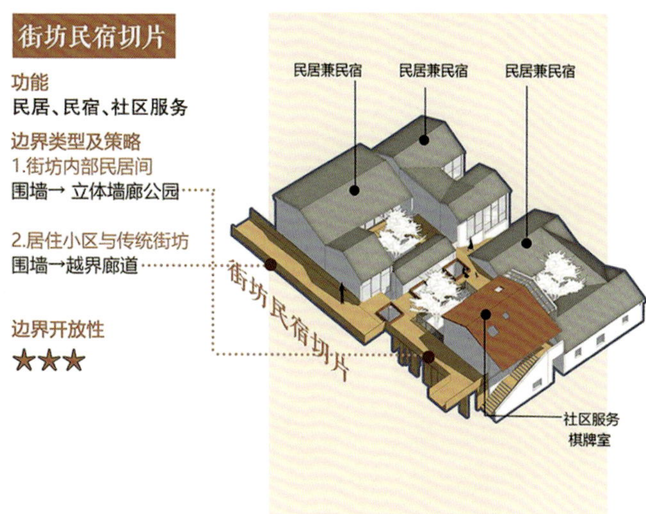

茶楼听曲切片

功能:
餐饮、茶饮、休闲

边界类型及策略
1.沿街民居与横街
商铺→越界通廊

2.沿街民居与街坊内部民居
墙体→开放庭院、界面翻转

3.街坊内部民居间
里弄围墙→屋顶台阶、共享屋顶

边界开放性
★★★★

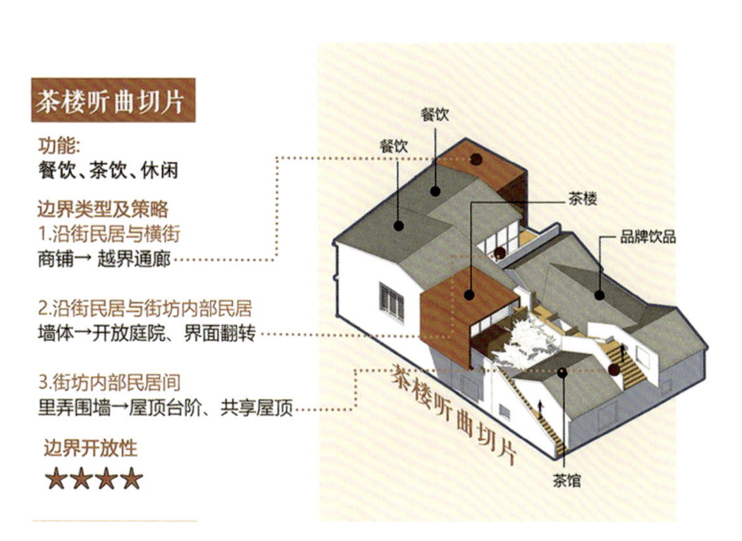

创意工坊切片

功能
工坊、展览

边界类型及策略
1.街坊内部民居间
里弄墙体→共享屋顶

2.沿街民居与纵巷
商铺、墙体→开放庭院

边界开放性
★★★★

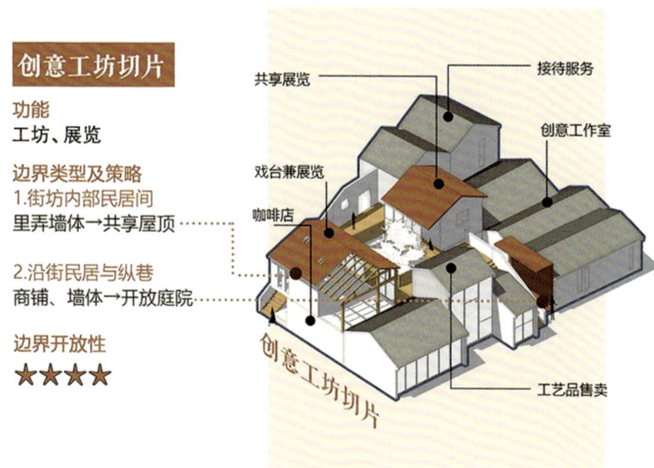

沿街售卖切片

功能
零售、集市、社区服务

边界类型及策略
1.沿街民居与横街
商铺→模块集市

2.沿街民居与街坊内部民居
墙体→开放庭院、模块集市

边界开放性
★★★★★

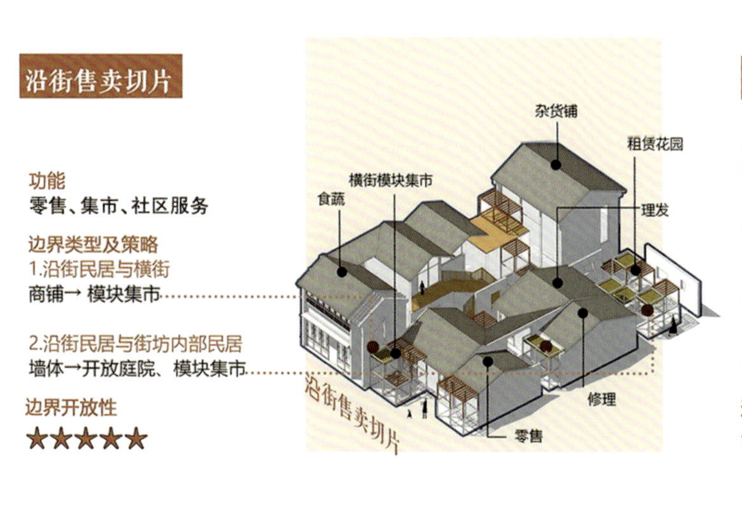

沿河休憩切片

功能
餐饮、休闲、零售、集市

边界类型及策略
1沿街民居与横街
商铺→越界通廊、模块集市

2.沿街民居与沿河民居
封闭内院→内街

3.沿河民居与河岸
节点公园、游憩栈道

边界开放性
★★★★★

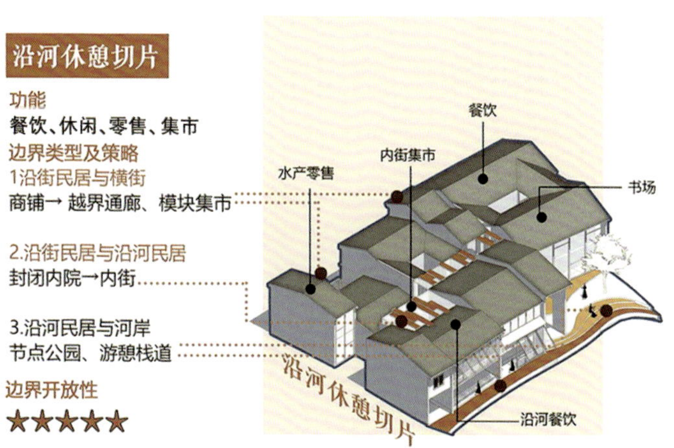

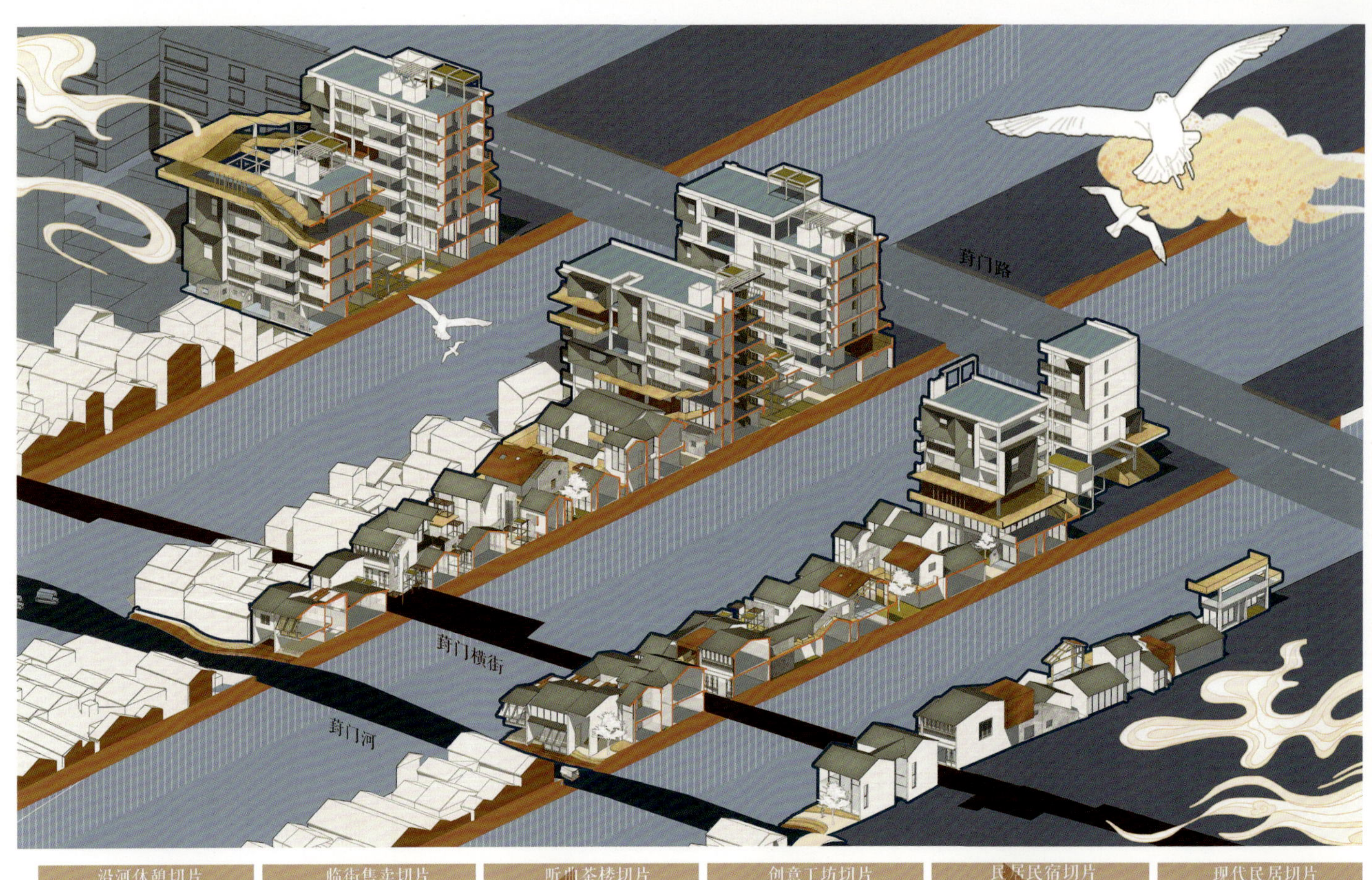
葑门路
葑门横街
葑门河

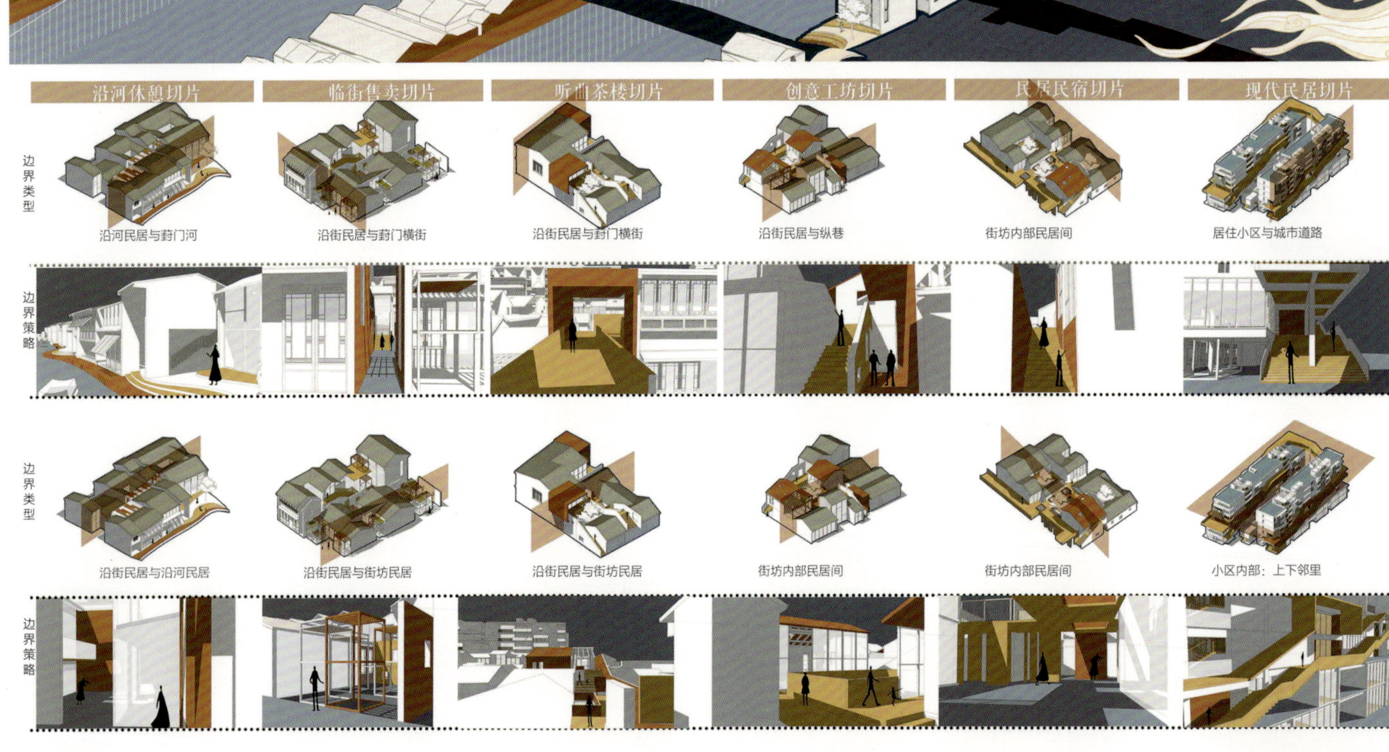
沿河休憩切片
临街售卖切片
听曲茶楼切片
创意工坊切片
民居民宿切片
现代民居切片
边界类型
沿河民居与葑门河
沿街民居与葑门横街
沿街民居与葑门横街
沿街民居与纵巷
街坊内部民居间
居住小区与城市道路
边界策略
边界类型
沿街民居与沿河民居
沿街民居与街坊民居
沿街民居与街坊民居
街坊内部民居间
街坊内部民居间
小区内部：上下邻里
边界策略

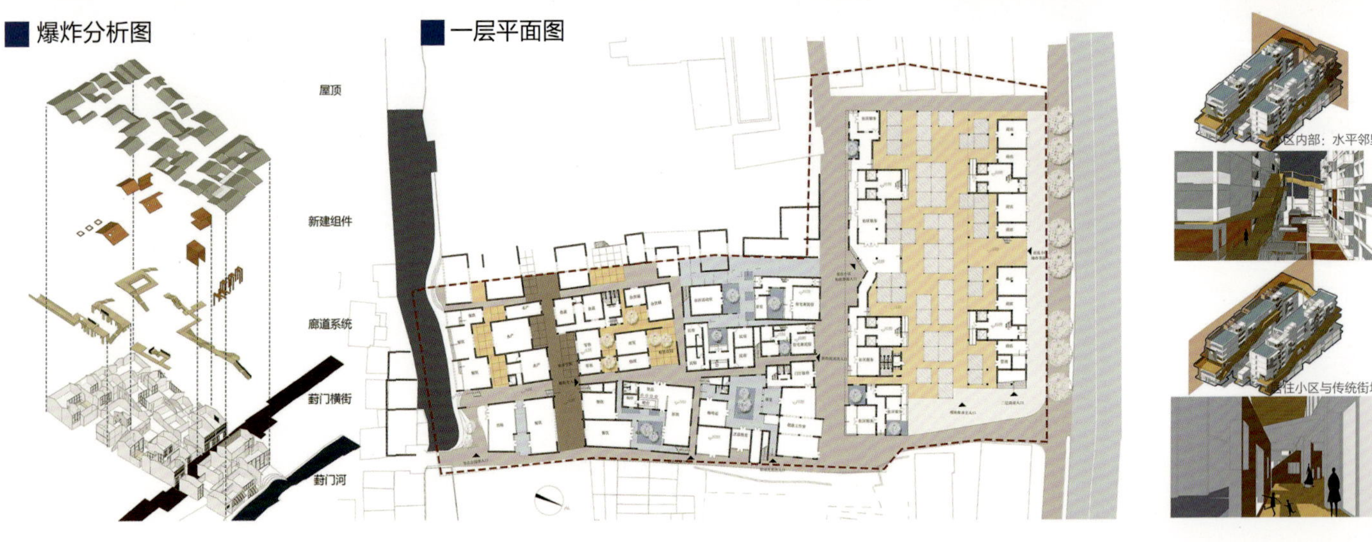
爆炸分析图
屋顶
新建组件
廊道系统
葑门横街
葑门河
一层平面图
区内部：水平邻里
住小区与传统街坊

烟火旧市，焕径新生

厦门大学
Xiamen University

小组成员：丁　雯
指导老师：林育欣

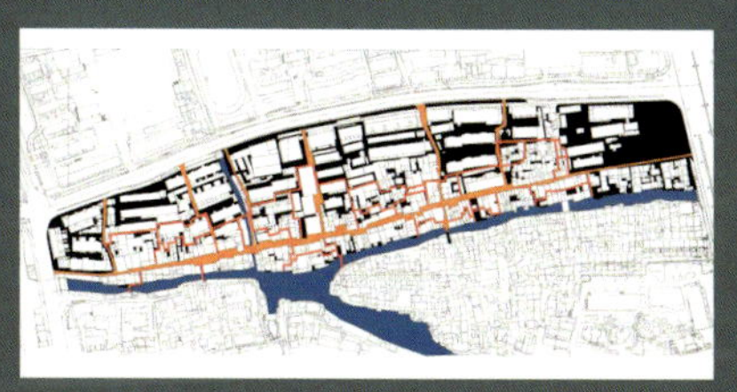

第一阶段　“葑门双路径”设想

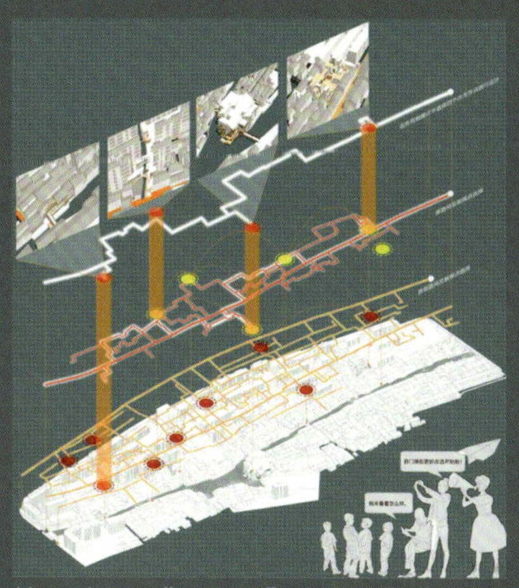

第二阶段　“双路径”主要节点选择

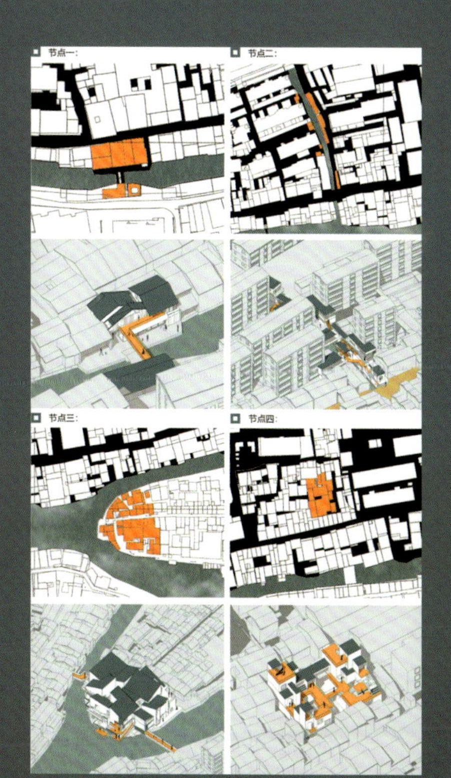

第三阶段　以路径为主轴的节点设计

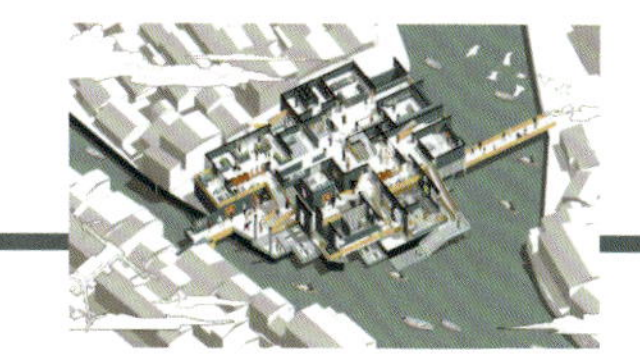

设计说明

如果问去哪里体会一个城市的特色，现在的人们大多会选择这样一个地方——集市。集市在某种程度上已经成为“网红街”一样吸引游客的存在，比如厦门的八市、苏州的葑门横街。但是近年来，在国家推动城市更新的过程中，城市里的旧市集（菜市场）或是被拆除或是转型升级，这对于那些极具当地烟火气的集市来说是机遇与风险并存的。本设计以苏州葑门百年菜市场为对象，通过分析当地特色，为横街集市的更新改造提供设计方案，以探寻集市空间在当代城市环境的生存之道。

本次城市更新设计地块为苏州葑门横街及其周边。葑门横街地处水陆交通要道，它呈现着古代水陆并行双棋盘的城市格局和旧时的商业场景，在承担城市商业功能的同时，保留了原真的苏州文化。因此，本次设计从水陆并行双棋盘的城市格局入手，进行概念的提取。通过分析古城商业、文化、历史、交通设施，可知苏州古城空间活跃度与路网之间的直接联系，以及水路、陆路相互影响下的城市发展现状，由此提取“路径”为主要设计概念。

“双棋盘”的路径格局更倾向于城市宏观设计，如何在更小的范围内研究路径对于空间的影响因素就是接下来要考虑的问题。基于场地所在地理位置，最终选择研究园林路径。通过拆解几个园林的客观构成，选取样本园林，并梳理其路径与站点的空间关系可知，路径在园林里也处于核心地位。将城市里宏观的路径与站点（停驻点，如公园、广场）的关系缩小到一个小范围，即园林里路径与站点的关系，可以看到路径设计对于空间活力的影响，以及路径对于人的空间体验的引导，因地制宜的路径设计可以活化途经的空间。然后以留园为例，将留园里的路径与站点进行抽象化提取，得到路径与站点空间关系的基本型。通过对基本型的归纳，将其进一步推导到节点的空间设计上，最终形成由“路径”这一概念引导的节点设计。

接下来从区域设计落脚至区域内节点设计。节点设计依旧以路径元素作为主题，回应场地特色，选择园林里的路径元素进行转译，以探寻园林与市井空间结合的可能，最终根据园林路径的特点及葑门横街自身的特色，选择其中四个节点进行设计。根据节点特色，分别将这四个节点对应园林里的“桥”“亭”“水”“山”这四个客观元素，分析对应的客观元素与路径的空间关系，由此进行转译与设计。联系前期分析的园林路径，归纳“桥”“亭”“水”“山”这四个园林元素与路径的空间关系，将园林元素与路径之间的空间片段化，插入设计之中，并进行重组，进而完成园林路径在节点空间设计里的转译，最终达到将园林特点融入节点设计乃至融入片区设计的目的。

设计感悟

集市作为一个极具人情味的公共交往空间，其更新升级后对于市场及居民生活的影响一直是人们关注的话题。有不少集市在更新后反而流失了商户和顾客，因此葑门横街如何在更新的同时保留集市的原真性，又如何融入新产业来增加自身吸引力，这些都是设计过程中需要着重思考的问题。如何让这条街更具活力？我选择让它拥有更多生长的“枝丫”，也就是植入新的路径，进而形成葑门横街的“双路径”格局。两条路径在形成对比的同时又相辅相成，横街保留集市本来的烟火气，而新路径则负责新业态的引入。最后单体设计中对于园林路径的引入，以及与集市空间的结合，对我来说也是一次全新的尝试。

横街食物的背后是精致的生活态度、历史沉淀的工艺、讲究的烹调知识，是因食会面、因茶会友的习惯和因时而食的习俗，以及对健康生活的向往。

最后，有幸能够参与这次联合毕业设计，在与不同院校同学的思维碰撞中，笔者看到了更多、更有意思的概念点和思维方式。感谢各位老师对笔者的指导，笔者获益匪浅，今后也将继续探索前行。

3. 话“径”说“园”

3.1 前期调研分析

区位分析

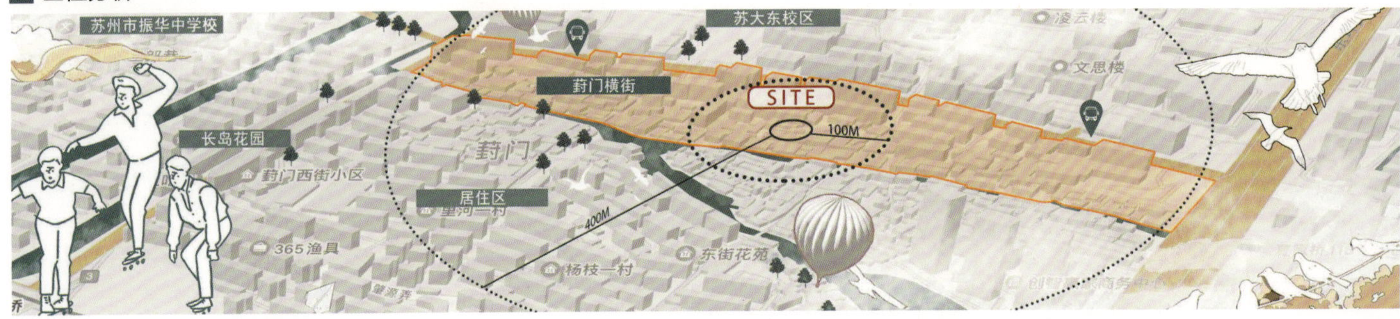

场地现状分析

A
葑门横街主街
主街长690米，宽3~5米。两侧为2~3层的商住混合建筑。沿街界面自然发展，道路边界自由曲折。
B
红板桥
连接场地南侧的简易小桥，只能供行人和非机动车通行。在桥上可以看到往东侧方向的几座桥上来来往往的人。
C
蒋家浜
该巷西侧临水，东侧为居住区，整体较为狭窄，但是极具场地特色。南侧周边老字号店铺较为集中，北侧空间失活。
D
横街菜场
横街室内菜场连通了北侧的葑门路与南侧的横街露天市集，方便了人们的采购，在盘活整条葑门横街方面起到了重要作用。
E
葑门塘
葑门塘平行于横街。沿途建筑至今仍保留着清末民初枕河人家的风格。西接苏州古城护城河，东至金鸡湖。
F
七公堂弄
因一座张七公庙而得名，是贯穿场地南北的几条巷道中相对较宽的一条，因此人流量相对较大。
G
石炮头
古代为兵防要地，筑有敌楼，一名“叠楼”。其上置有铁炮，以石、铁作为炮弹。敌楼前直街即以“石炮头”名之。

历史演进

明代
自明代起，葑门作为连接古城与城郊的特殊门户，开始成为颇具市井气息的繁荣集市。
1949年
中华人民共和国成立后，葑门横街也一直是苏州最重要的蔬菜收购及经营场所之一。
清代
从清代开始，葑门横街便是城外农民进城买菜的聚集地。乾隆年间，横街慢慢成为苏州最大的海水产品市场。
20世纪80年代
社区内由住户自行改建。
2007年
由政府出资进行了改造，包括去除沿街搭建的雨棚、改厕、立面更新等。
2010年
进行沿河改造。
横街转角楼立面改造
2016年
葑门商户自发成立横街商会，保护性开发横街市井文化。
农贸市场增设遮雨棚和摊位
2017年
姑苏区增设葑门历史文化片区管理办公室，开展整治占道经营、拆除违章建筑的活动。
2018年
葑门横街启动二期整治工程，基本保留了横街原貌，集中整治路面管线。

SWOT 分析

1.横街市场集中展现着老苏州的生活文化，从饮食到生活起居、为人处世，都可以在横街上看到。
2.横街市场食品和物品的价格较低，品种多样，可选择性较大，低收入人群也可以在横街有较好的购物体验。
3.葑门横街历史悠久，菜品新鲜，是当地居民认可度较高的集市，高峰时段客流量大，交易活动频繁。
4.不同于线上消费，消费者在横街可以体验到与人交往的生活气息，以及在讨价还价、烹饪技巧交流中的感情来往。通过建立人与人之间的联系，增强人们的归属感及在讨价还价、烹饪技巧交流中的感情来往。通过建立人与人之间的联系，增强人们的归属感

Strengths

1.横街市场环境相对较差，道路拥挤，摊位常常占道经营，而且污水排放系统不太完善，地上常有积水。
2.受环境影响，部分食品卫生状况不达标。售卖环境卫生状况较差，给人的观感也不太好。
3.集市营业时间较短，与一般上班族的工作和生活节奏不协调，而且周边停车位较少，也限制了来客。
4.横街基础设施老化，公共服务设施如卫生间等较为老旧。
5.需要完善系统化更新措施，规范管理。

Weaknesses

1.人口增长及良好的经济表现会增加市场对生鲜食品的需求。在生活压力下，人们开始乐于去寻找"人间烟火气"的氛围地，菜市场成为许多人放松身心的地方。
2.菜市场是最能体现当地饮食文化特色的地方，"网红""吃播"可以为市场带来一定的活力。
3.横街市场同时有许多生活服务类店铺，具有一定的聚集性，为日常生活提供了很多便利。
4.人们追求物美价廉，食品新鲜，横街市场的食品售卖价格适中。

Opportunity

1.线上超市、跑腿代买服务日益完善，人们为了节约时间成本更愿意选择线上购物。尤其在疫情时期，无接触购物是人们更倾向的一种选择。
2.精品果蔬超市、大型购物广场等线下购物实体店环境整洁，货品来源稳定，而且已经开始联合电商提供送货上门服务，这对于葑门横街的菜市场而言是巨大的竞争压力。
3.在交通不便、停车位较少的限制下，人们更愿意选择能方便到达的地方。
4.食品安全越来越成为人们考虑的重点，食品来源是否安全可靠，售卖环境是否卫生，这些都影响着人们的购物选择。

Threats

人群活动分析

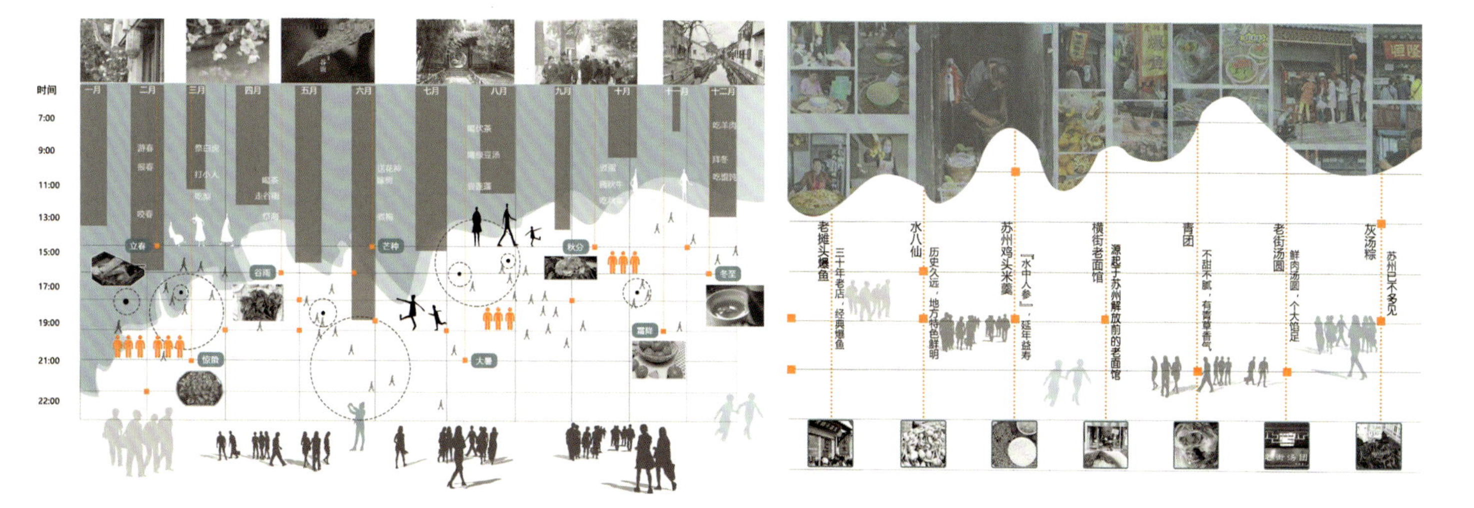

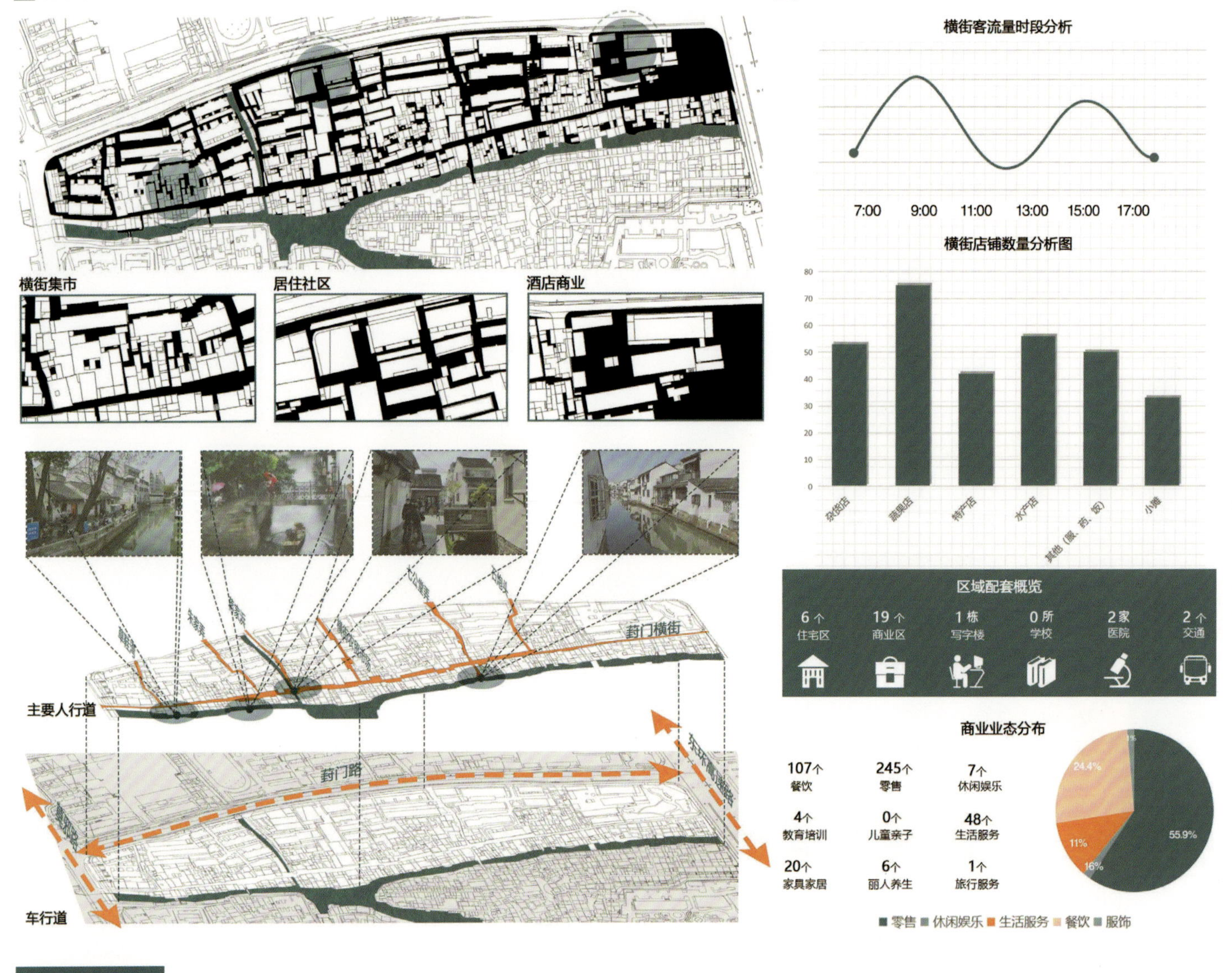

3.2 概念的生成

概念的提取

探求葑门横街的场地特色，即可知葑门横街地处水陆交通要道，它呈现着古代苏州水陆并行双棋盘的城市格局和商业场景。在承担城市商业功能的同时，仍保留着原真的苏州文化。因此，本设计从“水陆双棋盘”格局入手，进行概念的提取。

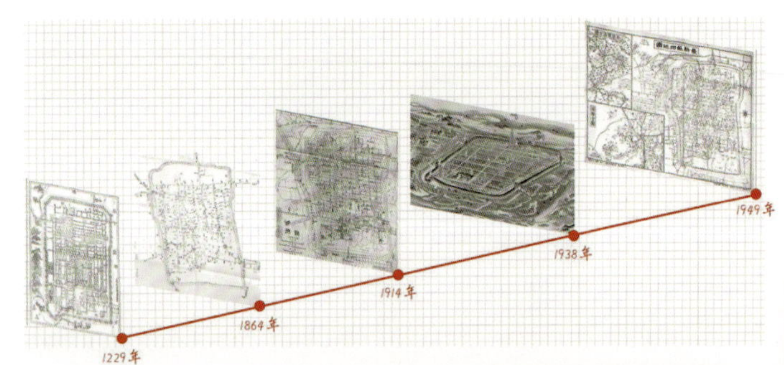

从春秋建城时期开始，姑苏古城的道路就逐步规划形成了所谓的水陆双棋盘格局。时至今日，这一格局在整体框架上并未发生较大改变，陆路根据实际需求有部分更改，而水路则一再减少。

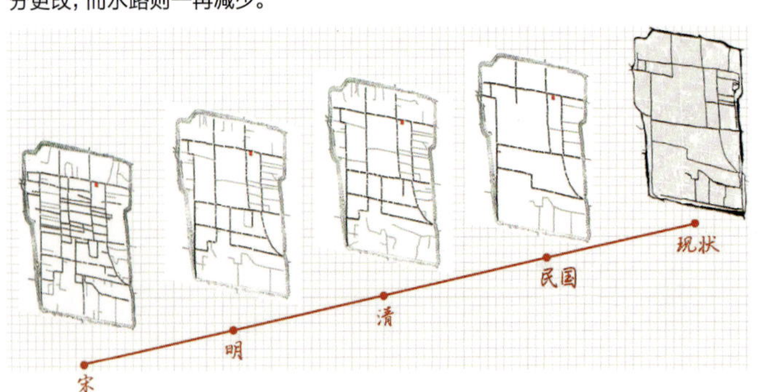

“双棋盘”路径活力

将水网与路网提取出来，可以看到，滨水空间较为活跃的部分正好是陆路交通较为发达的区域。再将古城的商业、文化、历史、交通设施做可视化处理，明显可见密度较大的地方也是交通更为便捷、水陆网交汇的地方。由此可见苏州古城空间活跃度与路网的关系之密切，以及水路陆路相互影响下的城市发展现状。由此提取“路径”为主要设计概念。

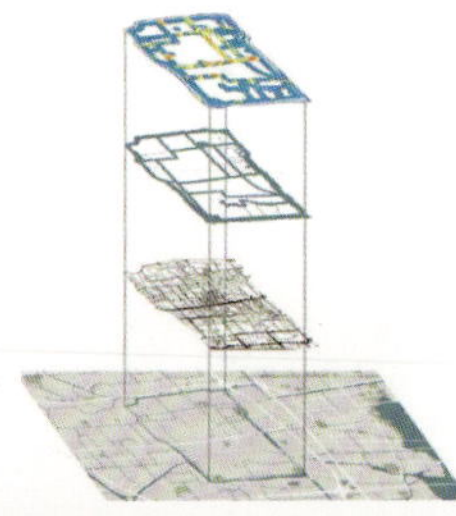

文化设施密度

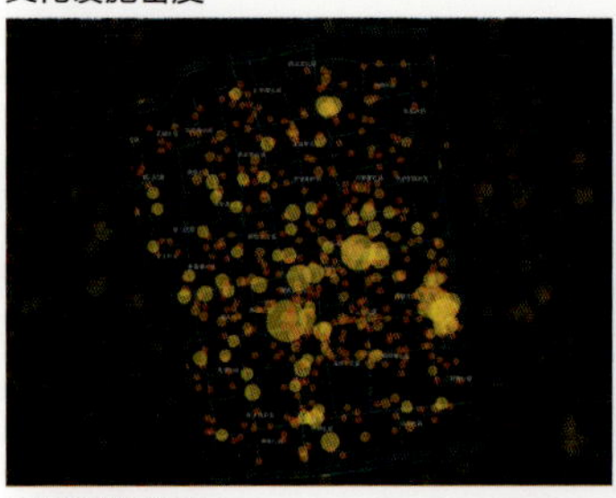

历史设施密度

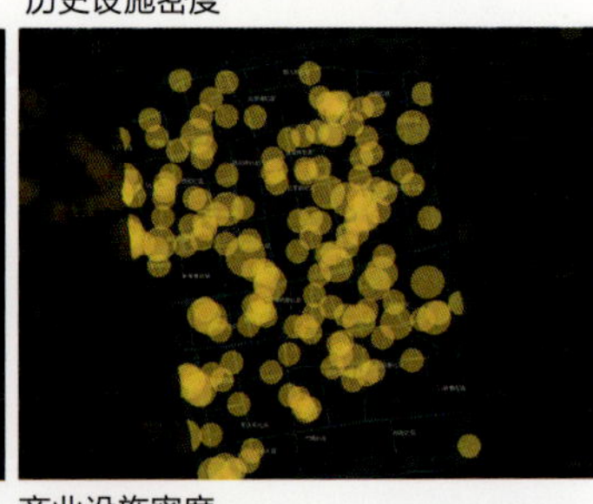

交通设施密度

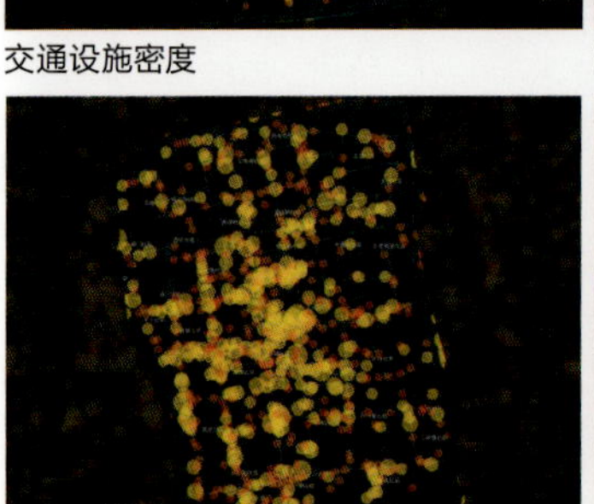

商业设施密度

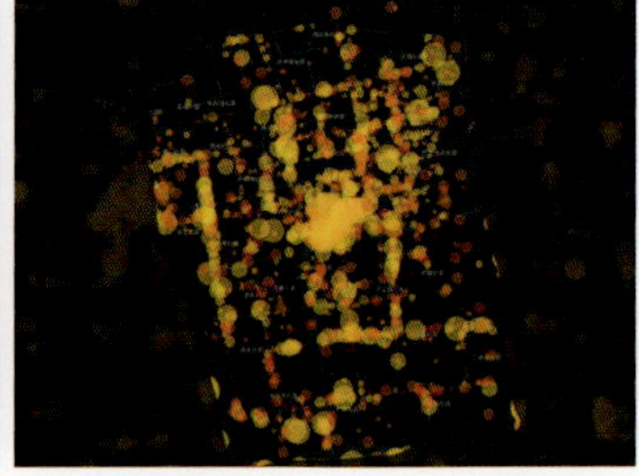

水道功能衰弱

交通活动

由于生产生活方式的改变、科学技术的进步，城市路网取代水道成为交通的主要载体。水道因为运输速度较慢、水网不再四通八达等而逐渐被冷落。

商业活动

历史上，由于水运繁荣，葑门塘河畔的商业也蓬勃发展，售卖、交换、人际交往等活动频繁。现今，由于水道的没落，水边活动也越来越萧条，只剩下简单的游玩和观赏活动。

交往活动

虽然茶舍、桥头等空间仍然是当地传统的临水交往场所，但在快节奏的生活模式下，使用人群多为老年人或者是游客，少有青年人参与这些地方的公共交往活动。

居住活动

沿河的居住单位通过加建露台、扩建挑出等方式改善室内的通风、采光等，逐渐出现了不少私搭乱建、侵占滨水空间的情况。从城市维度来看，滨水空间也逐渐被蚕食。

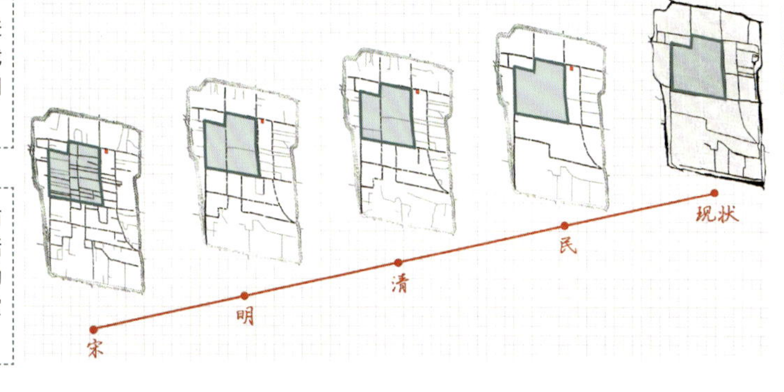

这一片区主要是居住、生活片区，由于医院、学校这类公共场所对于交通的要求较高，因此这里的水道逐渐被填埋修成了陆路。

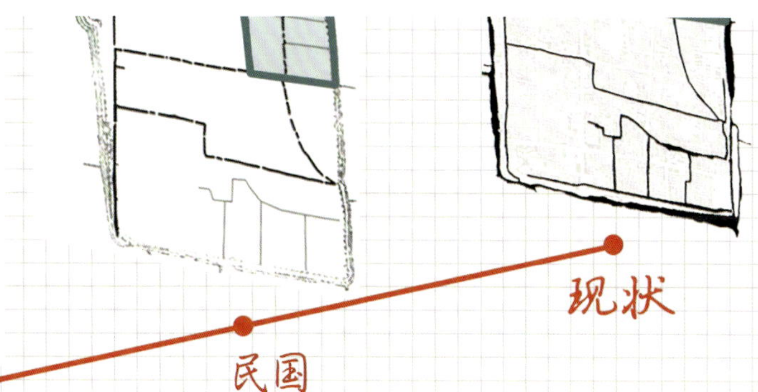

这一片区紧邻苏州平江历史文化街区，后者拥有多座园林及其他古建筑，文化气息浓厚，更新修建较少，水道保存较多。

3.3 园林元素分析

继续研究场地特色，“双棋盘”的路径格局更倾向于城市宏观设计，织就路径网络，如何在更小的范围内研究路径对于空间的影响，这是接下来要考虑的问题。基于场地所在地理位置，最终选择研究园林路径，以进一步了解小范围内路径与空间的结合关系，并对场地设计做出指导。

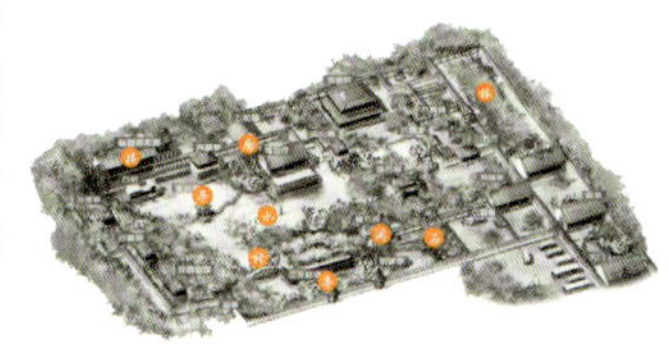

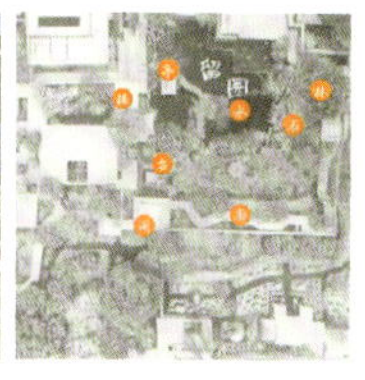

3.4 路径的抽象提取

因地制宜的路径设计可以活化途经的空间。因此，接下来以留园为例，将留园里的路径与站点进行抽象化提取，以得到一个更具几何逻辑且更清晰明确的路径与站点空间关系的基本型。在对基本型进行归纳后，将其进一步推导到后期单体设计上。

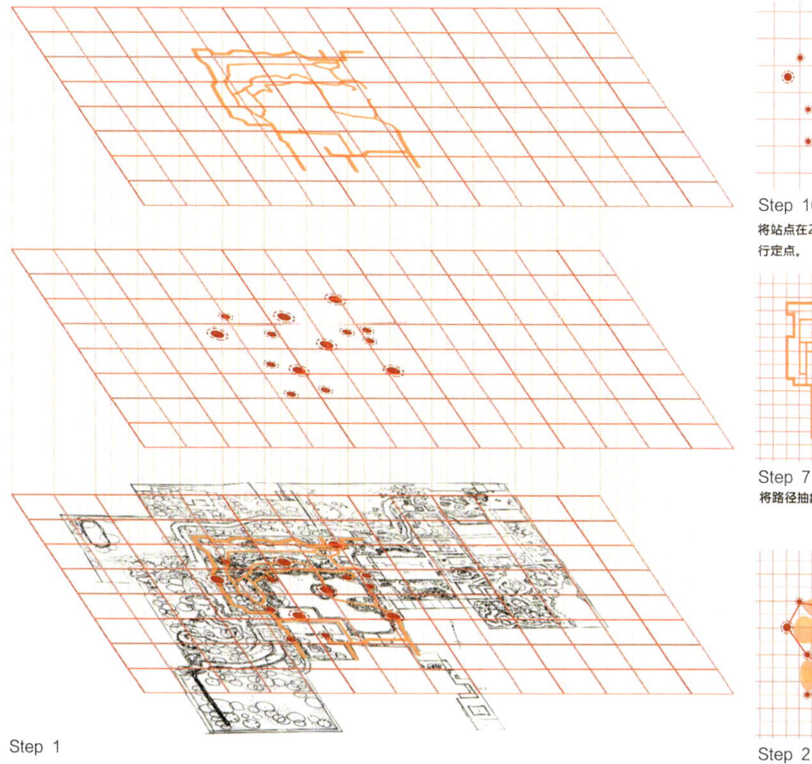

Step 1

根据表格统计的站点间的距离，即几个可能停留相对较久的站点间的距离，形成单个正方形边长为20 m×20 m的网格。为进一步精确定点，细化为10m×10m的网格。

Step 10

将站点在20 m×20 m的网格上进行定点。

Step 9

将网格细化为10 m×10 m，得到更为精确的站点定点。

Step 8

同样将路径在网格上进行定位。

Step 7

将路径抽象成无序几何线条。

Step 6

根据站点之间物理层面的可达性形成网络。

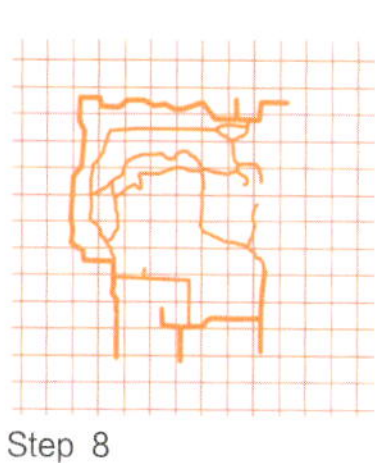

Step 5

融合几何路径和站点网络，可以得到站点之间的空间关系。

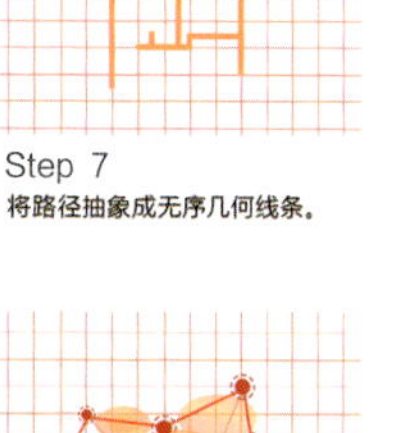

Step 2

根据空间关系，归纳站点路径间的主要视线关系。

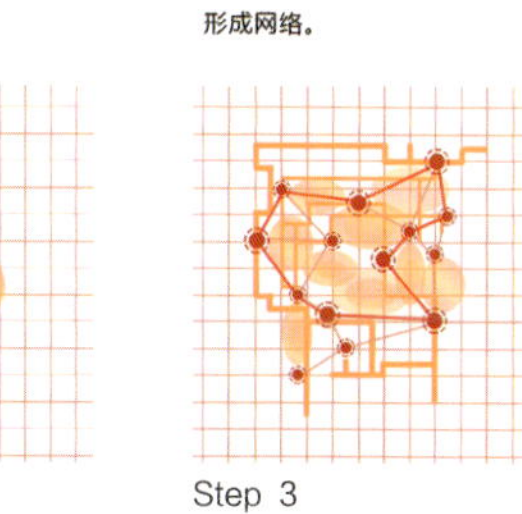

Step 3

将三者结合，形成如图所示的关系。

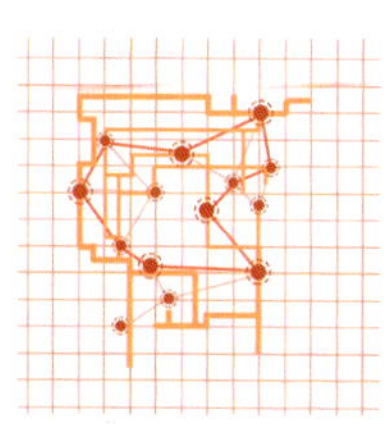
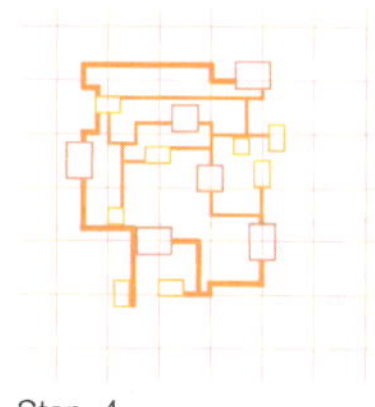

Step 4

根据站点停留时间长度增加建筑物，形成几何关系明确的图像。

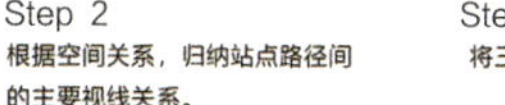

3.5 留园路径的提取

通过拆解园林，并选取园林中的高潮部分，梳理其路径与站点的空间关系可知，路径在园林里也处于核心地位。从城市里宏观的路径与站点（停驻点，如公园、广场）的关系，缩小到园林里路径与站点的关系，可以看到路径设计对空间活力或者是空间对人流吸引力的影响，以及路径对于人的空间体验的引导。

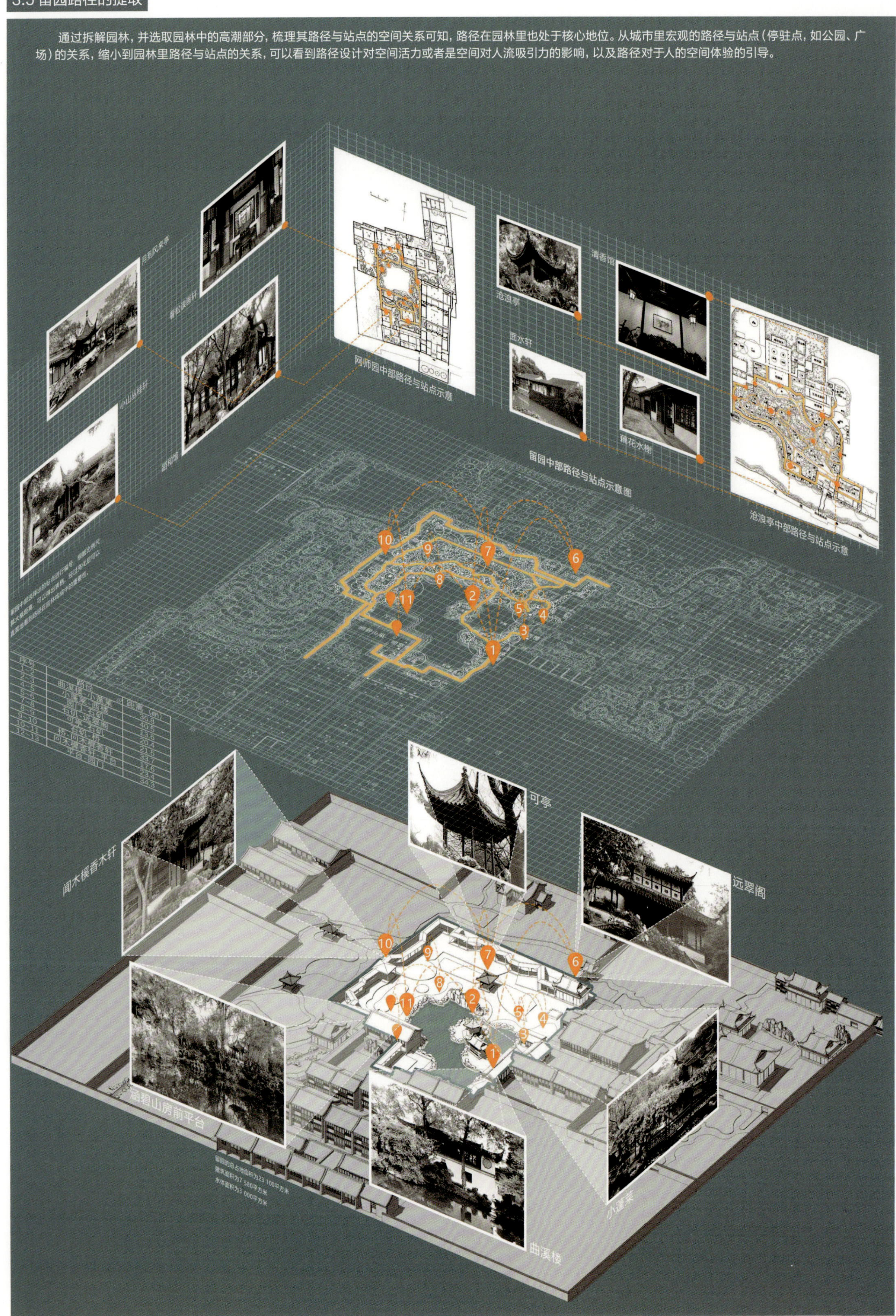

3.6 横街路径梳理

葑门横街地处水陆交汇地带，交通便利，是苏州水陆并行双棋盘格局的真实写照，这一空间格局与集市商贸活动相结合，形成了前街商业、后河运输的水陆贸易模式。时至今日，虽然区域内的水道运输功能消失殆尽，但水陆并行的双棋盘格局对于横街的商业活动仍有影响。

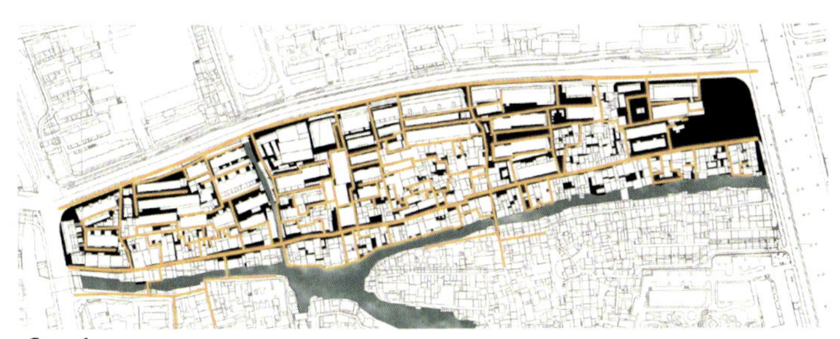

Step 1

梳理场地内原有道路，可以看到横街北部的巷道有较多尽端路，且葑门塘南北两侧空间的联系较为脆弱，尤其在中段（横街市场）这样人流聚集的区域缺少南向的道路联系。

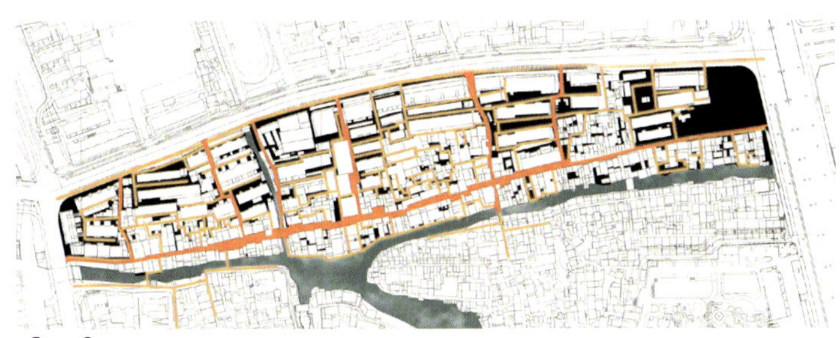

Step 2

梳理场地内南北向、东西向主要通行巷道，可以看到水陆并行双棋盘格局下街道与河道的几种关系。

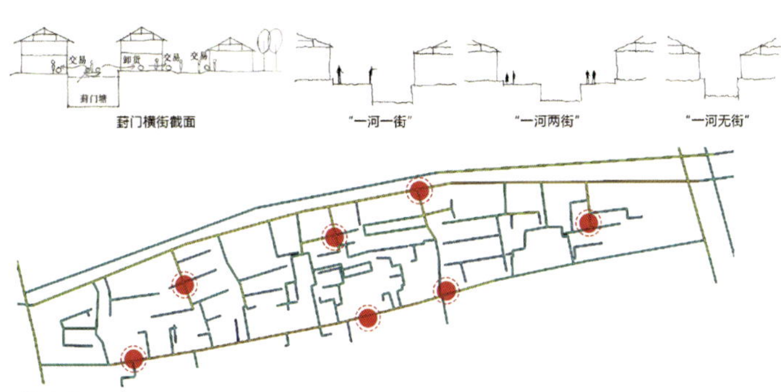

Step 3

分析现有道路的可达性，可以看到北侧区域内的道路基本上可达性都较差，场地人流主要聚集在横街上，因此为达到活化片区空间的目的，选取几个可达性相对较高的点，作为活化片区的触媒点。

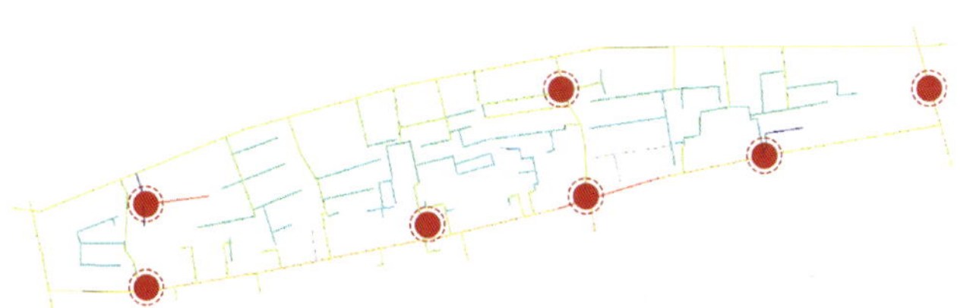

Step 4

分析现有道路的街道活跃度，选取几个活跃度相对较高的点，作为活化片区的预备触媒点。

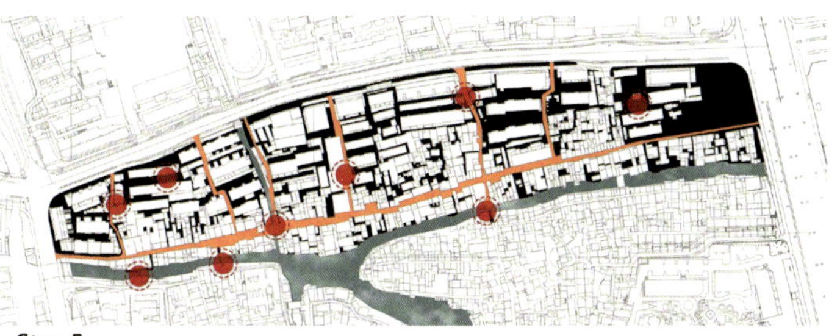

Step 5

将之前选取的场地中活力较高的触媒点整合，得到几个本身具备一定活力的触媒点，作为整个片区设计的网络节点。

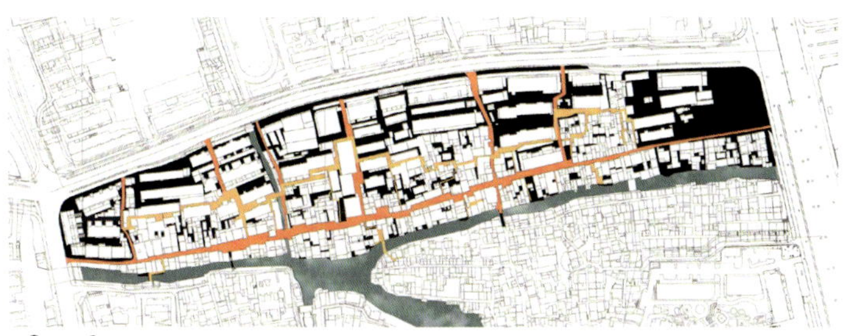

Step 6

根据苏州水陆并行的双棋盘格局及葑门横街自身的历史特征，将"路径"作为区域设计主题，设计一条新街，形成与横街原有街道相交互的"双路径"网络，由该网络串联起区域内的触媒节点，最终达到区域空间活化的目的。

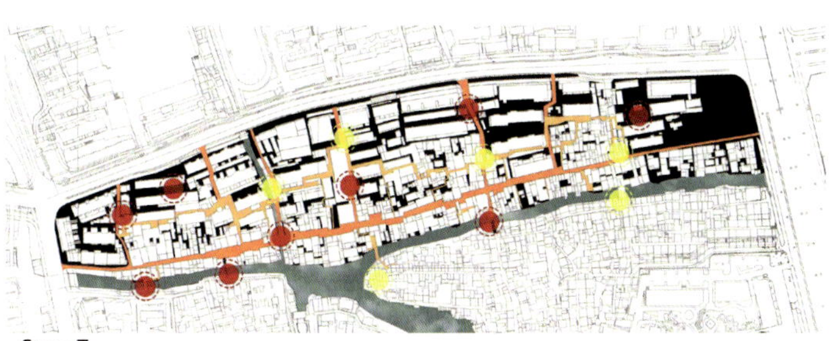

Step 7

在新路径上设置新的触媒点，与旧路径上选出的触媒点共同形成整个片区的触媒网络，从点到线（路径）再到面（片区）逐层活化，最终达到片区整体赋活的目的。

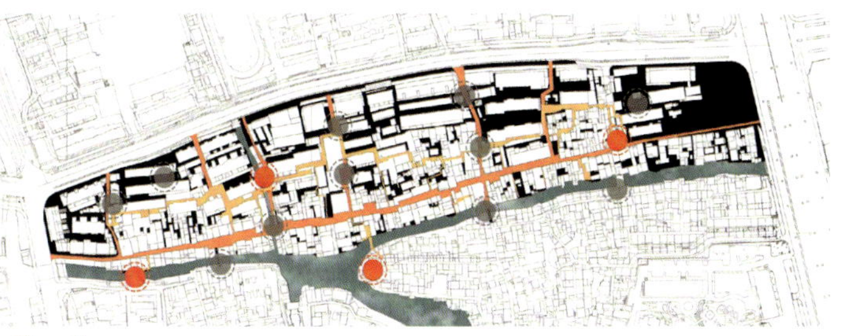

Step 8

接下来从区域设计落脚至区域内节点设计。节点设计依旧以"路径"作为主题，回应场地特色，选择园林里的路径元素进行转译，探寻园林与市井空间结合之可能。最终根据园林路径的特点及葑门横街自身的特色，选择其中四个节点进行节点设计。

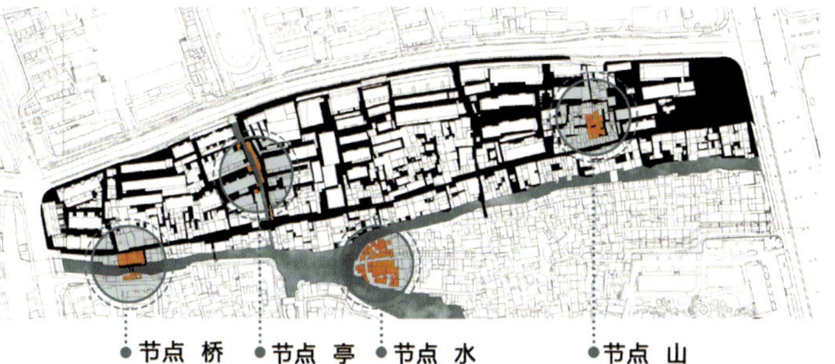

根据节点特色，分别将这四个节点对应园林里的"桥""亭""水""山"等四个客观元素，通过分析这四个客观元素在园林里分别对应的路径关系，将其进行转译，最终达到将园林特点融入节点设计，进而融入片区设计的目的。

3.7 “双路径”的生成

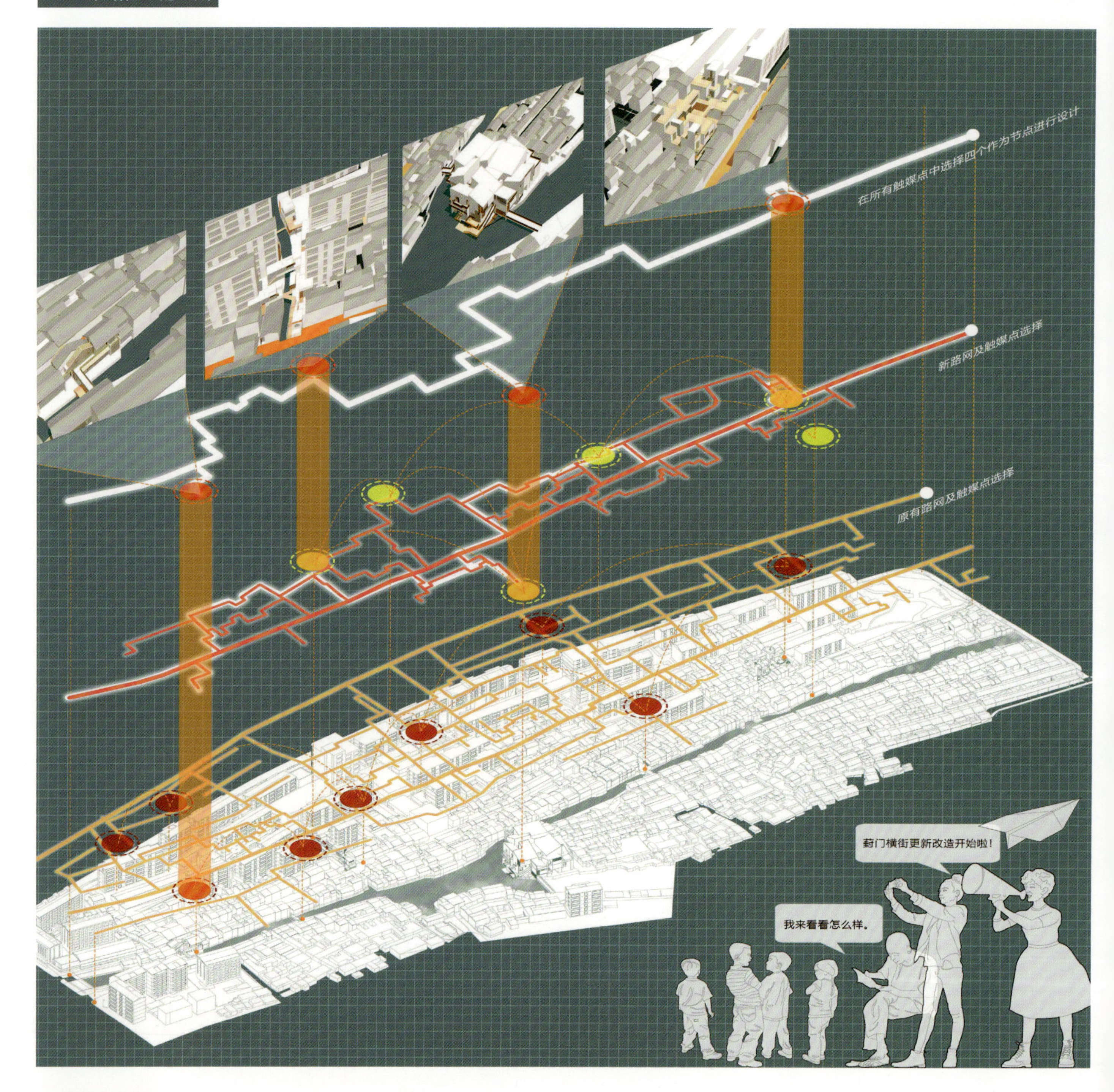

3.8 空间关系

园林内客观元素与路径元素的空间关系

联系前期分析的园林路径，归纳“山”“桥”“水”“亭”这四个园林元素与路径的空间关系。将园林元素与路径之间的空间片段化，插入设计之中并进行重组，进而完成园林路径在集市空间设计里的转译。新集市的功能定位为融合视听感受的体验型集市，在此可以边品尝美食边欣赏苏州的特色表演，也可以体验食品加工过程。

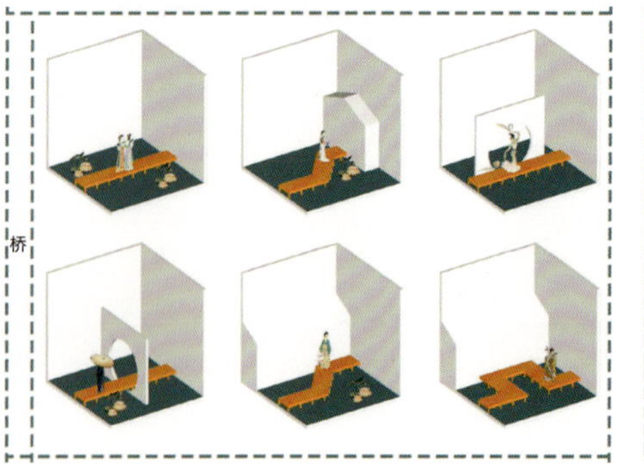

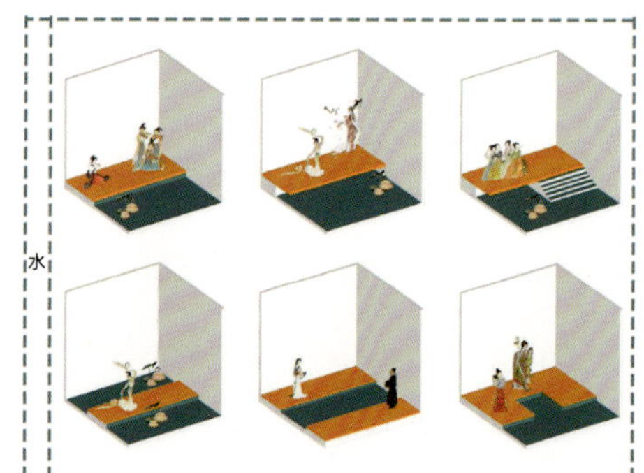

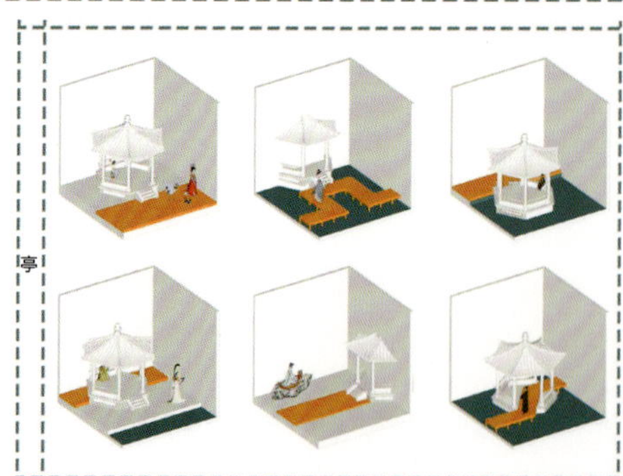

3.9 节点选择

节点一

节点选择在场地原有的桥附近，通过桥梁增强场地南北侧的关联度。同时也是因为“桥”这一元素在园林空间承载的也多为连接功能，综合场地特点和设计概念，最终选择在此进行节点设计。

节点周边有较多老字号商铺，商业氛围较好。该建筑原为粥铺，因此在功能定位上是保持原有功能不变。

节点二

节点选择在场地唯一的南北向水街旁。因为两岸可用场地限制较多，所以在设计时选择了较为松散的形态设计，对应园林里的“亭”元素，是将葑门横街和新路径相连的主要节点。

此节点在功能上的定位是横街商业的延续，将集市功能过渡到新路径，达成一个从旧到新的交融，同时也与旧街形成对比。

节点三

节点选择在葑门塘水域分流带。三面临水，对应了园林里的“水”元素。节点与北侧横街菜市场形成一条南北向的轴线，增强场地南北的连接度，起着凝聚横街活力的作用。

其功能定位为融合视听感受的体验型集市。在此可以边品尝美食边欣赏苏州的特色表演，也可以体验食品加工过程。

节点四

节点选择在横街北侧内部。通过分析建筑肌理可以看到此处多为松散的小建筑，颇有散碎石块的意思。因此，选择这里作为园林里“山”元素的对应节点。

此节点在功能上定位为小型的艺术集市，此处临近葑门横街末端，商业集市氛围减弱，需要新型的产业功能来吸引人的注意力，进而达到“留人”的目的。

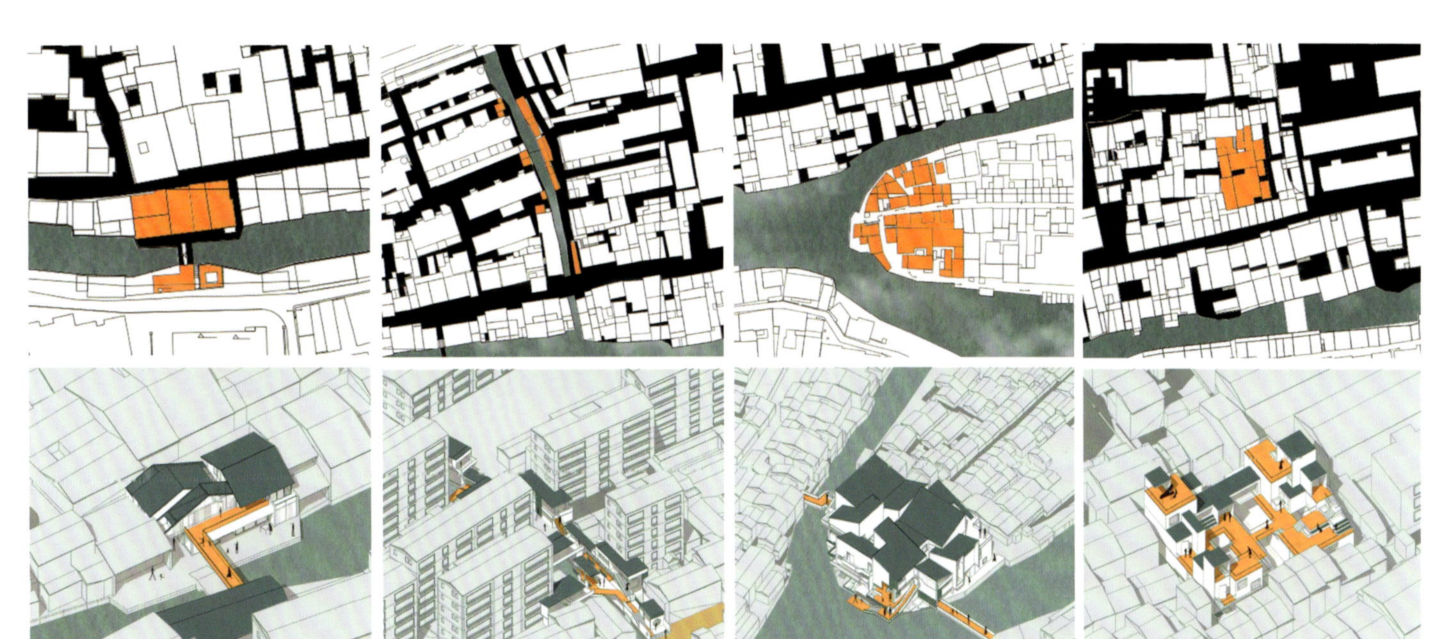

3.10 节点三图纸

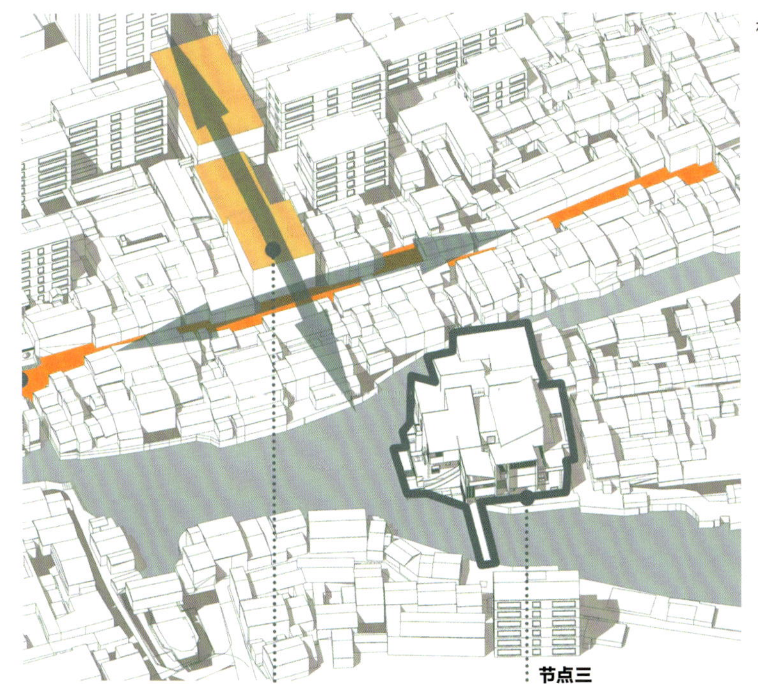

葑门横街

节点三作为公共建筑，其流线与横街相衔接，在达到引流目的的同时，在功能上将横街的集市功能延续过来，打造一个新集市。

横街菜市场

此处是场地中人流量较大的地方，同时也是南北向活力较高的区域。因此，节点三增强了南北侧的联系，以延长南北向的空间活力。

节点三

节点三处于葑门塘分流处，三面临水。因此，节点设计的操作手法是，对前期分析得出的园林中“水”与路径的空间关系进行转译，通过此方式将“路径”元素融入建筑设计，同时也让建筑更契合地方特色。

鸟瞰图

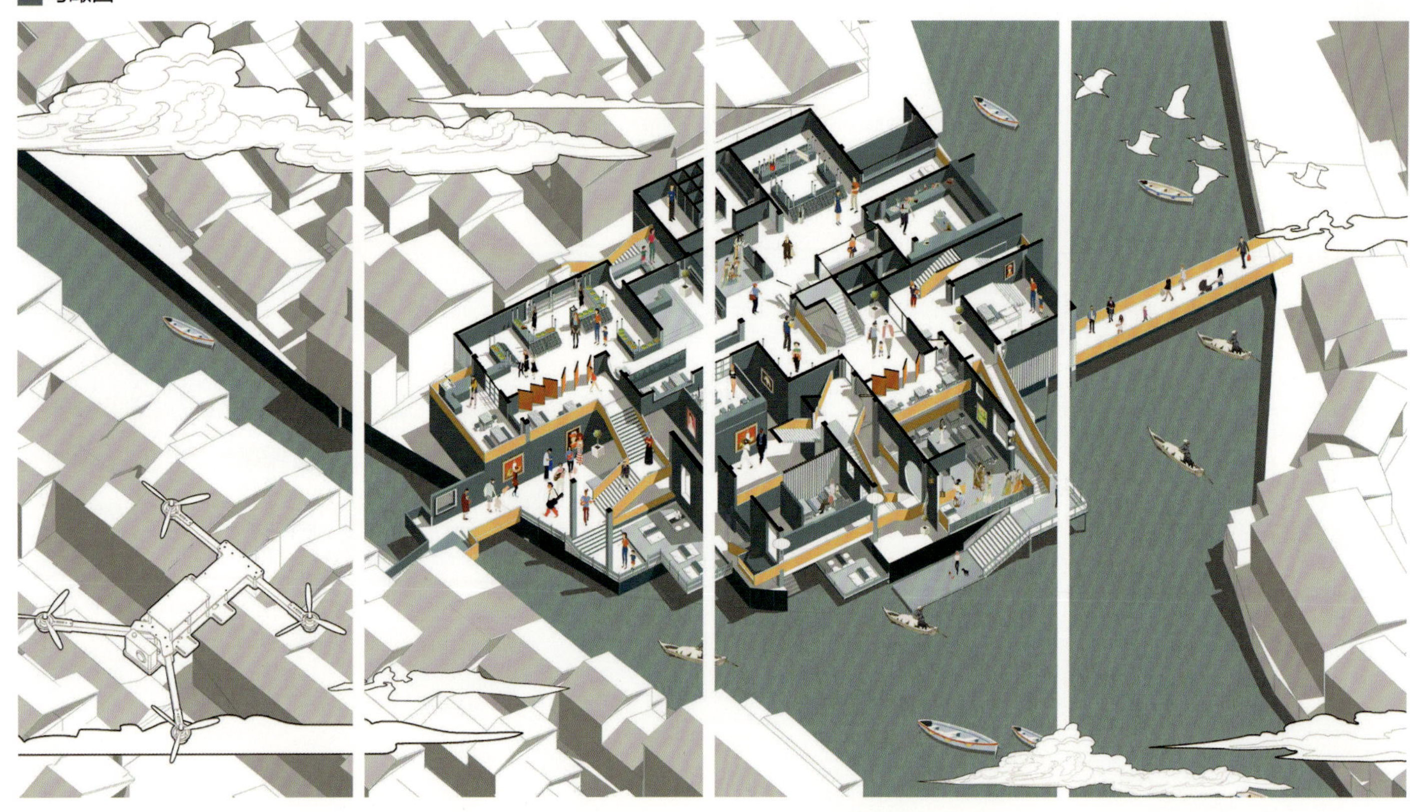

剖面图、立面图

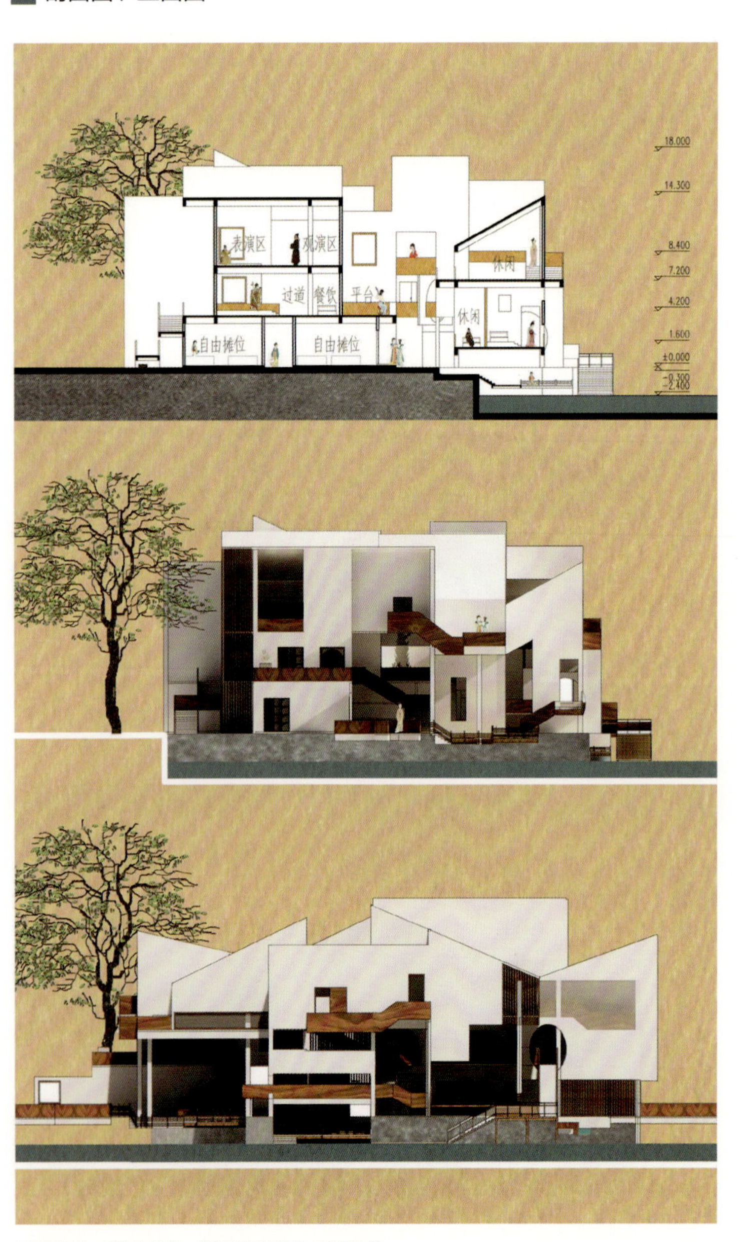

总平面图

一层平面图

剖轴测图

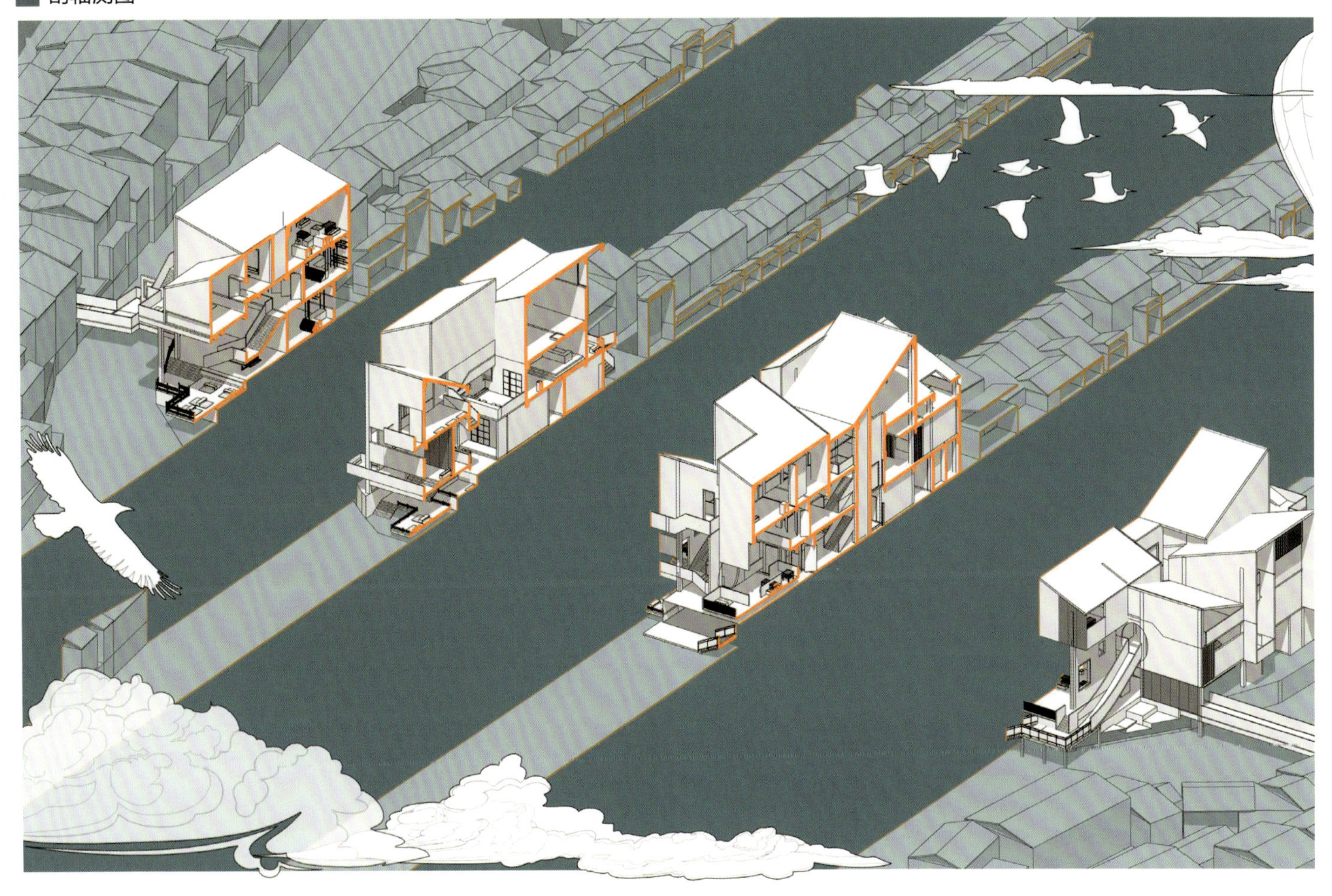

路径转译

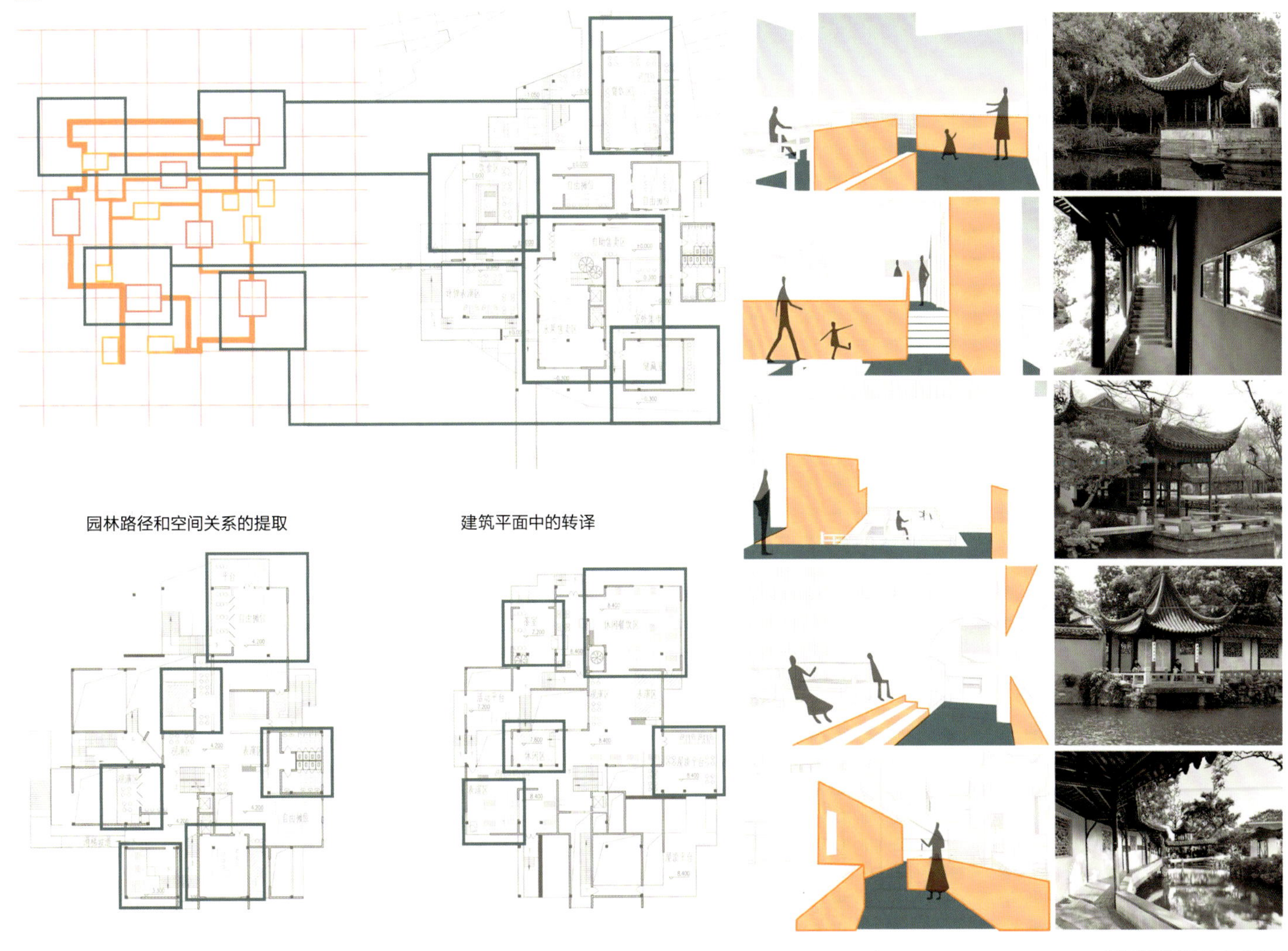
园林路径和空间关系的提取
建筑平面中的转译

形体演变

旧建筑肌理

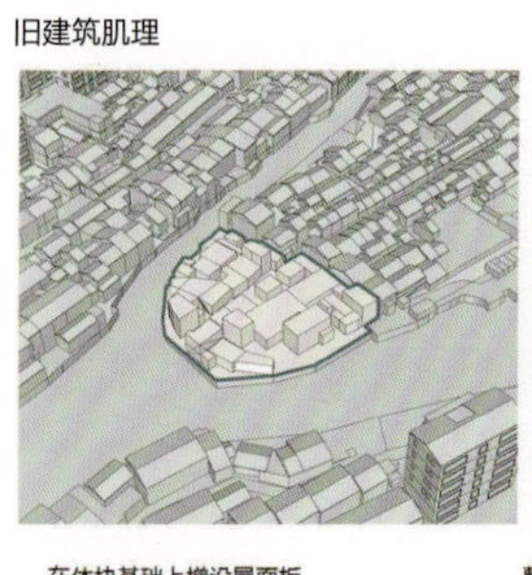

拆除

网格化基地

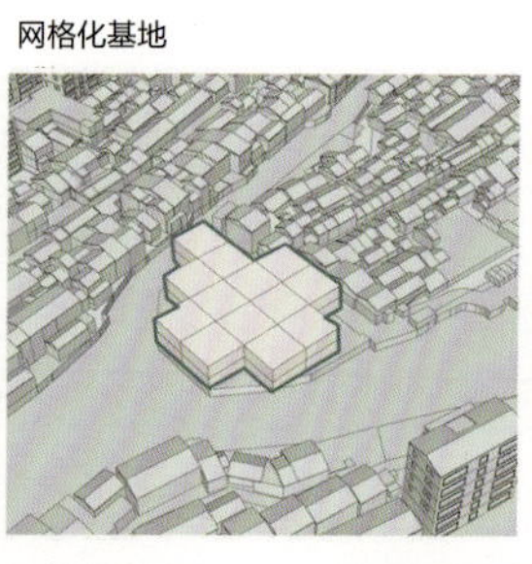

调整轴网、组织形体

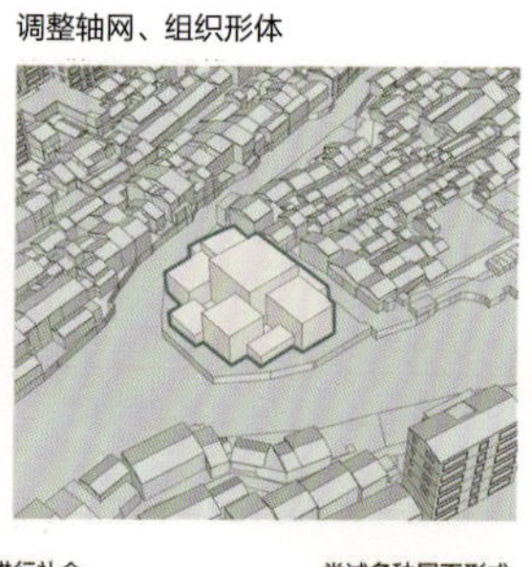

打散聚集的形体、形成所需的松散空间

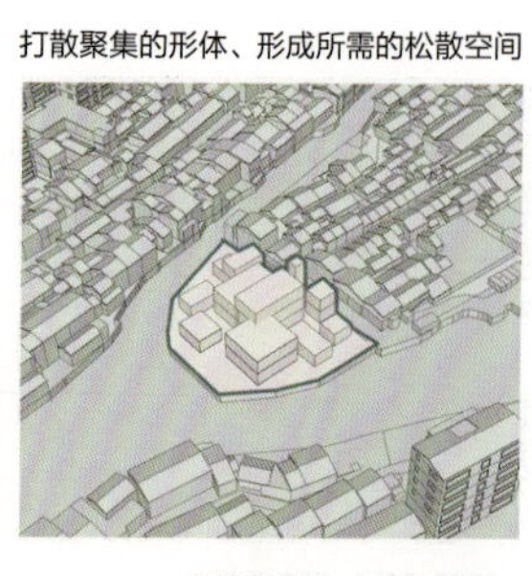

在体块基础上增设屋面板

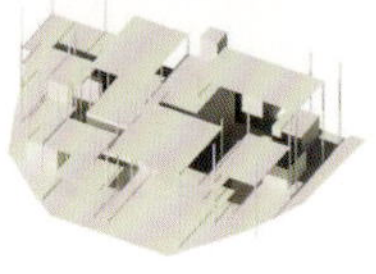

整改屋面板形态

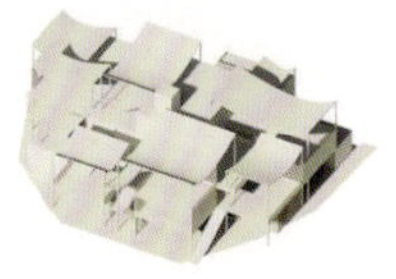

增加连接两岸的桥梁和向水面延伸的栈道

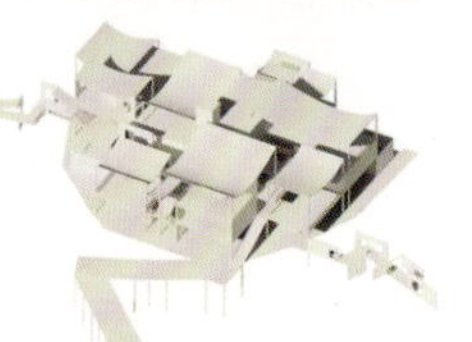

对过于空洞的空间进行补全

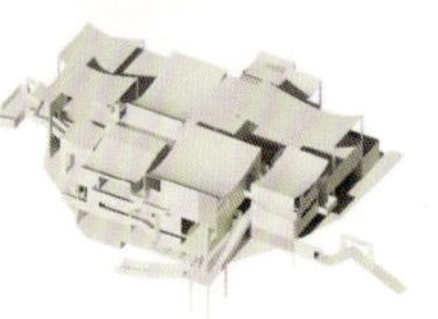

尝试多种屋面形式

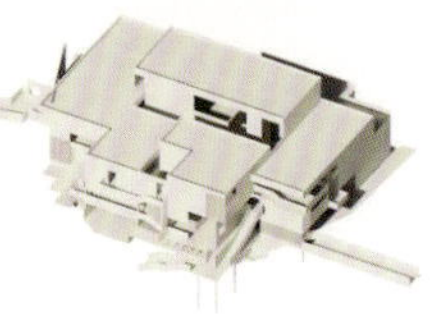

更改屋顶形态，丰富临水空间

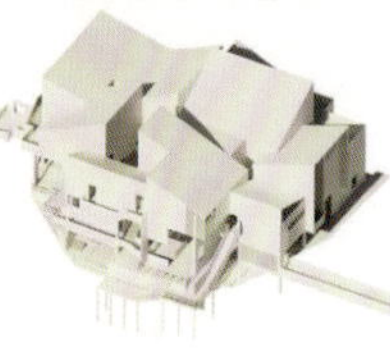

室内透视图

面向水面的表演平台，空间通透，周边景观较好，可以在集市买到食品后在此边欣赏表演边品尝美食。

面向水景的餐饮休闲空间，远眺可见葑门塘美景，也可看两岸人来人往、船只穿行，纵览葑门好风光。

二层的室外空间，可以体验建筑内“路径”的穿插与交错，是喧闹集市空间里的一方清静之地。

室外空间，可以感受到丰富的横竖向空间层次，较多的交往空间可以满足不同的集市氛围体验需求。

一层的室内集市空间，与室外空间的连通性较强，有充足的空间提供给自由摆摊的商家。

二层室内集市空间，售卖区与餐饮区、表演区毗邻，让置身其中的人感受到熙熙攘攘的市井风情。

重绘“姑苏市井图”

厦门大学
Xiamen University

小组成员：苏鑫雨
指导老师：林育欣

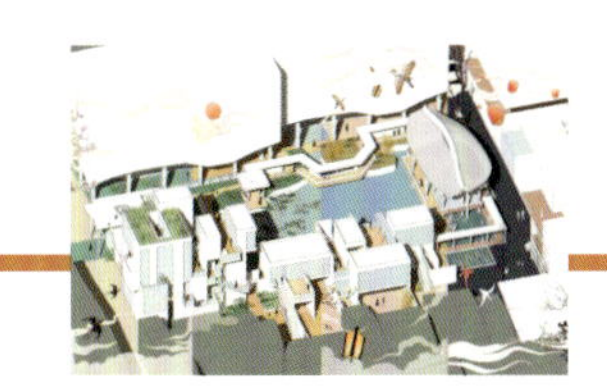

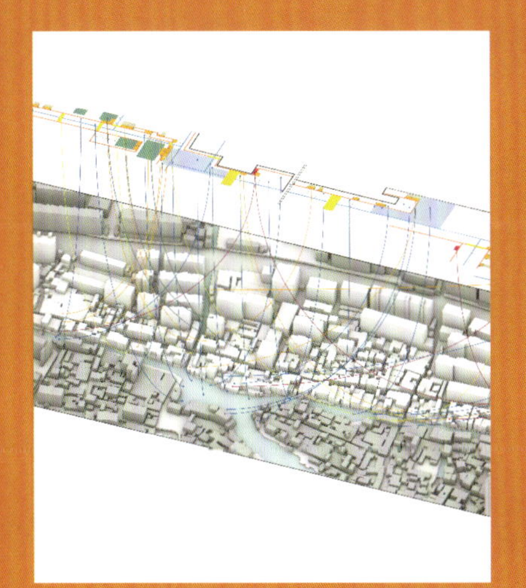

第一阶段 古画抽象对应

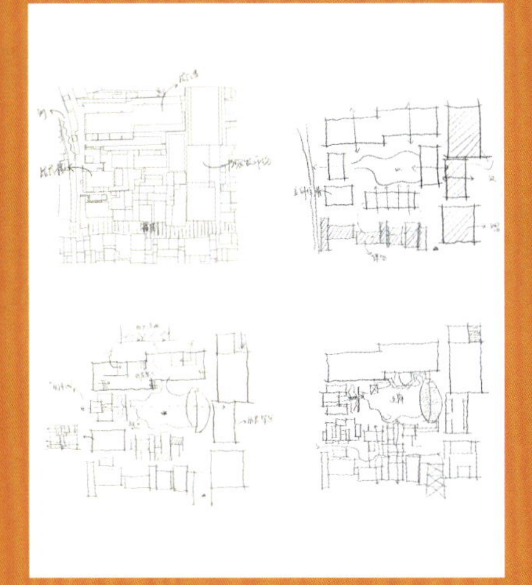

第二阶段 园之市草图

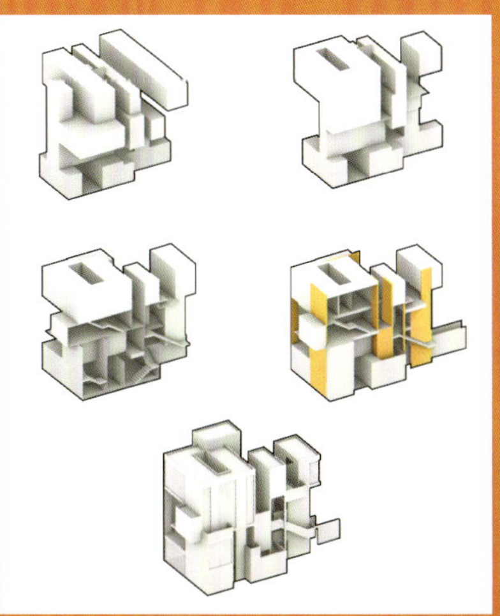

第三阶段 立体园林生成

设计说明

葑门横街最大的特点就是市井气息浓厚。古代也有很多描绘市井场景的画作，我选取清代宫廷画家徐扬所作的一幅描绘苏州市井风情的纪实画卷《姑苏繁华图》，分析这幅画中的空间、人物和活动，将其中的路径、河道、节点、与食相关的业态及其界面关系等进行抽象处理，形成简化的市井图，与横街进行对应比较，找到相似的空间类型。基于此，在相似点聚集的地方形成新的市集，绘出属于葑门横街的《姑苏市井图》。

引入古画不是为了复制画中场景，而是为了找出古画中的活力点，总结适合这些活动发生的空间类型，在场地上寻找合适的空间，引导活动的发生。我选择食、园林、水、桥、戏曲这五个切入点将古画与横街进行对比，形成了“食之市”“园之市”“水之市”“艺之市”“戏之市”。“食之市”因二十四节气而变，不同节气制作不同食物；“水之市”因十二时辰而变，一天之中来往船只不断变化；“艺之市”因不同节日而变，举办元宵节灯会、花会、水乡服饰节等；“戏之市”因星期而变，每星期上演不同的戏剧剧目。再结合场地问题、优势和价值，得出设计策略：激活水运，丰富空间结构，完善市井文化，更新业态，引入因时而变的活化机制。

我的设计重点是“园之市”。场地的四周界面复杂，北侧是居民楼，南侧是横街，西侧是临水街巷，还有一栋六层高的居民楼，东侧是农贸市场。我将水引入场地内部，作为园“之市”的核心。北侧打通居民楼底层，加大园林的开放度；南侧保留横街沿街建筑，新建建筑底层部分架空，与保留建筑间形成多重院落，作为与横街业态相配合的工坊；西侧新建园中园，水流入园中，将居民楼改为立体园林；东侧对农贸市场进行立面改造，新建临水茶馆。再加入廊道连接茶馆和其他区域，以增强整体性。最后形成了北侧创意市集、南侧活力市集、西侧艺术市集和东侧生活市集。创意市集是居民休闲娱乐的场所，不定期举办创意产品售卖活动。活力市集有许多可体验的民艺工坊，比如染布工坊、铁器及漆盘制作工坊等，还有一些吸引年轻人的酒吧。艺术市集中售卖苏州传统艺术品，如丝绸、团扇、草鞋等，并设置摄影工作室、艺术工作室等。生活市集是居民购买日常生活必需品的地方，底层架空的潮汐市集不定期举办跳蚤市场等活动。

单体设计的重点是立体园林。我分析了古典园林艺圃建筑空间的动视线，将其平面转化成立体园林的长边剖面和短边剖面，在此基础上构建立体园林。先根据长边剖面初步生成体块；再在垂直方向加入短边剖面；然后组织流线，加入立体交通；接着加入承重结构，主要用墙承重，部分用柱子承重；最后完善立面，在立面上也体现出剖面关系。将平面转化成剖面之后，空间的开合变化就不只发生在一个标高上，人可以通过不同路径，在不同高度上体验空间变化。我想达到的效果是像艺圃一样在小空间中通过动线和视线的分离来营造大空间的感觉，所以我分析了艺圃建筑空间在平面上的串联关系，与立体园林空间的串联效果相比较，“园之市”不光有建筑本身的空间变化，在不同高度的平台上俯视整个园之市和横街也是非常有趣的。

设计感悟

这次设计对我个人来说有许多挑战和尝试。首先是将如此复杂的《姑苏繁华图》与场地联系起来，不是通过场景意象的简单联想，而是将古画以点、线、面的形式加以抽象和简化。由于找不到类似的参考，这个过程是十分磨人的，但这也是整个城市设计的创新点所在。其次是对“园之市”所在复杂场地的整体设计。将高雅的园林与市井的集市结合，这是我第一次尝试用所学苏州园林的知识构建非传统的园林。最后是立体园林的设计。当老师跟我说可以将某个园林的平面当作剖面来做的时候，我就预感到这将是一个费脑而又激动人心的空间游戏。这次设计同样是没有案例参考的，完成之后得到了老师的肯定：这个设计方案要是放在三年级参加建筑新人赛可以拿奖。我现在写这句话都还忍不住笑。

听说建筑大师的毕业设计都很厉害，不知道自己以后能不能成为大师，但是先把毕业设计认真完成再说！

4. 重绘姑苏市井图

4.1 前期调研分析

区位分析

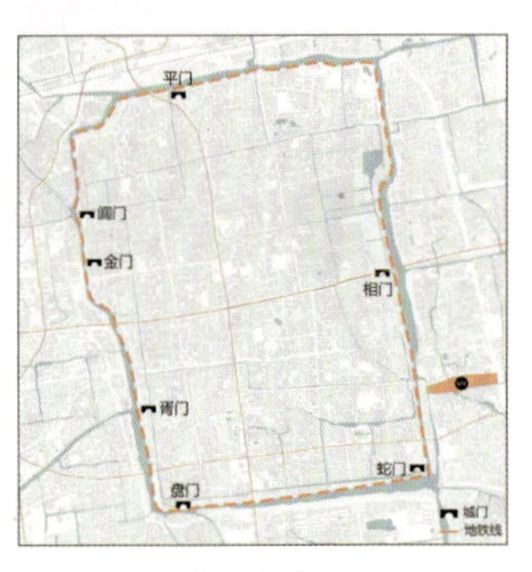

苏州古城

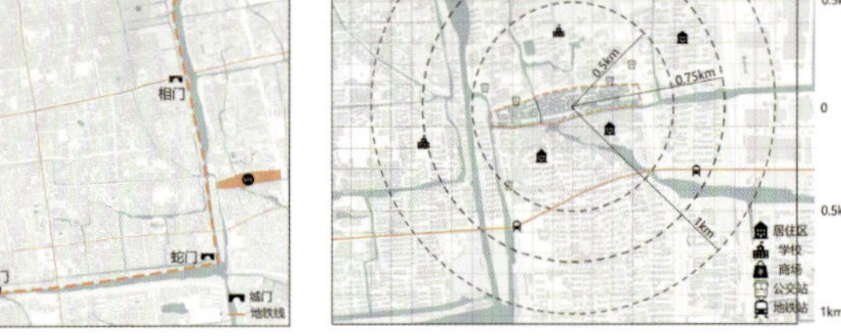

葑门横街

街巷分析

周边资源分布

餐饮服务

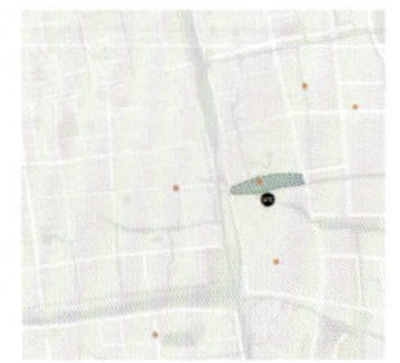

综合市场

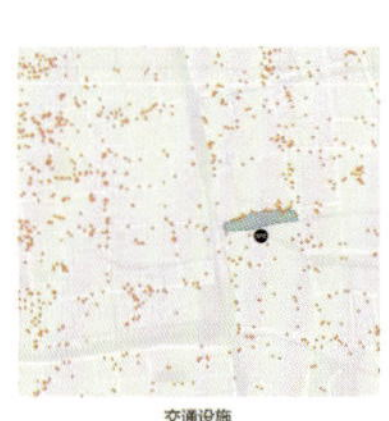

交通设施

文化服务

娱乐服务

风景名胜

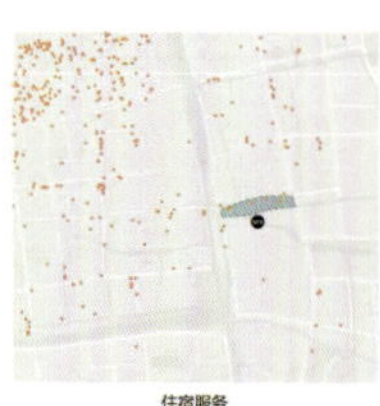

住宿服务

时令美食—节气习俗

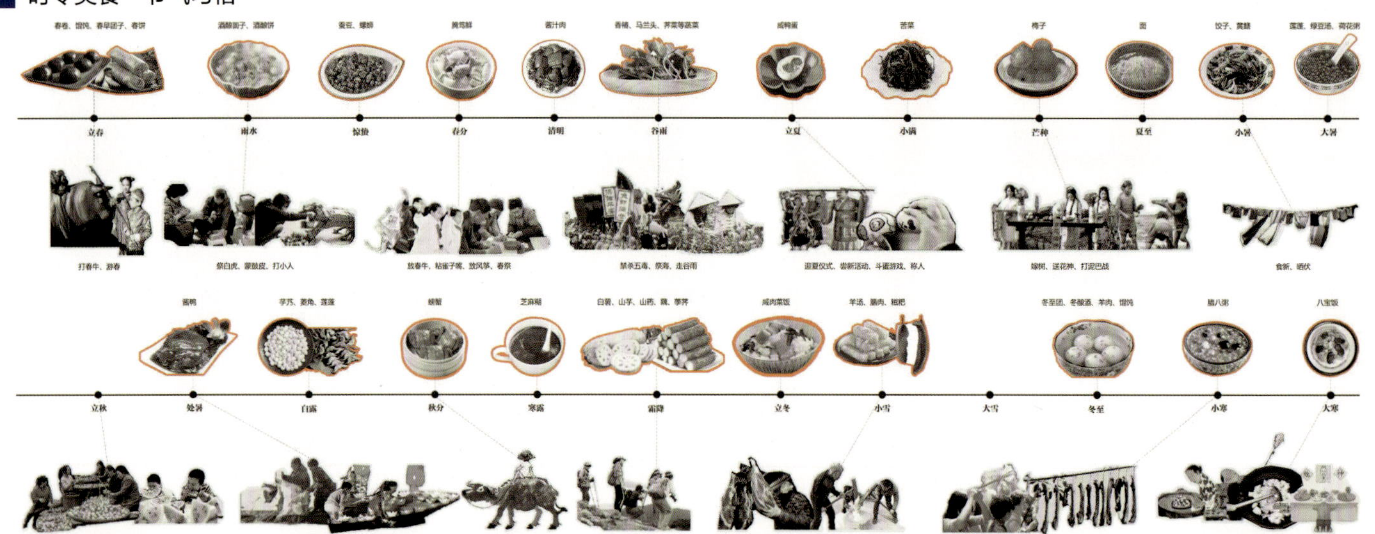

历史沿革

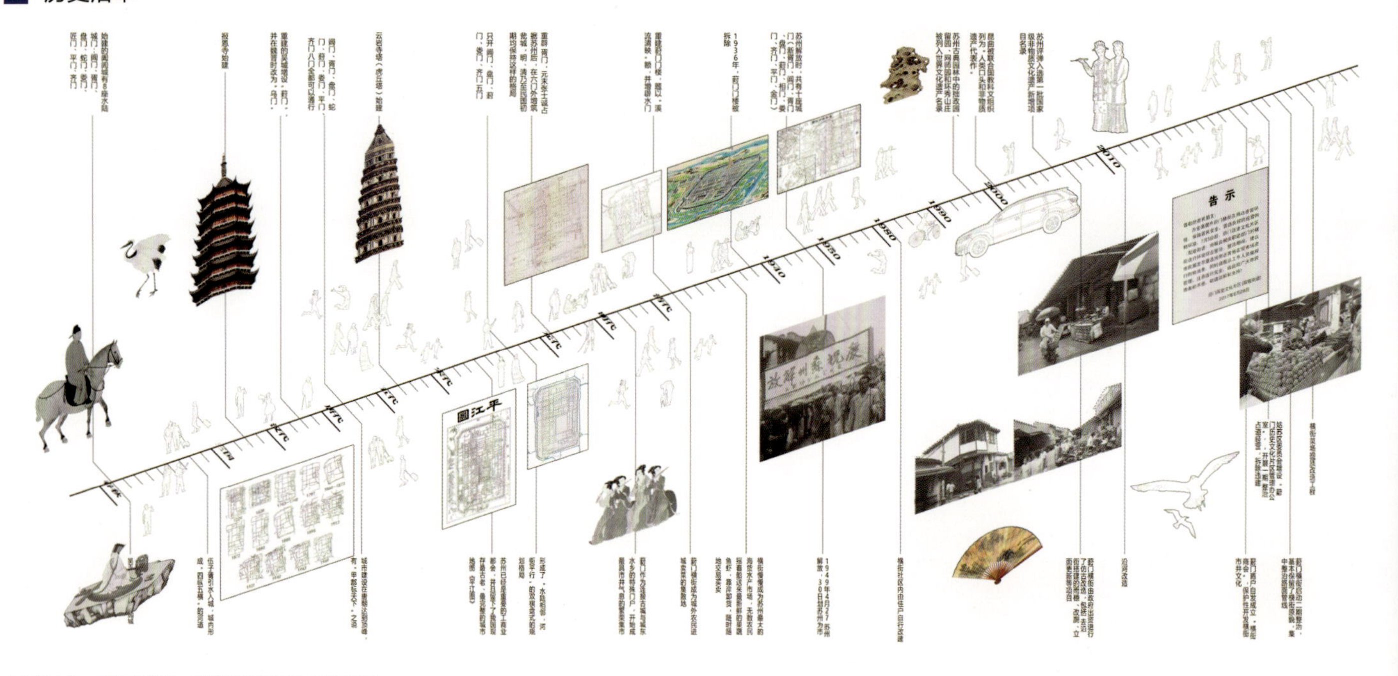

4.2 整体鸟瞰图

4.3 概念解析

设计概念

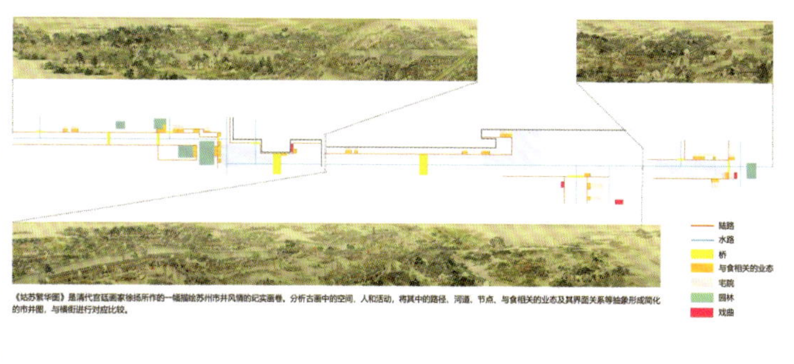

《姑苏繁华图》是清代宫廷画家徐扬所作的一幅描绘苏州市井风情的纪实画卷。分析古画中的空间、人和活动，将其中的路径、河道、节点、与食相关的业态及其界面关系等抽象形成简化的市井图，与横街进行对应比较。

五市生成

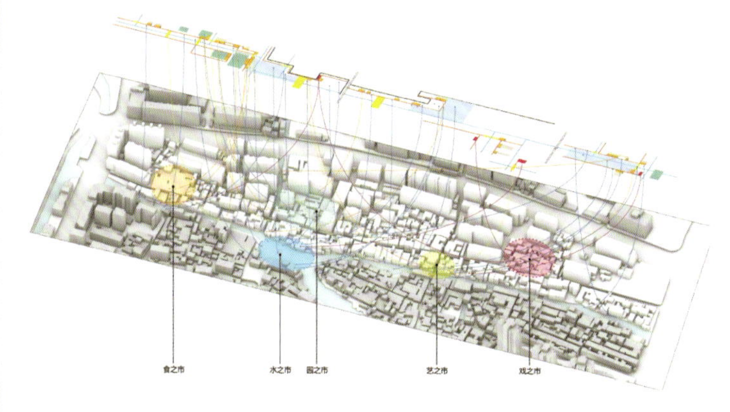

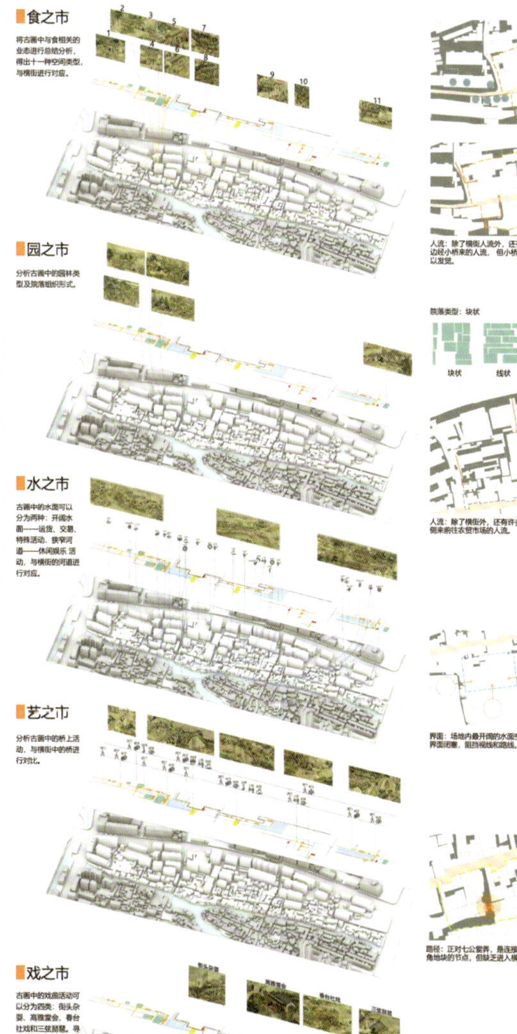

食之市

将古画中与食相关的业态进行总结分析，得出十一种空间类型，与横街进行对应。

园之市

分析古画中的园林类型及院落组织形式。

水之市

古画中的水面可以分为两种：开阔水面——运货、交易、特殊活动，狭窄河道——休闲娱乐活动，与横街的河道进行对应。

艺之市

分析古画中的桥上活动，与横街中的桥进行对比。

戏之市

古画中的戏曲活动可以分为四类：街头杂耍、高雅宴会、春台社戏和三弦琵琶。寻找横街上适合这些活动的空间。

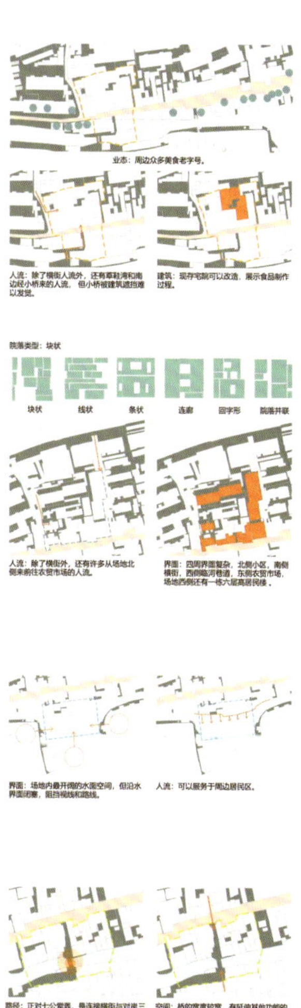

业态：周边众多美食老字号。

人流：除了横街人流外，还有草鞋湾和南边经小桥来的人流，但小桥被建筑遮挡难以发觉。

建筑：现存宅院可以改造，展示食品制作过程。

人流：除了横街外，还有许多从场地北侧来前往农贸市场的人流。

界面：四周界面复杂，北侧小区，南侧横街，西侧临河巷道，东侧农贸市场，场地西侧还有一栋六层高居民楼。

界面：场地内最开阔的水面空间，但沿水界面闭塞，阻挡视线和路线。

人流：可以服务于周边居民区。

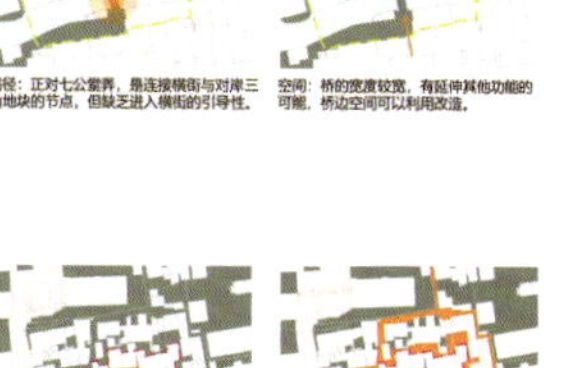

路径：正对七公裳弄，是连接横街与对岸三角地块的节点，但缺乏进入横街的引导性。

空间：桥的宽度较宽，有延伸其他功能的可能，桥边空间可以利用改造。

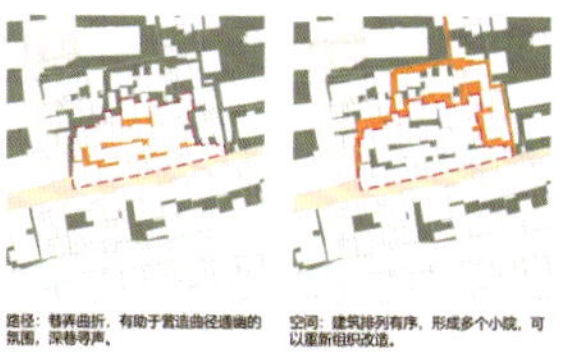

路径：巷弄曲折，有助于营造曲径通幽的氛围，深巷寻声。

空间：建筑排列有序，形成多个小院，可以重新组织改造。

4.4 设计成果

鸟瞰图

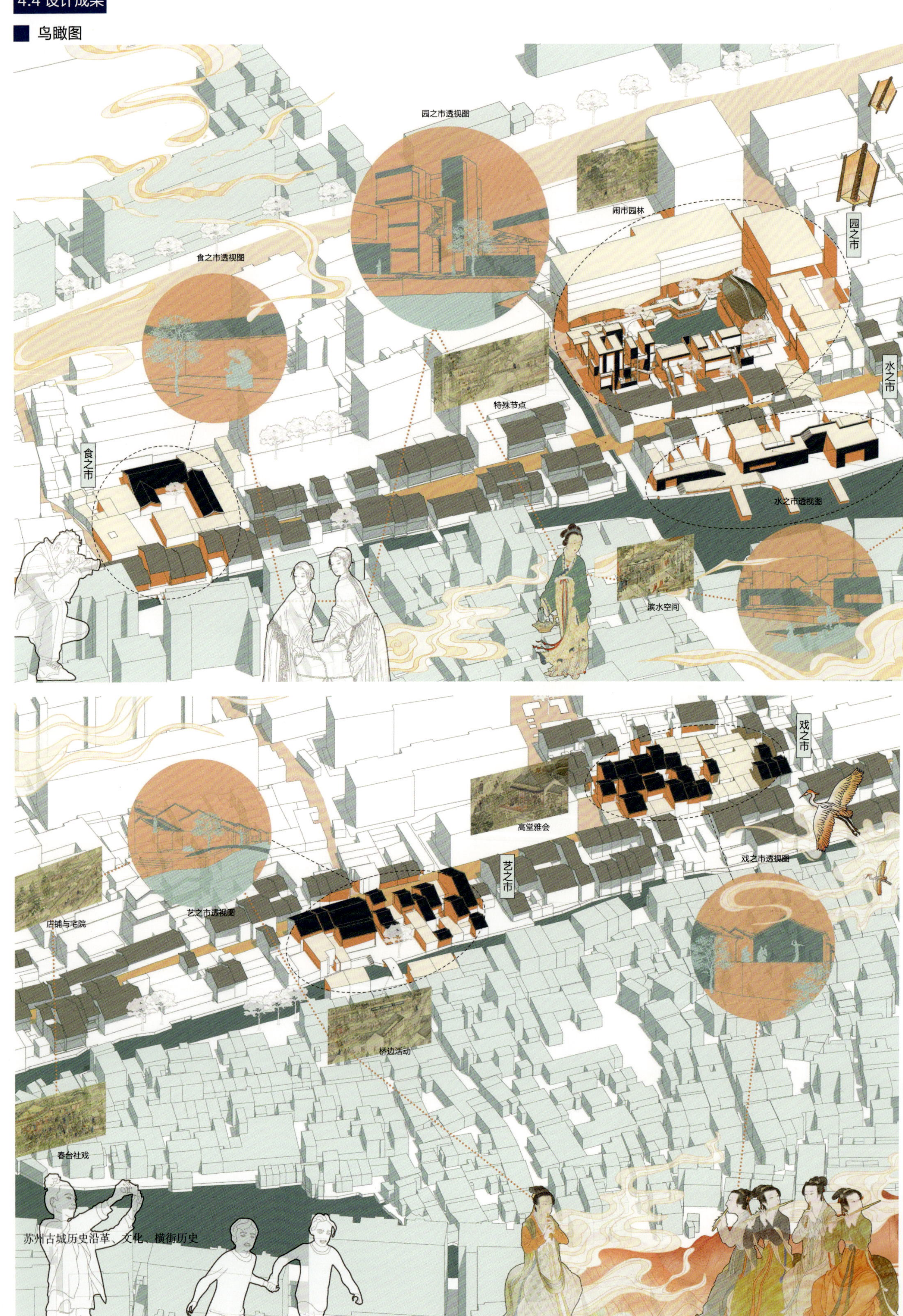

园之市透视图
闹市园林
园之市
食之市透视图
水之市
特殊节点
食之市
水之市透视图
滨水空间
戏之市
高堂雅会
戏之市透视图
艺之市
店铺与宅院
艺之市透视图
桥边活动
春台社戏
苏州古城历史沿革、文化、横街历史

总平面图

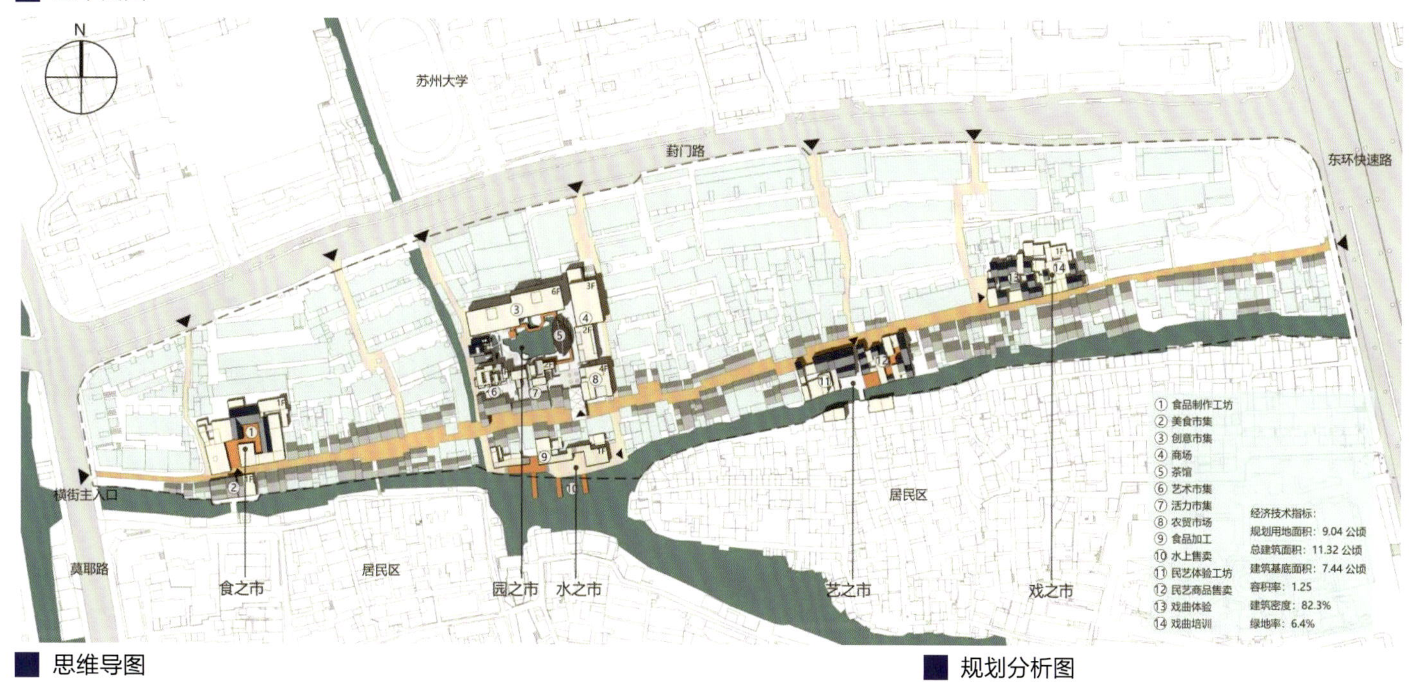

思维导图

规划分析图

单体建筑改造前后对比图

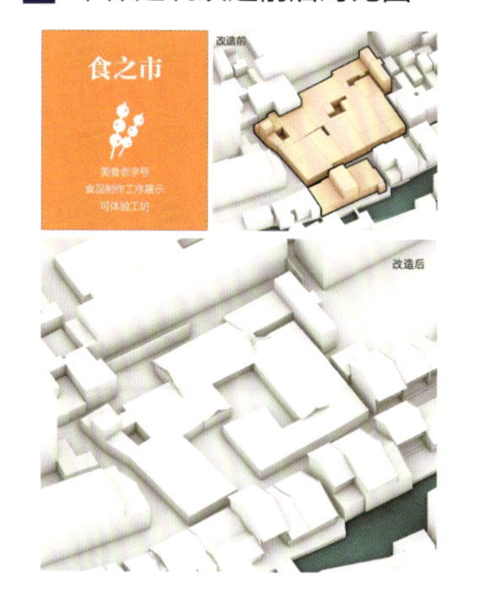

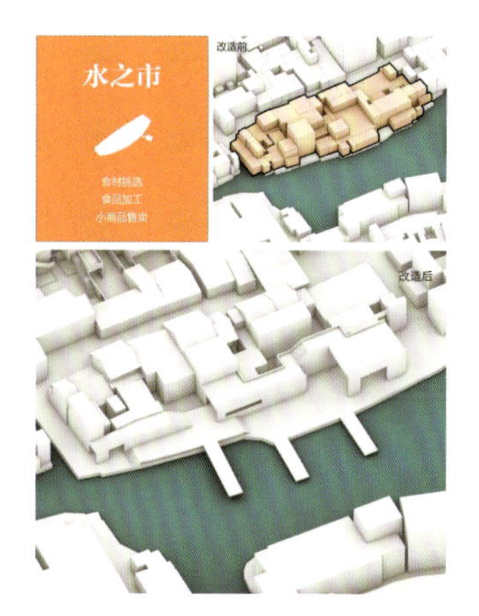

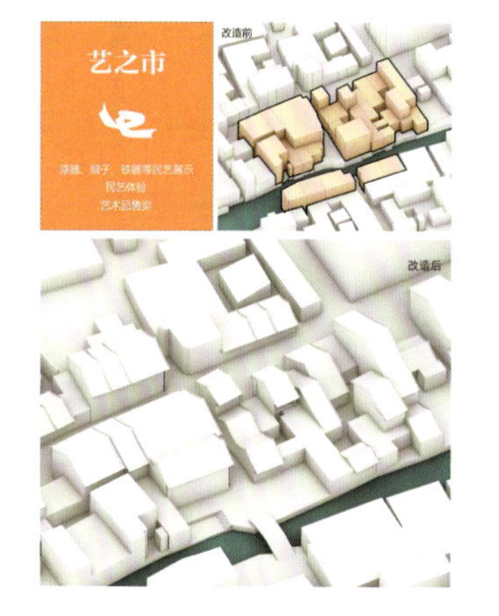

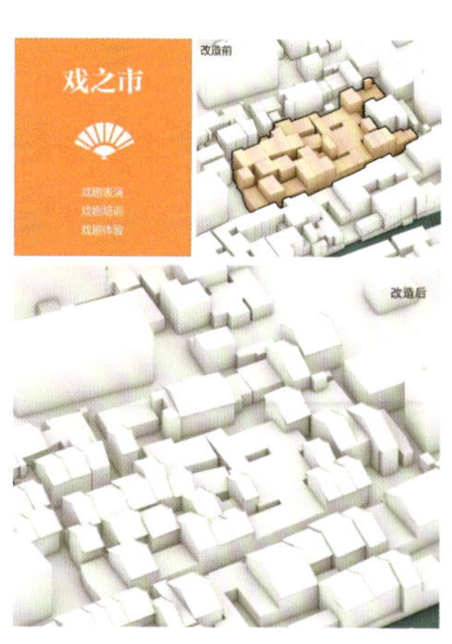

园之市鸟瞰图

园之市总平面图

生成过程

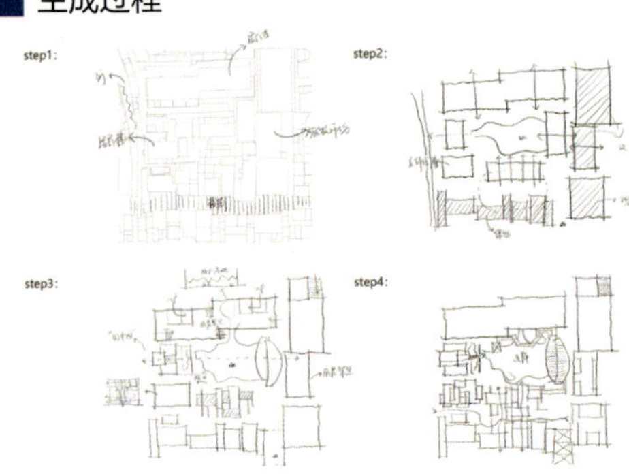

掀顶轴测图

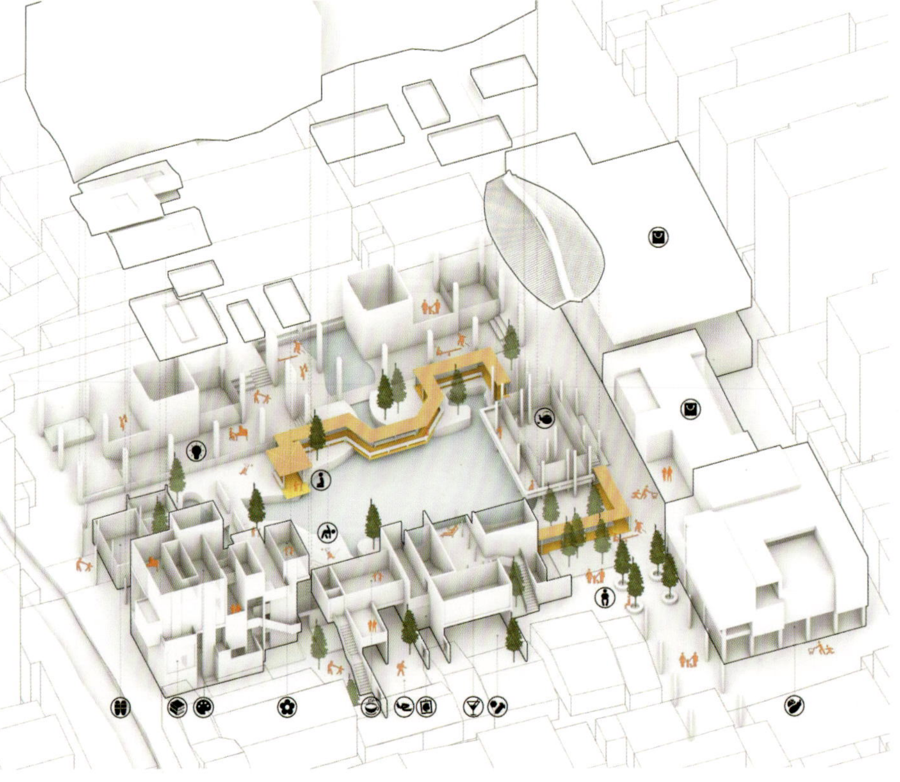

园之市南立面图

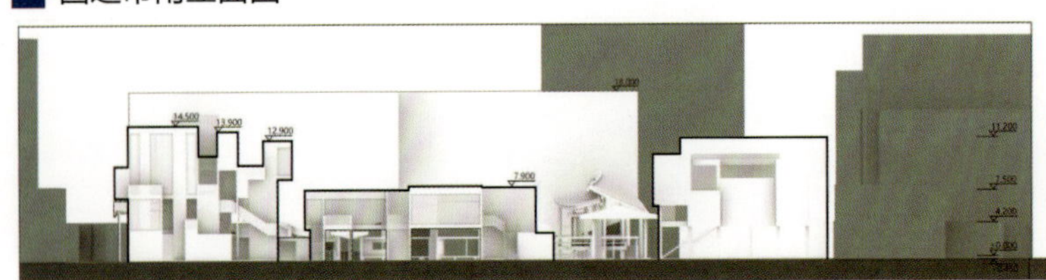

园之市西立面图

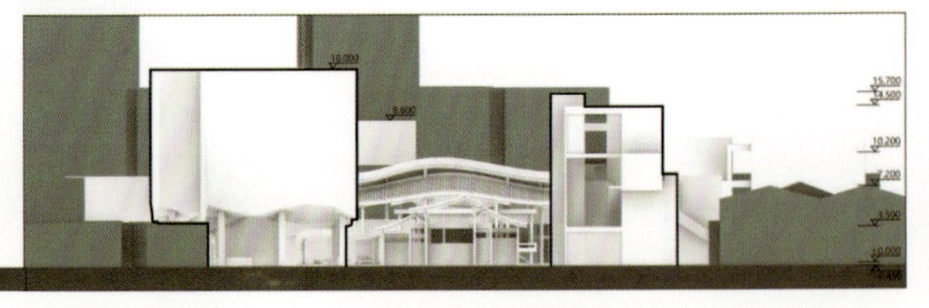

建筑功能节点分析

活力市集

采用片板建立横街保留建筑与水之间的联系，底层部分架空，视线通达。片板分隔出不同的院落，院落之间相互连通。院落与横街业态相关联，作为染布工坊、铁器工坊、漆盘工坊等。

生成过程

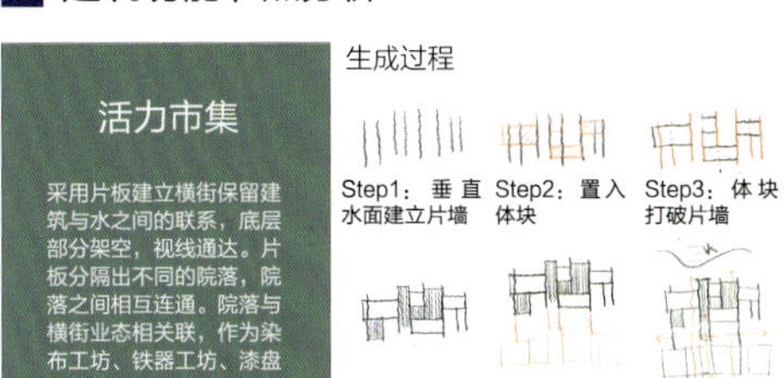

茶馆

建筑挑出水面，营造出水延伸至更深处的效果。将传统坡屋顶进行变形、解构，形成新屋顶，屋面檩条采用钢材。

结构分析

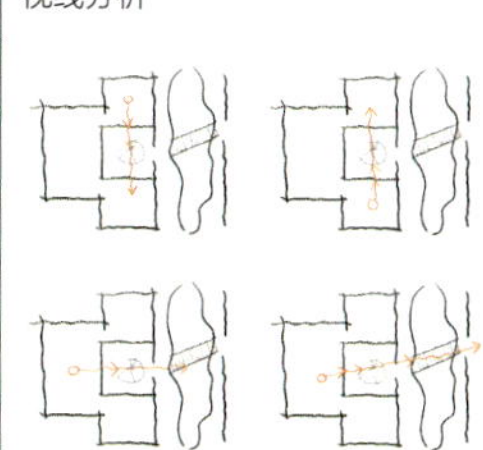

园中园

由三个体块围合出半开放庭院，矮墙之外又是一个院落，营造出丰富的空间层次。园林之水流入院落中，仿佛那就是水的源头。

视线分析

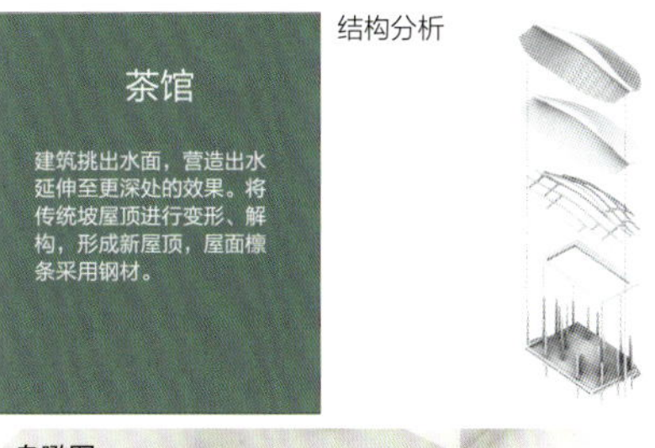

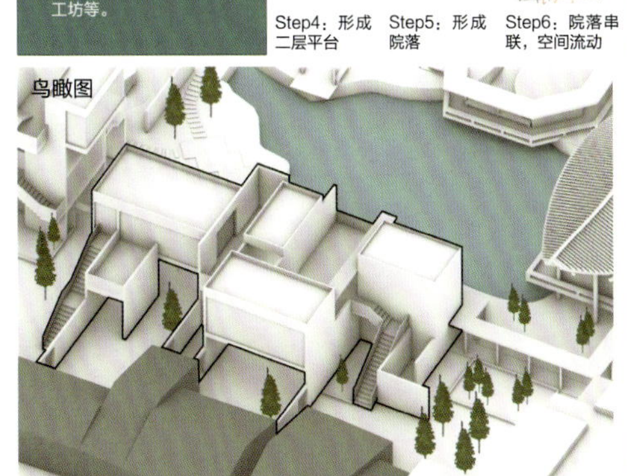

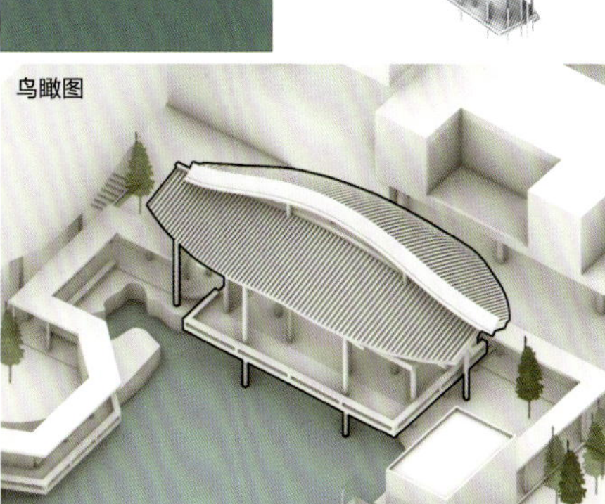

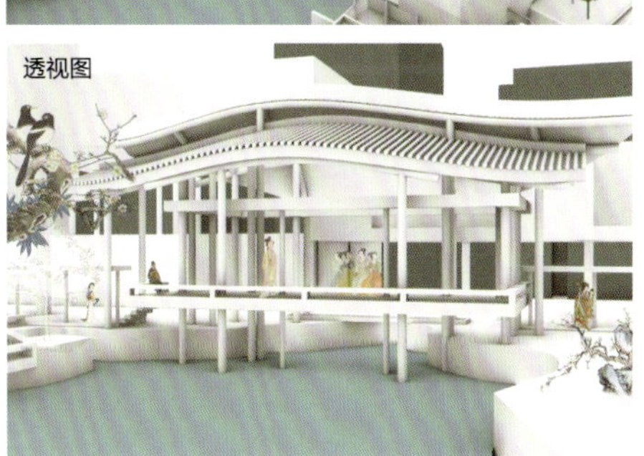

园之市各层平面图

流线分析

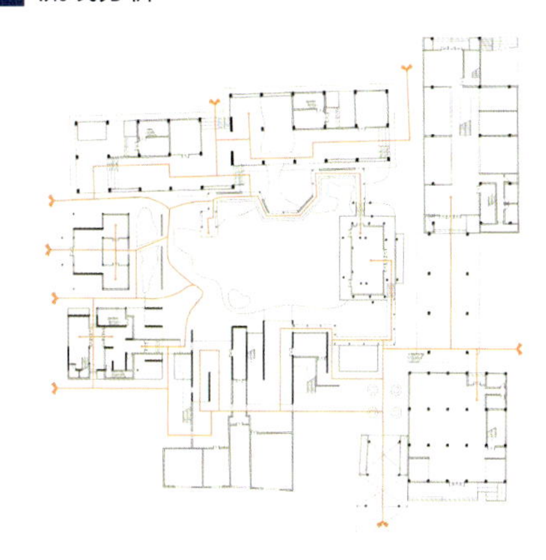

功能分区

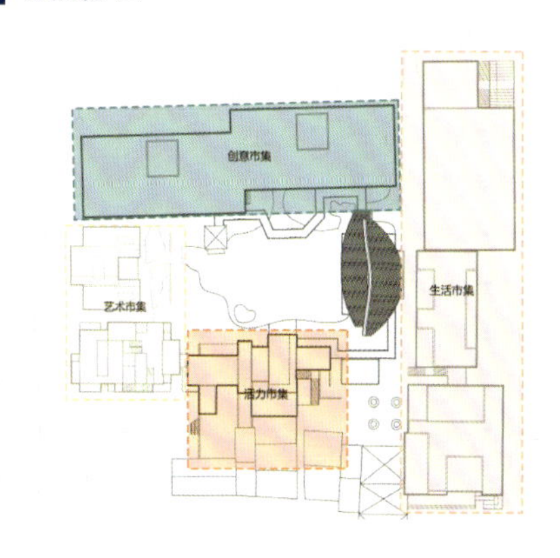

园之市 1-1 剖面图

园之市 2-2 剖面图

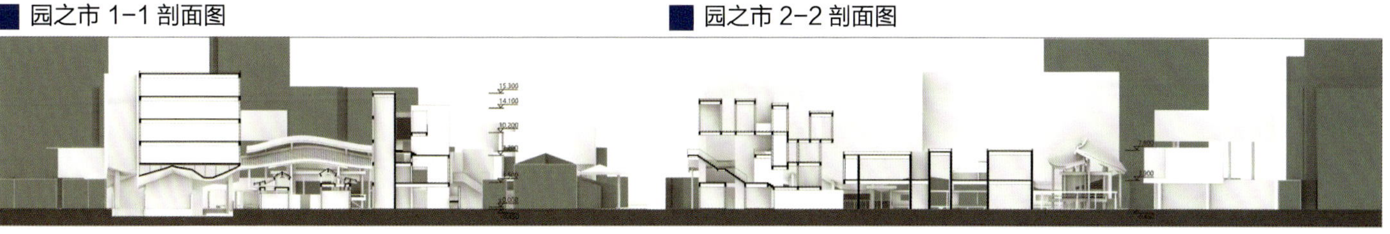

剖透视图

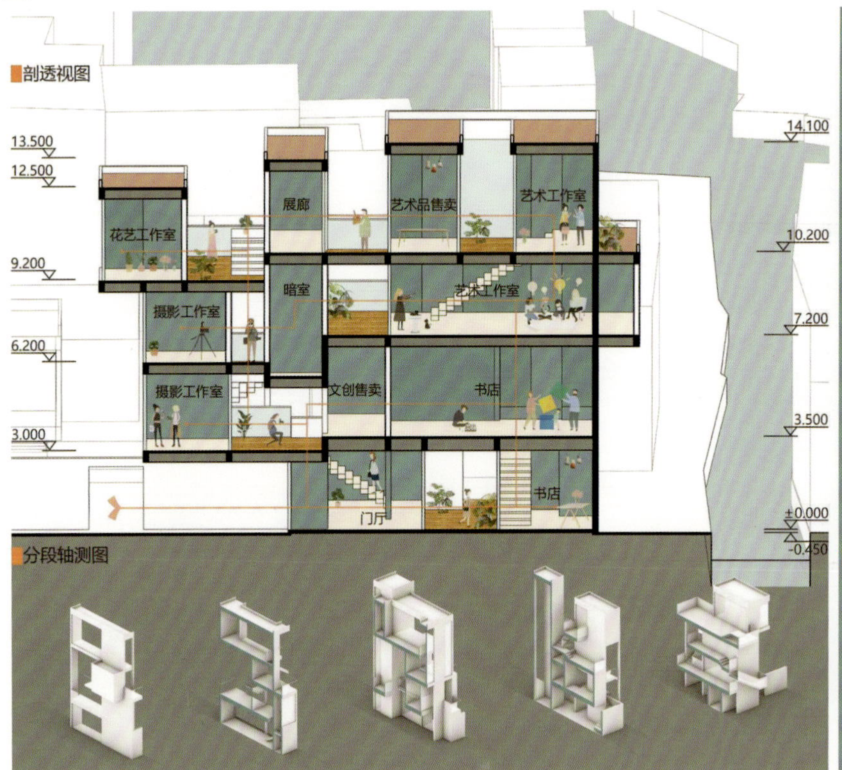

各层平面图

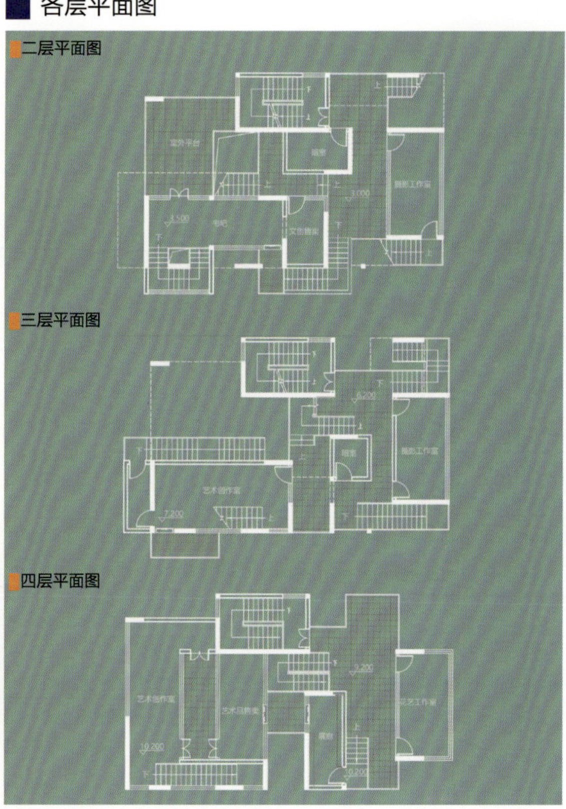

生成过程

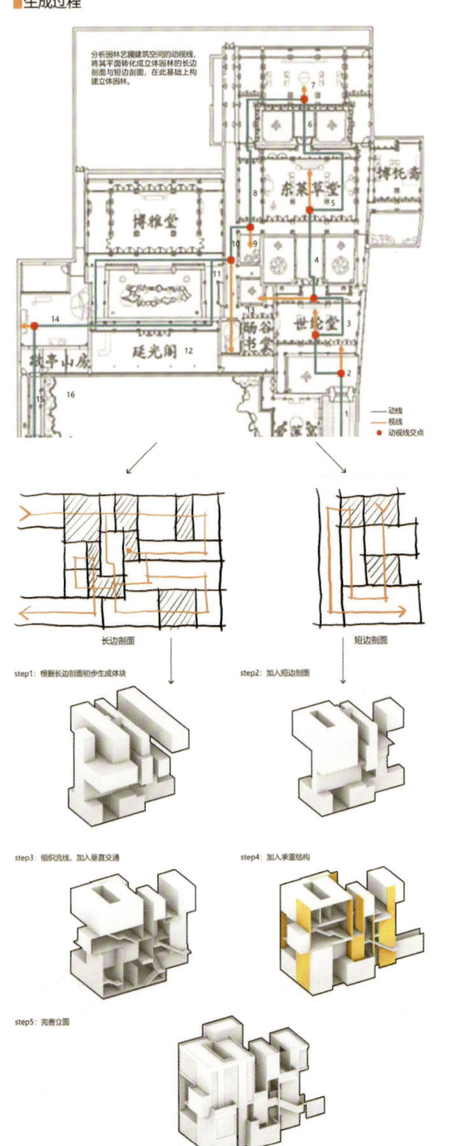

艺圃空间串联

立体园林空间串联

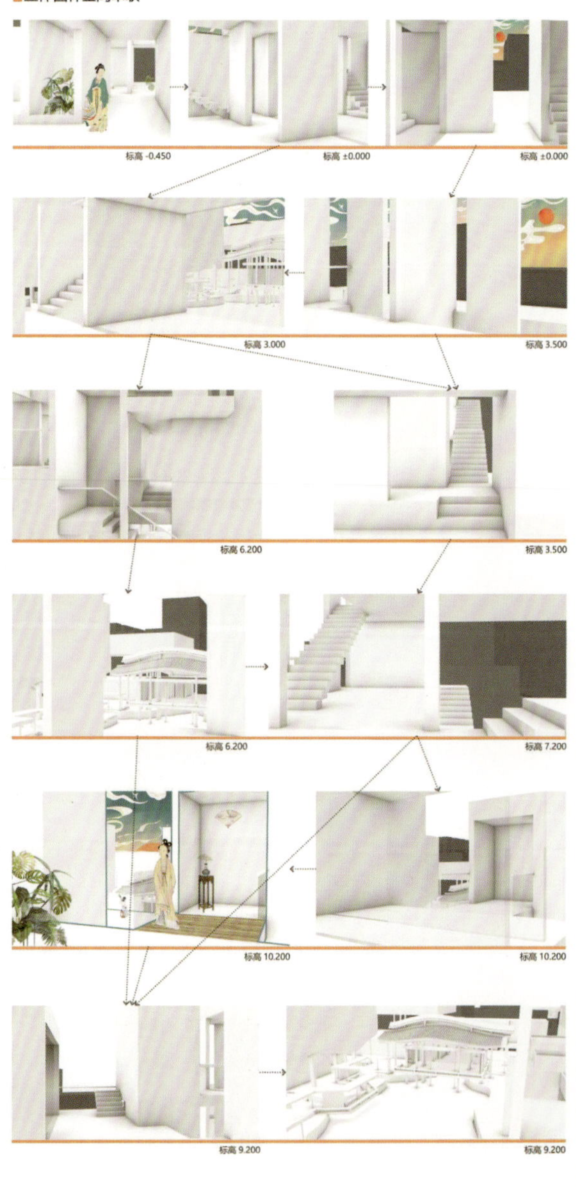

肆市亦园——苏州葑门横街片区城市更新

人间烟火，葑门百味

厦门大学
Xiamen University

小组成员：徐睿捷
指导老师：林育欣

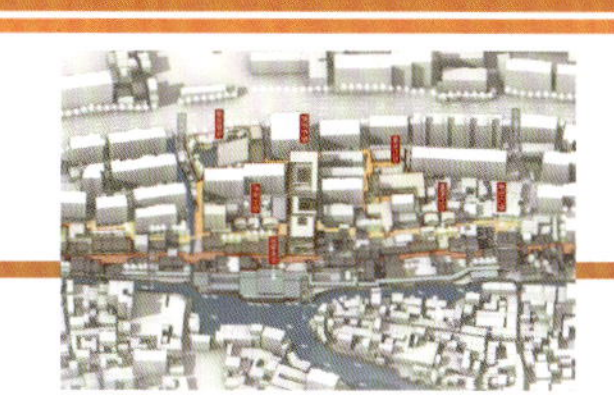

第一阶段　民居原型改造

- 城市设计
  - 概念引入：园与市—出世与入市—苏州的文化底蕴
    - 新旧之间：宏观园林、共享园林
    - 历史之间：生存需求、生活需求、精神需求
  - 四市三园：
    - 四市——入市、觅市、出世
      - 烟火集市
      - 穿云乐市
      - 深巷艺市
      - 姑苏迷市
    - 三园——入园、游园、观园
      - 魔幻网师园
      - 寻梦寒碧庄
      - 史诗沧浪亭

第二阶段　四市三园概念

第三阶段　乌有园原型引入

设计说明

场地位于苏州古城东南角的葑门外，地块长 700 余米、宽 120 余米，近似于草履虫形。场地北临葑门路和苏州大学，西临莫邪路，东临东环高架，南临葑门塘。场地周边有数个公交站点，场地南侧 1 千米处有地铁 5 号线竹辉桥站。场地位于新老苏州的交界处，因而具有发展多样文化和丰富产业的可能性。

本设计依据场地独特的地理位置和历史位置，确定场地的发展定位，对产业进行分析，对问题进行总结，以街巷设计活化场地，以街巷两侧的节点承接新的功能。以上是功能方面的考量，之后我对街巷的市井文化和历史意义进行了研究，认为本次设计与其说是设计街巷，不如说是突显线性的市井文化，因此提取市井原型，将其应用于场地设计中。

场地的餐饮行业发展良好，可结合菜市场做进一步改造更新。场地娱乐服务设施分布零星，且品质较低，而该地块紧邻苏州大学，大学生消费能力强，可适当发展娱乐休闲业，结合文创产业与苏州传统手工艺，形成小型的体验式娱乐服务街区；停车场分布于场地北侧，目前可基本满足停车需求，但在早晚高峰时段依然拥堵，且货运和人流存在交叉，造成横街集市段的交通经常拥堵；住宿服务设施同样分布零星，且居住品质较差。场地内没有风景名胜和文化设施，因此可予以适当设置。

场地在空间轴上位于新苏州与老苏州交界处，在时间轴上同样位于新苏州和老苏州的交界处，既保留了很多的传统苏州韵味，又接受了现代文明的洗礼；场地周边也是一派现代景象。如此多重的身份要求场地必须满足更为复杂的条件，也要求我们必须重新审视经济空间与文化空间的辩证关系。针对此，我对葑门横街提出了以下问题：

原有的老建筑应该如何容纳新经济内容的功能？新瓶装旧酒？旧瓶装新酒？新瓶装新酒？旧瓶装旧酒？已经过时的老手艺、老匠人还有没有价值？如果有，他们的文化价值该如何转化为经济价值？居住空间狭小，建筑老化严重，建筑年代很久，可能有安全隐患，可否借鉴梦想改造家的商业改造模式？如何充分利用场地周边的优势，如大学生的消费优势、场地滨水的景观优势？如何开拓场地纵深，避免街区改造只做“一层皮”？

设计感悟

我的方案以街巷更新为横街片区更新的切入点。我设计了四条街巷，对应场地的不同功能定位，线性市井文化的转译让街巷拥有园林一般的空间体验，进而使横街实现从功能性到艺术性的多重更新。

6 月伊始，春去夏来，春蚕吐丝，夏蝶破茧。我恍惚地盯着联合毕业设计答辩的屏幕，想象着如何把各位的方案“拟蝶化”。攀静的“元宇宙”是一只从未来飞来的机械蝴蝶；雨萱的“全时都市主义”洋溢着少女的浪漫思考，是庄生草帽里的白蝴蝶；我的嘛，只是一只街头巷尾的普普通通的灰蝴蝶。三个半月的亦苦亦甜、半真半幻，叠上本科最后一个设计方案的“回忆杀”BUFF，让每个方案都有着欲说还休的遗憾。遗憾没有尽全力完成，遗憾没有顺便旅游，遗憾学生时代就此落幕。

我时常会想，不论我们的设计是多么天花乱坠，千里之外的葑门横街上一切如常。我也时常会想，横街的那些小商贩在疫情的冲击下艰难经营，他们是否会感慨一街之隔的苏大校园里一切如常？然而，我们的生活真的一切如常吗？真的有一切如常的事物吗？要知道，在我们搔头出图的三个半月里，俄乌开战，飞机坠落，上海疫情，我们当然可以充耳不闻，但在无常的世界里，我们该抓住些什么？

谁也给不出答案。作为一个设计总结，我好像有些思考过头了。我本来只要好好设计出图就行，但总是在胡思乱想中蹉跎岁月。但我好像也想明白了：疫情，让我们去不了苏州，所以遗憾；无常，让我们胡思乱想不专心设计，所以遗憾；时光，如逆旅送行人，所以遗憾；世界，动荡不息，所以我们有无常之感。

5. 肆市亦园——苏州葑门横街片区城市更新

5.1 设计说明

场地位于苏州古城西南角的葑门外，长 700 余米，宽 120 余米，是个近似于草履虫形的地块。场地北临葑门路和苏州大学，西临莫邪路，东临东环高架，南临葑门塘。在场地周围有数个公交站点，在场地南侧 1 千米处有竹辉桥站。场地位于新老苏州的交界处，因而具有发展多样文化和丰富产业的可能性。

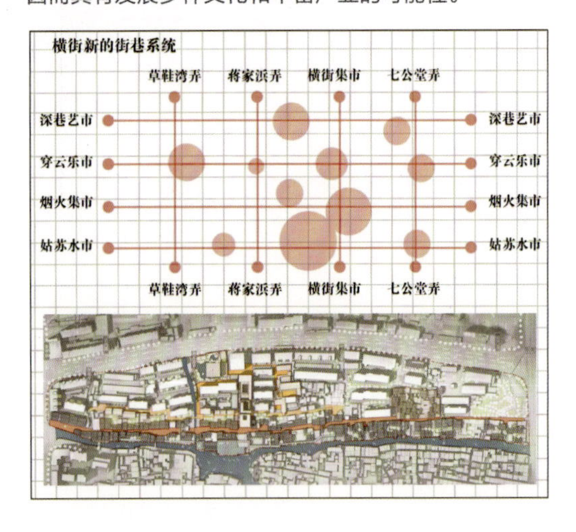

5.2 前期调研分析

等时分析

步行：15 分钟可以从苏州古城的东南角走到横街；30 分钟可覆盖苏州古城东南的大部分片区；1 小时可以覆盖大部分的苏州古城。步行来到横街的人大多是古城区居民，尤其是古城区东南部的居民。

骑行：15 分钟可以覆盖苏州古城区东南角；30 分钟可覆盖苏州古城区，向东可骑行至金鸡湖；1 小时可以覆盖大部分的苏州古城，也可以去到苏州新区。骑行来到横街的人大多是古城区居民、新老城区交界处的居民，或者是骑行路过的居民。

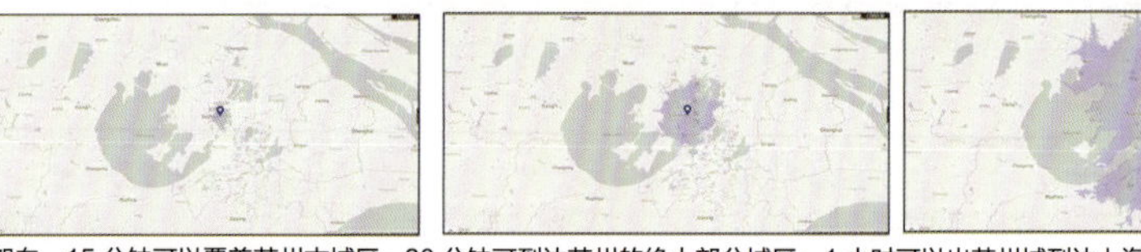

驾车：15 分钟可以覆盖苏州古城区；30 分钟可到达苏州的绝大部分城区；1 小时可以出苏州城到达上海。开车来的游客可能是苏州下辖县级市的居民或上海的居民。

区位分析

场地禀赋

菜市场 ＋ 江南水乡 ＋ 烟火气 ＋ 新老苏州

场地分析

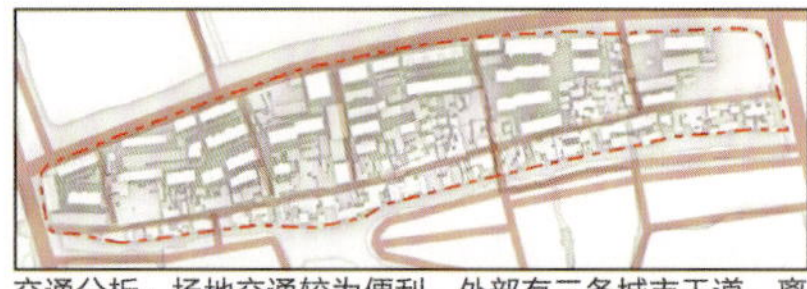

交通分析：场地交通较为便利，外部有三条城市干道，离东环高架的上桥口也不远，北侧的葑门路可以停车。

功能分析：红色代表居住功能，绿色代表景观休闲功能，蓝色代表公共服务功能，橙色代表商业服务功能。

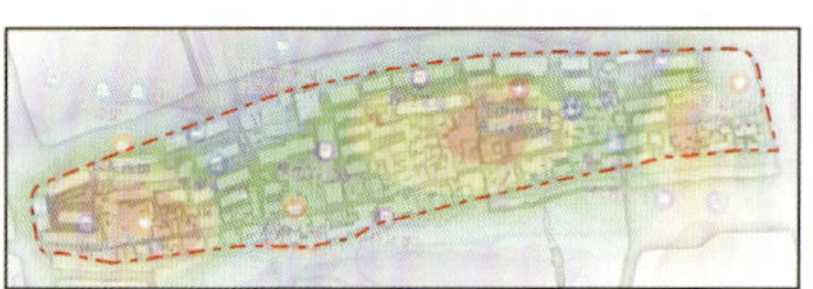

热力分析：街巷两头人气最高，中部人流也较多，连接部分人流不密集，靠近河道区域没有形成红区。

日照分析：玫红色的区域可以保证冬至日有 2 小时以上的日照时长。

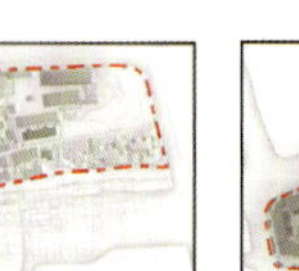

层高分析：最高七层，大部分为一至二层的传统苏州民居，六层以上的为 21 世纪初建造的一批楼房。

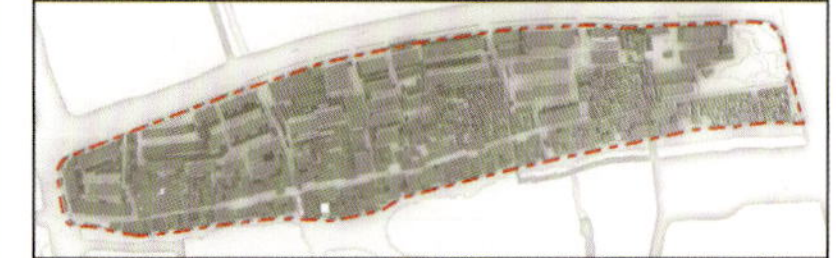

肌理分析：场地中有多种肌理，老的密集型排列的肌理，新的鱼骨架式肌理，以及新老交织的肌理。

产业分析

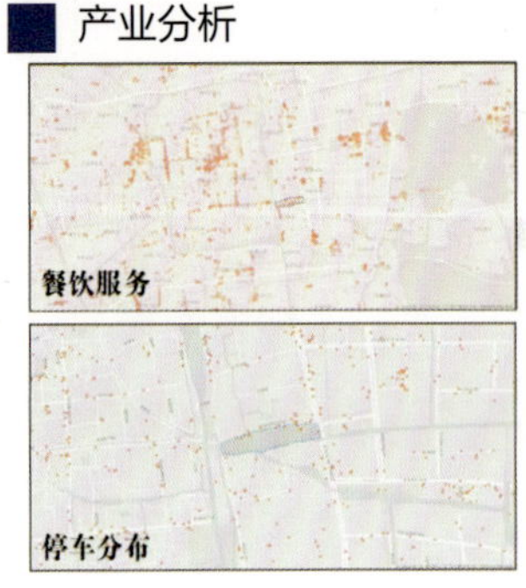

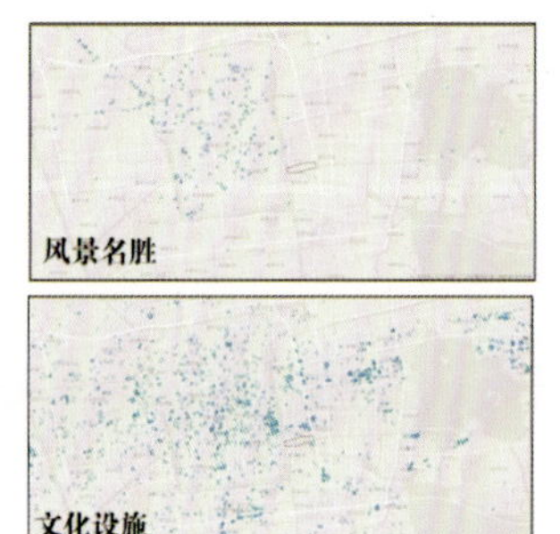

场地的餐饮行业发展良好，可结合菜市场做进一步改造更新。娱乐服务设施分布零星，且品质较低，而场地紧邻苏州大学，大学生消费能力强，可适当发展娱乐休闲业，结合文创产业与苏州传统手工艺，形成小型的体验式娱乐服务街区。停车场分布于场地北侧，目前可基本满足停车需求，但在早晚高峰时段依然拥堵，且货运和人流存在交叉，造成横街集市段的交通经常拥堵。住宿服务设施同样分布零星，且居住品质较差。场地内没有风景名胜和文化设施。

定位分析

场地在空间轴上位于新苏州与老苏州交界处，在时间轴上同样位于新苏州和老苏州交界处，既保留了很多传统苏州韵味，又接受了现代文明的洗礼，在场地周边也是一派现代景象。如此的多重身份要求场地需要满足更为复杂的条件，也要求我们必须重新审视经济空间与文化空间的辩证关系，对葑门横街的更新设计进行定位。

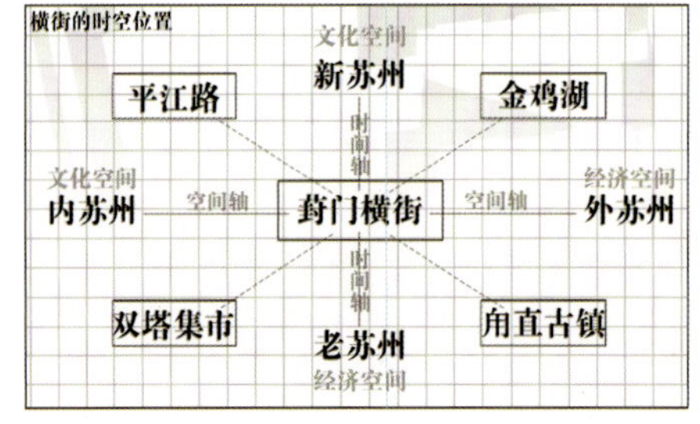

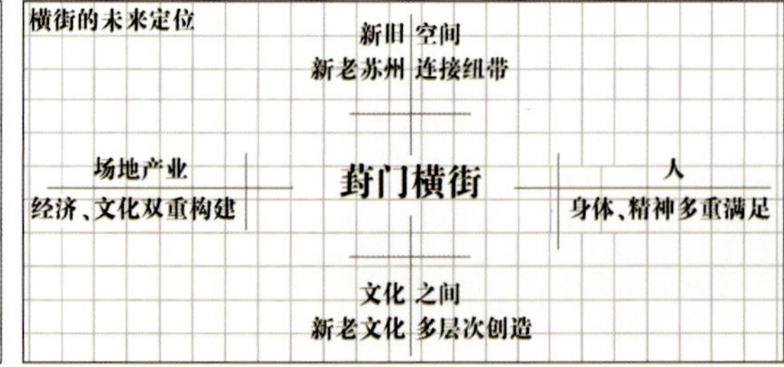

设计提纲

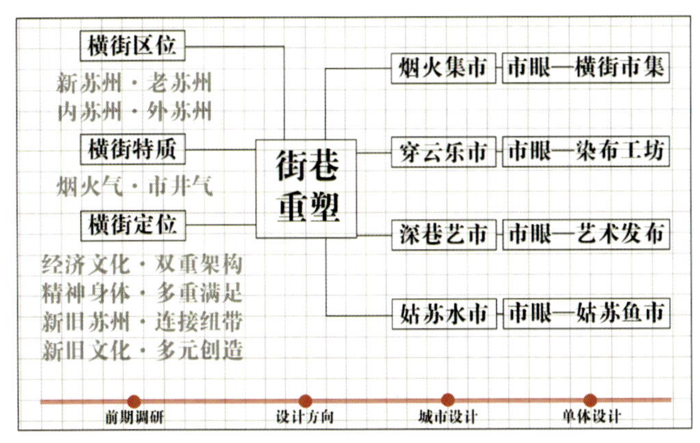

本次设计以城市设计为题，选取苏州葑门横街片区作为设计对象，历时一学期，分线上调研专题研究、总体设计、重点地段设计等阶段。作为针对城市区域的综合性设计训练，本页设计涵盖了规划、景观、建筑尺度的内容，从宏观到微观，把大学四年的设计课内容串联起来，启发和引导同学们对城市设计产生更为清晰的认知。后续的图纸，详细介绍了我在街巷分析与原型提取中的思考，尤其是在如何把街巷做成线性的市井文化方面，在创新性方面，我从线性园林的转译中学习方法，并将其运用到街道的设计中，最后形成肆市横列的规划格局。

人群画像分析

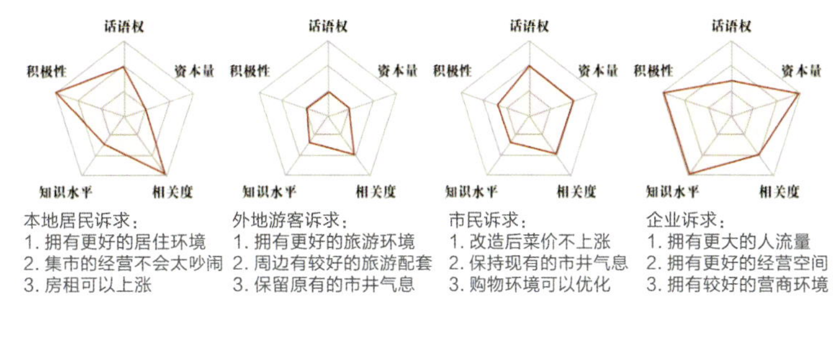

话语权
资本量
相关度
知识水平
积极性
本地居民诉求：
1. 拥有更好的居住环境
2. 集市的经营不会太吵闹
3. 房租可以上涨
外地游客诉求：
1. 拥有更好的旅游环境
2. 周边有较好的旅游配套
3. 保留原有的市井气息
市民诉求：
1. 改造后菜价不上涨
2. 保持现有的市井气息
3. 购物环境可以优化
企业诉求：
1. 拥有更大的人流量
2. 拥有更好的经营空间
3. 拥有较好的营商环境

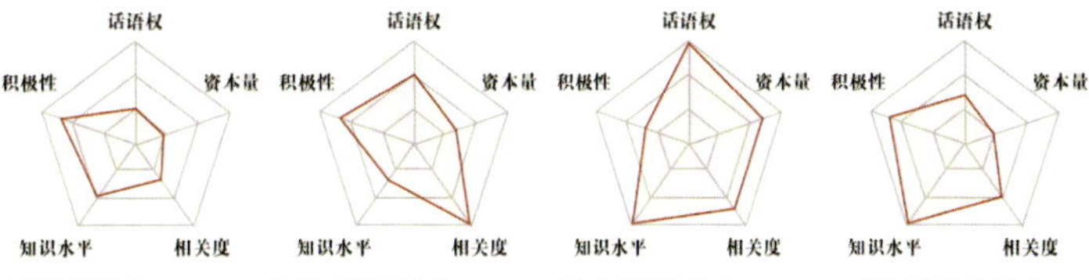

大学生的诉求：
1. 多样化的娱乐体验
2. 可参与的改造过程
3. 更年轻的设计元素

原有商贩的诉求：
1. 摊位的租金不会上涨
2. 改造时间越短越好
3. 尽量保留原有空间

政府部门的诉求：
1. 取得更高的经济效益
2. 易于管理
3. 能带动文化产业的发展

设计师的的诉求：
1. 留有较大设计空间
2. 由政府牵头组织改造
3. 有较高的回报

问题的提出

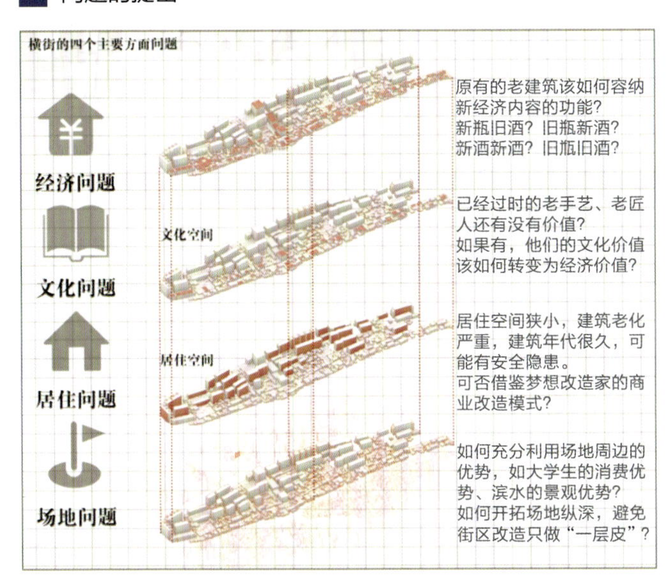

地段 SWOT 分析

S

经济：场地内很繁华，没有衰落迹象，且有相对于其他菜市场的差异性。
社会：横街是很多老苏州人的集体记忆，有一部分人形成了依赖感。
文化：有市井文化的独特性。

W

经济：与新型的菜市场经济结合还不够。
空间：空间上纵深不足，场地只有一层皮有看点，内部挖掘不够。
功能：无法承接新生的娱乐服务需求。

O

区位：位于新老苏州的交界处，可以产生更多元的可能。
联系：有可能与苏州大学产生更加密切的联系。
风潮：传统街区改造更新的大背景。

T

人流：年轻人都在向新城区跑，老城区难以留住年轻人。
河道：紧邻河道，如何实现滨河面的更新是重点要考虑的问题。
建筑：建筑形式多样，新的建筑形式融入难。

场地周边分析

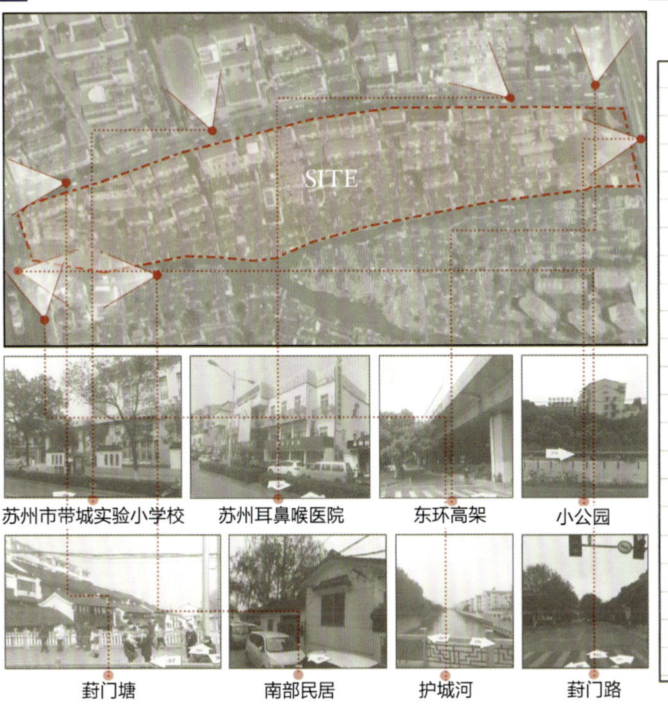

新老街巷空间对比

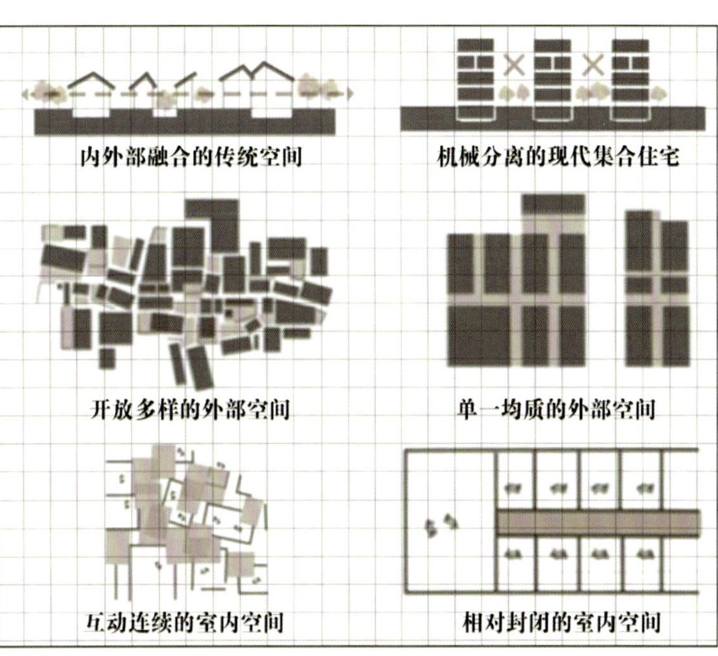

5.3 街巷研究

本次横街的研究篇分三个系列。第一个系列探索街巷在东方传统的各种艺术性叙事中的存在，挖掘背后的市井内涵和精神内涵。第二个系列采用理性分析的方法：一是以空间句法分析横街街巷，为以后的街巷改造提供思路和参考；二是对横街进行分段研究，探究每个路段的高宽比、可视性等物理因素；三是对横街的街巷肌理进行研究和抽象提取；四是对街巷视域内的各要素进行分析，最终抽象出横街的街巷原型，用于本次的设计。第三个系列是对街巷的线性市井空间转译的研究。

对于建筑系的学生而言，理性分析和感性分析都不可或缺，因此在横街的更新设计中，我积极探索理性为感性所提供的可能，为今后的学习和工作做准备。

系列一：东方传统叙事中的集体记忆空间研究

● 影视叙事【《都挺好》】

● 图画叙事【《姑苏繁华图》】

● 戏曲叙事【《牡丹亭》】

● 空间叙事【《网师园》】

● 文学叙事【《浮生六记》】等

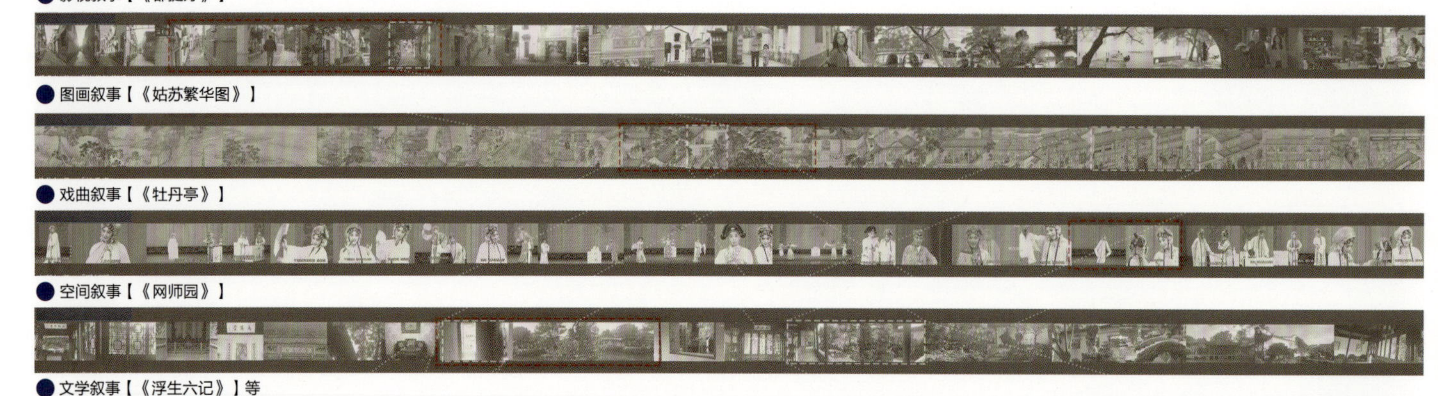

系列二：葑门横街中的街巷空间研究

● 街道数据分析

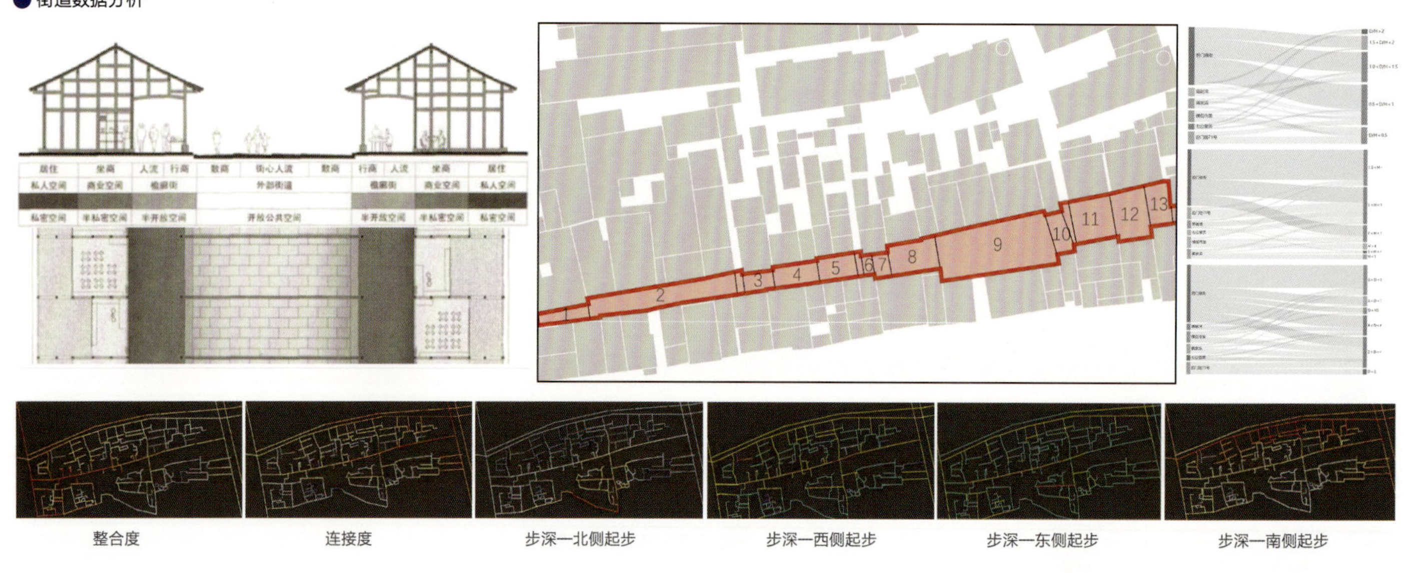

● 街巷特征识别

● 街道肌理分析

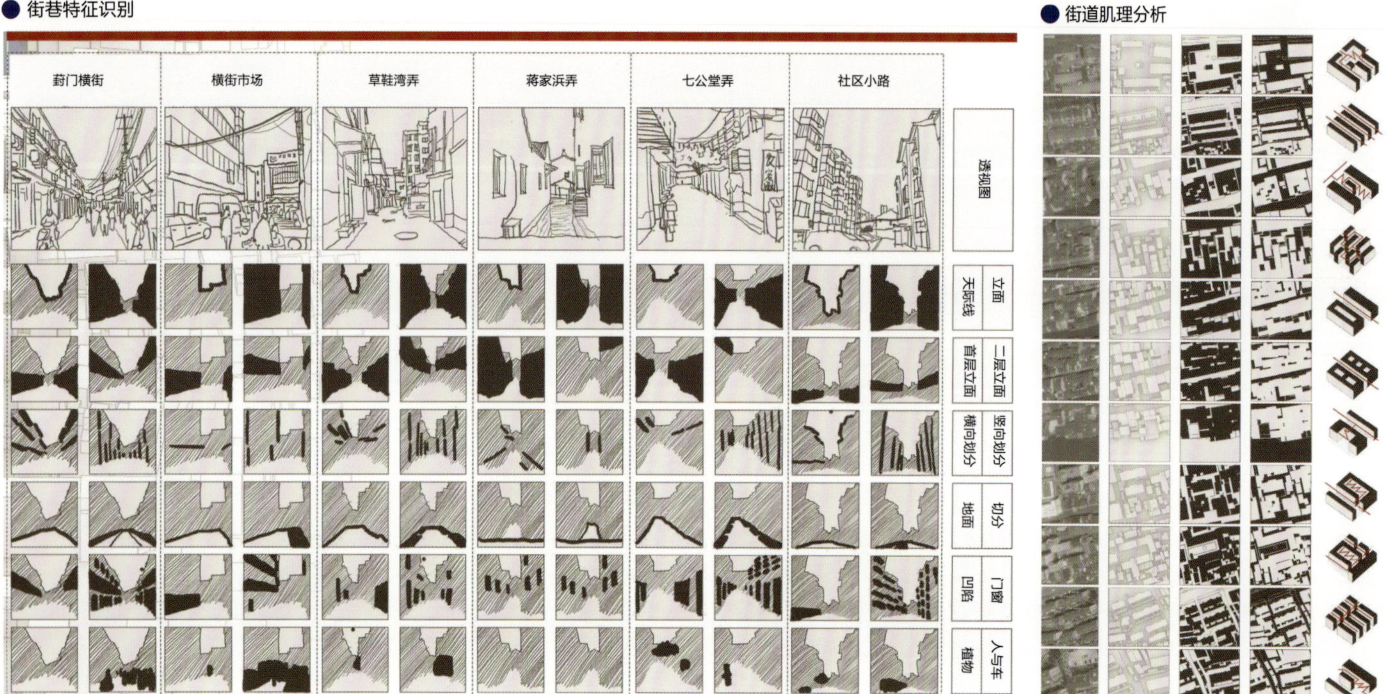

系列三：街巷的线性市井空间转译

葑门横街是一条东西走向的老街，全长不到 1 千米，却浓缩了苏州最真实的市井生活。街巷是老苏州人生活、生产、商业等世俗活动发生的场所。而随着现代城市的发展和扩张，人们住进了多层的楼房，钢筋水泥，高楼广厦，马路宽阔，一切都在理性的指导下发生着，传统的、亲切的、有生活气息的街巷空间逐渐消亡。因此，做苏州的街巷设计，尤其是做葑门横街的街巷设计，最要紧的是把街巷的市井气息还原。与其说做街巷，不如说是突显线性的市井文化。因此，本次设计借鉴《乌有园》中对园林的线性转译，对市井文化做出线性转译。
此部分的设计有四个流程：一是对园林空间的线性转译进行模仿学习；二是对市井文化空间进行线性转译；三是形成线性市井文化空间原型；四是将原型运用于具体的葑门横街街巷，激活场地的市井活力，为场地增添烟火气。

● 市井生活画卷

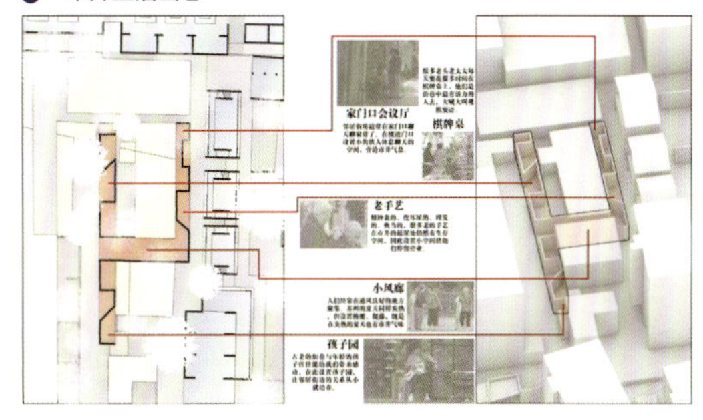

● 市井商业画卷

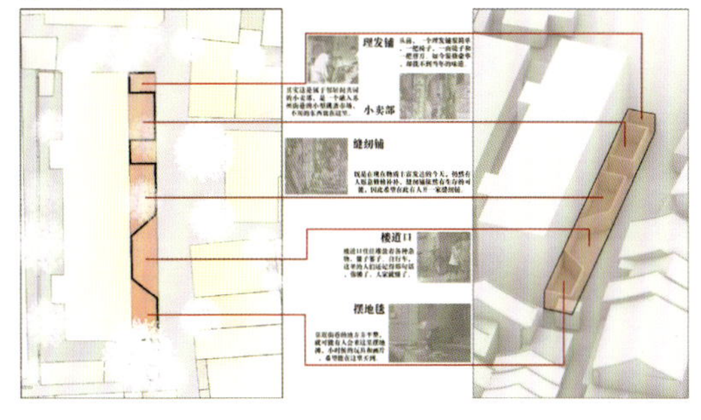

● 市井历史画卷

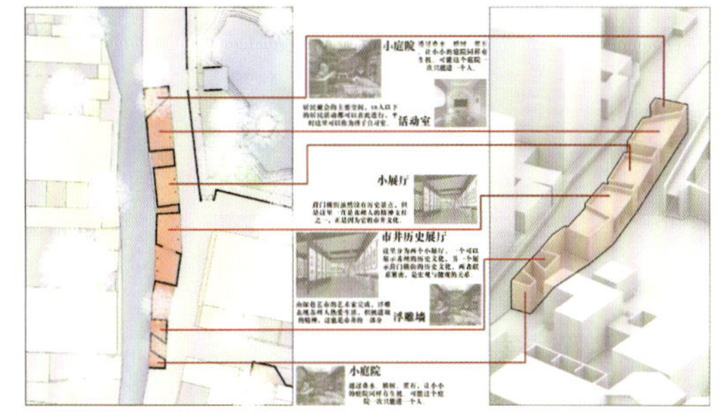

5.4 鸟瞰图

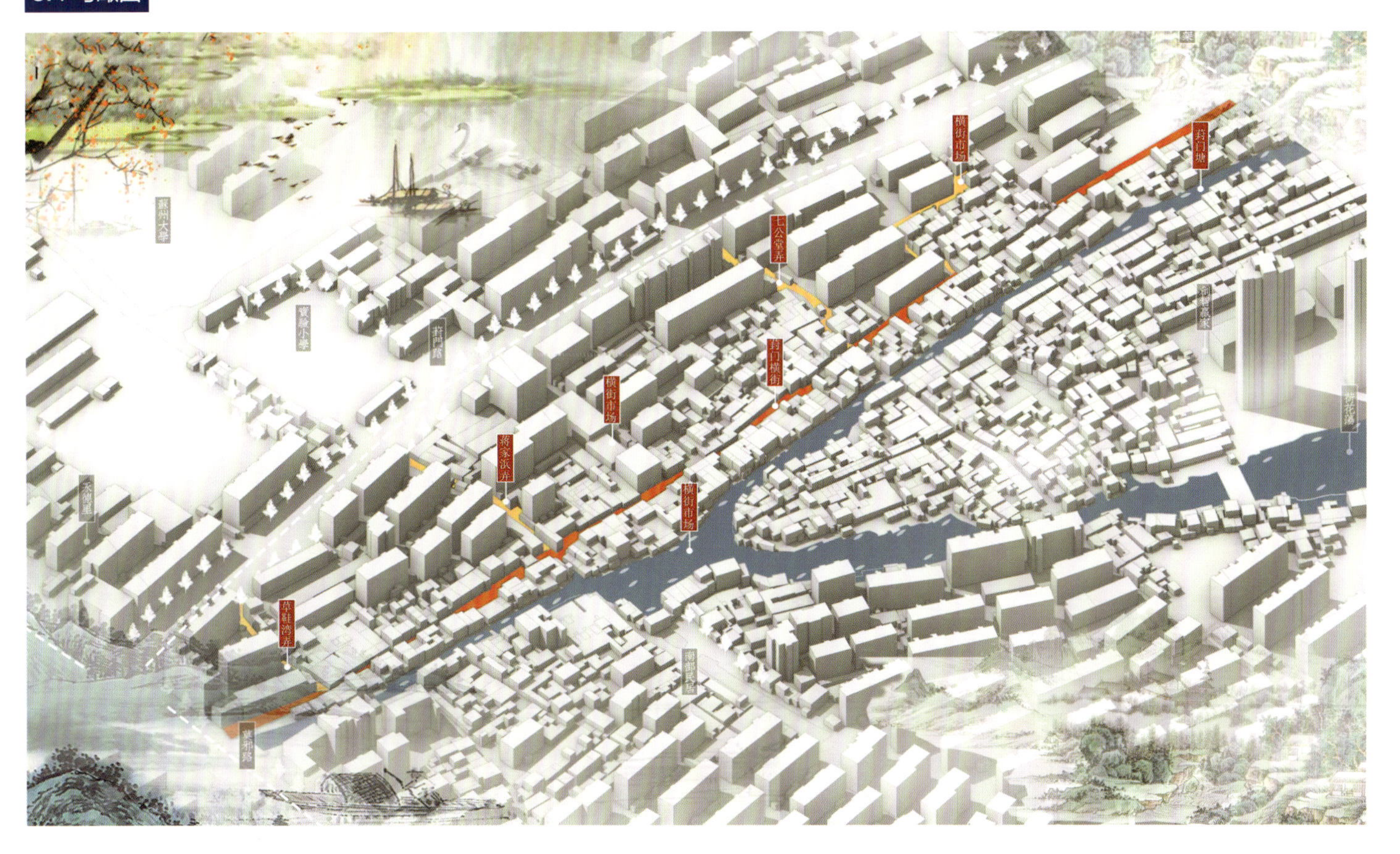

5.5 总平面图

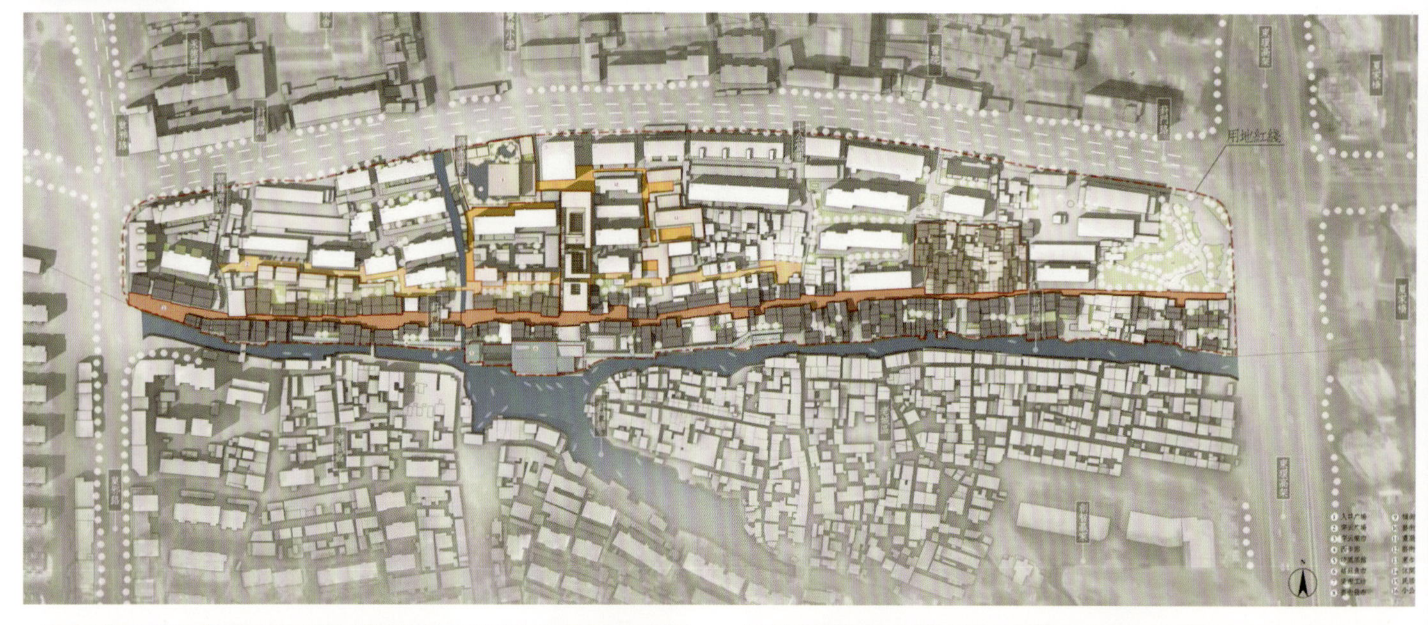

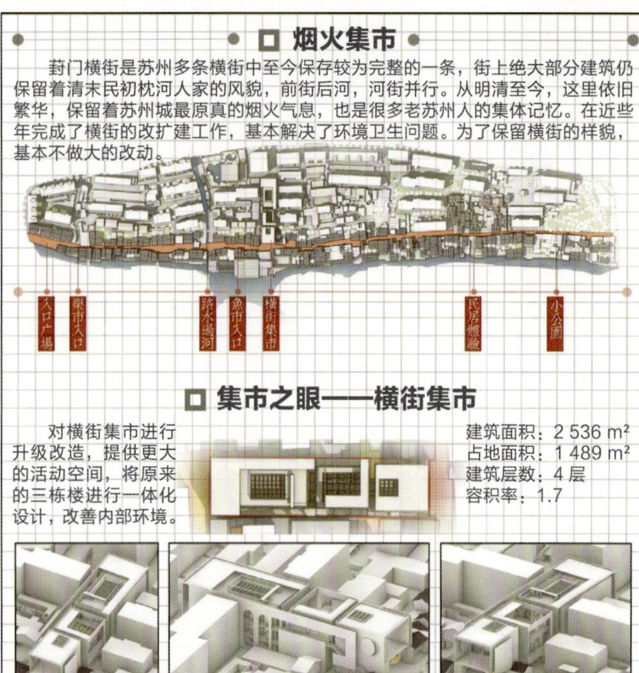

烟火集市

葑门横街是苏州多条横街中至今保存较为完整的一条，街上绝大部分建筑仍保留着清末民初枕河人家的风貌，前街后河，河街并行。从明清至今，这里依旧繁华，保留着苏州城最原真的烟火气息，也是很多老苏州人的集体记忆。在近些年完成了横街的改扩建工作，基本解决了环境卫生问题。为了保留横街的样貌，基本不做大的改动。

集市之眼——横街集市

对横街集市进行升级改造，提供更大的活动空间，将原来的三栋楼进行一体化设计，改善内部环境。

建筑面积：2 536 m²
占地面积：1 489 m²
建筑层数：4 层
容积率：1.7

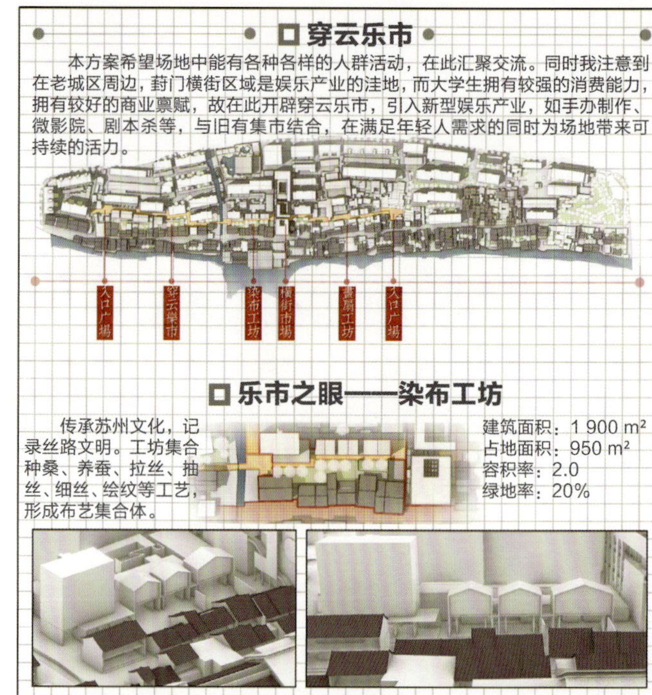

穿云乐市

本方案希望场地中能有各种各样的人群活动，在此汇聚交流。同时我注意到在老城区周边，葑门横街区域是娱乐产业的洼地，而大学生拥有较强的消费能力，拥有较好的商业禀赋，故在此开辟穿云乐市，引入新型娱乐产业，如手办制作、微影院、剧本杀等，与旧有集市结合，在满足年轻人需求的同时为场地带来可持续的活力。

乐市之眼——染布工坊

传承苏州文化，记录丝路文明。工坊集合种桑、养蚕、拉丝、抽丝、细丝、绘纹等工艺，形成布艺集合体。

建筑面积：1 900 m²
占地面积：950 m²
容积率：2.0
绿地率：20%

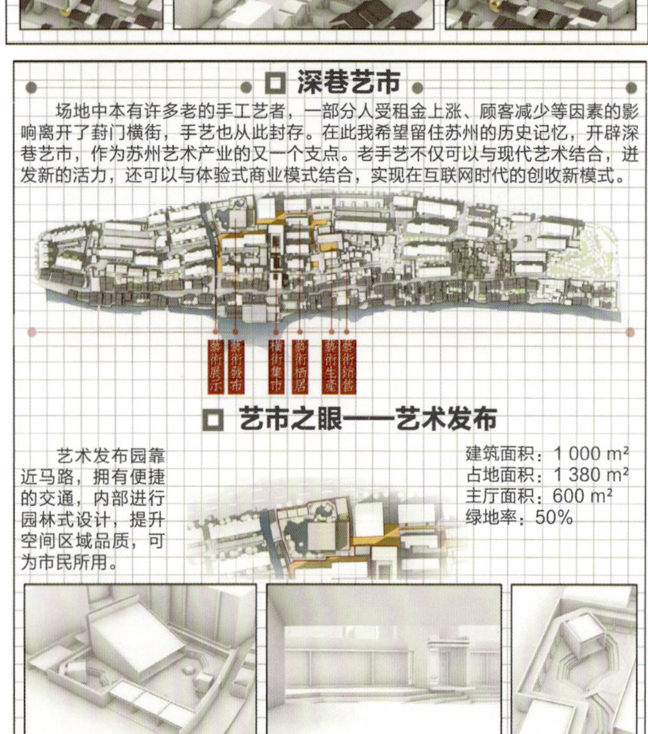

深巷艺市

场地中本有许多老的手工艺者，一部分人受租金上涨、顾客减少等因素的影响离开了葑门横街，手艺也从此封存。在此我希望留住苏州的历史记忆，开辟深巷艺市，作为苏州艺术产业的又一个支点。老手艺不仅可以与现代艺术结合，迸发新的活力，还可以与体验式商业模式结合，实现在互联网时代的创收新模式。

艺市之眼——艺术发布

艺术发布园靠近马路，拥有便捷的交通，内部进行园林式设计，提升空间区域品质，可为市民所用。

建筑面积：1 000 m²
占地面积：1 380 m²
主厅面积：600 m²
绿地率：50%

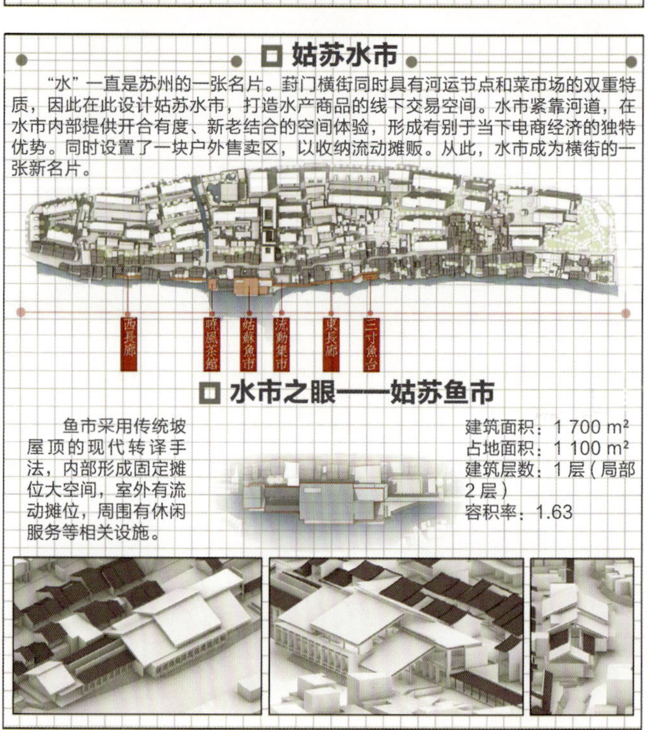

姑苏水市

"水"一直是苏州的一张名片。葑门横街同时具有河运节点和菜市场的双重特质，因此在此设计姑苏水市，打造水产商品的线下交易空间。水市紧靠河道，在水市内部提供开合有度、新老结合的空间体验，形成有别于当下电商经济的独特优势。同时设置了一块户外售卖区，以收纳流动摊贩。从此，水市成为横街的一张新名片。

水市之眼——姑苏鱼市

鱼市采用传统坡屋顶的现代转译手法，内部形成固定摊位大空间，室外有流动摊位，周围有休闲服务等相关设施。

建筑面积：1 700 m²
占地面积：1 100 m²
建筑层数：1 层（局部 2 层）
容积率：1.63

5.6 单体建筑设计

效果图

各层平面图

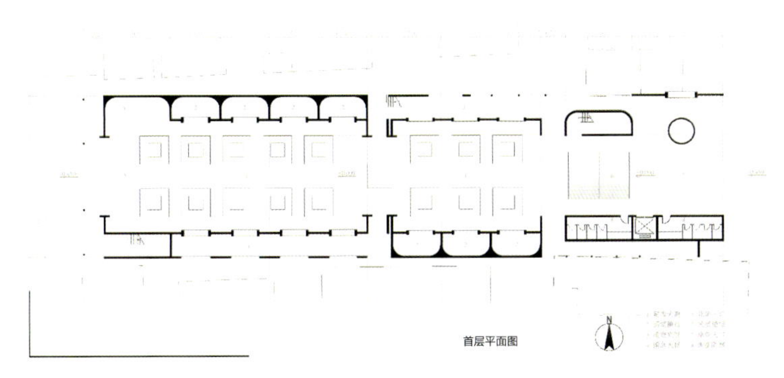

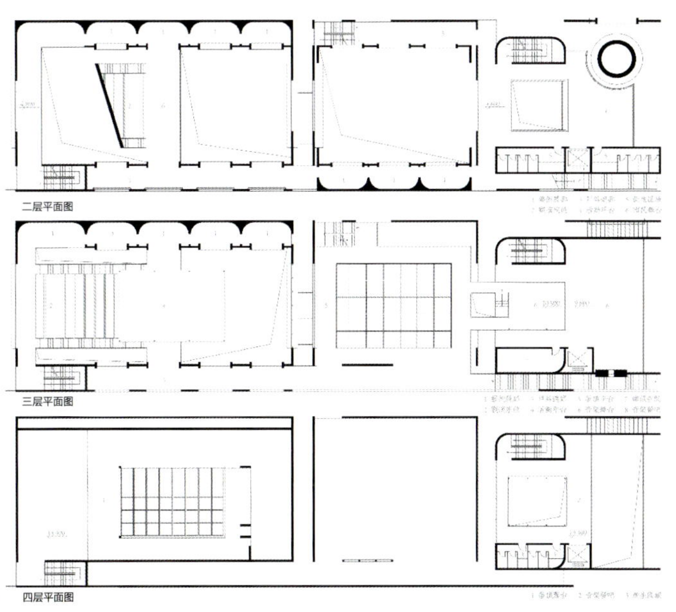

剖面图

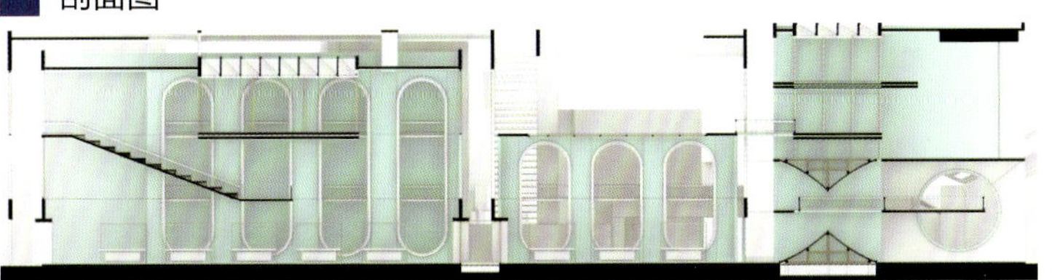

横街市集

以“开园破镜”为主题，对横街集市原有的三栋楼进行升级改造，注重空间序列的开合关系，提升内部空间的艺术特质。一层为市集，二层至三层中部为活动舞台，两侧为艺术展廊，四层为观水观城处。以上是对场地特质的集合呈现。

建筑面积：2 536 m²
占地面积：1 489 m²
建筑高度：18.00 m
建筑层数：4 层
容积率： 1.7

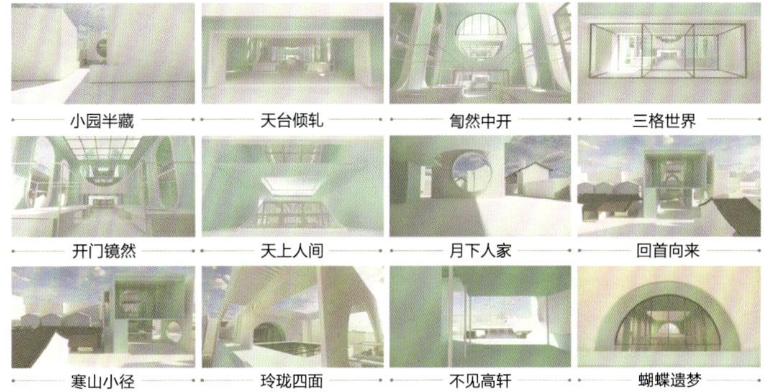

混沌雅集

厦门大学
Xiamen University

小组成员：朱攀静
指导老师：林育欣

设计说明

葑门横街位于中国江苏苏州姑苏区古城门外。这是一条历史悠久、独具风味且有深厚底蕴的老街，承载了太多的历史事件、人物、苏州工艺物件，以及情感。

姑苏城丰厚的文化底蕴和历史图层，造就了其不可替代的故事情节性和叙事性特征。然而，外世的高速发展又让它处于黏黏糊糊的模糊状态。和外界相比，这个场地仿佛游离在时间的河流之外，萦绕着任何时间和空间状态都无法消失的孤独感。因此，如何延续并增强姑苏城的故事性，如何削弱并转化它的孤独感和游离感，将是本次设计的出发点和终结点。

对此，我相信元宇宙的引入将为葑门横街的未来提供新的思路。

在整个横街的规划中，我选取七个点进行平行时空的创造。本次设计将以多元宇宙之艺术展馆的方式聚焦于姑苏城历代的文化与艺术、文人与雅士。在古代，供文人观赏画作的地方被称为“雅集”，因此这个艺术展馆将被命名为“混沌雅集”。

在本次设计中，我希望在现实空间中引入元宇宙的概念和技术，用虚拟和现实的结合，给观赏者带来前所未有的观展体验。在建筑设计中，元画廊充满了不同性质、不同体量、不同开放程度的空间，为人们营造出不同的情感、氛围和记忆。在各种类别的展厅，我们将采用不同的方式展示或真实或虚拟的艺术和事件。

当人们进入空间时，可以选择展馆设定的相关历史人物的虚拟角色并参与扮演。这样一来，人们就不仅仅是空间里的观众，还是历史的参与者，他们将在剧本中一起经历历史事件，成为元宇宙的主角。通过科技的应用，馆内的人工智能技术可以跟踪人们在游览过程中的身体数据和大脑波动，有效地记录人们在游览过程中与历史人物形成的共鸣和记忆——虚拟和现实的结合使整个平行宇宙达到了高潮。元宇宙能够超越时空限制，向人们身临其境地传达姑苏城的文化、历史和传统。

葑门横街和元宇宙的连接将会成为现实与虚拟对抗而又融为一体的契机。我们将对标老城无法新生的偏见，对标万物皆可元宇宙的激进空谈，在此地实现一次和历史、人物、时间及空间跨时空交流的多元宇宙之旅。

葑门横街和元宇宙联手的意义，不在于追逐科技狂热或机械潮流，而在于探讨古城的全新更新方式，在于尝试扩展传统建筑的未来边界。

希望此方案能够为与葑门横街处于同样境遇的古老城市和文化圣地提供一丝启发或一次实验。世上没有绝对永恒的市井，但平行时空能让我们看到更多。

设计感悟

这次的设计让我对历史街区的未来产生了深刻的思考。同时，新的设计介入角度给了我探索新事物的勇气——看起来完全不可融合的概念事实上却有深深的共鸣。传承和刻板延续或许并不是历史街区的唯一道路，让人们看到更多，感受更多，铭记更多，才是建筑师们的前进方向。

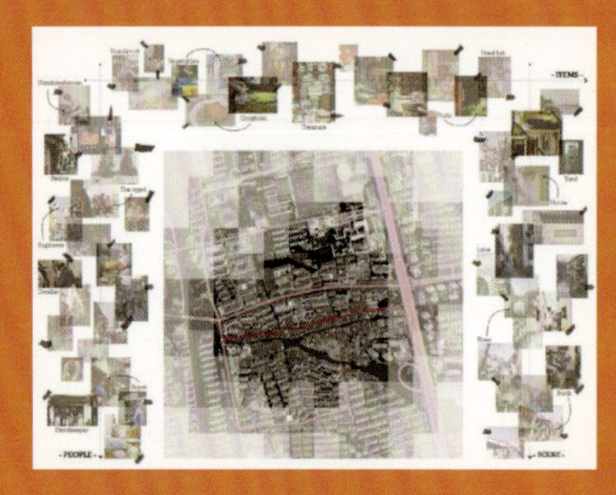

第一阶段　场地元素拼贴

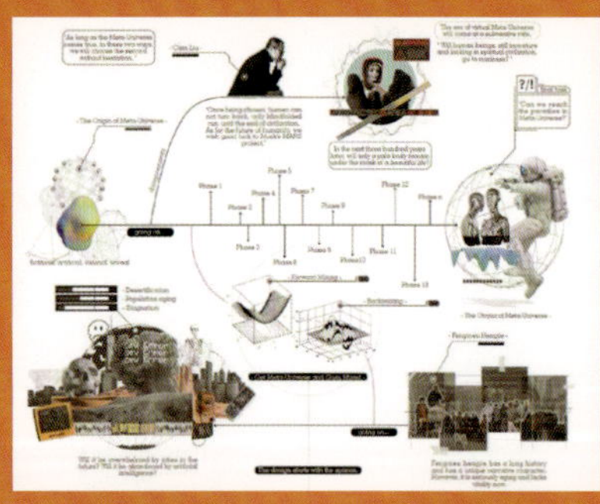

第二阶段　元宇宙介入

第三阶段　场地肌理关系打破

6. 多元宇宙——揭开姑苏城之神秘面纱

6.1 区位分析

6.2 现状分析

场地周边原始材料拼贴

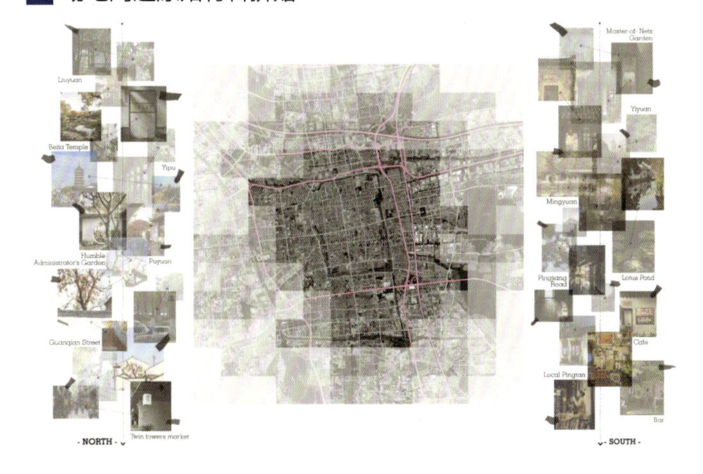

葑门横街原始材料拼贴

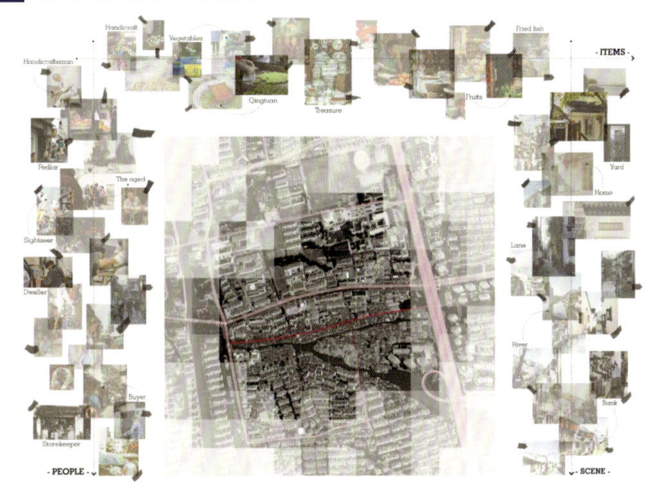

6.3 概念解析

元宇宙简史

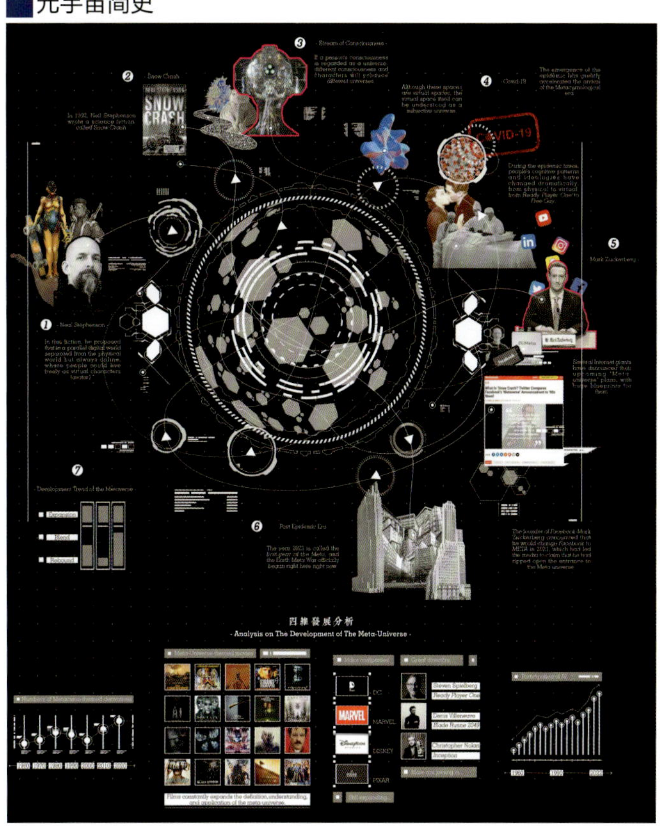

元宇宙潜在危机

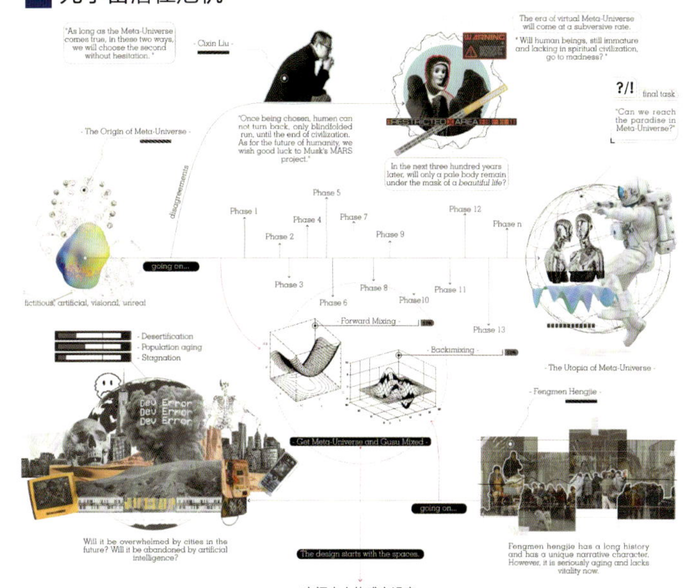

空间内人体感官设定

Human Sensory Settings in Spaces

6.4 方案生成

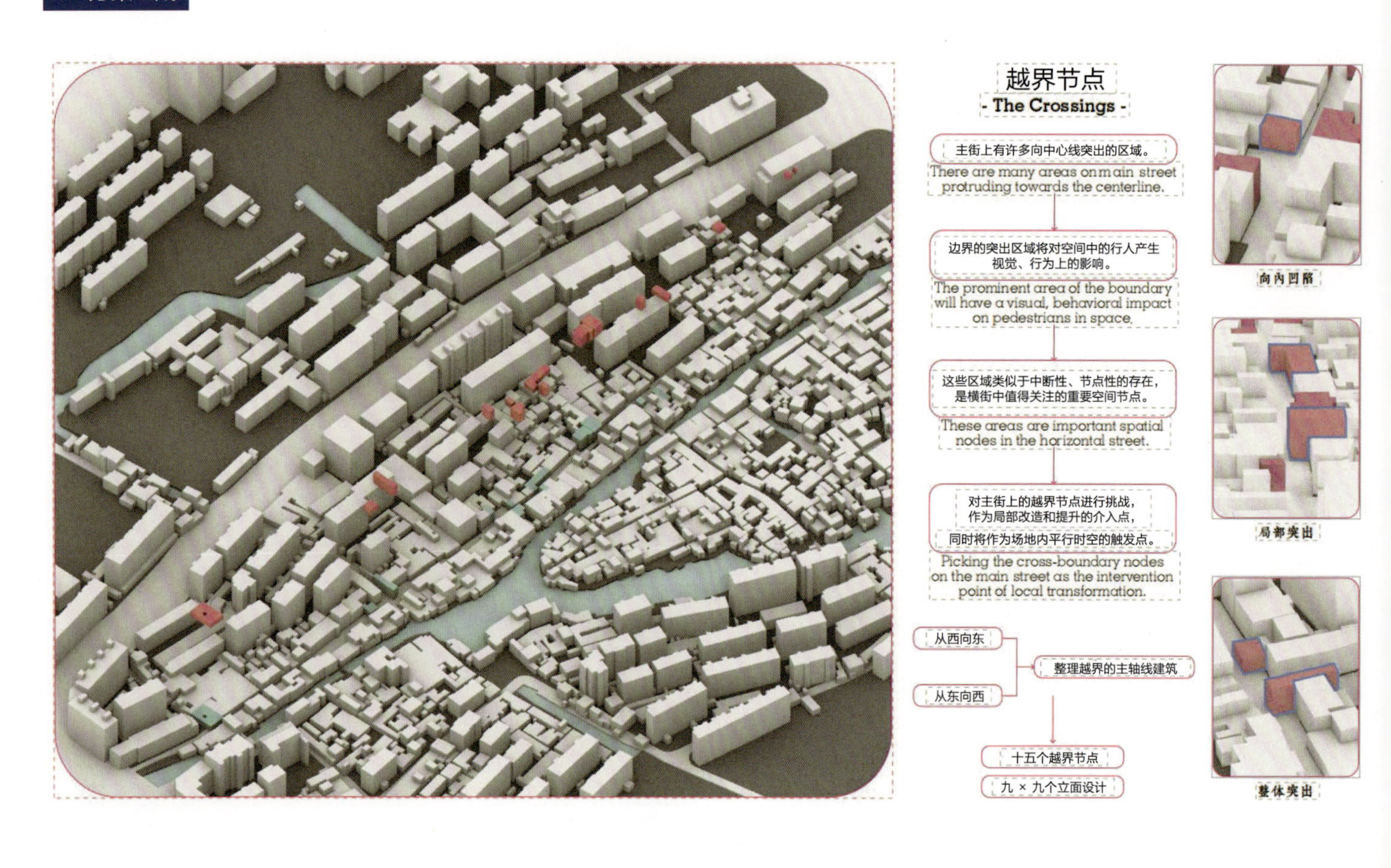

越界节点
- The Crossings -
主街上有许多向中心线突出的区域。
There are many areas on main street protruding towards the centerline.
边界的突出区域将对空间中的行人产生视觉、行为上的影响。
The prominent area of the boundary will have a visual, behavioral impact on pedestrians in space.
这些区域类似于中断性、节点性的存在，是横街中值得关注的重要空间节点。
These areas are important spatial nodes in the horizontal street.
对主街上的越界节点进行挑战，作为局部改造和提升的介入点，同时将作为场地内平行时空的触发点。
Picking the cross-boundary nodes on the main street as the intervention point of local transformation.
从西向东
从东向西
整理越界的主轴线建筑
十五个越界节点
九 × 九个立面设计
向内凹陷
局部突出
整体突出

向内凹陷

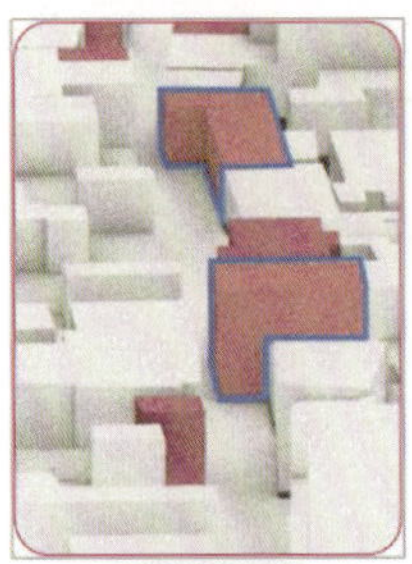

局部突出

整体突出

设想一　立面改造与可视化

- Facade Renovation and Visual Design -

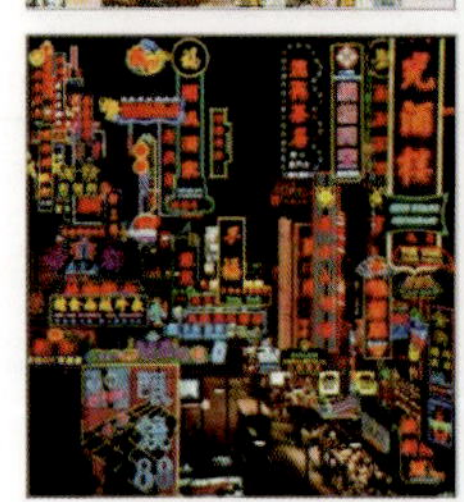

设想二　视标性公共空间扩展

- the Visual Public Space Expansion -

功能设定与体量

- Function Settings and Volume -

从姑苏区葑门横街的产业现状及需求出发，本次设计将挑选七个不同性质的片区进行元宇宙的平行空间设置。

Starting from the industrial situation and demand of Gusu Fengmenghengjie, seven different areas will be selected for parallel space setting in this stage.

命名	功能	方式	体量
混沌雅集	市井艺术馆，跨越古今苏州文人墨客的视觉艺术中心	拆除沿岸杂乱建筑 延续肌理进行新建	M
水影集市	沿岸的开放堆砌集市，昼夜开放，以推动夜间经济	拆除原建筑 以打破肌理的方式新建	XXL
姑苏浴场	市井澡堂，以混合的功能和尺度创造公共休憩空间	改造老居民楼	XL
眺望高塔	空中茶馆，联系横街两侧并眺望河岸	空中新建	L
翻转书院	社区集会活动的主要场所，同时承担图书馆的功能	改造老厂房	XL
书夜酒馆	社区内的酒馆，无间隙营业，以配合不同年龄段的人群	微更新 改造老酒馆	S
暗巷戏场	以穿插和开放的空间，创造发生戏曲的公共空间	在开放空间中新建	M

6.5 设计成果

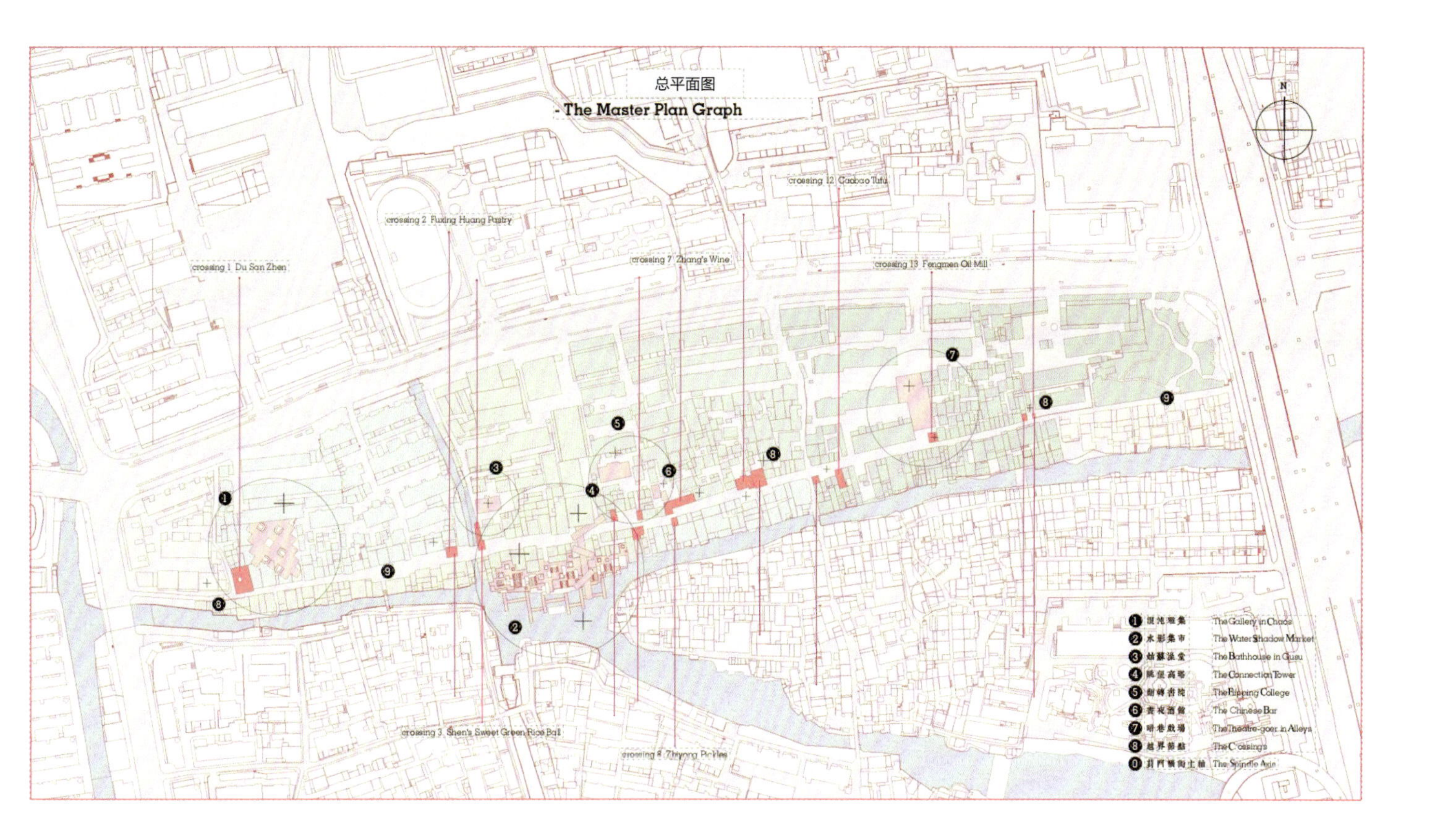

总平面图
- The Master Plan Graph
crossing 1 Du San Zhen
crossing 2 Fuxing Huang Pastry
crossing 3 Shen's Sweet Green Rice Ball
crossing 7 Zhang's Wine
crossing 8 Zhiyong Pickles
crossing 12 Caobao Tufu
crossing 13 Fengmen Oil Mill
N
1 The Gallery in Chaos
2 The Water Shadow Market
3 The Bathhouse in Gusu
4 The Connection Tower
5 The Flipping College
6 The Chinese Bar
7 The Theatre-goer in Alleys
8 The Crossings
0 The Spindle Axis

正轴测鸟瞰图
- Deplosion Map of Explosion Axis -

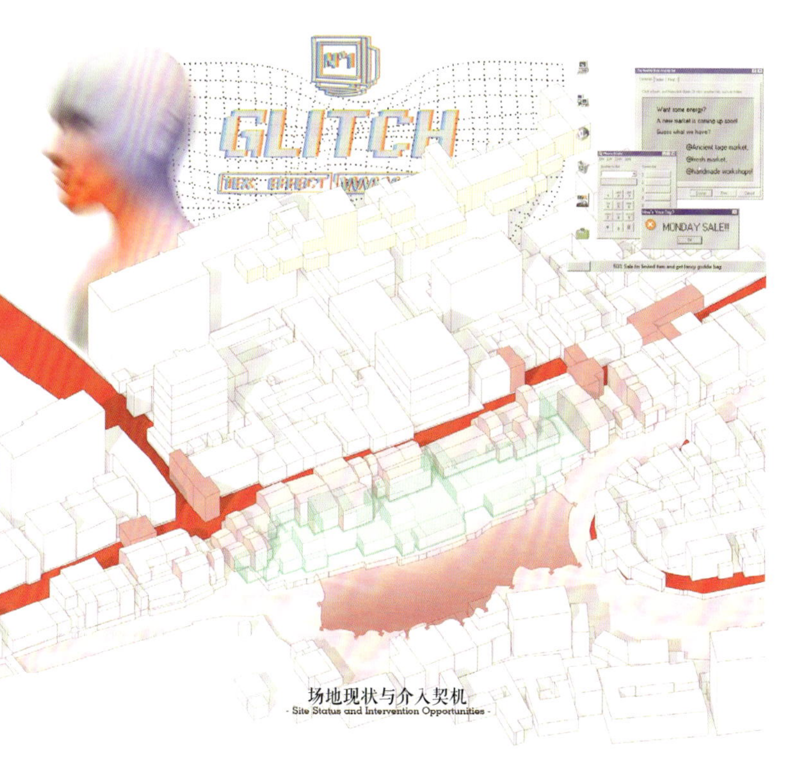

GLITCH
MONDAY SALE!!
场地现状与介入契机
- Site Status and Intervention Opportunities -

一层平面图
First Floor Plane

1. 开放厨房与生鲜加工
2. 自由餐厅
3. 家庭及多人餐厅
4. 吧台餐厅
5. 集会大厅
6. 开放手工作坊
7. 收藏与陈列柜
8. 手工制品展览厅
9. 公用储藏间
10. 值班室
11. 公共卫生间
12. 休闲座椅
13. 古着市场
14. 茶水区
15. 更衣室与收银台
16. 开放生鲜贩卖摊位
17. 开放手作贩卖摊位
18. 随机集市与公共展列
19. 沿河步道
20. 高塔楼梯
21. 主入口
22. 次入口
23. 商贩货物入口

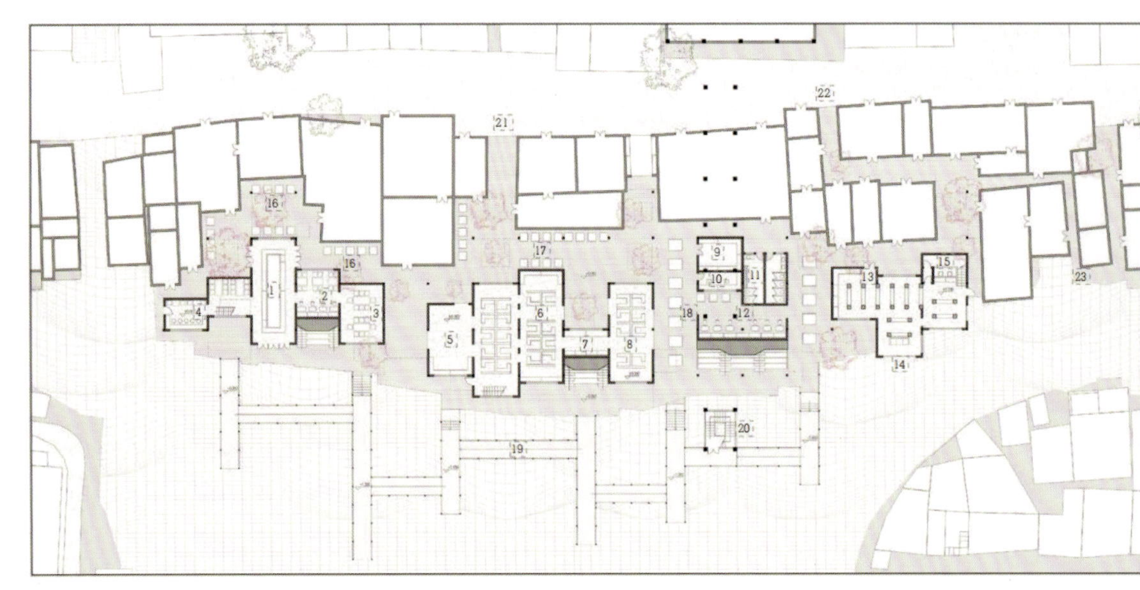

二层平面图
Second Floor Plane

1. 开放大台阶
2. 集会大台阶
3. 采光装置
4. 河岸就餐处
5. 共享集会房
6. 共享元空间
7. 手作教学坊
8. 饮品制作间
9. 国潮饮品店
10. 古着廊道展览
11. 古着售卖
12. 奢侈古着贩卖区
13. 休闲茶饮区

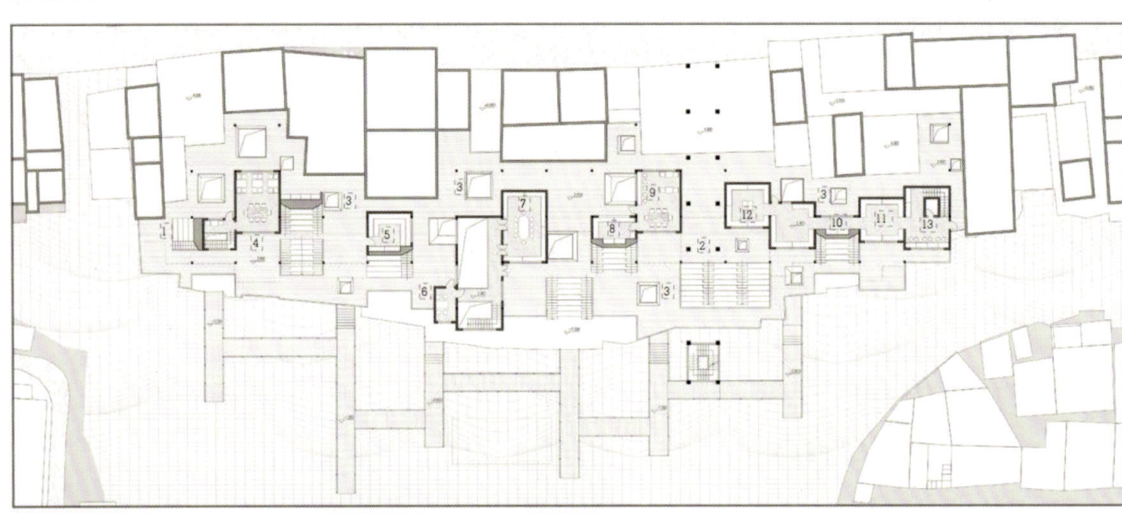

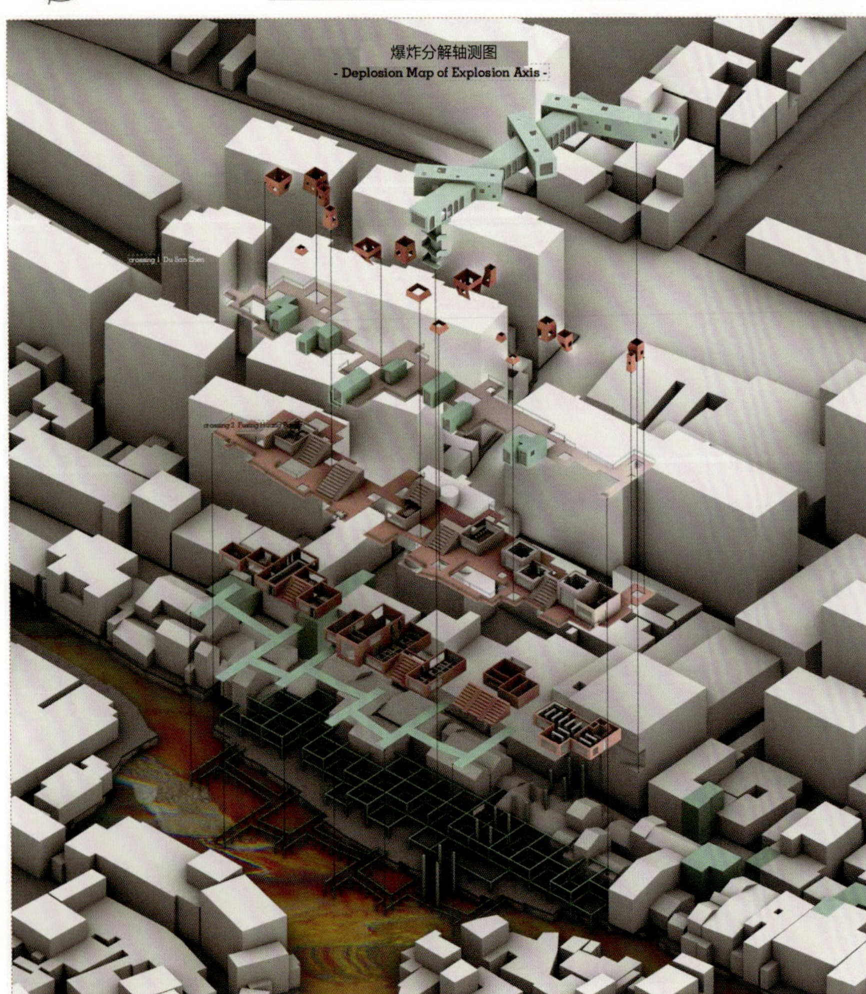

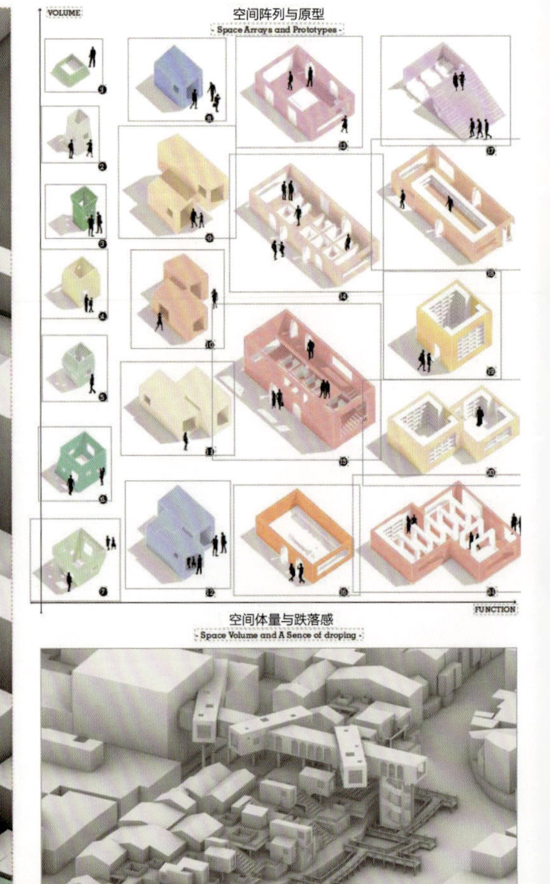

爆炸分解轴测图
- Deplosion Map of Explosion Axis -

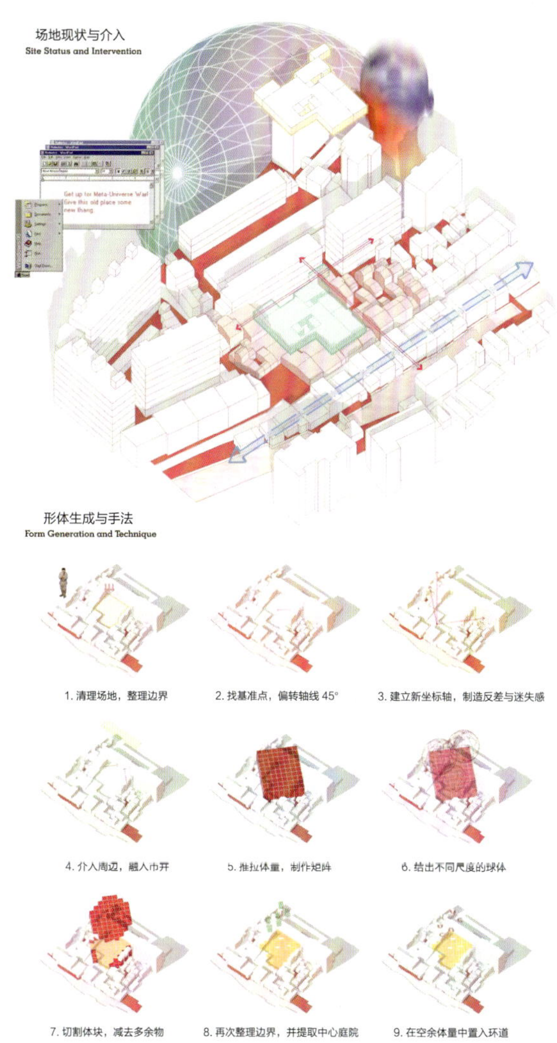
场地现状与介入
Site Status and Intervention
形体生成与手法
Form Generation and Technique
1. 清理场地，整理边界
2. 找基准点，偏转轴线 45°
3. 建立新坐标轴，制造反差与迷失感
4. 介入周边，融入市井
5. 推拉体量，制作矩阵
6. 给出不同尺度的球体
7. 切割体块，减去多余物
8. 再次整理边界，并提取中心庭院
9. 在空余体量中置入环道

一层平面图
- The First Floor Plane Graph
N

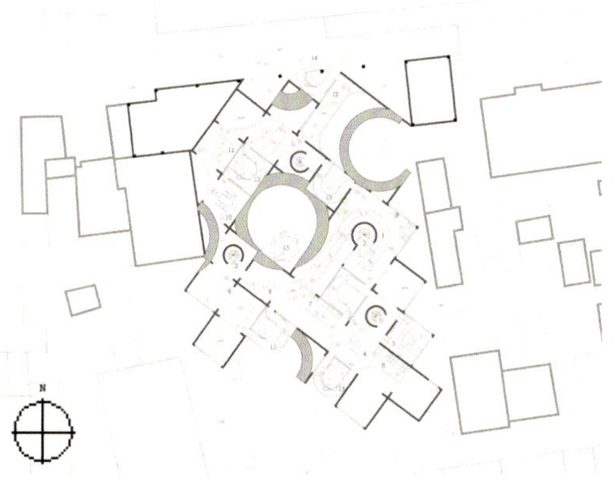
二层平面图
The First Floor Plane Graph
N

去屋顶鸟瞰轴测图
- Aerial View Axis Map Without the Roof -

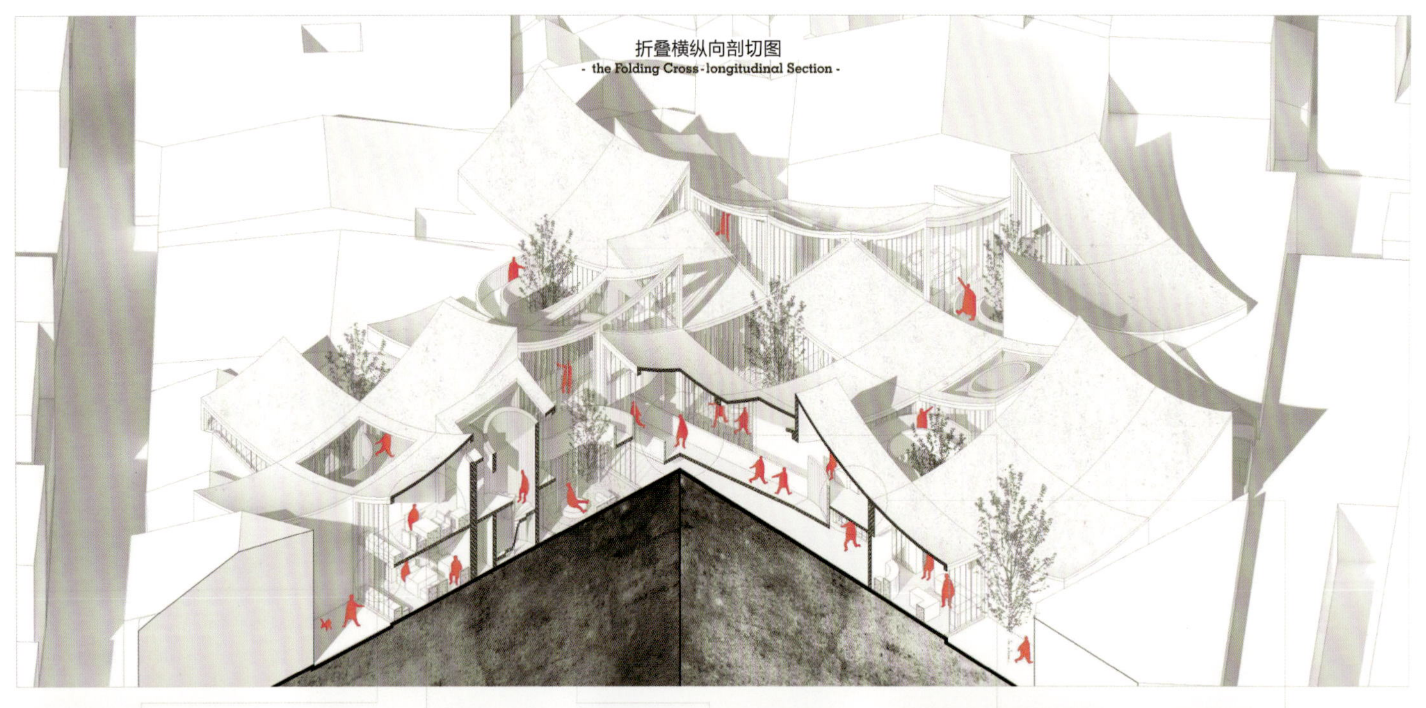

折叠横纵向剖切图
- the Folding Cross-longitudinal Section -

时空管理局
Time and Space Administration

交互讨论空间
Interactive Discussion Space

旷 野
the Wilderness

中心时空坡道
the Time-travel Ramp

穿越廊道
the Space-time Corridor

Entering the Meta-Gallery, you will receive your exclusive virtual Guider. You are free to set the characters you want to play, choose the space and route you want to browse, and select the figures and stories you want to view.

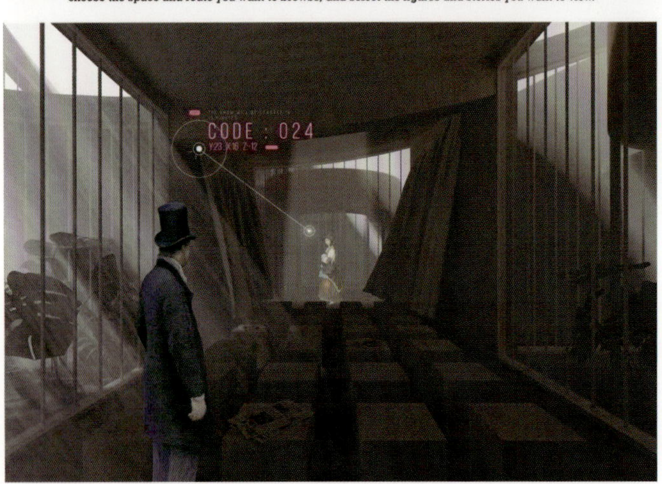

When you enter a particular exhibition hall, you can watch the exhibition film with others if you are lucky. While watching, you will get hints and instructions, which may tell you the name, identity or date about the figure.

- Interpretation of Spatial Sequences -

The Meta-Gallery is full of spaces with different nature, volume and different degrees of openness, which can bring people different emotions, atmosphere and memories. In a variety of exhibition halls, we will use a variety of ways to show real art and virtual stories. When people participate in playing virtual roles, people are not just the viewer in space, but the participants.They will play together in the script and become the protagonists of the time.

Anyway, the combination of virtual and real display leads the entire parallel universe to a climax. The Mete-Universe created in the Meta-Gallety can convey the culture, history and tradition of Gusu City to people in an unrestricted way across the time limitations.

- Limitless and Timeless -

- Parallel Universe-Interactive Exhibition District -

When your trip is over, this valuable data will generate your own individual report, telling you which stage makes you the most excited, which stage makes you the most delighted, or even which stage makes you the most upset.

When you are travelling in a certain parallel time, whether you resonate with real people in the history or virtual characters in the written script, your exclusive Guider will detect your heart rate and brain fluctuations.

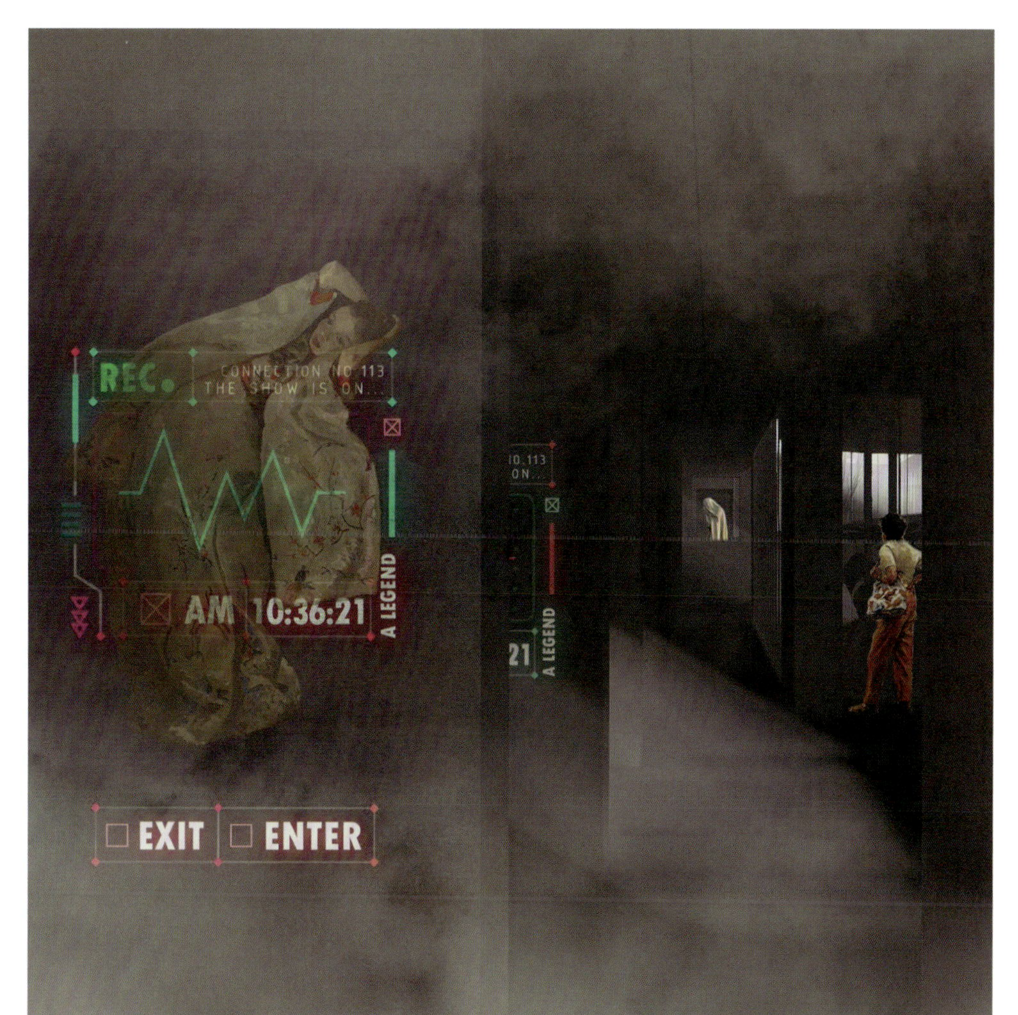

- Parallel Universe-Virtual Exhibition Matrix -

These fixed panels arranged linearly like a matrix give people the meaning of "parallel space-time" in the physical sense. People will be greatly amazed when they come to it face to face.

The surfaces of this display spaces are made of touchable screens. People can walk through the whole sequence and choose whether they want to participate in the time and space of this character or event, on a journey of time and space.

More importantly, these boards can be used as ordinary walls. When working with other artists, their paintings, works, can be hung on the wall for watching.

建筑与城乡规划学院
建筑馆
Architecture Building

教师感言

青岛理工大学

毕 胜

舒 珊

我们非常荣幸能够参加指导这次名城四校联合毕业设计。本次联合毕业设计以历史街区改造为主题，基地位于苏州葑门横街。这是一条历史悠久的苏州特色美食街道，充满着浓郁的市井气息，而且比较完整地保留着前街后河、粉墙黛瓦的传统苏州街巷风貌。本次毕业设计提出了一个经久不衰的话题：如何以现代的设计手法保护与延续传统的生活气息和城市文脉？四校联合毕业设计为同学们提供了一次交流和学习的绝佳机会，来自苏州、西安、厦门、青岛的同学们因为有着不同的生活经历和城市背景，因此对历史街区有着不同的体验和理解，大家所关注的现状问题、所提出的设计策略也全然不同，联合毕业设计为同学们超越自身认知、拓宽思维视野、打开设计思路提供了一个绝佳的交流平台。经过开题答疑、中期答辩和终期汇报，各个学校的老师和同学交流探讨、相互学习、取长补短，最终交出了各具特色的丰硕成果。

这次联合毕业设计由于疫情原因，老师和同学们没有能到苏州现场进行基地调研，这使得最终的设计作品在城市契合度和落地性方面有一些不足，感觉与想要追求的苏州饮食文化和传统生活风貌仍有不小的差距。另外，由于没有机会到各个学校和城市参观学习，也无法进行面对面的交流和探讨，所以这次联合毕业设计还是留下了一些遗憾。但是，参加这次联合毕业设计，对我们师生来说仍然受益匪浅，同学们从其他学校的设计思路和方案汇报中获得了很多启发，而我们老师也收获了非常好的设计教学经验。感谢苏州大学的老师和同学克服困难，帮助我们做了大量的线上调研，也感谢其他学校老师和同学的共同努力。期待疫情过后我们再相聚，也期待今后有更多的师生参与进来，呈现更多精彩的作品！

五感葑门

青岛理工大学
Qingdao University of Technology

小组成员：刘轶男、贾　硕、林姝娴、王　倩
指导老师：舒　珊、毕　胜

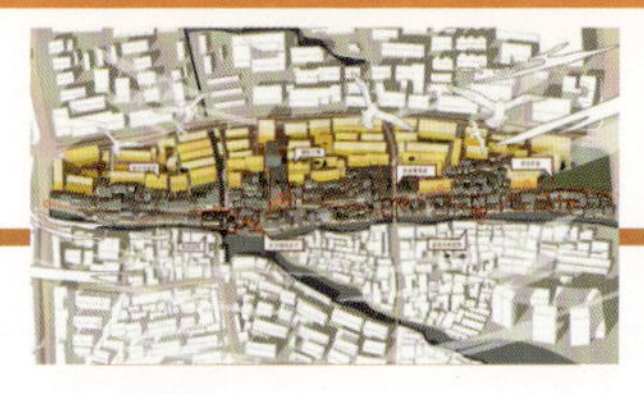

设计说明

葑门横街混杂着众多服务类业态，是周边居民重要的公共生活中心。本次毕业设计在城市发展背景下以满足居民需求为核心，综合游客与商贩对空间的需求，对历史街区更新展开研究，探讨和剖析形、声、闻、味、触这五种感觉（以下简称“五感”）在历史街区创造的多维度感官体验；并通过单体设计，探究如何将农贸市场作为重要节点激发历史街区的活力，助力葑门横街文化和精神的复兴。

许多城市都有自己的多重特色，如历史、美食等，然而随着社会的发展，城市变得越来越相似，这就要求我们必须在城市设计中找到城市的独特性，重塑城市的独特记忆将是我们设计的出发点。为此，我们提出了“以五感为线索，将城市生活场景和记忆与之融合，重拾老苏州印象”这样一个设计策略。

通过分析五口之家对于五感的侧重程度，我们寻找到了基于五感的城市设计表现方式。

第一，视觉策略。我们提出的解决方法是保护历史街区原有风貌。首先要调研分析葑门横街内现存建筑的历史价值。对于存在价值高的建筑，我们采取“修旧如旧”进行基础改建的措施，尽可能地保留原有的建筑历史风貌。对于历史存在价值一般的建筑，我们采取新旧结合的措施，对已有建筑进行微更新处理，点状激活场地。

第二，听觉策略。按照建筑功能来分析声音的节奏。地段的西边有老字号商铺、餐馆和菜市场，人流量较大，所以其声音节奏比东边的场地要高。方案采用正设计和副设计结合的方式构成声景序列。参观期间，观众在不同现场体验不同的音色，从繁闹的叫卖声到委婉悦耳的评弹声，再到静谧的溪水声和清脆的鸟鸣声，它们共同营造着文化古街的氛围。

第三，嗅觉策略。一是用芳香植物创造嗅觉环境。植物的香味有许多作用，能使人身心愉快、精神舒畅。在户外空间散发出香气的植物能够吸引人们驻足观赏，增加停留时间，继而丰富人们对城市环境的感知与体验。二是规划人工气味，重拾嗅觉记忆。葑门横街的主要功能包括食品的售卖，街上的老字号店铺是吸引人流的重要因素。因此，我们通过重构餐饮结构、规划店铺位置，来实现美食气味上的引导。

第四，味觉策略。在原有场地中，老字号大多集聚在地段的西部，通过对原有商铺进行规划和重新组合，进而引进部分新商业，如奶茶店等，新老业态的碰撞将苏州美食自然而然地贯穿整条横街。

第五，触觉策略。采用小规模触觉景观干预或配备诸如座椅、水景、雕塑等临时性或永久性景观装置，以促成人们触觉感知的体验。采用铺装加强场所感，增强归属感，多样的城市地面系统（人行道、车行道、可踏草坪等）的材料变化不仅可以美化城市空间环境，还可以增加人们对脚下城市最直接、最真实的感知与体验。

设计感悟

这次名城四校联合毕业设计的主题是针对葑门横街进行城市更新，虽然因为疫情，我们无法去实地感受苏州，但在网络调研和线上交谈中，我们还是感受到了以“时”为先的新鲜生活理念，体会到了蓬勃的古城焕新活力。

早在中期答辩时，我们就切实感受到了其他高校学生的设计效率。而在最终答辩中，我们也被大家的设计深度所感染。不管是灵感创意、理论支撑、设计深度，还是图面表达，都督促我们走出习惯了的舒适区，在适当的压力中去尝试和完成不一样的东西。

祝联合毕业设计越办越好！

个人设计作品

贾　硕	民宿设计
王　倩	老字号改造
刘轶男	菜市场改造
林姝娴	昆曲会所设计

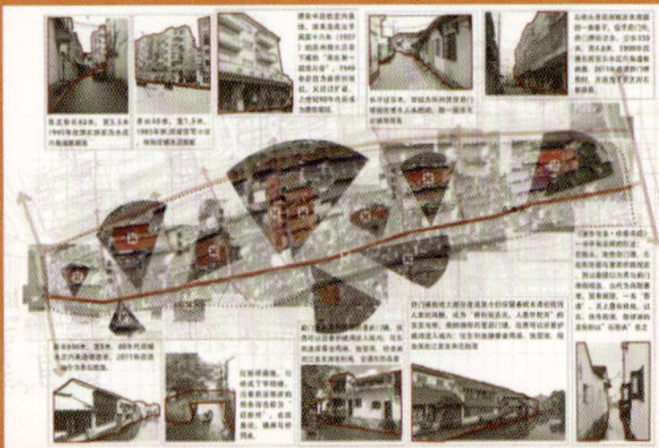

第一阶段　构思图

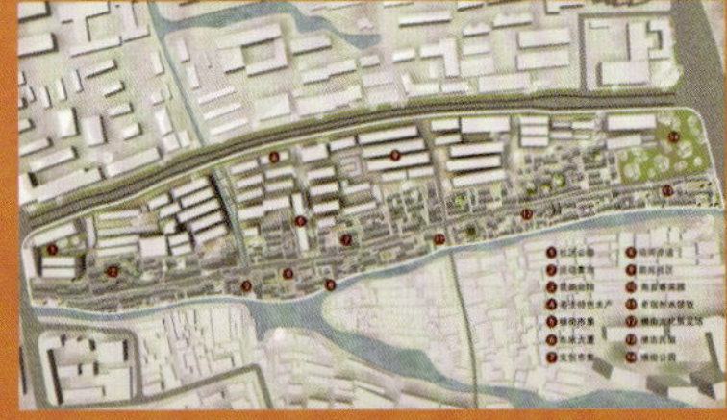

第二阶段　草图

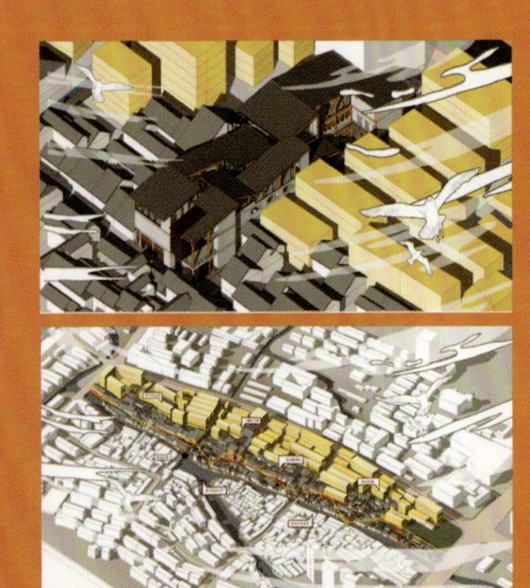

第三阶段　定稿图

1. 五感葑门

1.1 前期调研分析

业态分析

基地业态

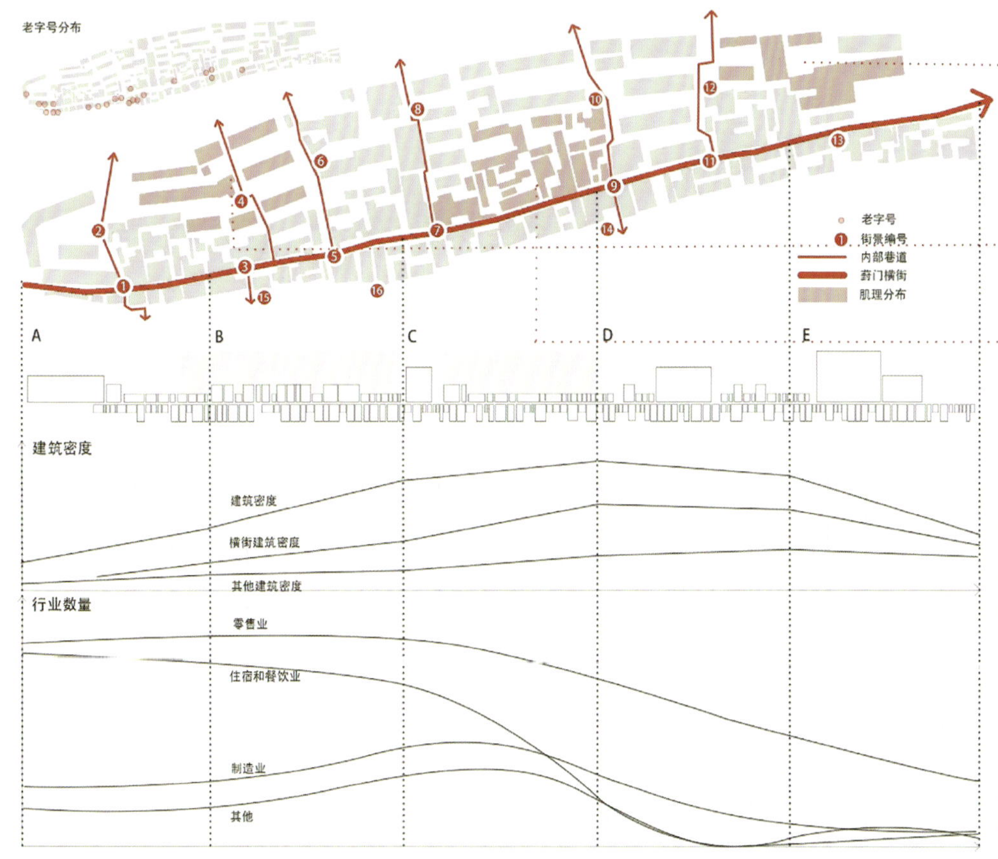

基地肌理

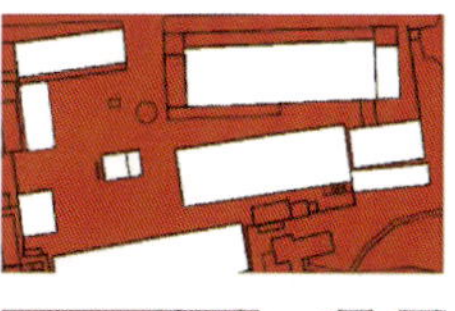

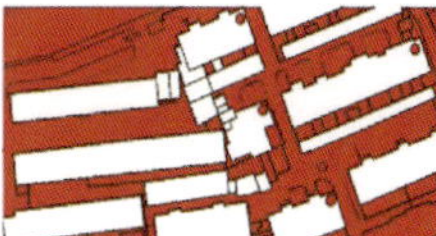

横街是农贸市场，主要售卖蔬果鱼肉类农副产品，还包括其他业态，如服装店、药店、饭店等，综合性较强，贩卖范围较广。将娱乐、餐饮和时尚融为一体的经营理念是许多娱乐场所取得成功的关键所在，葑门横街也具备了这几项元素，包括最低成本的生活方式和最从容的生活态度。

据调研统计，葑门横街共有 117 家店铺、64 种经营门类，其中与食品产业相关的店铺接近 70 家；食品产业中做水产售卖的店铺多达 18 家；售卖加工后熟食的店铺约 43 家。

批发和零售业在横街诸多业态中占主导地位，住宿和餐饮行业其次，但在 D、E 段占比明显减少。随着建筑密度的降低，各行各业店铺的数量都有所下降。

用地分类分析

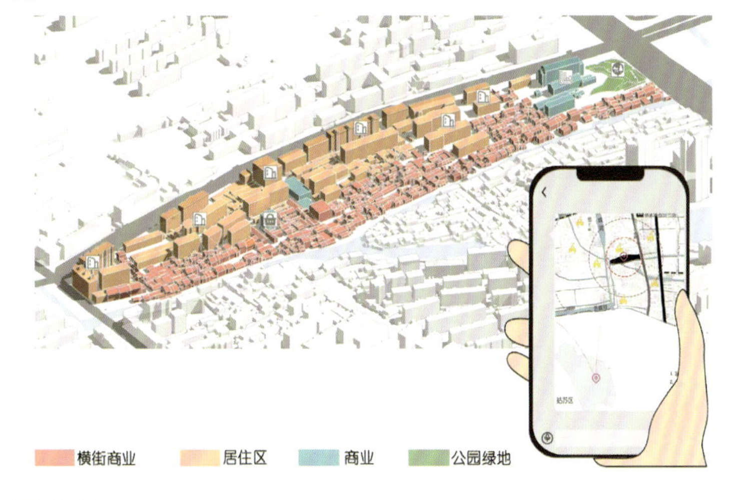

历史沿革分析

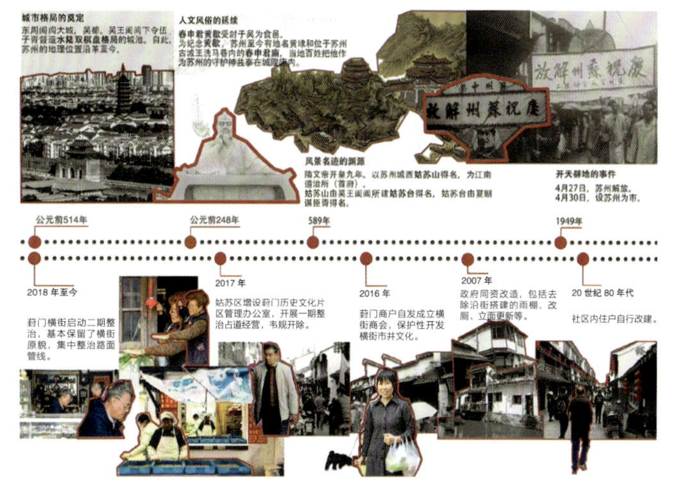

院落分析

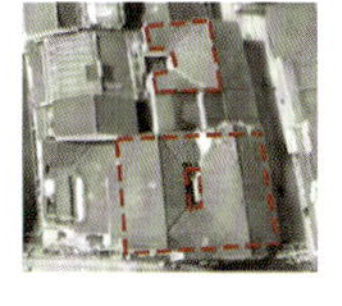

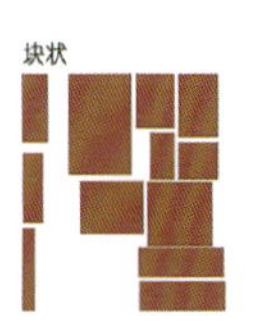

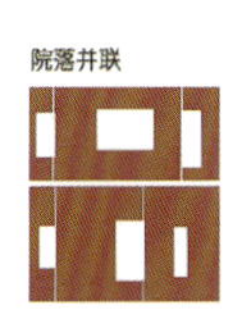

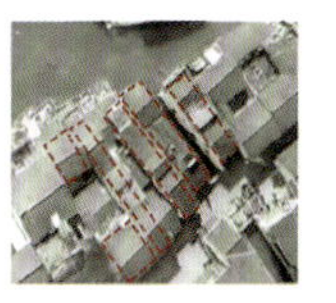

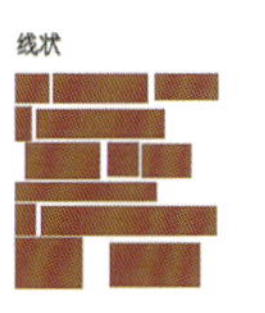

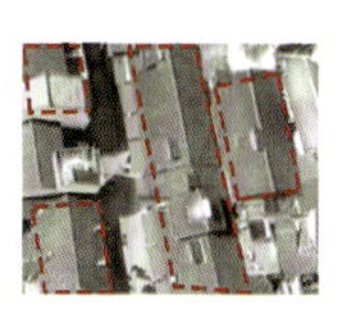

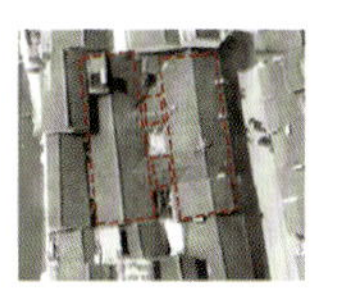

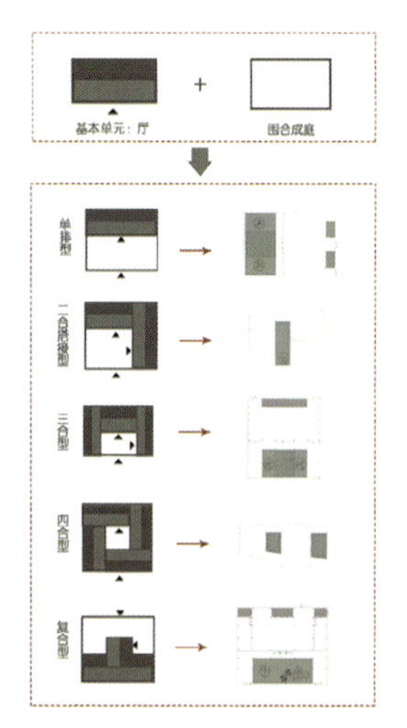

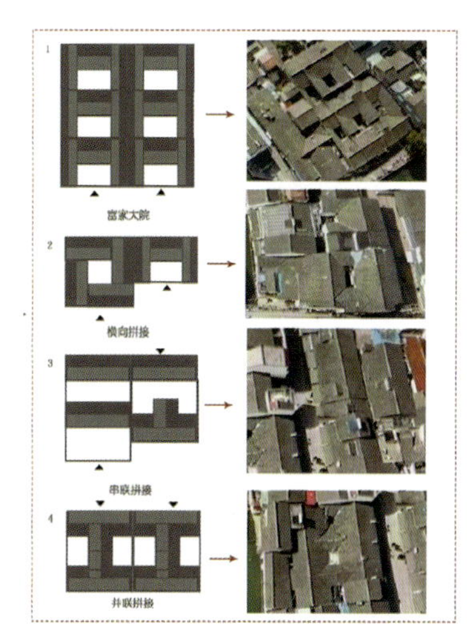

建筑意向提取

横街色彩分析

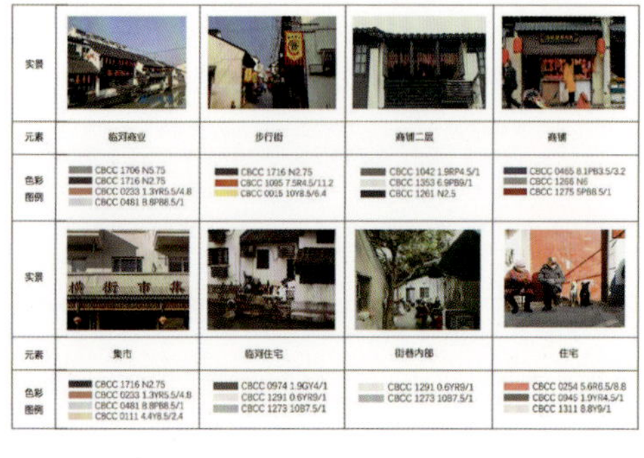

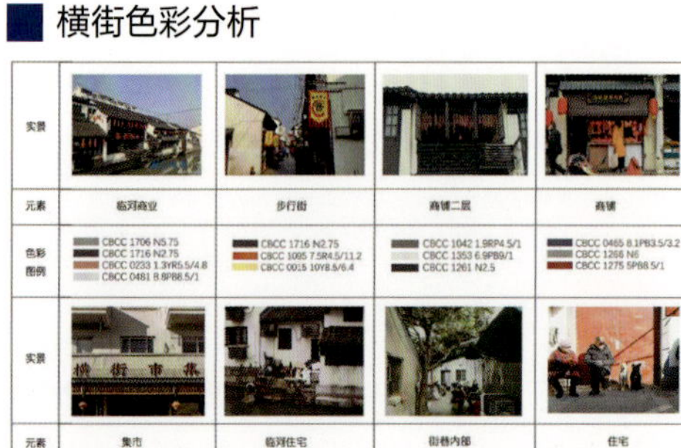

实景				
元素	临河商业	步行街	商铺二层	商铺
色彩图例	CBCC 1706 N5.75 CBCC 1716 N2.75 CBCC 0233 1.3YR5.5/4.8 CBCC 0481 8.8PB8.5/1	CBCC 1716 N2.75 CBCC 1095 7.5R4.5/11.2 CBCC 0015 10Y8.5/6.4	CBCC 1042 1.9RP4.5/1 CBCC 1353 6.9PB9/1 CBCC 1261 N2.5	CBCC 0465 8.1PB3.5/3.2 CBCC 1266 N6 CBCC 1275 5PB8.5/1
实景				
元素	集市	临河住宅	街巷内部	住宅
色彩图例	CBCC 1716 N2.75 CBCC 0233 1.3YR5.5/4.8 CBCC 0481 8.8PB8.5/1 CBCC 0111 4.4Y8.5/2.4	CBCC 0974 1.9GY4/1 CBCC 1291 0.6YR9/1 CBCC 1273 10B7.5/1	CBCC 1291 0.6YR9/1 CBCC 1273 10B7.5/1	CBCC 0254 5.6R6.5/8.8 CBCC 0945 1.9YR4.5/1 CBCC 1311 8.8Y9/1

交通及建筑分析

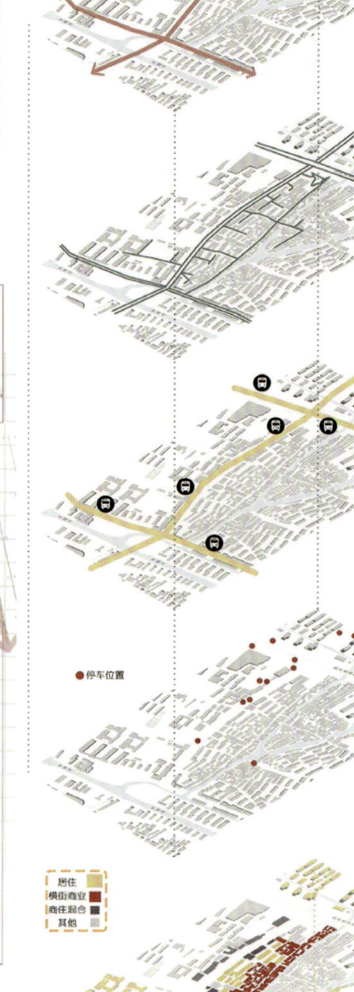

绿植分布

good
average
bad

建筑价值

建筑肌理

场地实景分析

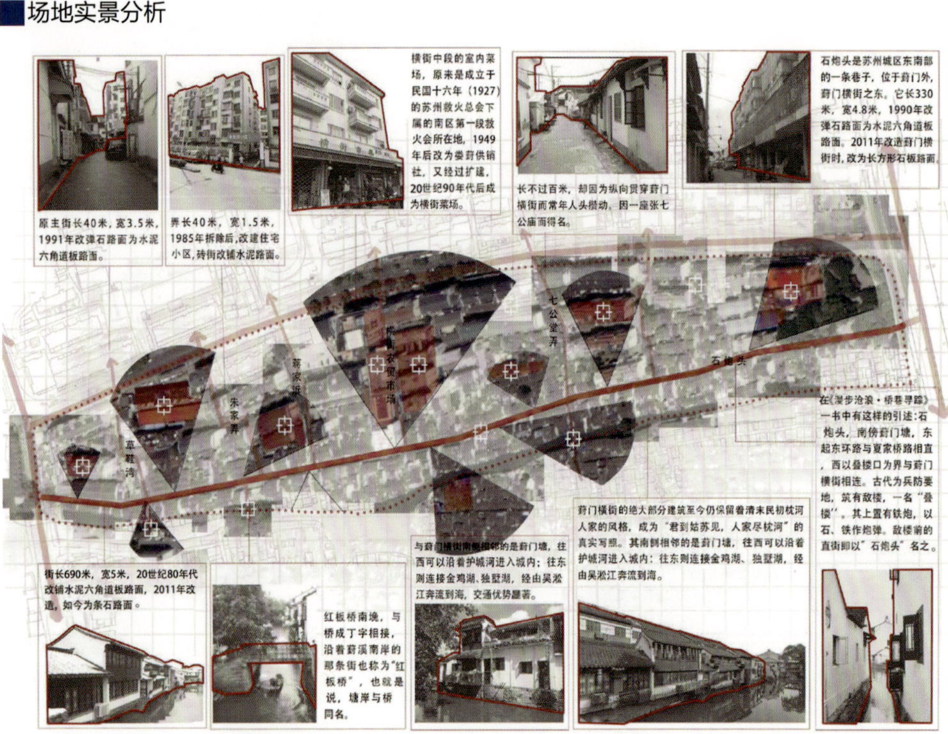

道路分析

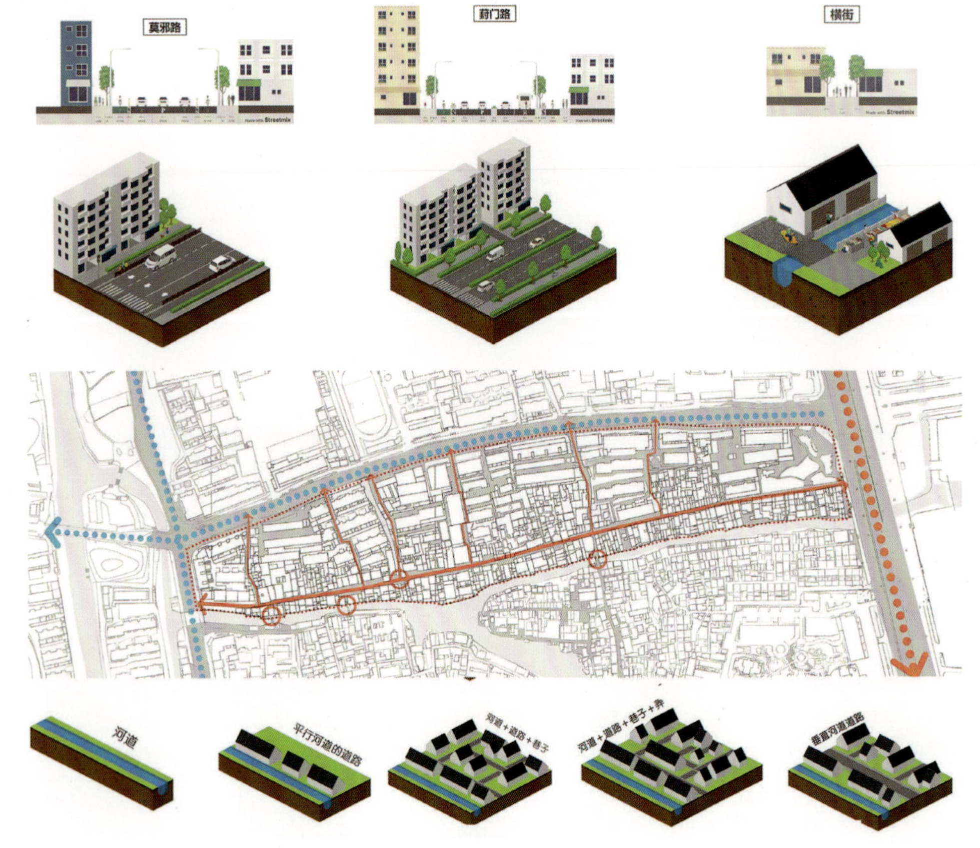

1.2 人群需求分析

商户、从业人员需求分析

1. 道路狭窄，交通不便
2. 业态分布不合理，水产鱼腥味太重
3. 设施老旧，存在安全隐患
4. 公共配套不足
5. 房屋老旧、隔音差
6. 廉租房较多，人员混杂
7. 缺少停车位

原住居民需求分析

1. 道路狭窄，摆摊空间不足
2. 移动商贩饱和
3. 缺少活动场地和娱乐设施
4. 缺少休憩空间
5. 缺少交通指示标志，有安全隐患
6. 商、住两用房生活品质差

青年群体、游客需求分析

1. 道路狭窄，游览体验差
2. 缺少社区服务组织
3. 旅游业发展滞后
4. 环境问题，河水污染严重
5. 巷弄错综复杂，没有秩序

1.3 场景分析

场景一

场景二

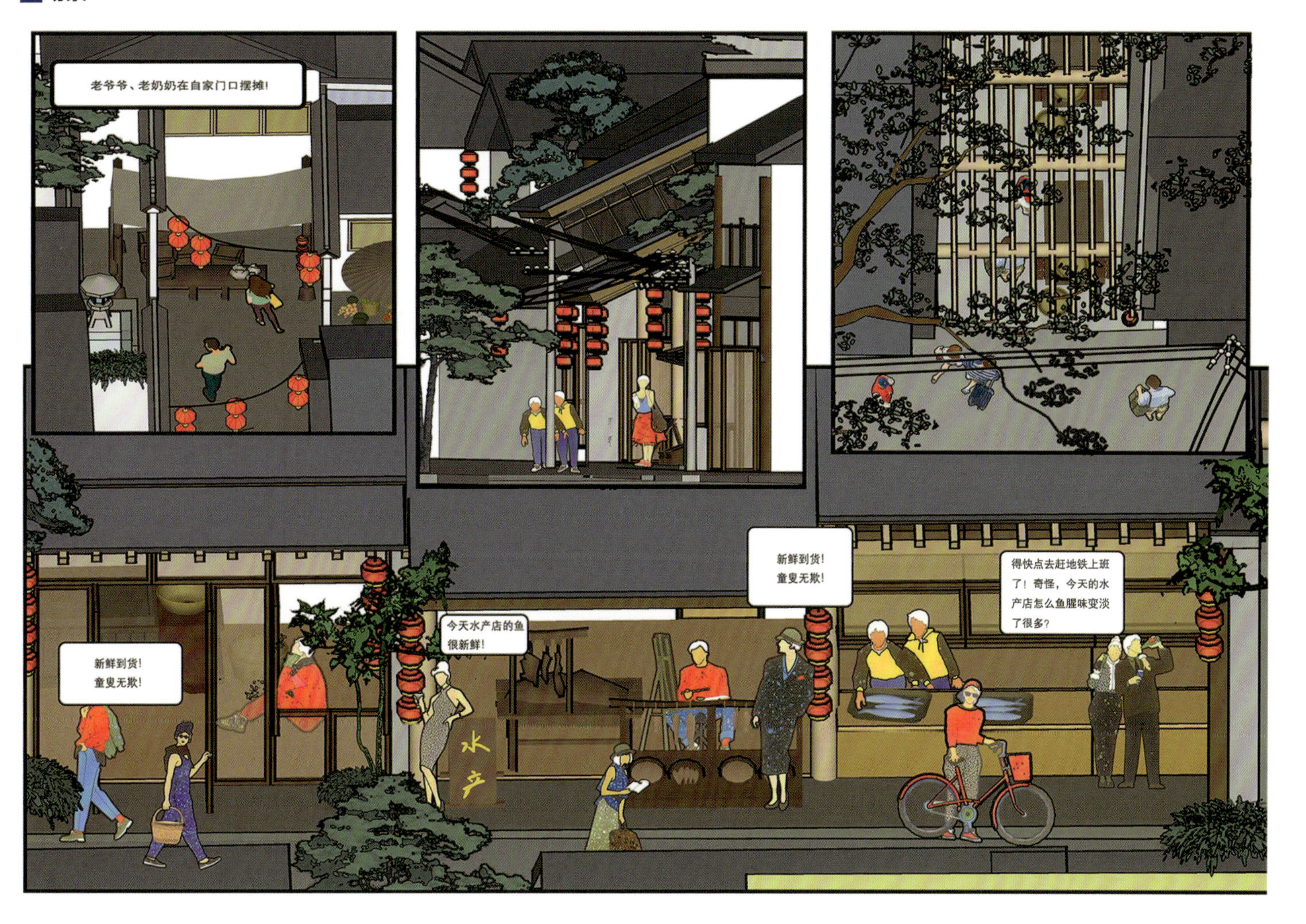
老爷爷、老奶奶在自家门口摆摊!
新鲜到货!
童叟无欺!
今天水产店的鱼很新鲜!
水产
新鲜到货!
童叟无欺!
得快点去赶地铁上班了！奇怪，今天的水产店怎么鱼腥味变淡了很多?

场景三

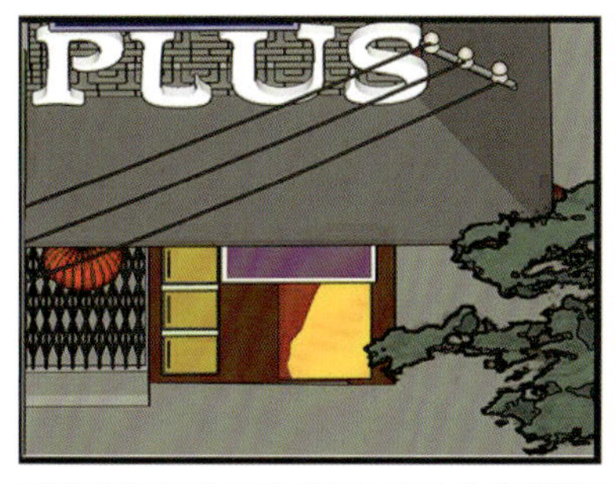
PLUS

菜市场货品种类丰富，店里面的装潢也很新颖，想不到菜市场也可以做到雅俗共赏!

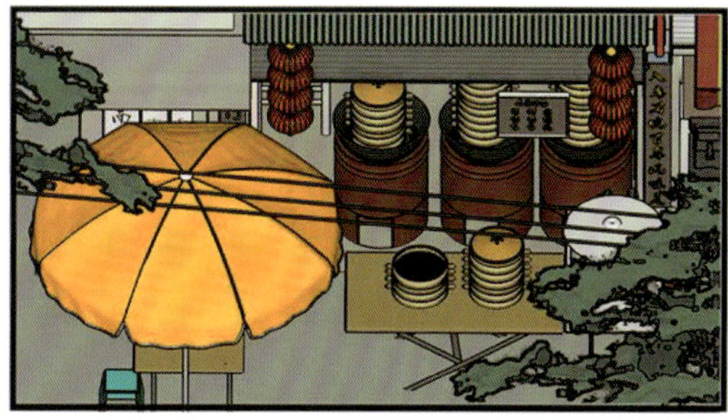

童叟无欺!
童叟无欺!
新鲜到货!
我想吃!

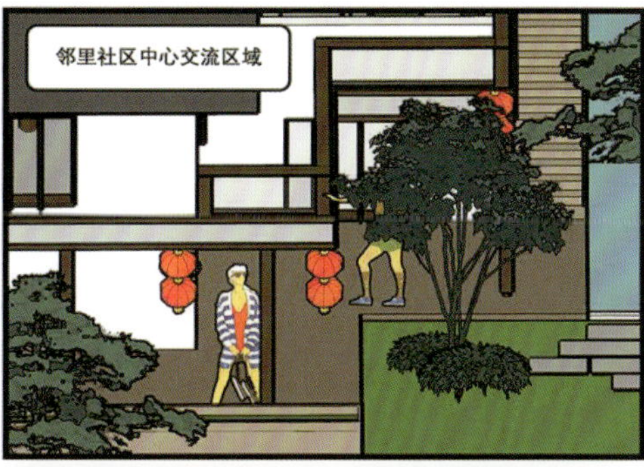
邻里社区中心交流区域

俯瞰到的横街!

逛菜市场!
还有礼品装的酱菜，可以给亲朋好友邮寄一点。
逛菜市场!
逛菜市场!

■场景四

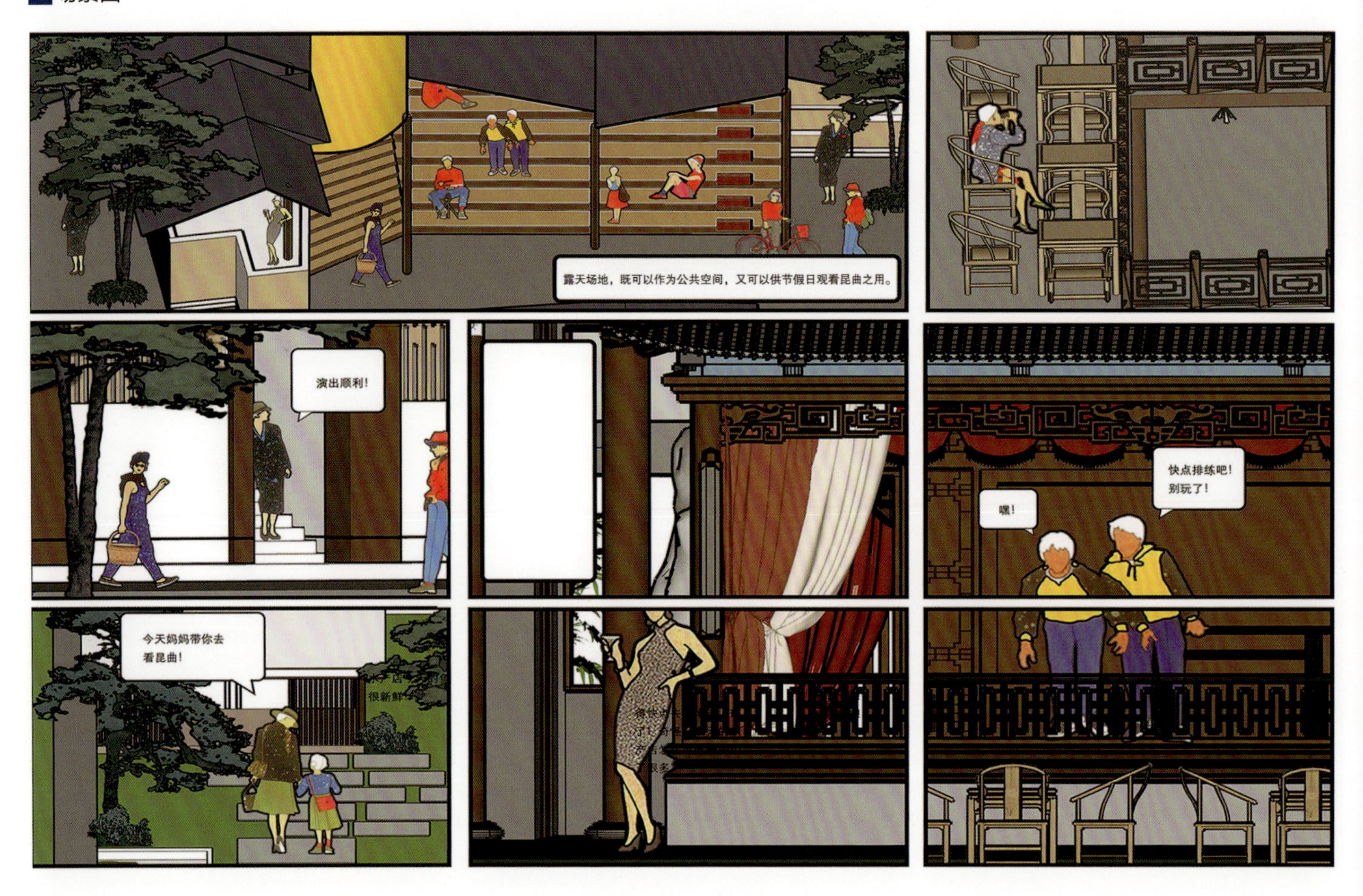

露天场地，既可以作为公共空间，又可以供节假日观看昆曲之用。
演出顺利！
嘿！
快点排练吧！别玩了！
今天妈妈带你去看昆曲！
很新鲜

■场景五

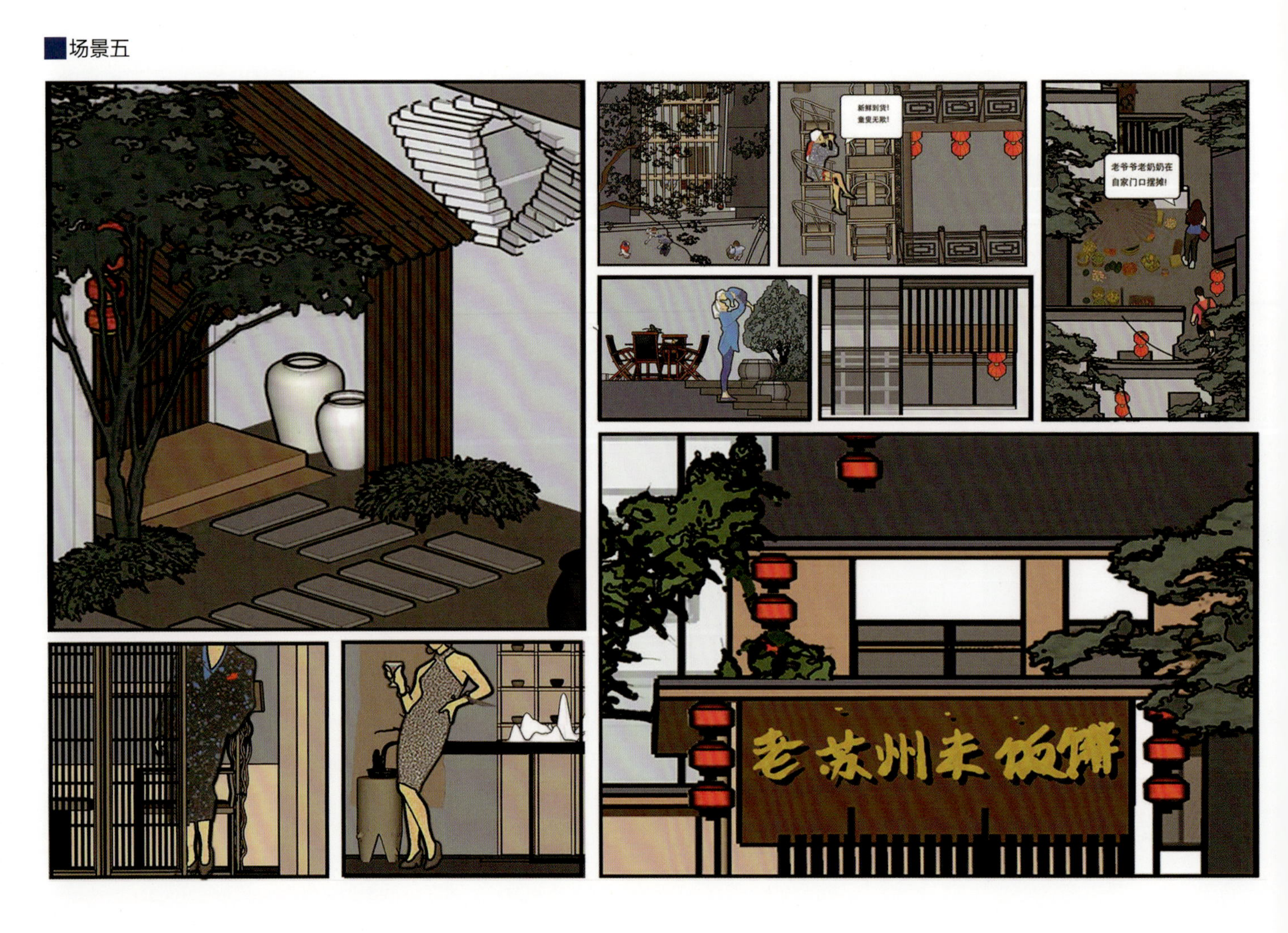

新鲜到货！童叟无欺！
老爷爷老奶奶在自家门口摆摊！
老苏州米饭馆

1.4 五感策略

生活在城市中，在街道上乃至空间中所感知到的气味信息不单单是一种嗅觉认知，更是一种思想和心理状态。

这便是气味与城市密切联系作用的结果，它会使城市体验融入每个人自身的感受。总的来说，不恰当的城市功能布局会给人们带来大量消极的嗅觉感知体验，而这些消极的嗅觉感知所涉及的范围又非常广，小到街道、场地，大到区域、城市，都会对城市中人们的日常生活造成严重的影响。

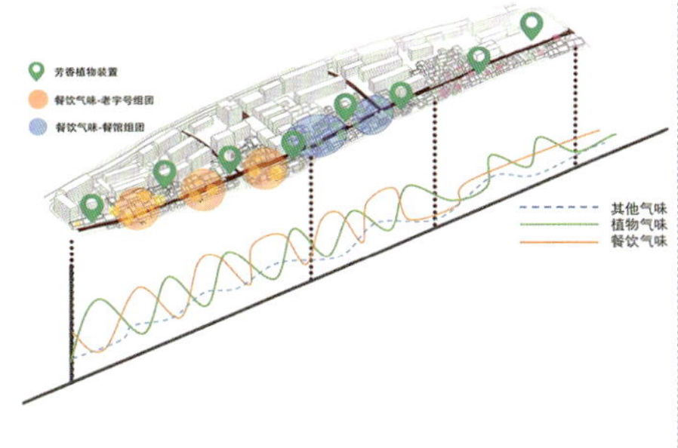

城市中的一些味觉感知通常会被人们所忽略，然而这些容易被人们所忽略的感知往往会对人们的城市感官体验产生很大程度的影响。在城市设计时，特别是在设计旧城改造中的一些历史文化和商业街区时，设计师不仅要做好功能布局的路线，激发人们的游览兴趣，还要做好较为吸引人的软质或硬质景观，来增强参观者的味蕾感受。

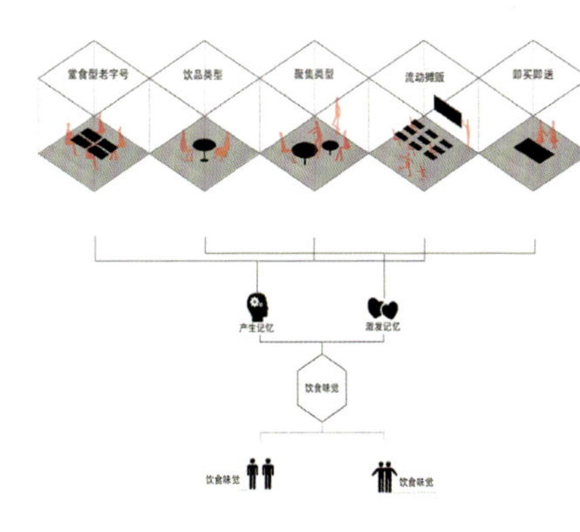

不同城市尺度的声音给人们带来的心理感受是不一样的：有的帮人定位、引导方向；有的让人熟悉，使人愉悦；还有的让人恐慌，使人惴惴不安——这些实际的心理感受都是声音直接作用于人们的听觉感知所带来的结果，无论是大尺度的声音还是场地尺度的声音，相信设计师的初衷都是希望在城市中营造空间时避免出现令人不悦的噪声环境，而烘托出让人愉悦、惬意、熟悉的气氛，因此本节将以大尺度的声音——自然之声、场地尺度的声音——人工之声、和需要转化和避免的声音——噪声这三个方面作为切入点展开设计。

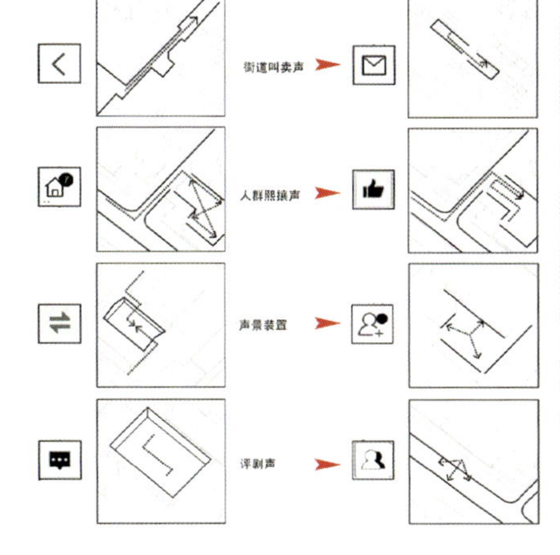

可以把当代城市与建筑人性淡薄的原因理解为对身体与感觉的忽视。从文艺复兴时期到现在，视觉在五感中一直扮演着主导者的角色，随着建筑技术的发展，视觉也愈发变成了商品，城市、空间、场景等都被转变为大量的视觉图像。友人深省的是，正是技术上最先进的设施引发了这种疏远与分离的感受，眼睛的统治和对其他感官的压制使我们感到分离、孤独与置身事外。

在城市设计和建筑空间营造中，人们通过触觉去保护自身安全，并通过触觉去分辨事物的趣味强弱。然而我们的触觉感知能够作用的距离非常有限，不像视觉、听觉和嗅觉感知能远距离发挥作用，所以在城市设计中一套合理、适用的触觉设计原则就显得至关重要，它可以在设计初期就预见触觉发生的安全性、适合性、生态性等，让人们在享受城市优质空间的同时，以触觉感知来优化日常生活。

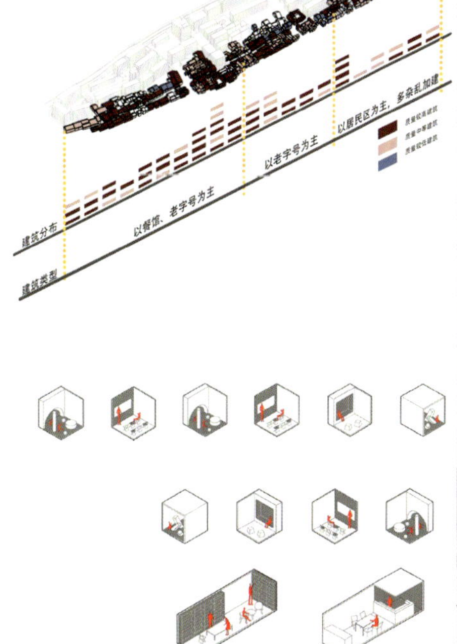

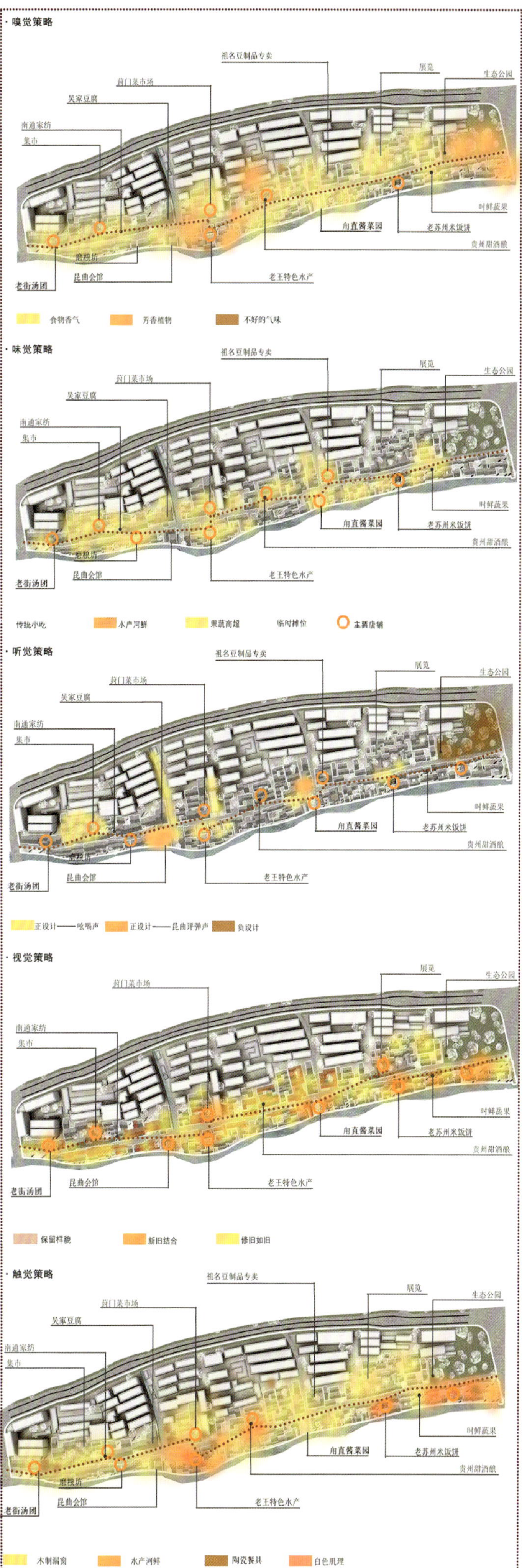

1.5 城市规划结构

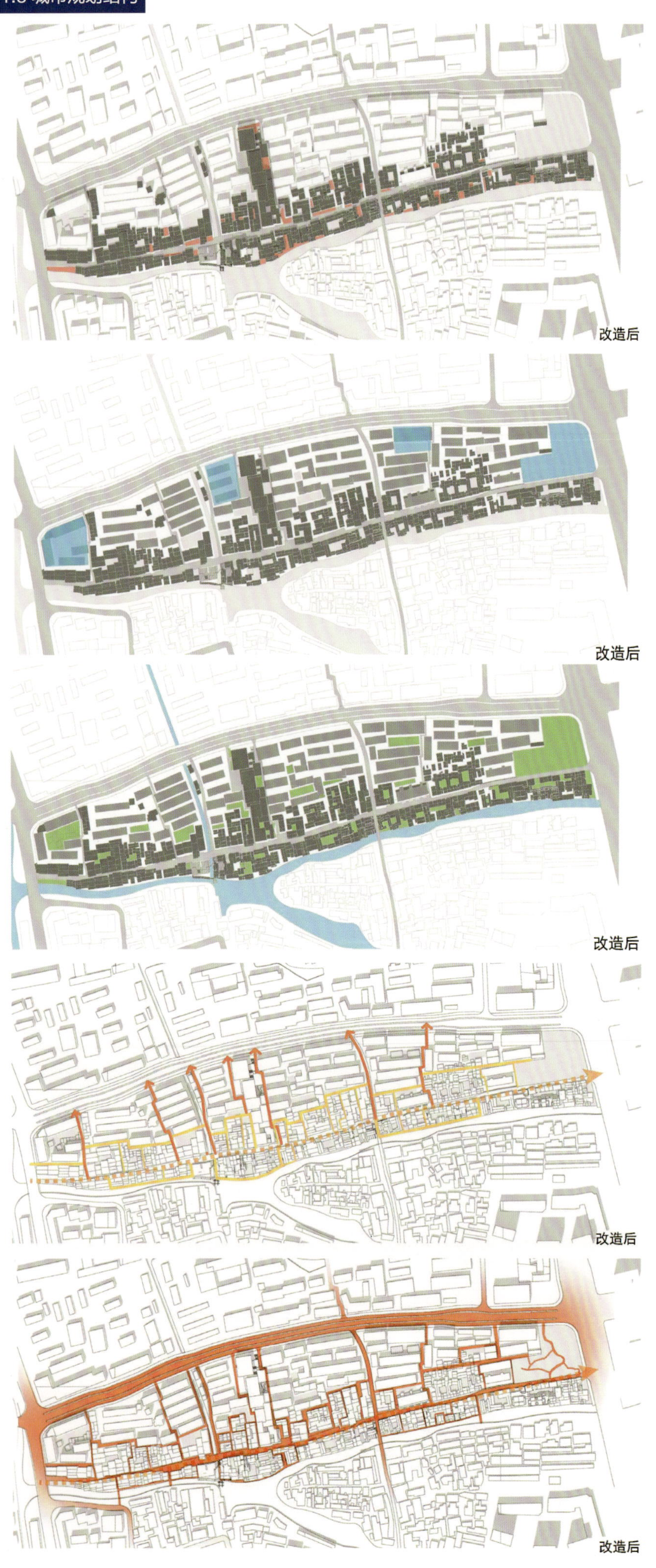

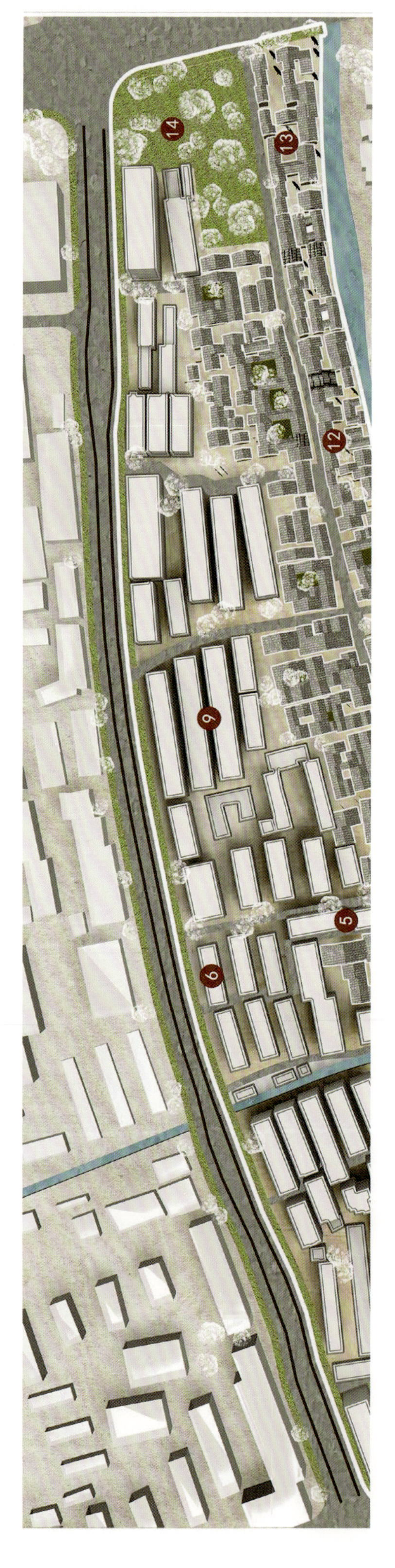

1.6 总平面图

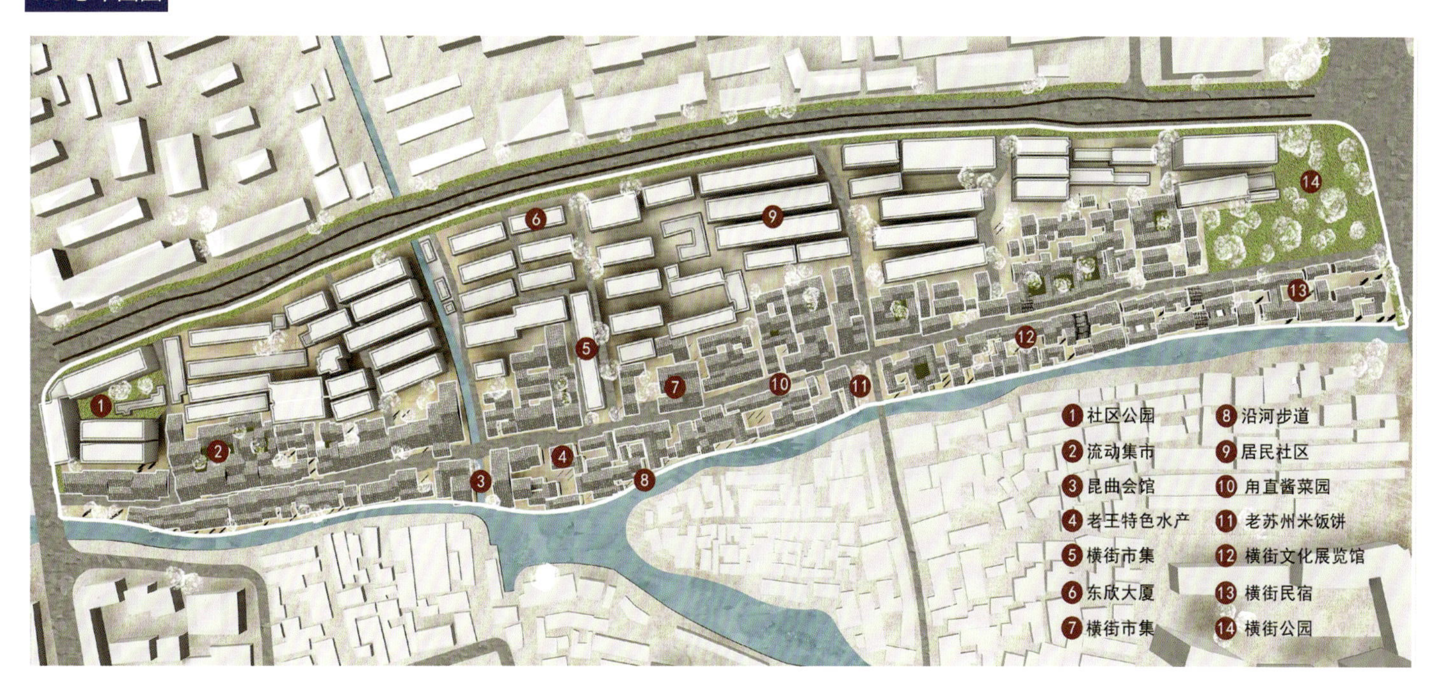

1.7 鸟瞰图

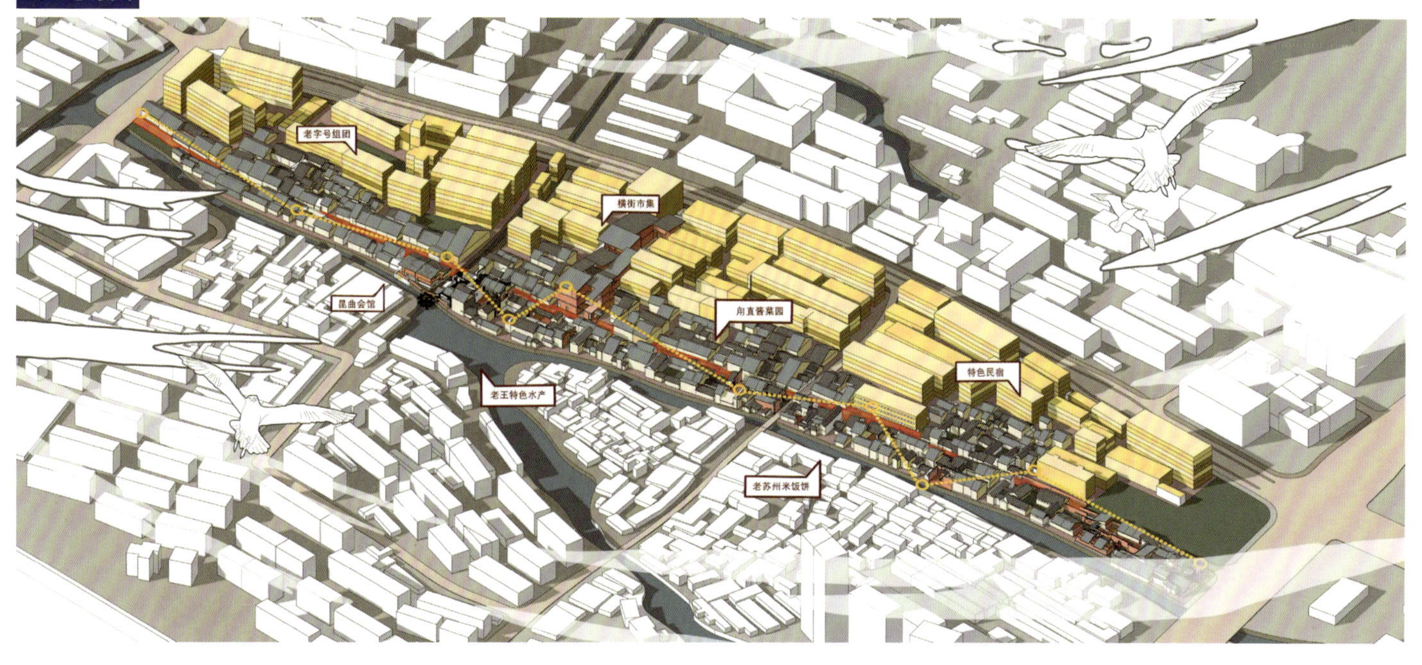

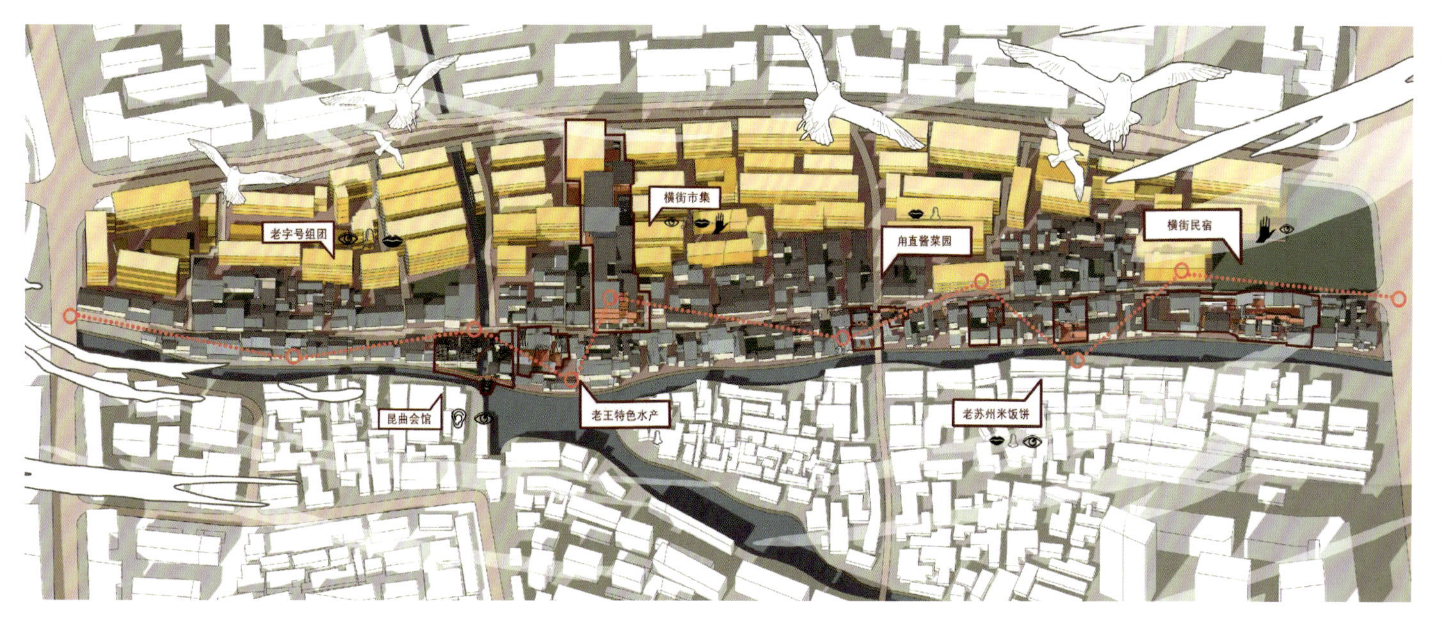

民宿设计

鸟瞰图

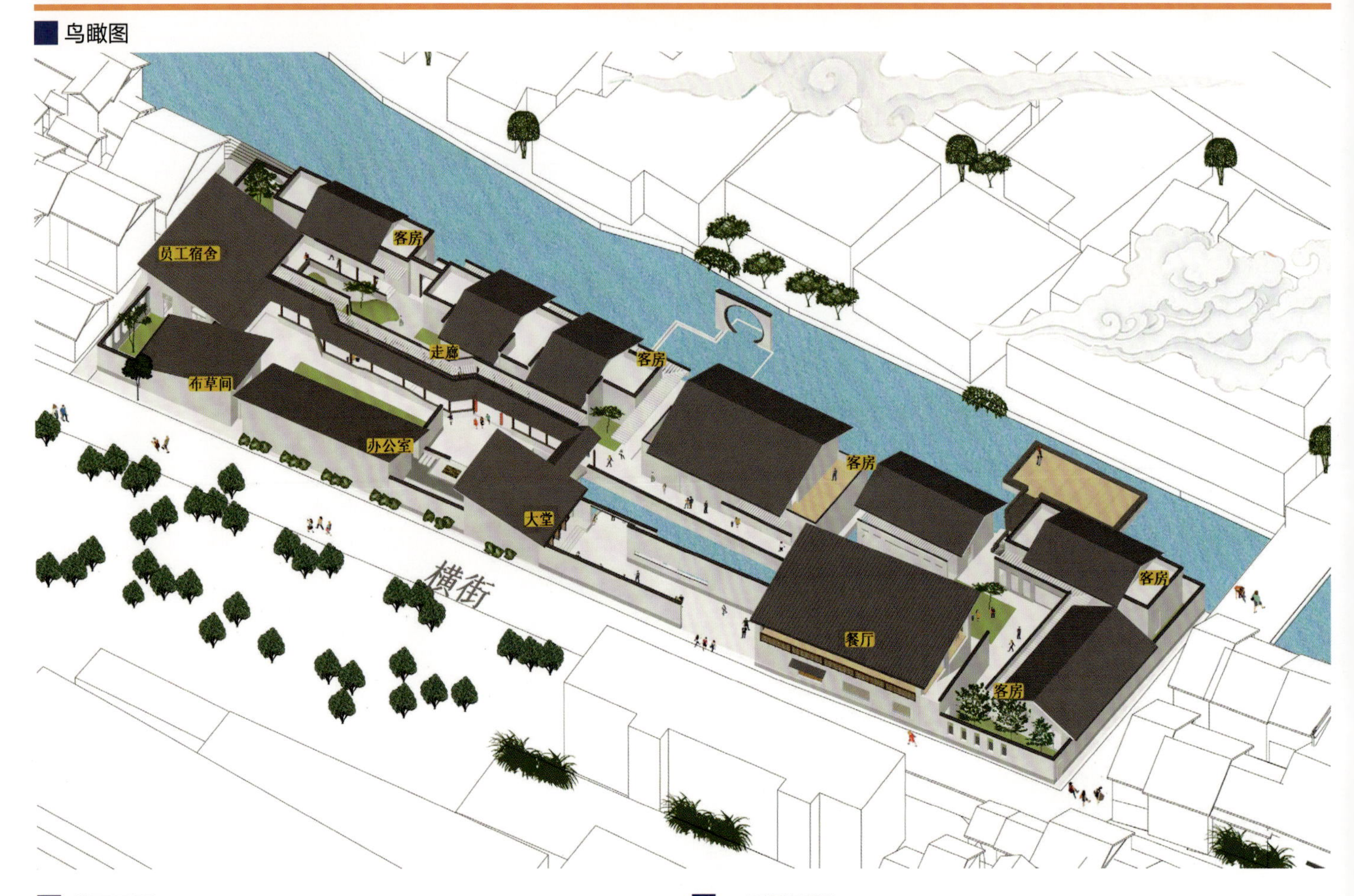

总平面图

一层平面图

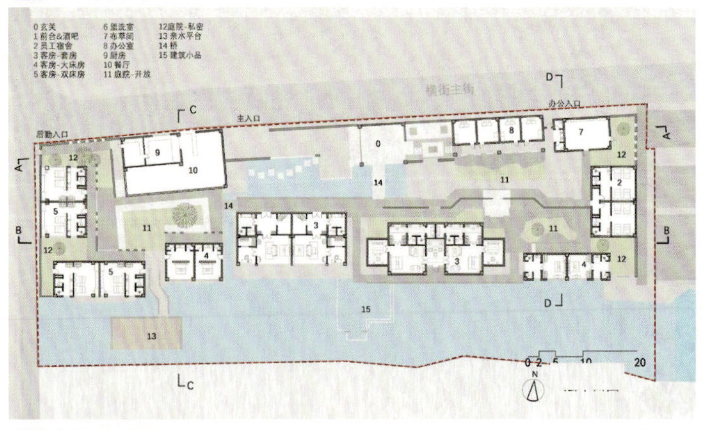

二层平面图

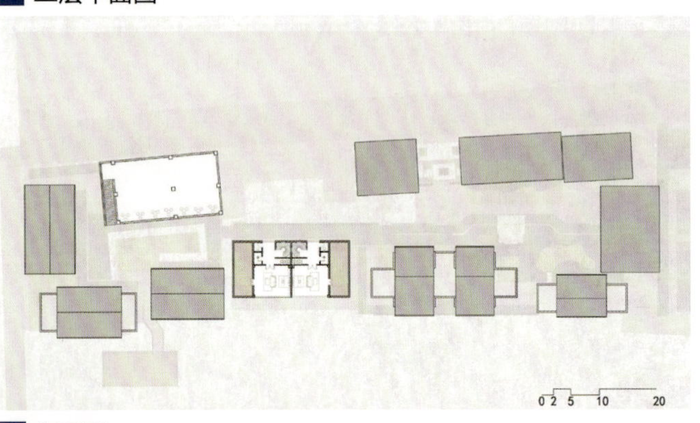

三层平面图

立面图

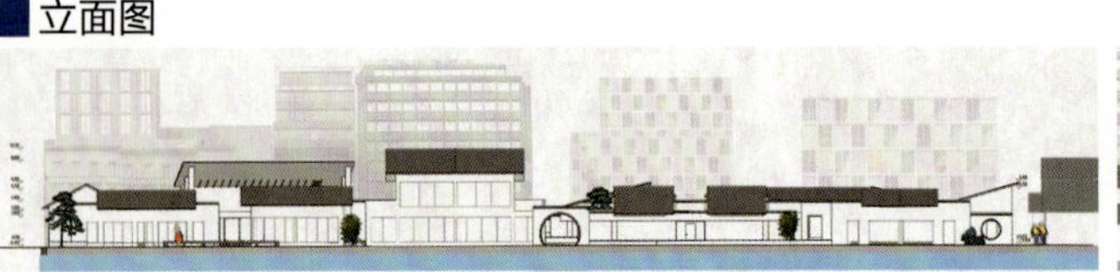

老字号改造

效果图 1

总平面图

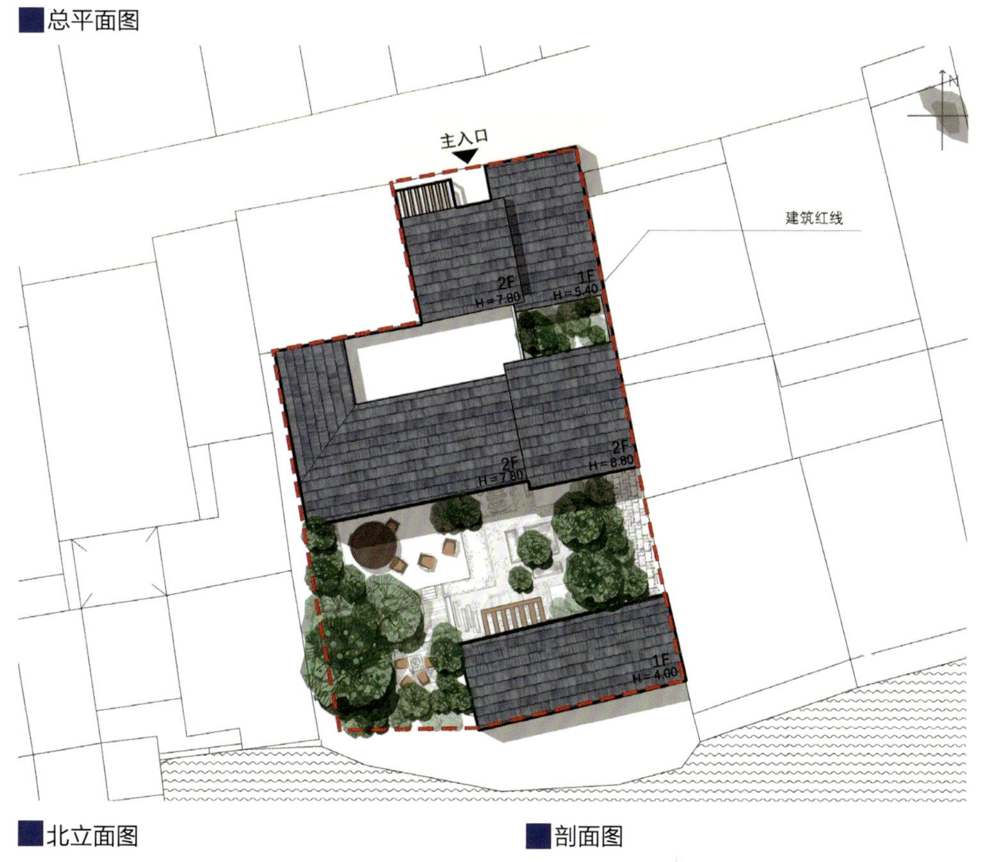

一层平面图

二层平面图

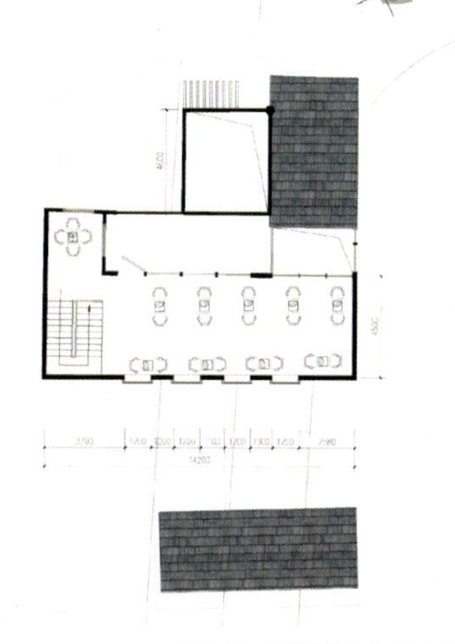

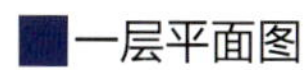

北立面图

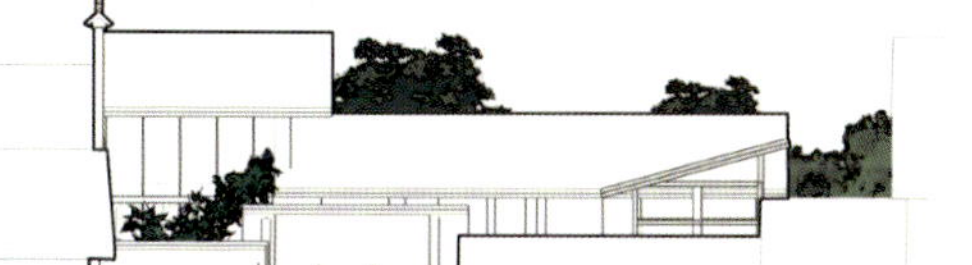

剖面图

效果图 2

总平面图

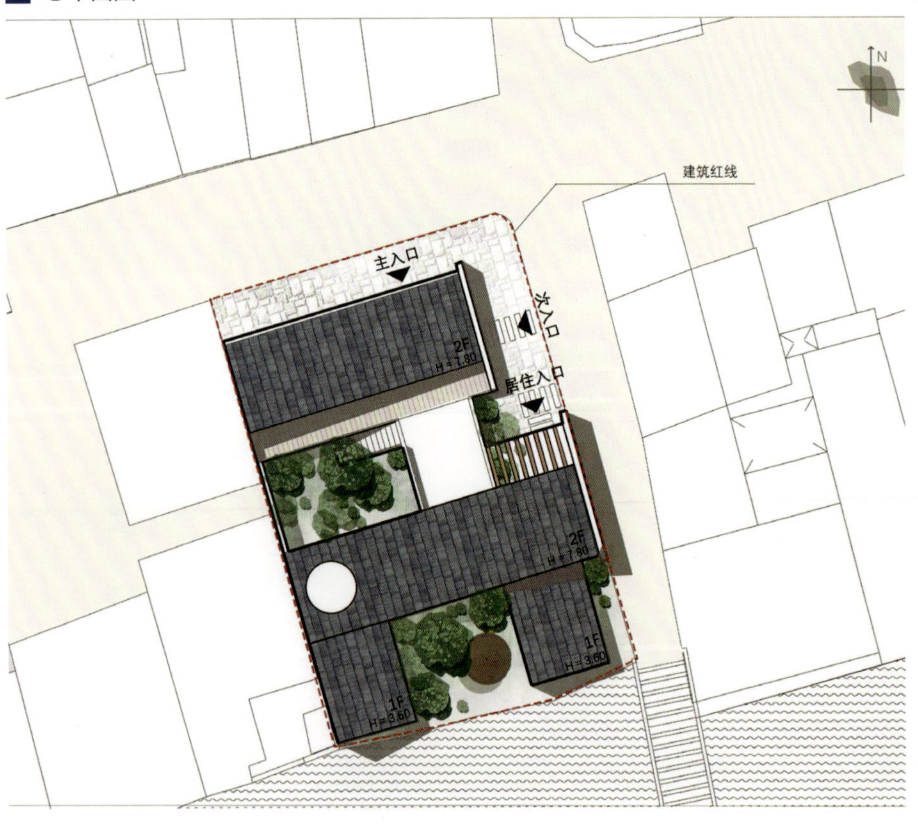

一层平面图

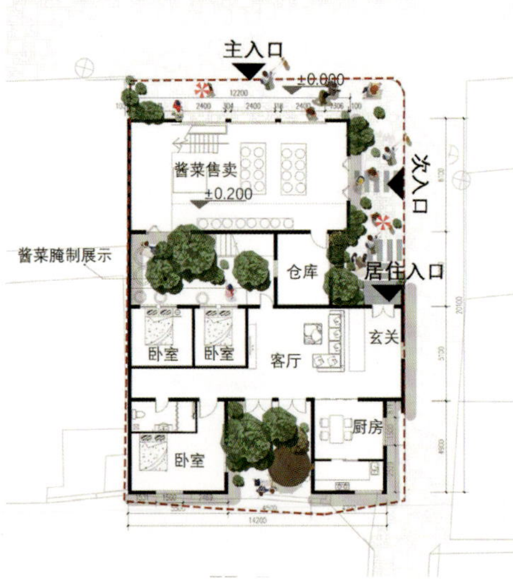

二层平面图

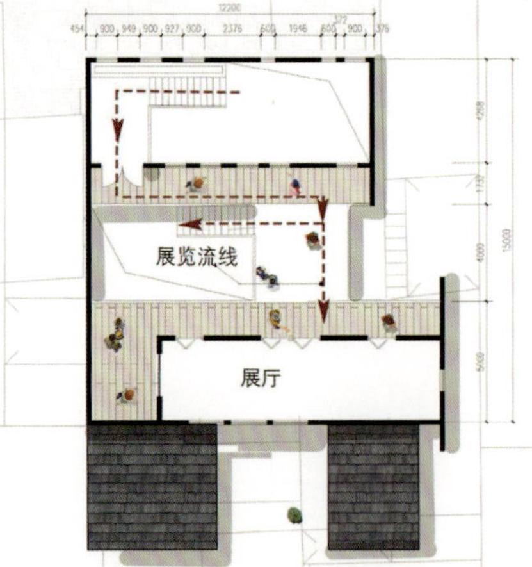

北立面图

剖面图

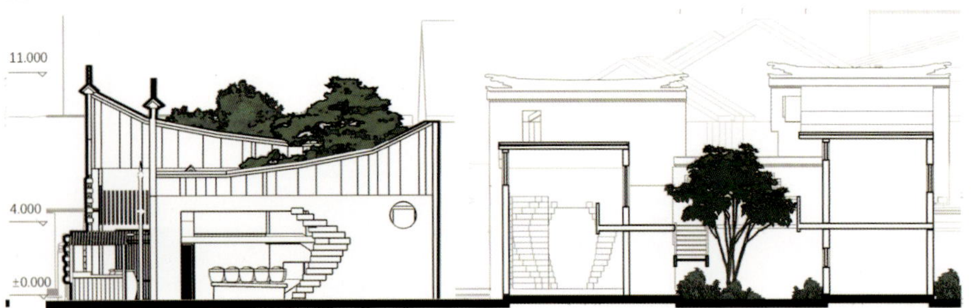

效果图 3

总平面图

一层平面图

北立面图

剖面图

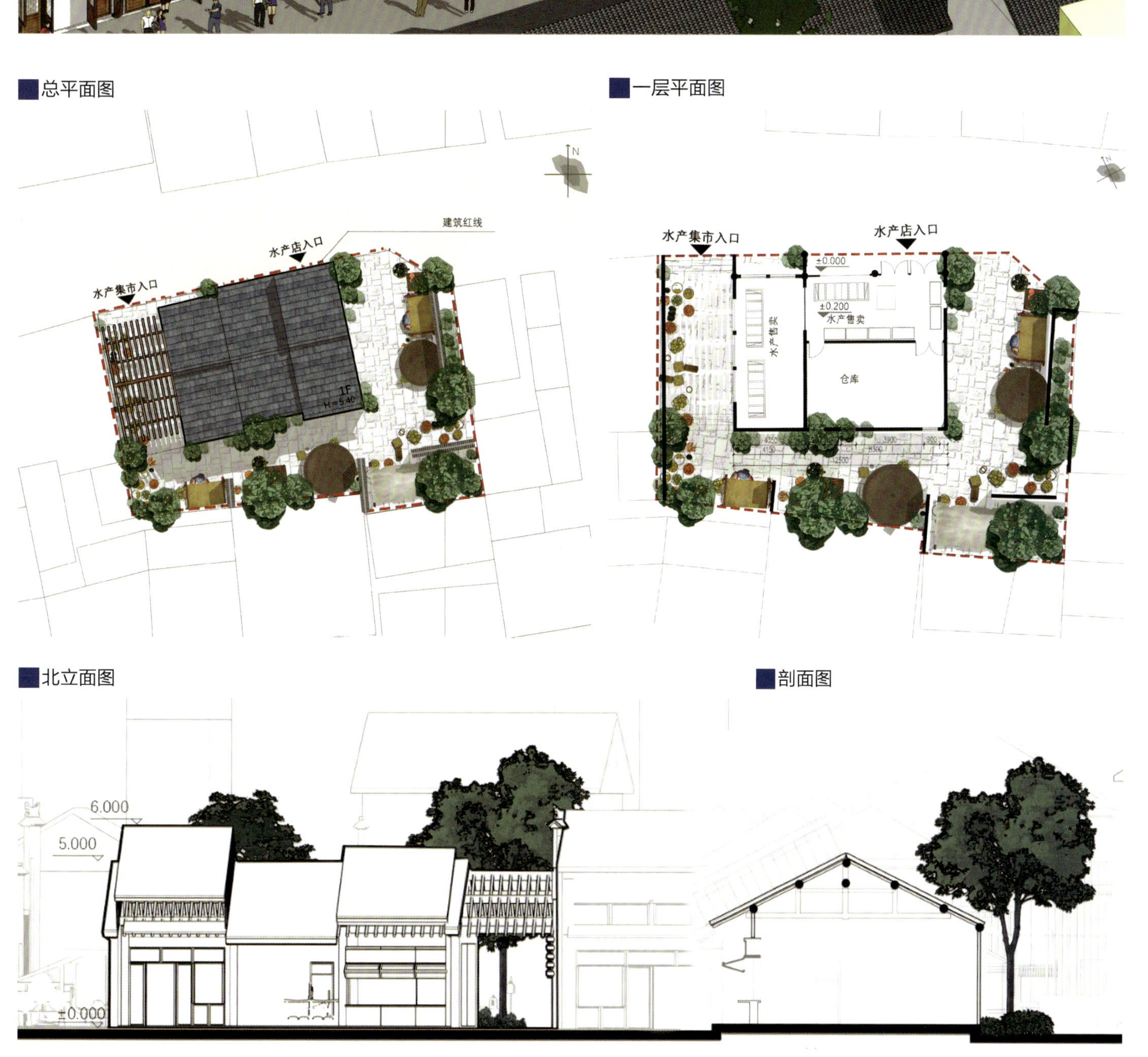

菜市场改造

效果图

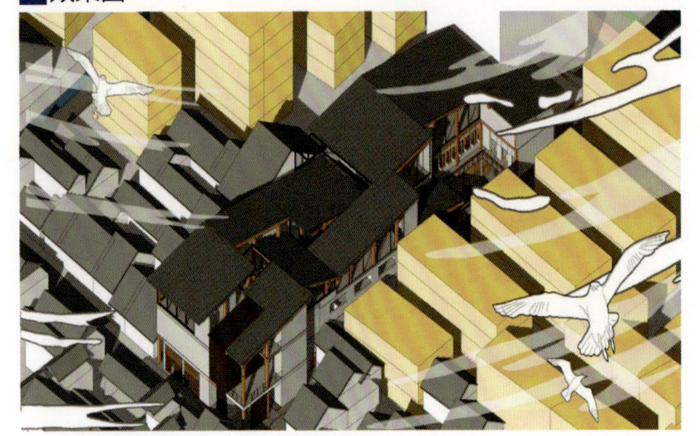

基地分析

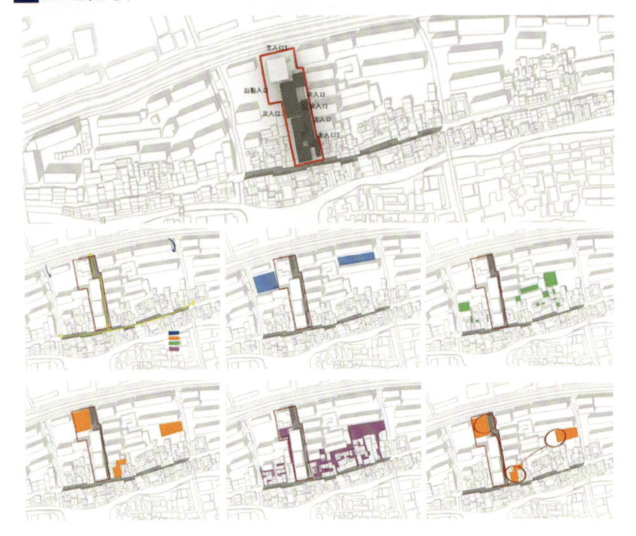

水平流线分析

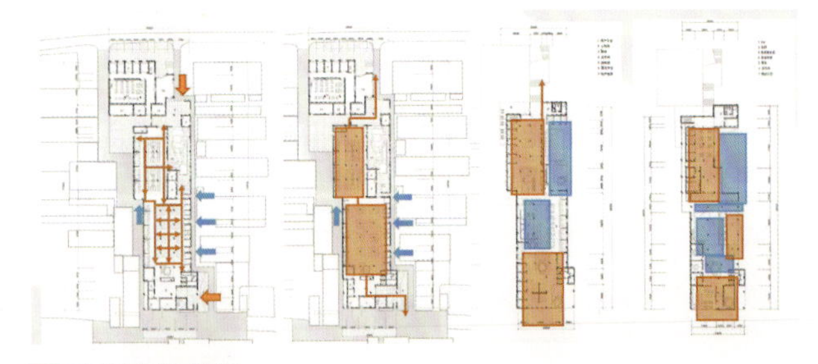

结构及功能展示

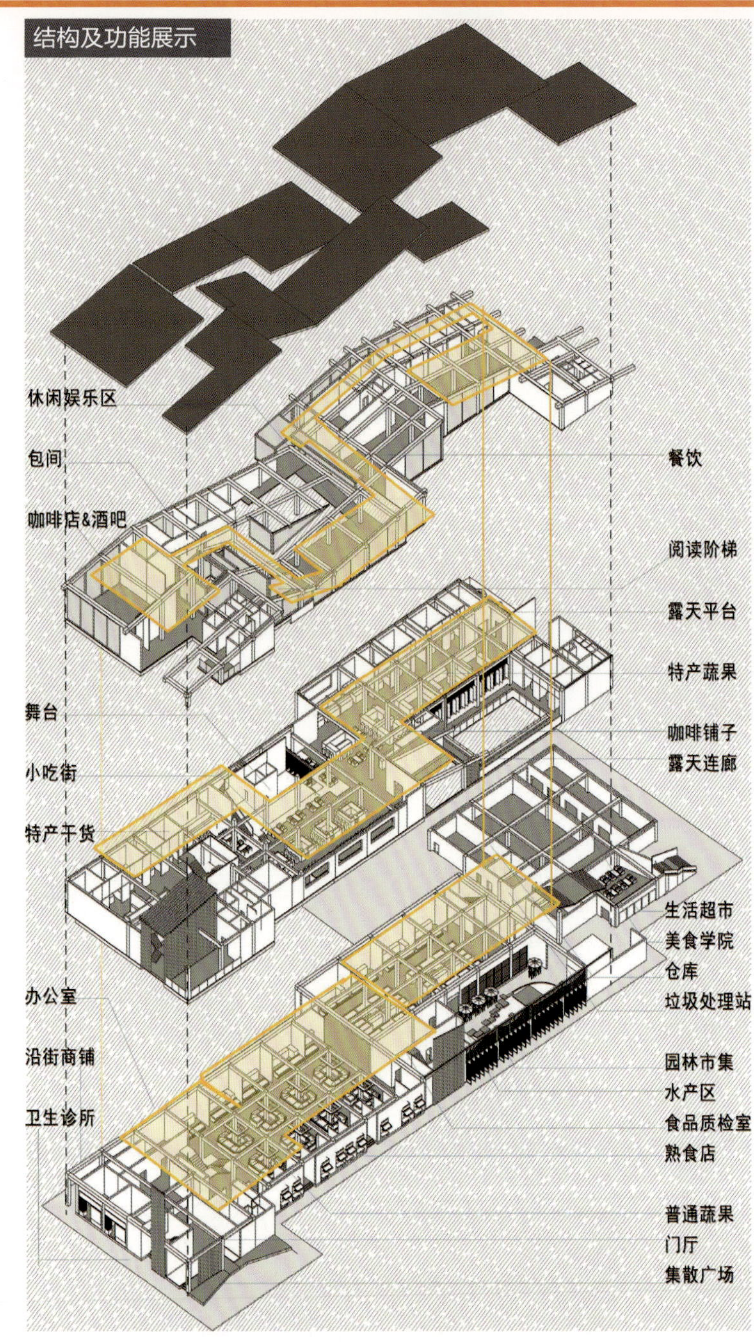

垂直流线分析

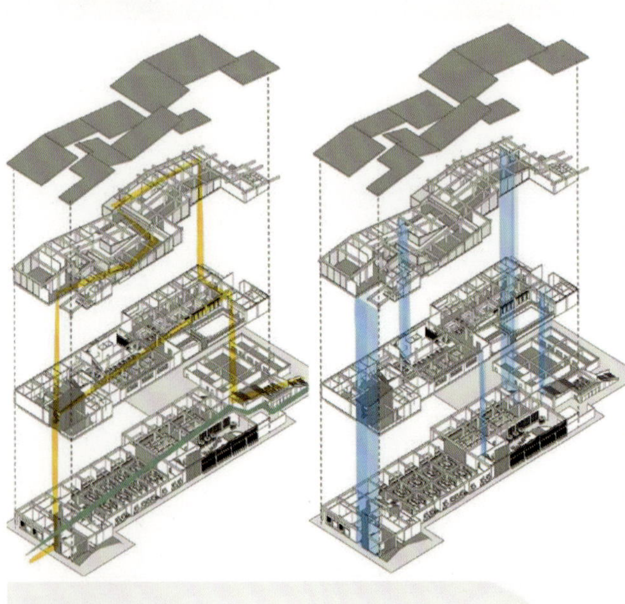

垂直流线：整个农贸设置5个主要垂直交通核，确保每25米半径范围内能有一个垂直疏散空间。北侧设置大阶梯与农贸市场二层相连，经由阶梯中的平台可以直接进入东欣大厦二层办公区域。同时，南侧还设有直梯，方便无障碍通行。

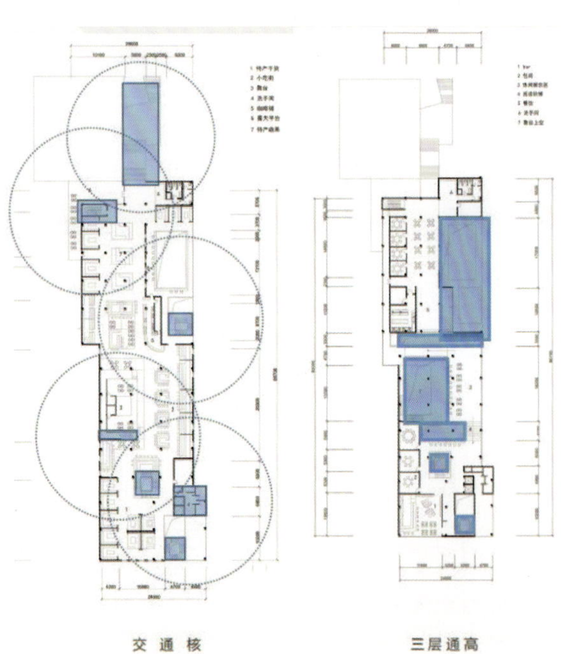

一层平面图

1 卫生诊所
2 沿街商铺
3 办公室
4 集散广场
5 门厅
6 普通蔬果
7 熟食店
8 水产区
9 食品质检室
10 小市集
11 仓库
12 垃圾处理站
13 美食学院
14 生活超市

空间展示

一层空间

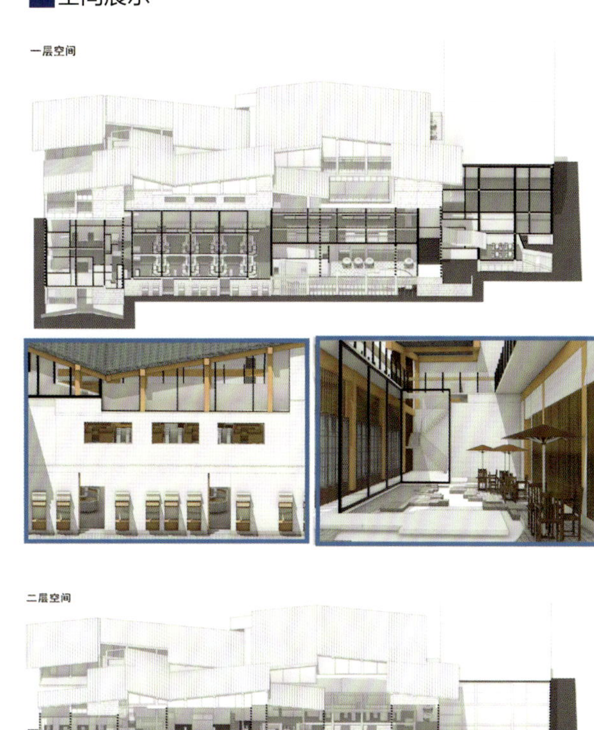

二层空间

三层空间

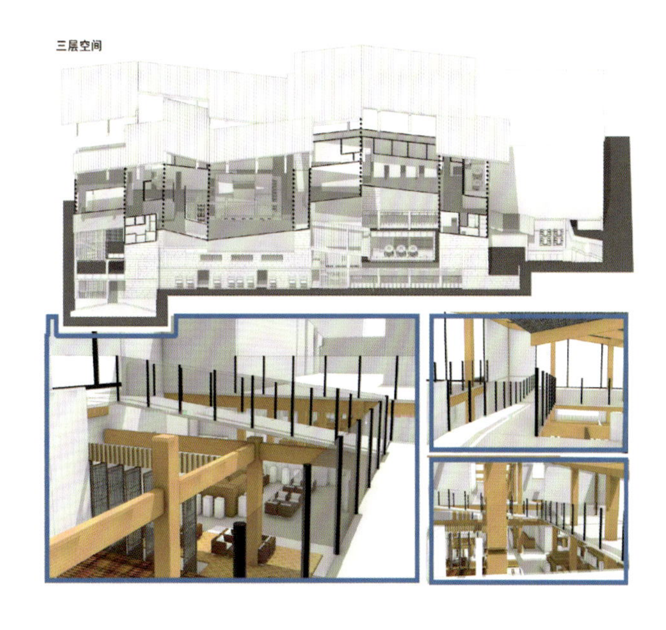

二层平面图

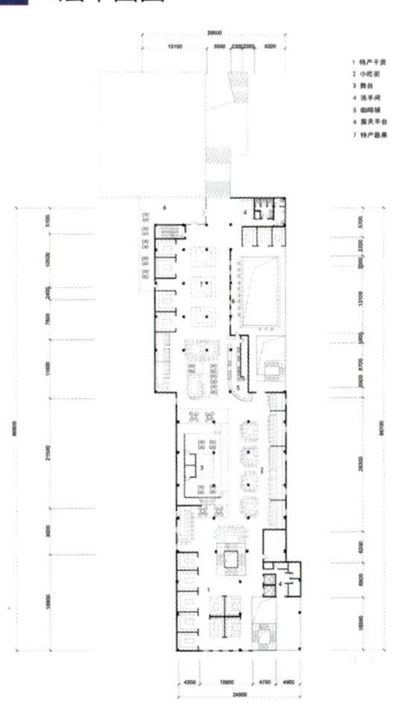

三层平面图

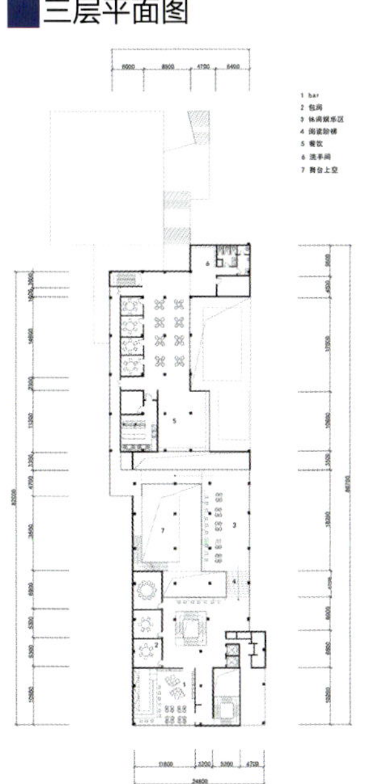

剖、立面图

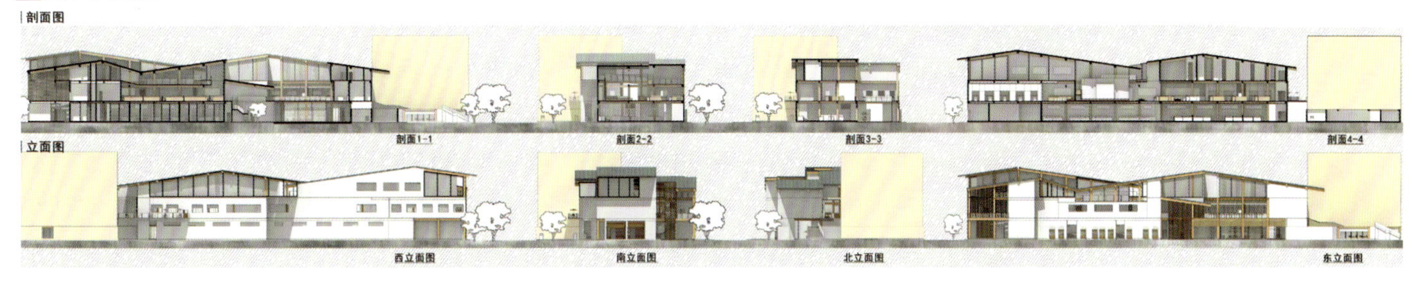

昆曲会所设计

效果图

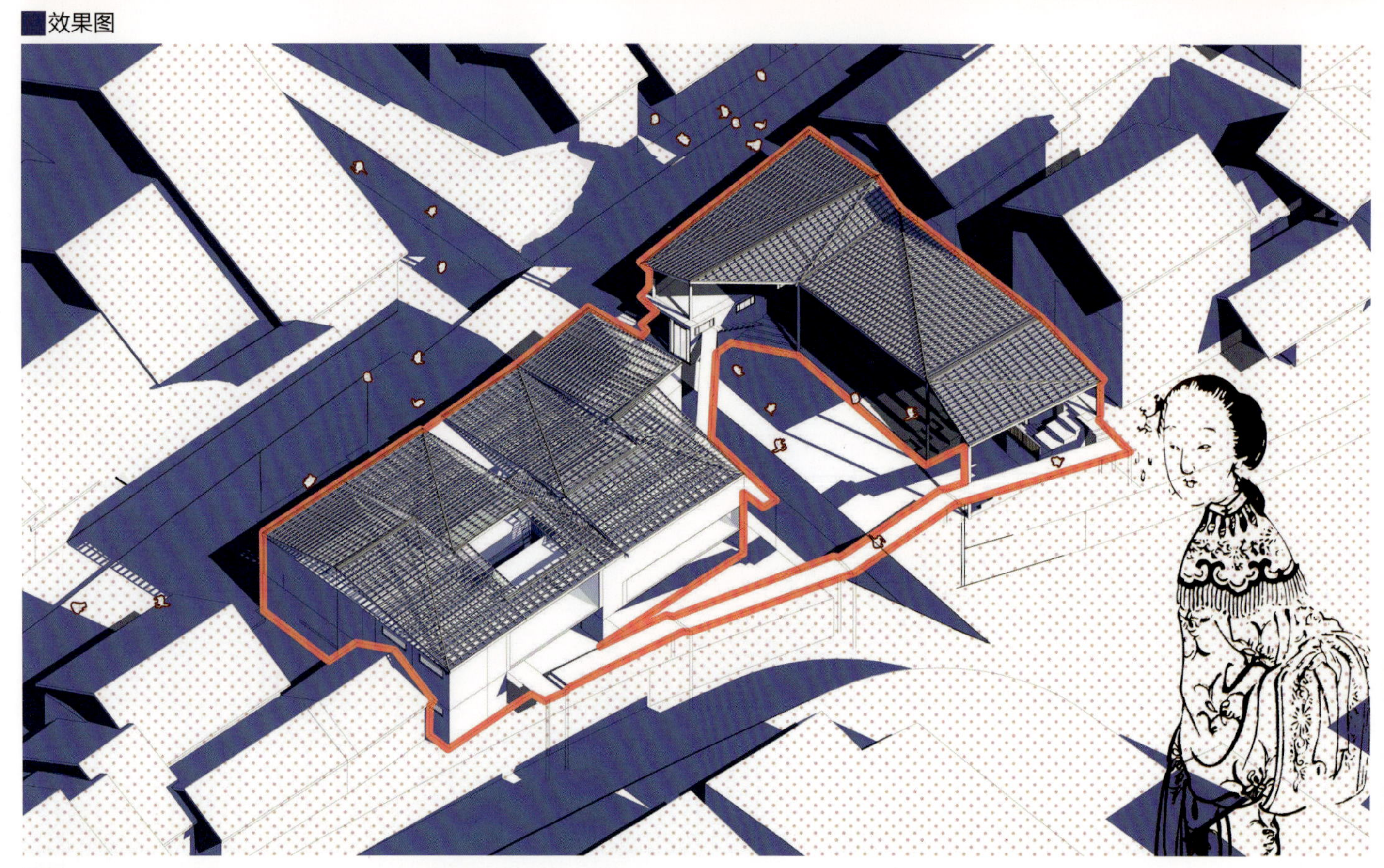

总平面图

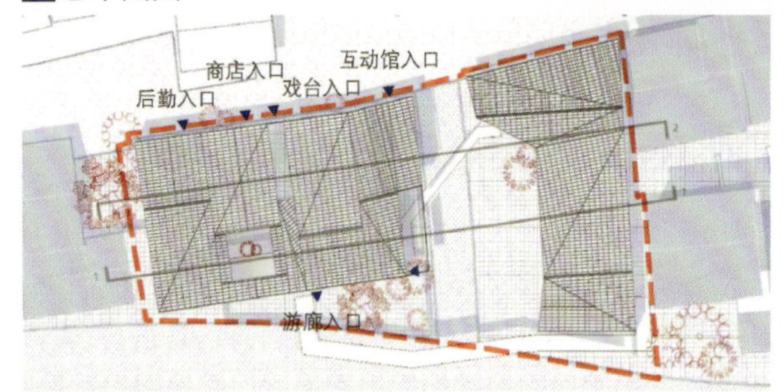

一层面图

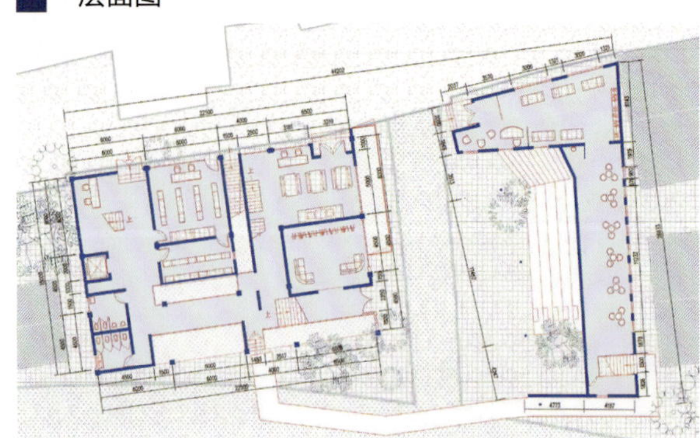

二层面图

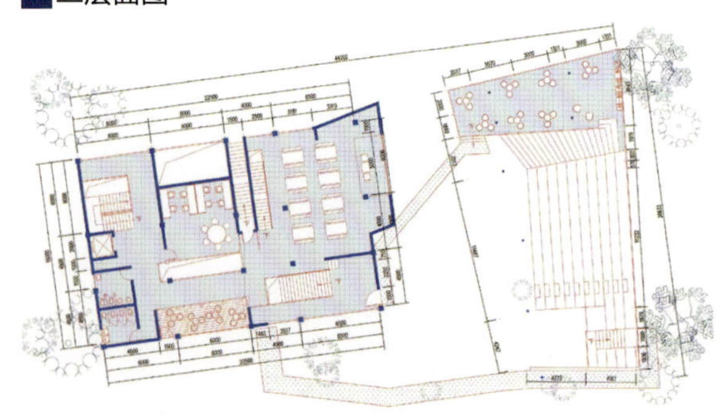

南立面图

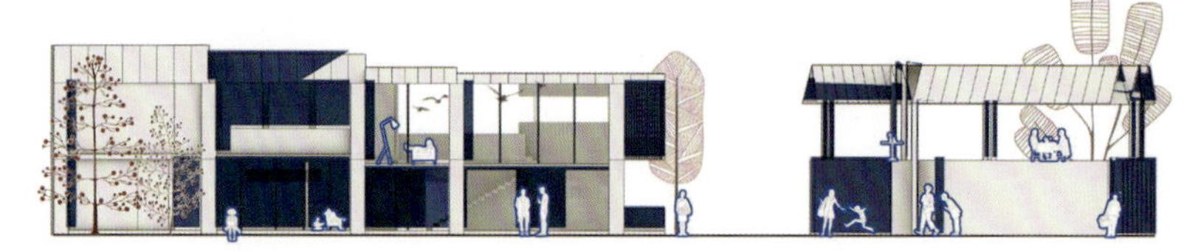

北立面图

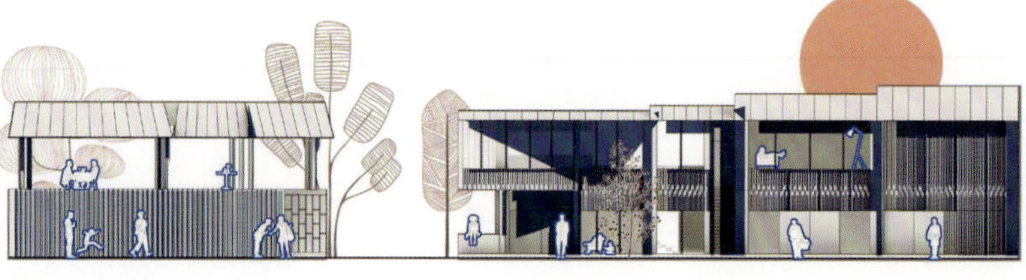

1-1 剖面图

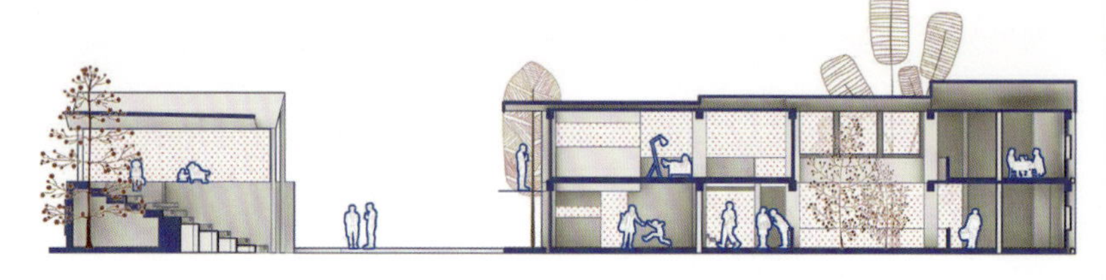

2-2 剖面图

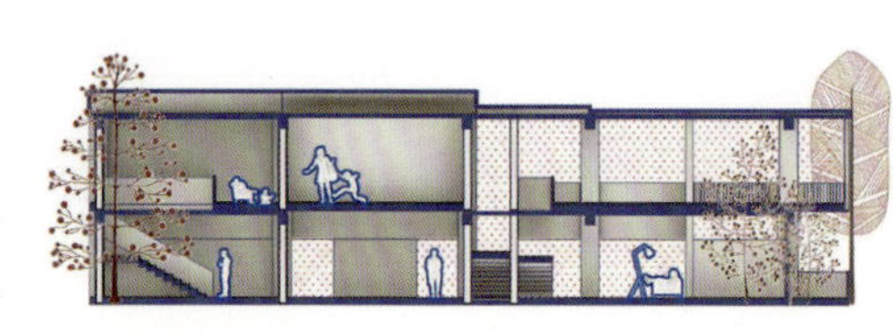

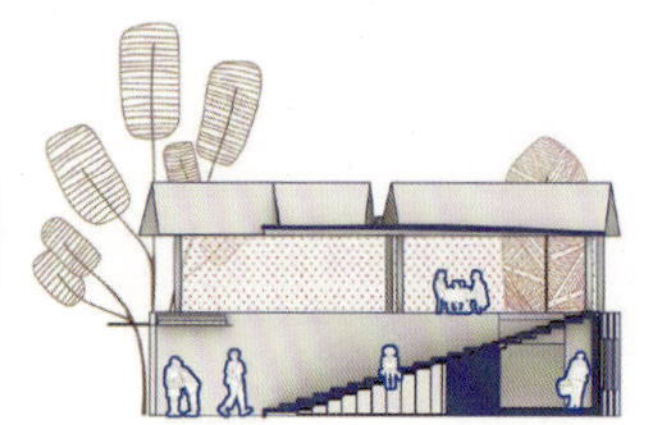

葑门寻游——在饮食体验与市井文化中寻找场所记忆

苏州葑门横街片街区城市更新
Updated Design of Fengmen Hengjie Historic District in Suzhou

人间烟火，葑门百味

青岛理工大学
Qingdao University of Technology

小组成员：于瀚婷、陈　忠、王佳敏、贾健睿
指导老师：舒　珊、毕　胜

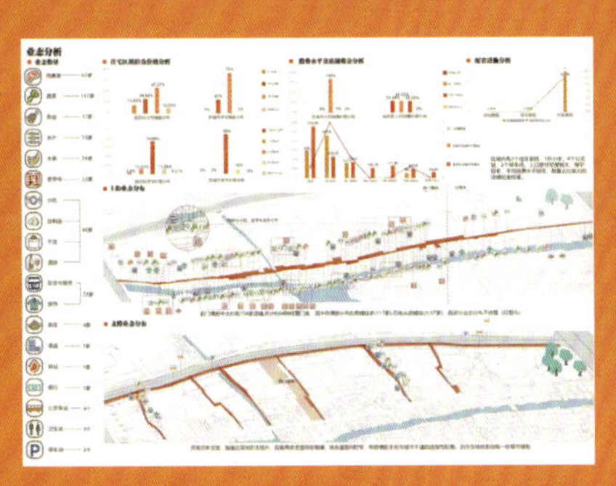

第一阶段　业态分析　概念提取

第二阶段　概念生成　两种路线

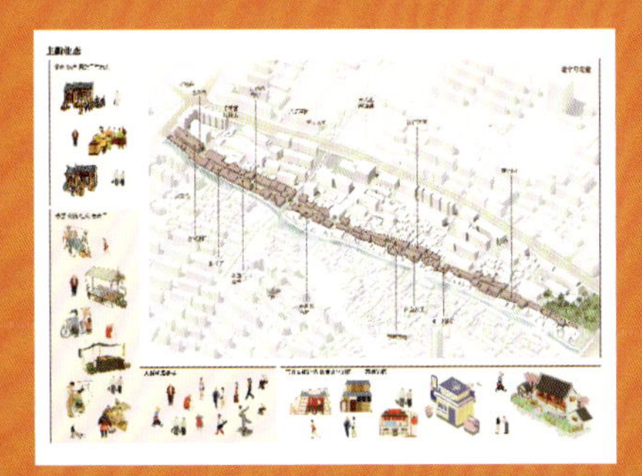
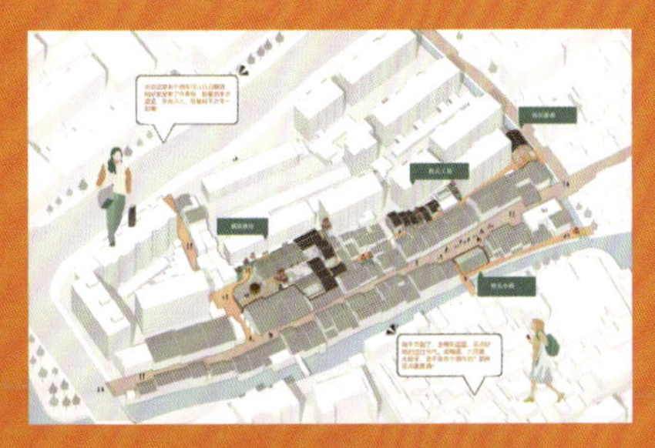

第三阶段　街区打造　主题氛围

设计说明

我们以苏州饮食文化和市井文化为切入点进行城市规划设计，在城市设计层面根据地块不同部分的特点，利用原有的业态与优势，划分出四个不同空间氛围的街区，挖掘出各个街区的痛点和潜力，赋予各个街区有别于主街的体验模式与场地感受。

我们提供了两种路线策略：一条为主街，满足人们的日常采买需求；一条为每个街区中延展的支路，打造以食游为主的寻游路线，人们可以在支路街巷游线中探寻和体验食物的生产加工等不同于主街售卖的环节。我们的目的是延续菜场生命，保留街区风格，寻找街区亮点，传承和发扬横街所蕴含的市井文化。

在主街这条流线中，我们保留主街的传统店铺，整合保留现存所有业态，以满足市民日常生活的需求；寻找有潜力的公共空间，释放部分空间和道路，在主街和一些与支路交接的节点提供公共空间。这部分公共空间拥有休憩、交流、社交、售卖等多重属性。同时，规划固定日期和时间作为集市日，利用这些节点设计公共装置，平时这些公共装置可以作为座位，而在街区的集市日则可以开放，作为小商铺售卖点，解决临时摊贩的问题。

而在支路的业态中，也有针对每个地段发掘打造寻游体验的着手点。最终，我们确定了四个支路的街区氛围，这四个支路如同游乐场中的主题乐园一般，拥有四种不同的空间氛围，提供不同的区域体验，游客在此可以形成独特的场所记忆。

第一部分是以传统老字号商铺作为出发点，提取酒酿、糕点、时令等元素，在支路中加深体验。在街巷空间的设计中可将一些传统业态的特定元素化用为独特的业态及功能碎片，嵌入街区的流线，组织起来激活整个街区。同时，可以利用原有合院肌理，打造更多样化的合院空间感受。主街沿河一侧，以红板桥为节点，沿河设置水游流线。

第二部分是延伸横街市集的菜场功能，引入种植加工等菜场产业链环节，辐射到街巷和公共空间中，然后将上述功能部分置入场地并用巷道空间进行连接，以打造以“横街菜市”为主题，可以进行全生产流程体验的绿色街区。

第三部分是滨水空间，从红板桥节点开始的水系游线，沿河改造建筑，打造码头公共空间；连接古城区水上游，提供局部二楼茶饮、酒酿商铺等驻足空间。

第四部分的场地内仍有正在使用的街巷空间，回溯历史，以此为出发点，化用苏州传统的街、巷、弄空间特点，我们希望在新旧碰撞中展现历史的发展与融合，商业和民间艺术交融，还原民俗业态，激发区域活力。

设计感悟

本次设计的选址为富有苏州文化气息、历史气息、烟火气息的葑门横街。听说前期能到苏州线下调研，我们都很期待，不过后来由于疫情影响，相关调研和资料收集多来自网络及苏州大学老师和同学们的全方位介绍。

经过案例分析、对基地的基础把握和相关资料的搜集，我们在城市设计阶段以苏州饮食文化和市井文化为切入点进行规划设计，根据地块不同部分的特点，利用原有的业态与优势，划分出四个不同空间氛围的街区，挖掘出各个街区的痛点和潜力，赋予各个街区有别于主街的体验模式与场地感受；并以此开发了两条流线，对应两类寻游模式。在后期的深化中，确定了各个街区支路流线中引入的加工生产体验的业态，分别以酒坊、码头休闲、菜市场、民俗街区为主要特色，结合沿街支路做出店铺空间，打造以加工体验和售卖为主、兼具公共休闲空间功能的复合体。

经过这次的联合毕业设计，我们对苏州的人文历史等有了进一步的了解，明确了设计的定位，也在跟各校同学的交流中开拓和学习了很多关于街区改造与历史城市更新方面的思路。

个人设计作品

王佳敏	横街酒坊
贾健睿	桥　屋
陈　忠	平行菜场
于瀚婷	旧巷新生

2. 葑门寻游——在饮食体验与市井文化中寻找场所记忆

2.1 前期调研分析

区位分析

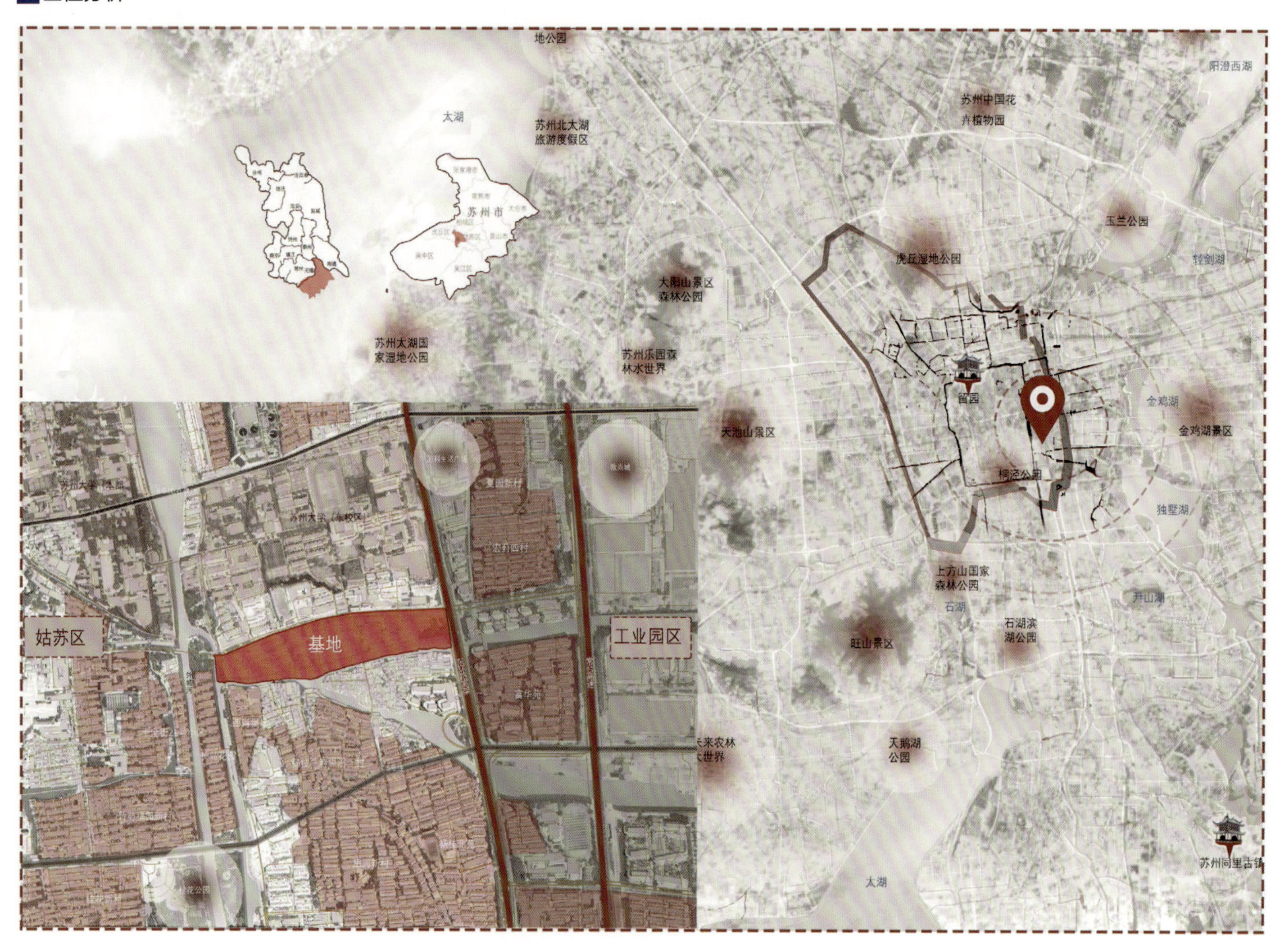

建筑布局分析

场地民居建筑主要有平行于河流布局、垂直于河流布局和院落式布局三种

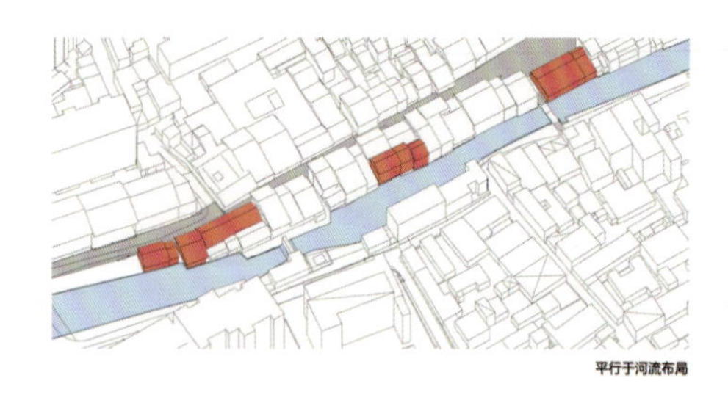

平行于河流布局

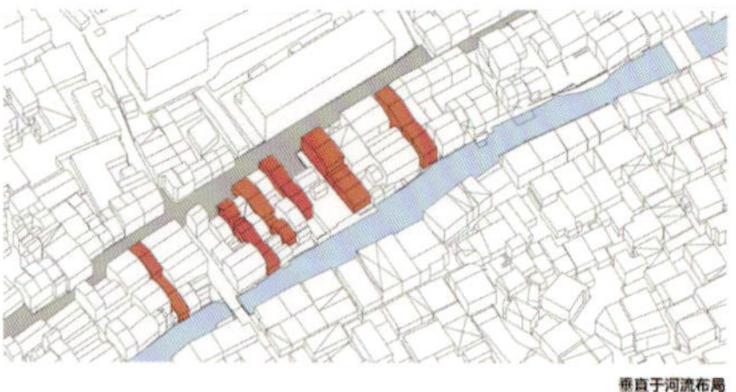

垂直于河流布局

院落式布局

建筑风格分析

葑门横街建筑符合江南民居风格，多粉墙黛瓦

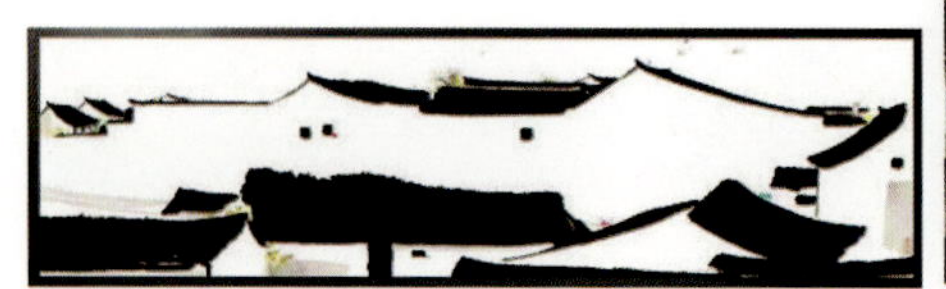

水陆商贸分析

苏州小型的普通民居以街坊形式构成建筑聚落，因街巷与河道之间的距离较小，可用的土地面积有限，往往采用“前街后河”的形式，即民居前面临着街巷，后面则紧贴河道。

早在乾隆年间，横街就慢慢形成了苏州最大的海货水产市场，无数农民摇着船送来最新鲜的果蔬鱼虾，靠岸卸货，随时随地交易买卖。

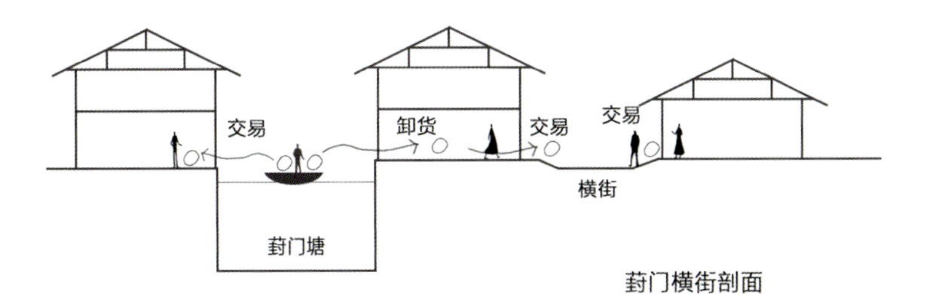

葑门横街剖面

平面形制分析

苏州民居多以天井形式围成小院，以“一进”院落作为民居的基本单元。普通的苏州民居虽然规模小，建筑层高也比较低，但十分注重实用性，而且布局更加自由灵活，平面造型多种多样，有长方形、曲尺形等形式，也有三合院和四合院等形式。其中以长方形的三合院最为常见，一般由天井、前大门、后正房、左右厢房围合而成。

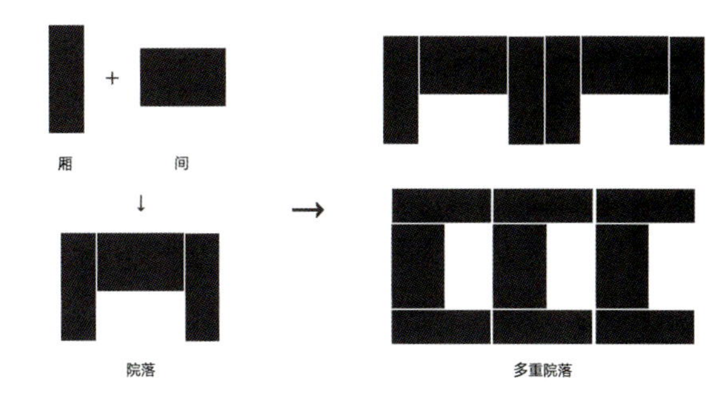

人群调研分析

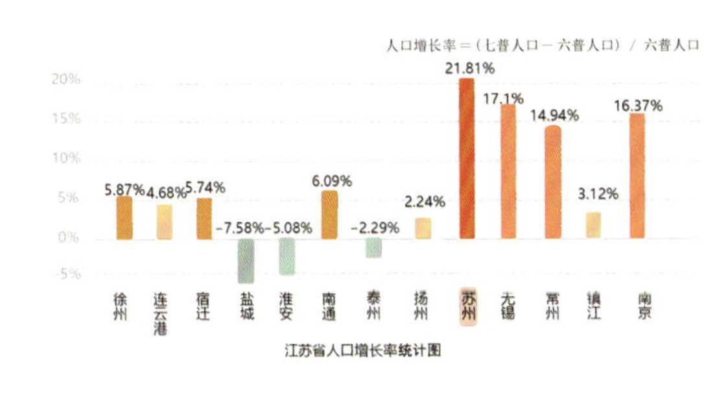

江苏省人口增长率统计图

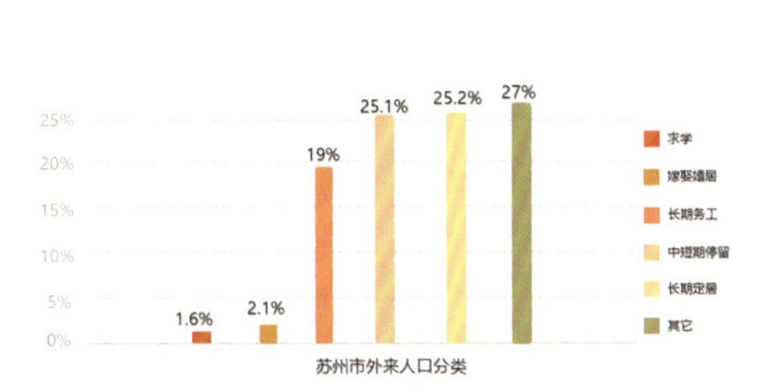

苏州市外来人口分类

苏州市外来人口的大量涌入与外来打工者密不可分，这些人在苏州或短期暂居，或长期定居，源源不断地为苏州提供新鲜的城市活力。

数据来源：江苏省统计局
苏州市统计局

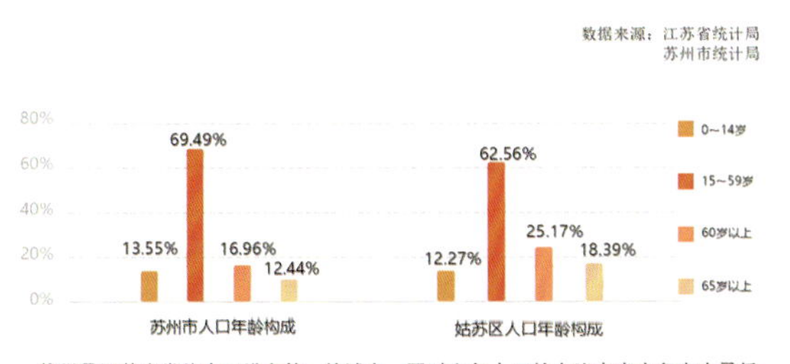

苏州市人口年龄构成　　姑苏区人口年龄构成

苏州是江苏省常住人口排名第一的城市，同时老年人口的占比在省内各市中最低，60岁以上老人的占比为16.96%，65岁以上老人的占比为12.44%。

而基地所在的姑苏区60岁以上老人的占比为25.17%，65岁以上老人的占比为18.39%，远远高出苏州市整体比例，说明苏州本地年长居民大量聚集在姑苏区。

气候分析

苏州全年气候分析

苏州全年风玫瑰

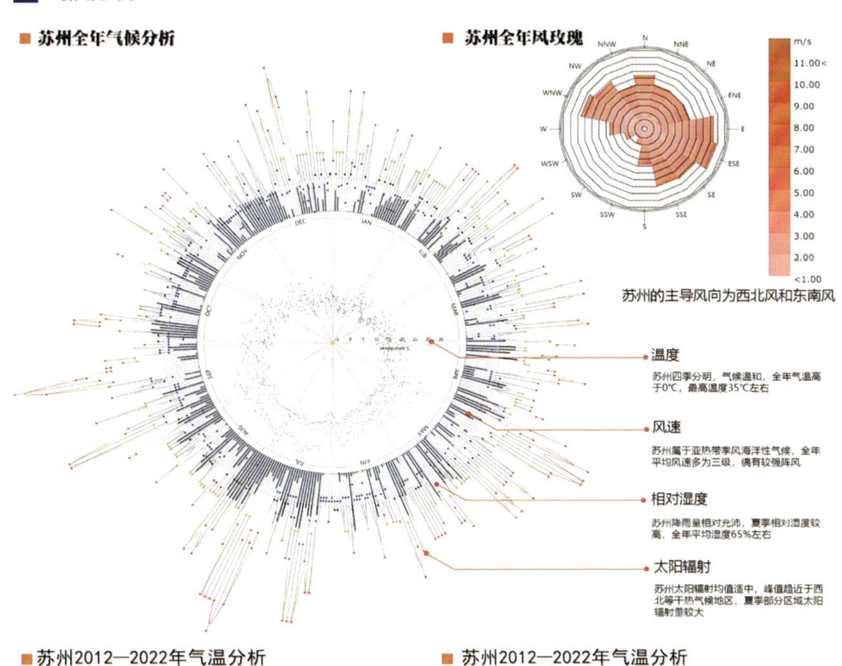

苏州的主导风向为西北风和东南风

苏州2012—2022年气温分析

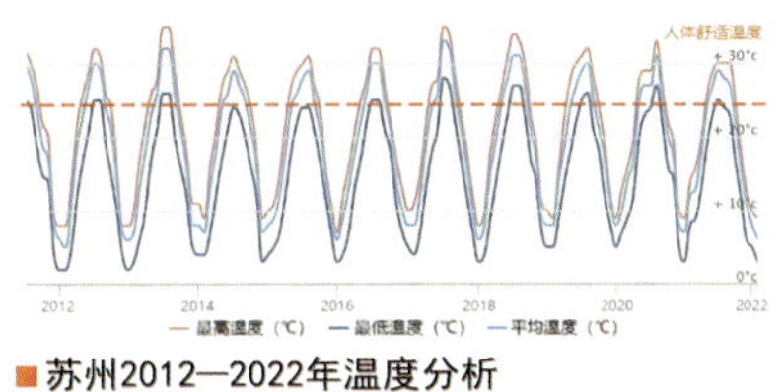

苏州2012—2022年气温分析

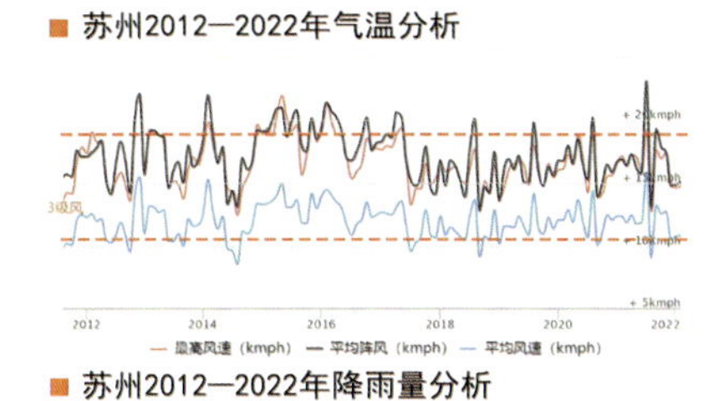

苏州2012—2022年温度分析

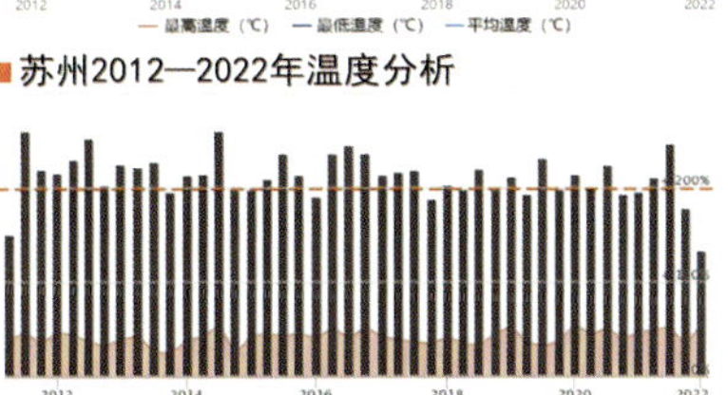

苏州2012—2022年降雨量分析

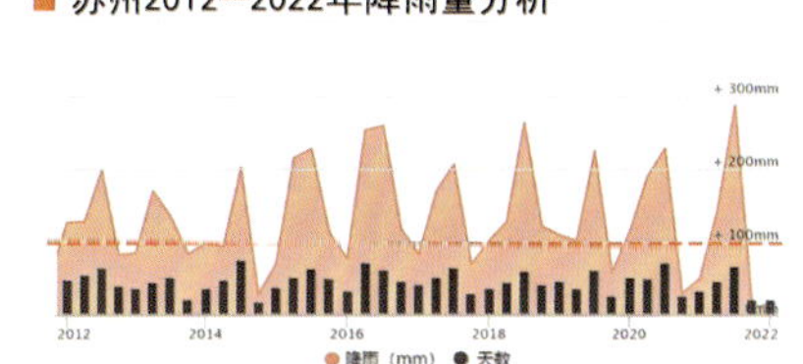

近十年来苏州平均风速较大，全年湿度较大，除12月外，其余月份降雨天数均在10天以上，且近十年气候变化不大。

苏州传统建筑的特点

由于苏州的气候特点，苏州的传统建筑呈现出不同的特征

合院形式

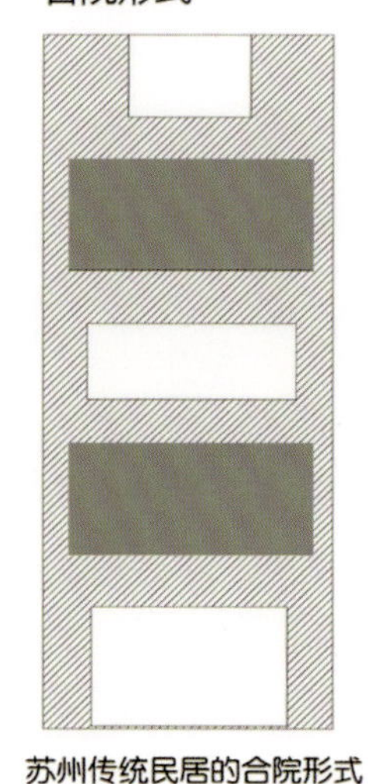
苏州传统民居的合院形式

寒冷地区合院形式

寒冷地区合院形式

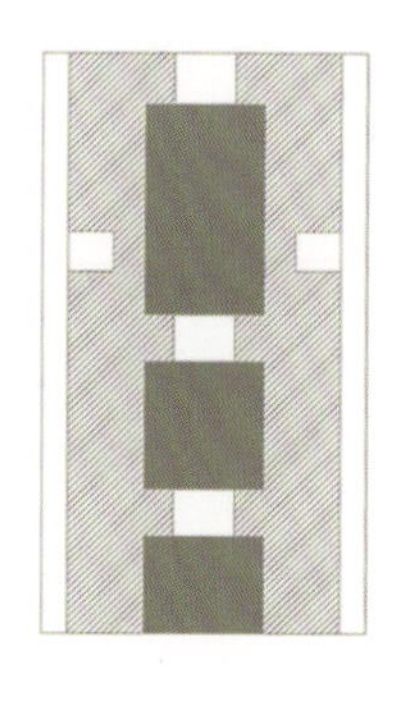
夏热冬暖地区合院形式

温和地区合院形式

苏州传统民居的合院形式融合了寒冷地区合院形式与夏热冬暖地区合院形式的特点，院落周围的房屋有的搭连在一起，有的则独立成栋。苏州合院式民居在布局上严格按中轴对称，建筑与天井之间并没有明显的侧重点，天井东、西两侧一般不用作重要空间。

平面形式及被动式通风

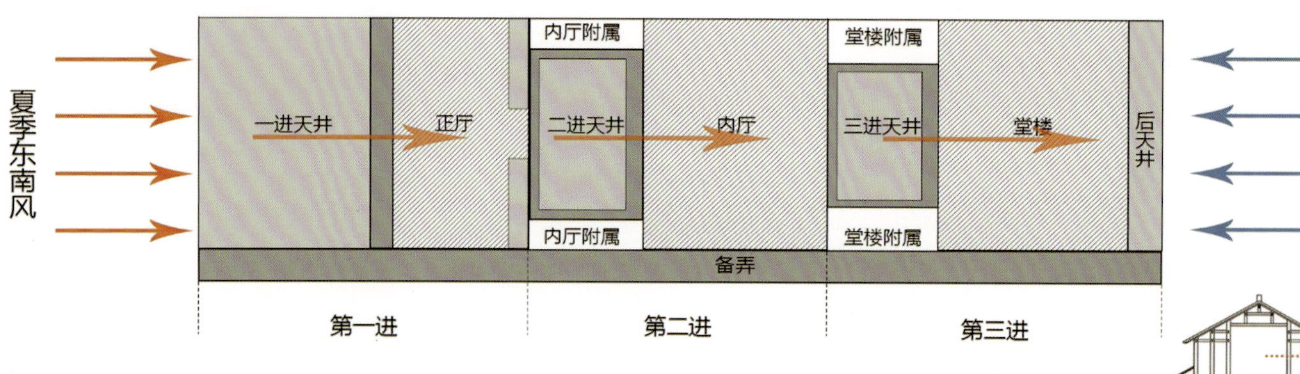

苏州合院式民居主要借助天井空间和廊空间来达到“开启”效果，其正厅、内厅、堂楼前均设天井，部分民居堂楼北侧设有后天井。苏州民居侧重于通风散热功能。

热压通风

东西界面开启方式

南北界面开启方式

增大南向开启空间可以在夏季有效纳入东南风，形成低温空间，与南侧开阔的高温开启空间形成明显的南北空气温度差，有利于产生水平方向的热压通风。减小东西向的开启空间有利于减少太阳辐射对室内的影响。

古镇街道与河道的关系——水陆并行双棋盘格局

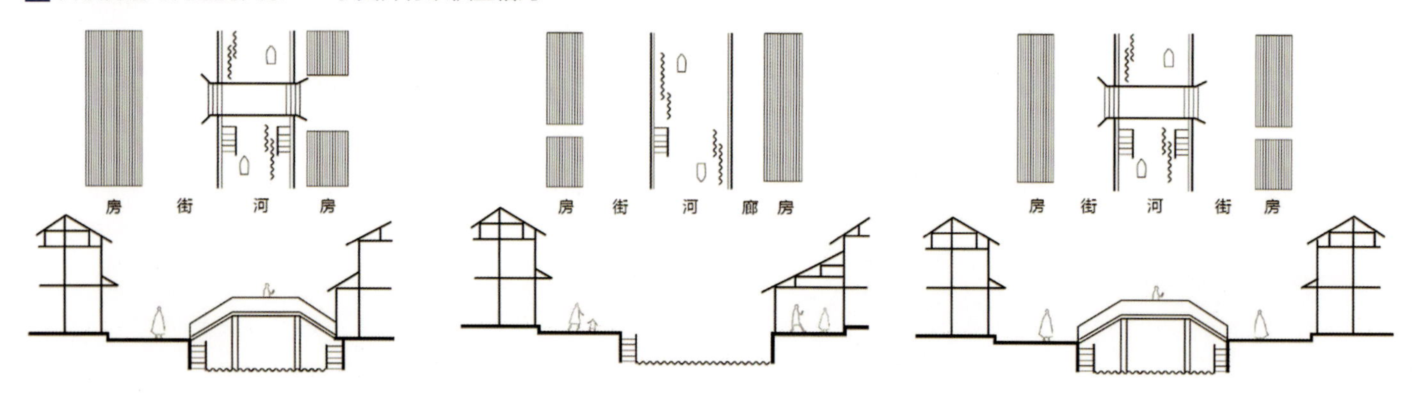

时令调研分析

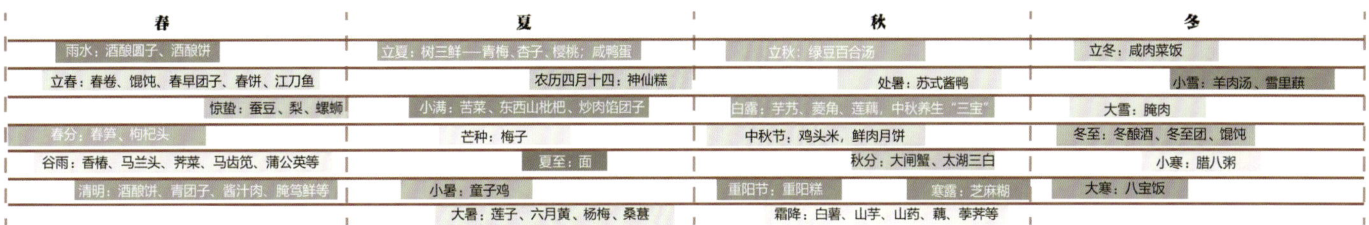

香椿——嫩芽可做成各种菜肴。最常吃的是香椿炒蛋、香椿竹笋、香椿拌豆腐等

六月黄：在大闸蟹上市之前，刚刚经过第三次脱壳的“童子蟹”，苏州人叫它“六月黄”。主要是吃公蟹，以壳薄、肉嫩、黄多著称

鸡头米——“水八仙”之一，苏州人多喜欢将之做成甜羹或点心，用来煮粥、炒虾仁也是很好吃的

雪里蕻——既干净，口感又好。雪里蕻炒毛豆、雪里蕻豆腐汤、雪里蕻炒肉丝，既鲜美又实惠

腌笃鲜——“腌”指的是咸猪肉，“鲜”指的是鲜猪肉，“笃”在苏州方言里是“炖”的意思

大闸蟹——直接洗干净清蒸，蟹肉有着鱼香的味道，蟹黄更加绵密。当地厨师用蟹壳做容器，里面放上炒蟹粉，再加上葱花和火腿末点缀

咸肉菜饭——霜打过的矮脚青、肥瘦兼有的咸肉丁，配上糯滑香甜的新米，用大米烧熟，然后再用小火焖一会儿，出锅前，再放一块猪油，让它融化在饭里

炒肉馅团子——夏令时的传统团子,将猪肉末、开洋、虾仁、金针菜、笋丁、黑木耳和扁尖等三荤四素炒熟包裹在团子里

太湖三白——指白鱼、银鱼和白虾，是太湖地区的招牌食材，多用清蒸、白灼等方法烹制，强调保持食材的原味

三虾面——将肥美的小河虾拆分出虾头里的虾黄，虾腹部的虾子，还有虾仁，最后放在一起炒，加入少量黄酒，拌上煮熟的面就是三虾面

冬至团——取“团圆”的意思，又名“稻窠团”。在冬至日前夜，磨粉，以肉糜、菜果、豆沙、萝卜丝为馅做成团，用于祭祀或互相赠送

业态分析

主街业态

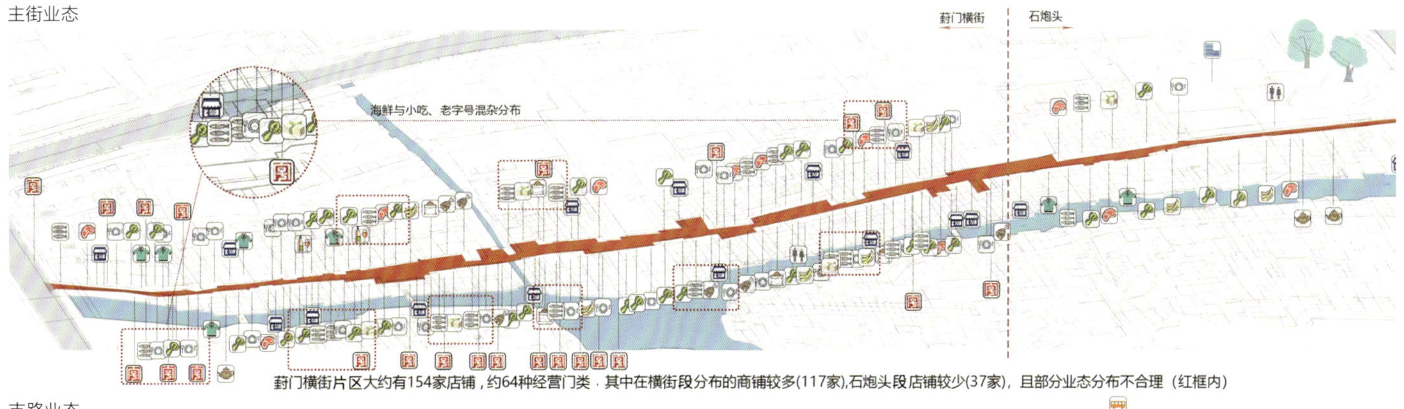

葑门横街片区大约有154家店铺，约64种经营门类，其中在横街段分布的商铺较多(117家),石炮头段店铺较少(37家)，且部分业态分布不合理（红框内）

支路业态

葑门横街共有四条支路，除临近菜场的支路外，仅有两条支路存在商铺，其余道路均较窄，导致横街主街与城市干道的连接性较差。且仅在场地东侧有一处城市绿地

业态数量

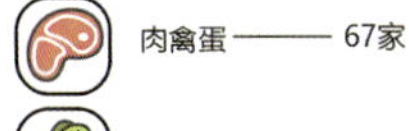
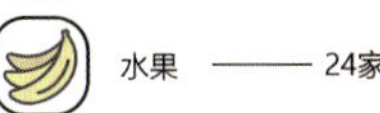

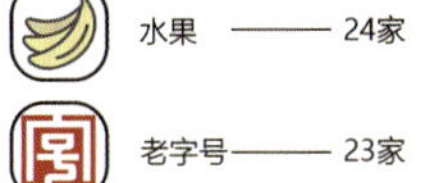

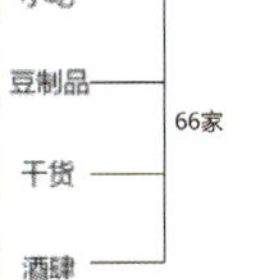

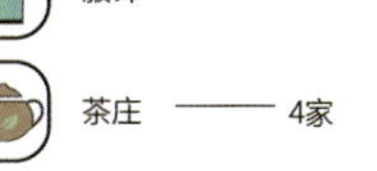
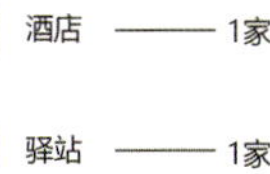
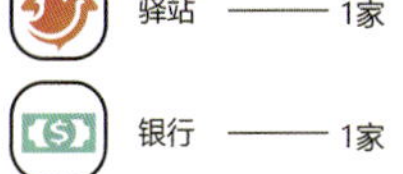

历史调研分析

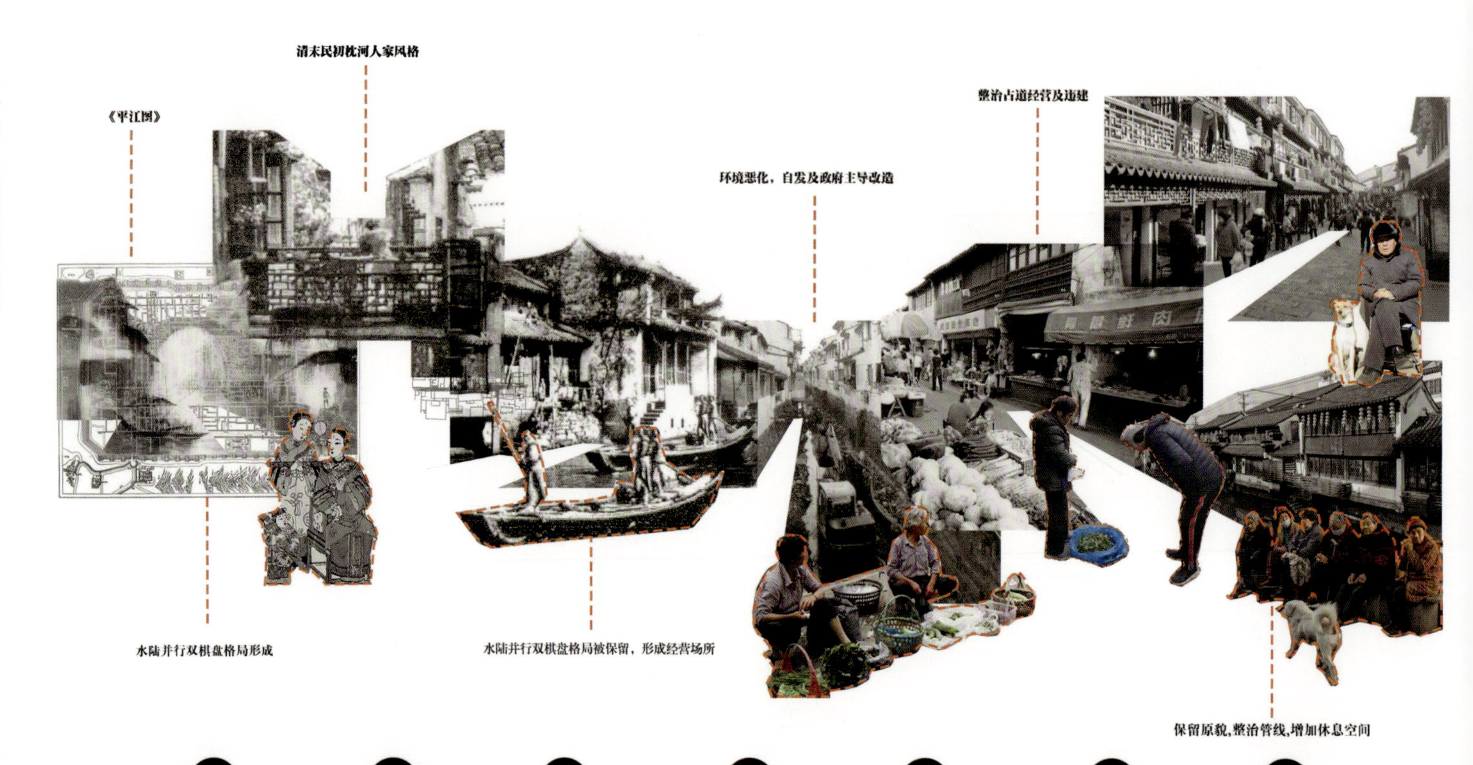

战国—唐宋时期

战国时期伍子胥修建吴国都城，沿用《周礼·考工记》经纬涂制的模式，开凿出**四纵五横**的河道。到宋代形成了**水陆相邻、河街并行**的双棋盘格局

明清时期

葑门横街从**清代**开始成为城外农民进城**卖菜的集散地**，街上绝大部分建筑在清末民初建成，一直保留着**枕河人家的风格**，前街后河，河街并行

20世纪80年代

中华人民共和国成立后，葑门横街一直是苏州重要的**蔬菜收购及经营场所**。从20世纪80年代开始，由于居住空间不足等一系列问题，社区内**住户自行改建了部分建筑**

2007年

2007年由**政府出资**对横街进行了改造，包括去除沿街搭建的雨棚、改厕、立面更新等

2010—2016年

2010年进行沿河改造，葑门商户自发成立横街商会，**保护性开发**横街的市井文化

2017年

2017年姑苏区增设葑门历史文化片区管理办公室，开展一期整治，**禁止占道经营，拆除违建**

2018年至今

2018年葑门横街启动二期整治，基本**保留了横街原貌**，集中**整治路面管线**

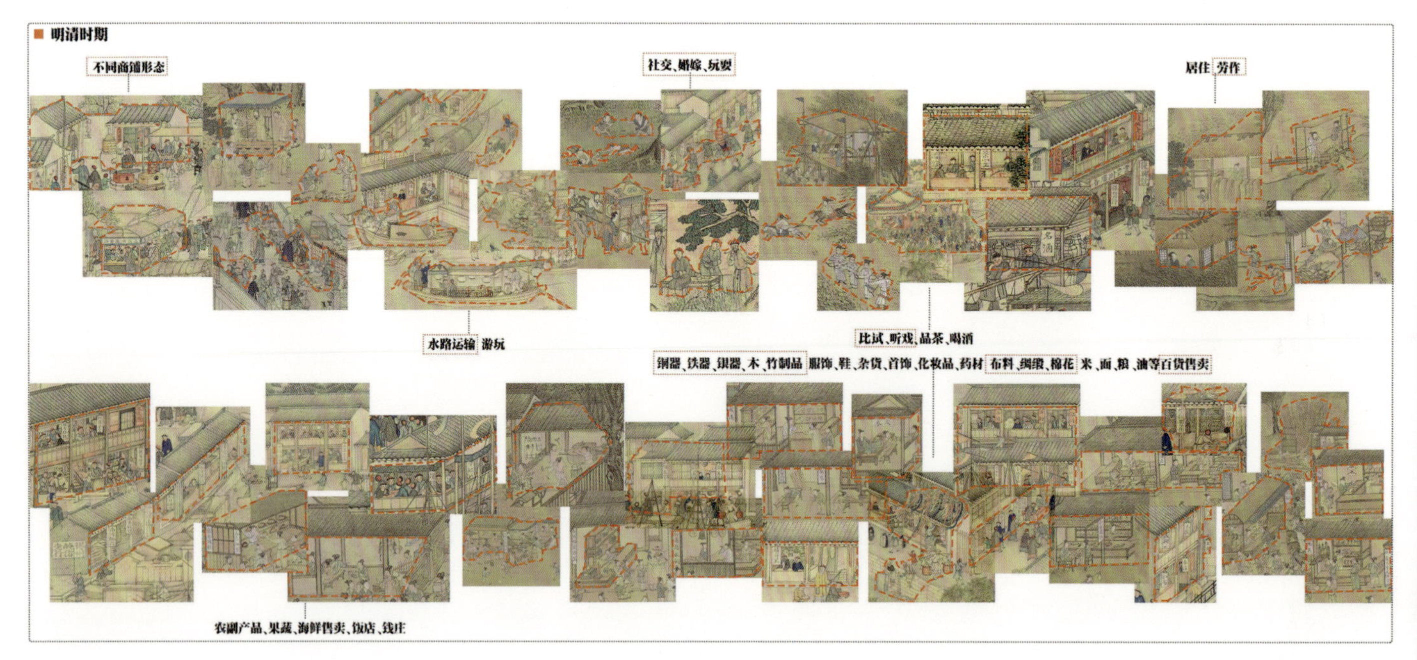

2.2 寻游步骤

Step 1: 发现问题

Step 2: 解决方向

Step 3: 解决策略

随着电商平台的发展，线上购物成为年轻人的主流消费模式，时常会听到年轻人说不愿出去购物，线上逛逛就好。在冲击中惊醒的菜市，正试图用符合时代潮流的改造方式，通过打造短寿命的网红点来延长线下菜场的寿命，但大多数效果并不好，并且丧失了街区独有的特点，逐渐趋于同质化。

市井文化，场所记忆，也逐渐在人群中消失……若干年以后什么才是这类拥有历史记忆场所的出路？

《寻梦环游记》："The real death is that no one in the world remembers you." 最可怕的不是死亡，而是被人遗忘而消失，对于一个场所来说也是一样；如果这里的特点消失了，人们对于这个场所的记忆消失了，也就真正宣判这个场所死亡了。

因此，我们必须回溯历史，找到属于葑门横街的独特历史，以此为起点，通过修补市井文化与饮食体验两种方式打造属于葑门横街的独有场所精神，新旧融合，形成独特的场所记忆，为菜市改造提供新的可能。

2.3 解决策略

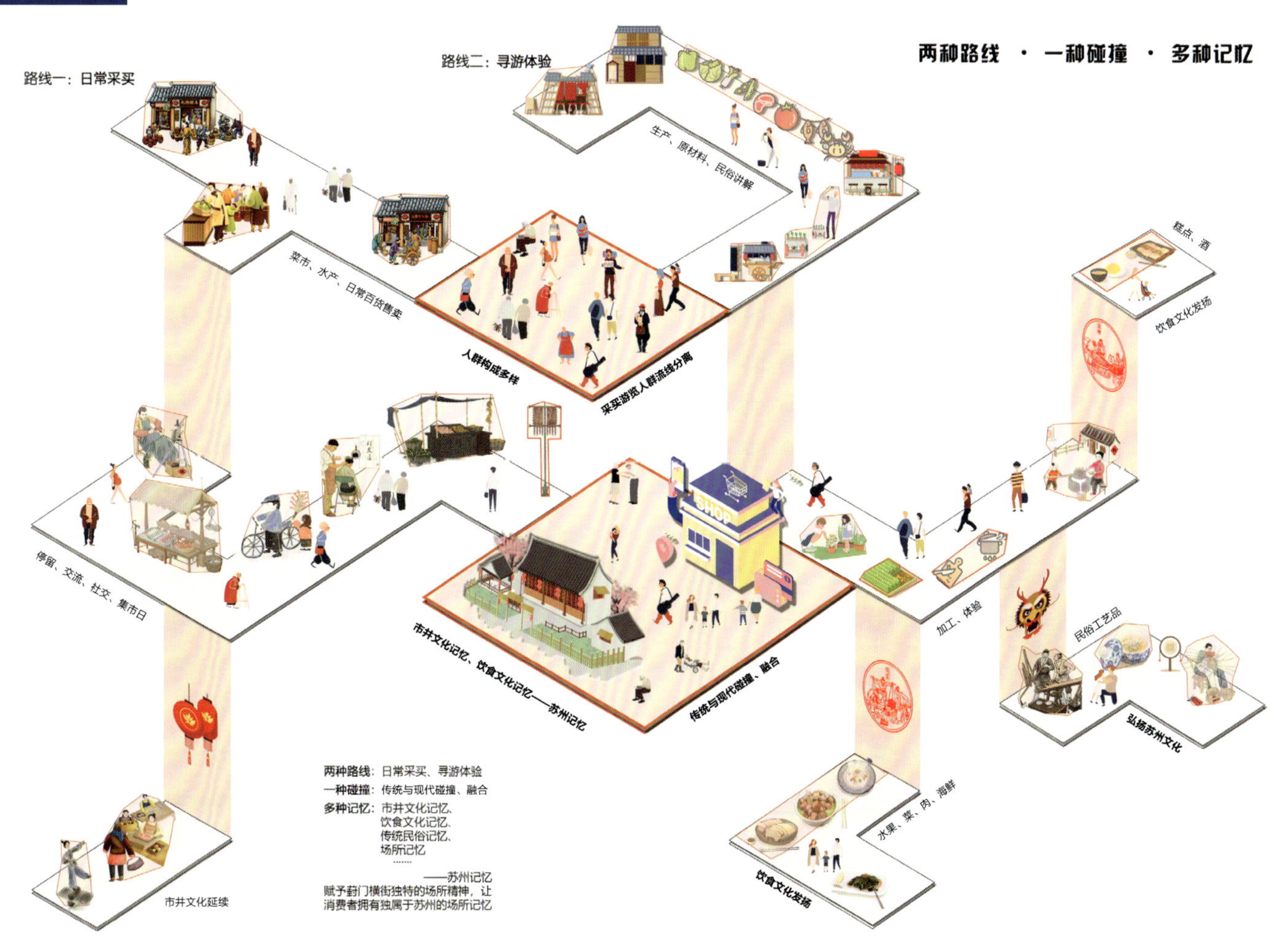

2.4 街区模式

采买体验模式

街区内采买者 居民沿用日常采买习惯，按照最方便的路径，进入主街采买

街区外采买者 使用机动车或非机动车前来采买的居民找到就近停车场，停车场有买菜小车供居民使用，进入主街采买

体验者 进入主街后，根据主街道路节点空间的装置提示可选择感兴趣的街区进入游玩体验

寻游模式

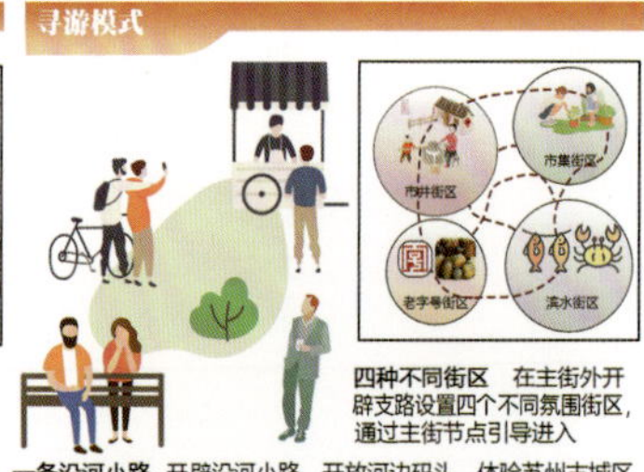

四种不同街区 在主街外开辟支路设置四个不同氛围街区，通过主街节点引导进入

一条沿河小路 开辟沿河小路，开放河边码头，体验苏州古城区水陆井行双横盘格局的魅力。

两类氛围碰撞 在主街可以体验苏州人日常生活采买，社交的氛围感，而街区内则可以体验苏州传统美食的加工制作方式、农场种植和水产养殖方式，体验苏州市井文化

集市民俗日

对主街进行修整规划，满足时令售卖及临时摊贩售卖需求，开放节点及较宽空间作为指定日期的售卖场所及节日民俗表演场所

进阶模式

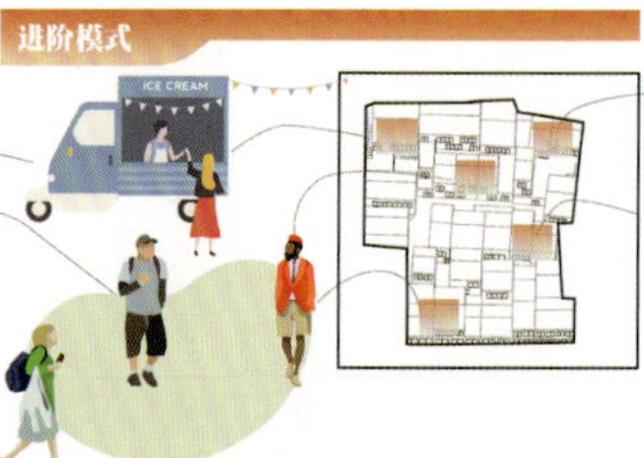

人们在这个场所采买、社交、租赁店铺经营等，这里有着人间百态，这里是购买场所，游玩体验场所，发生各种各样的事件，新旧交融，产生特定的场所记忆，成为除了工作与住所之外最有苏州记忆的地方

2.5 主街业态

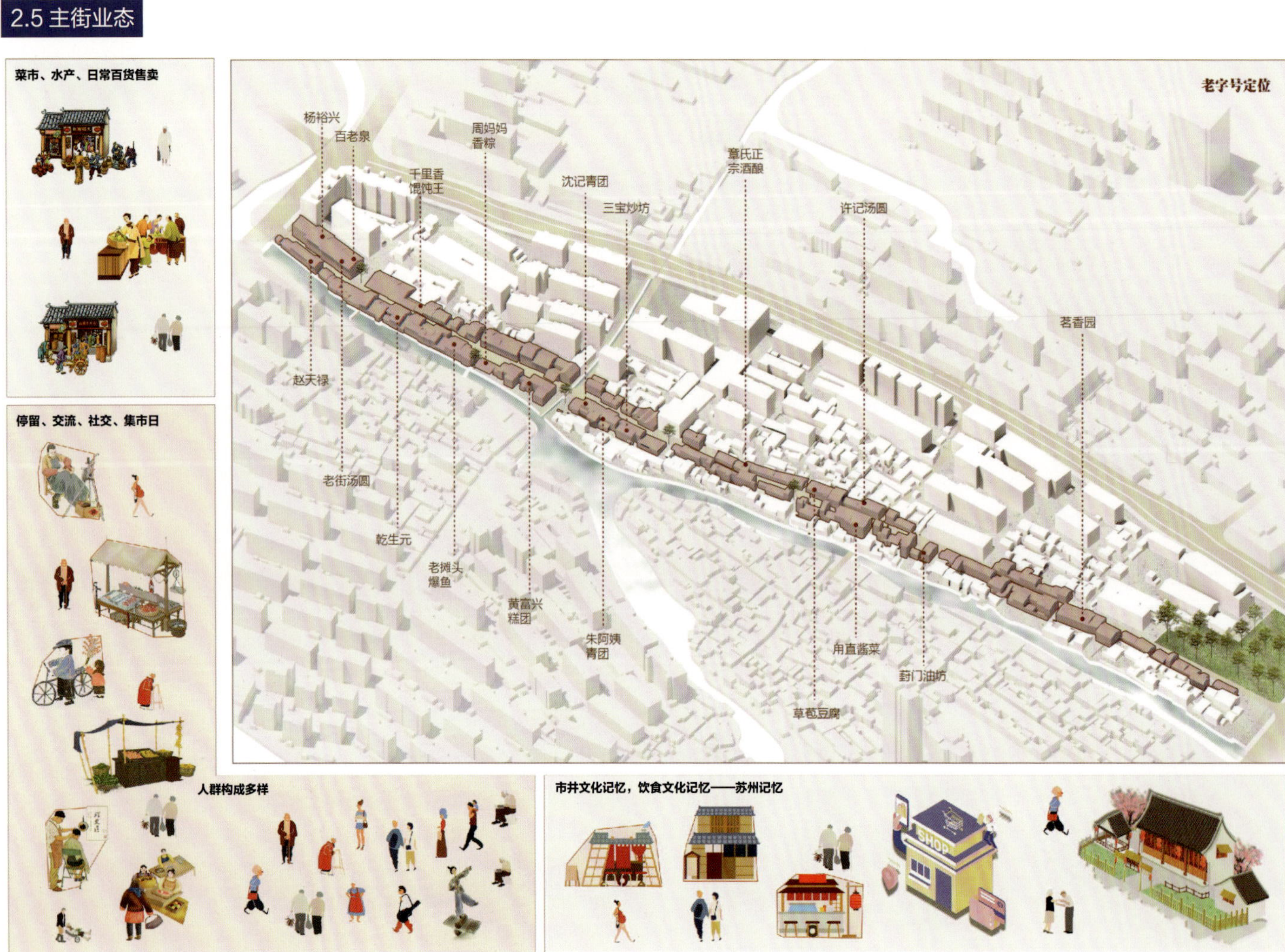

业态分布

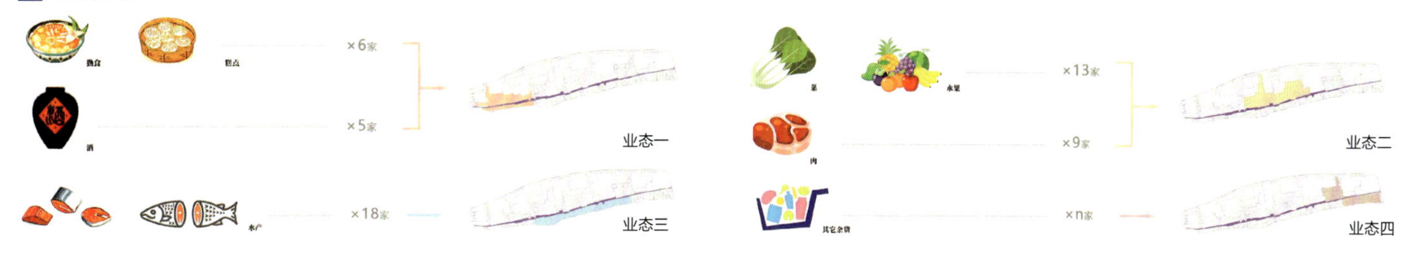

2.6 主街节点

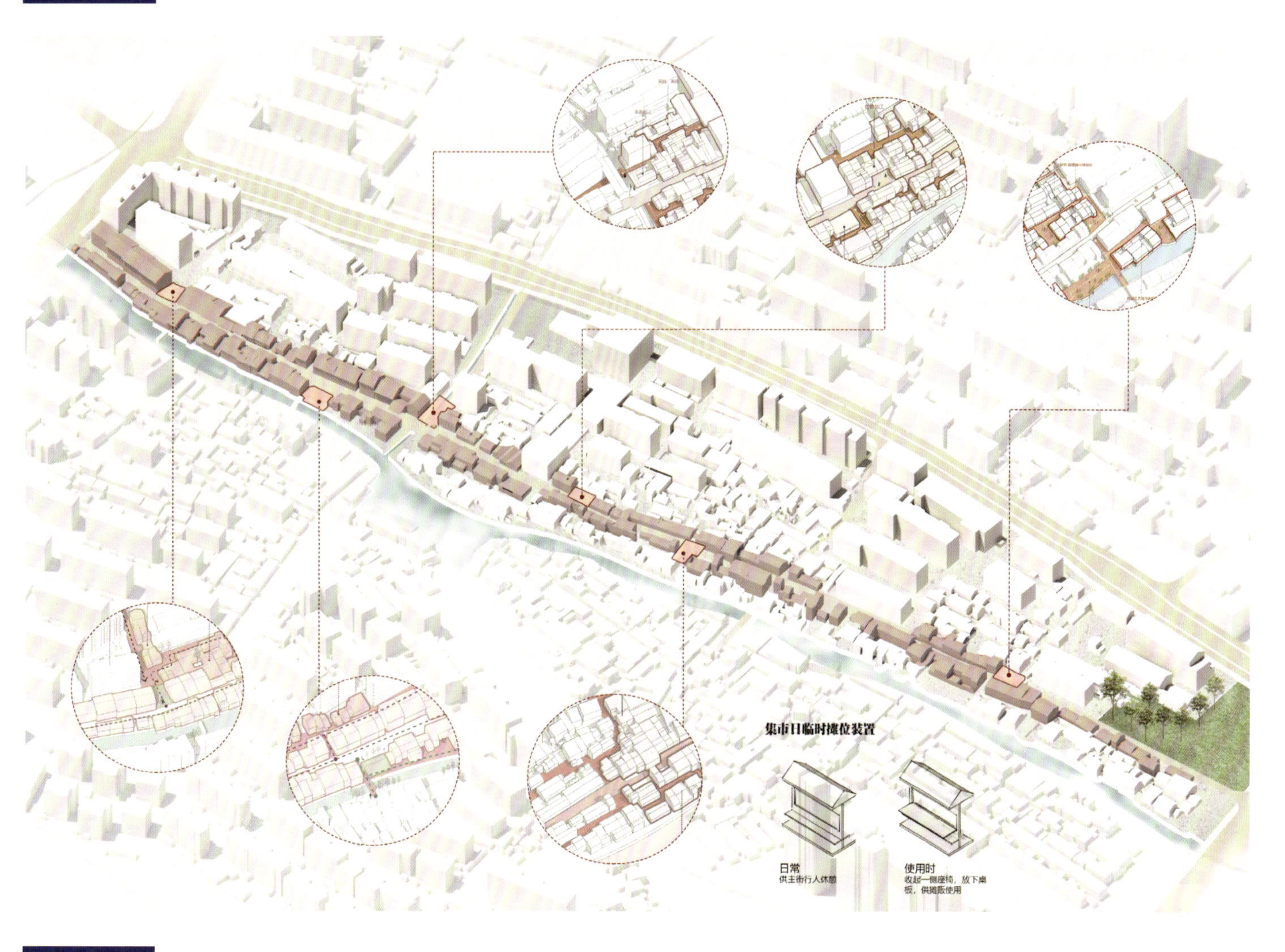

2.7 功能分区

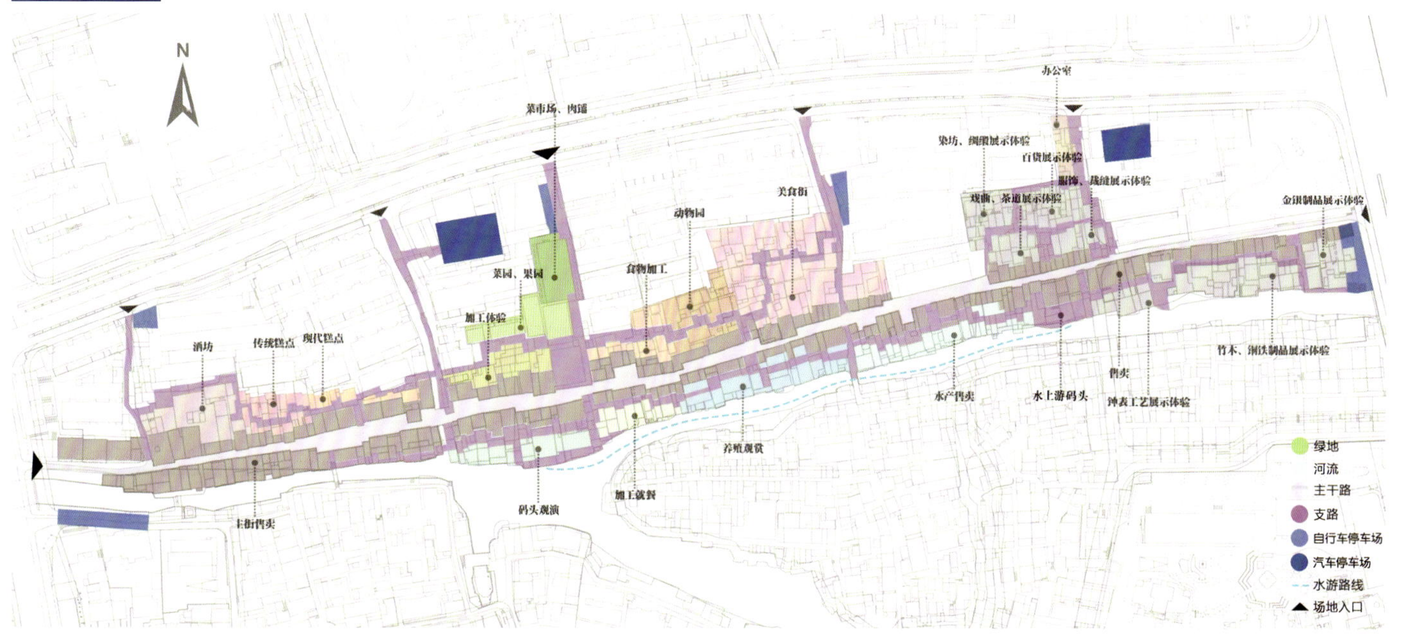

2.8 流线与改造方式分析

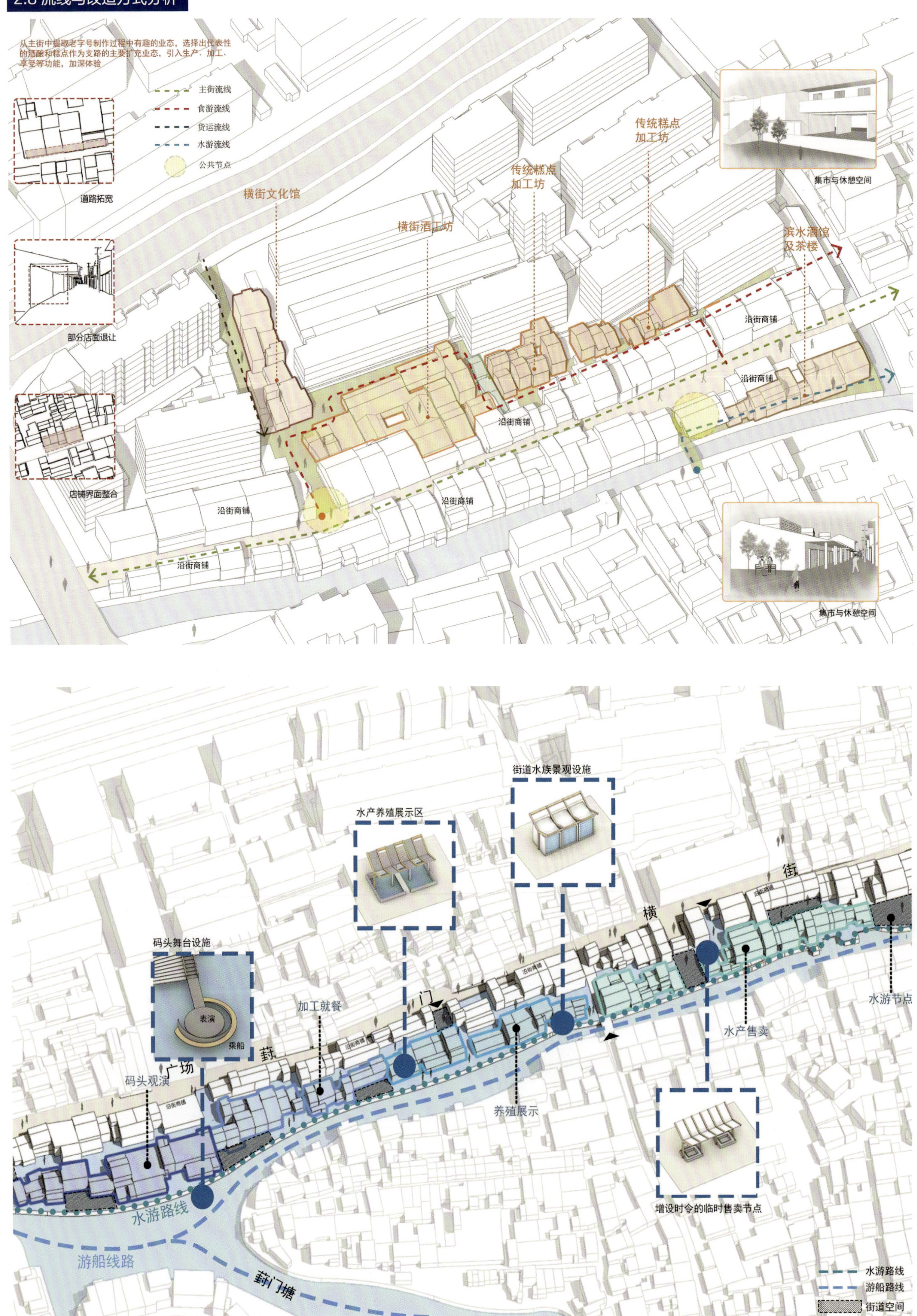

2.9 功能与改造方式分析

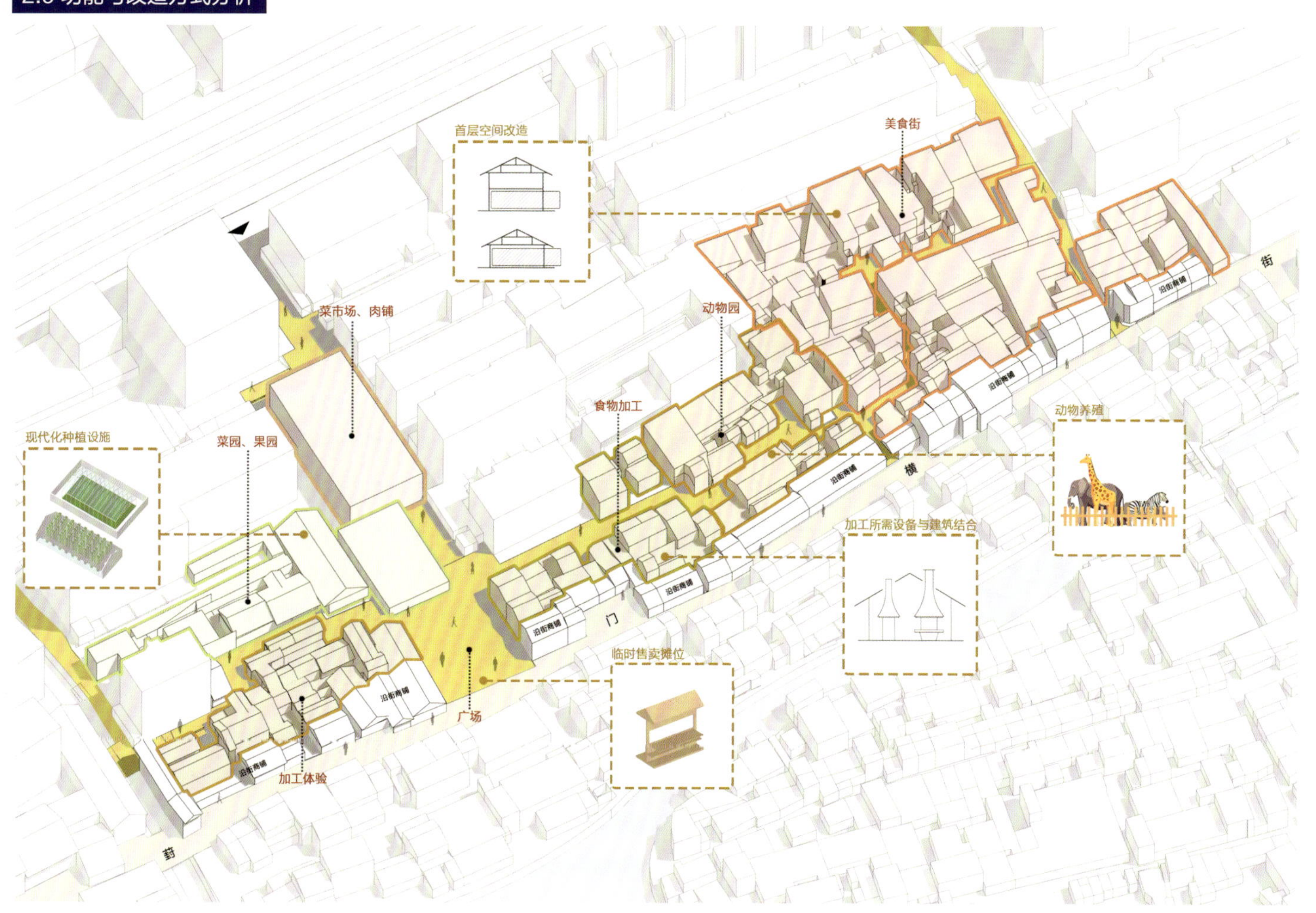

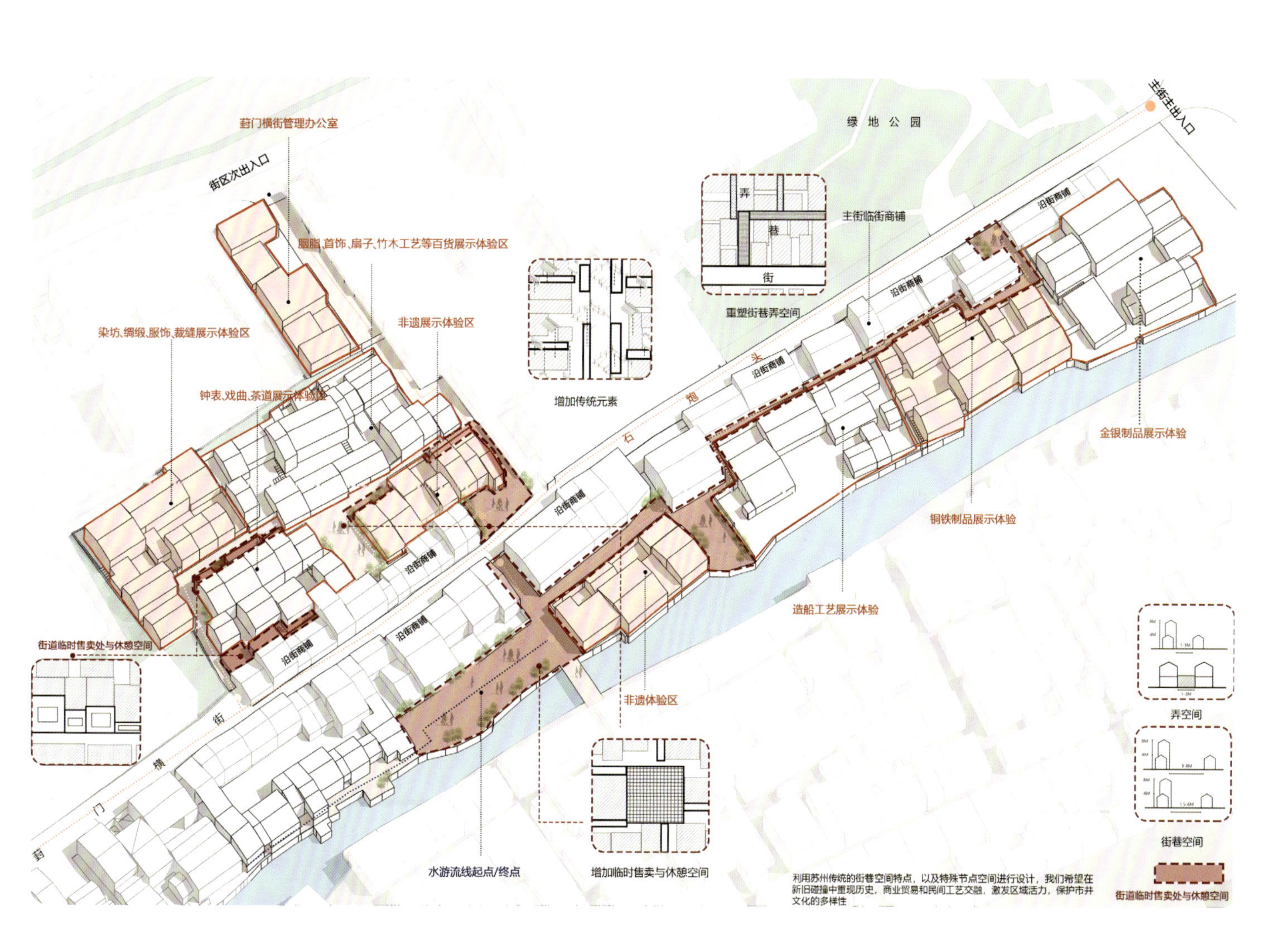

横街酒坊

单体设计依据

场地位置

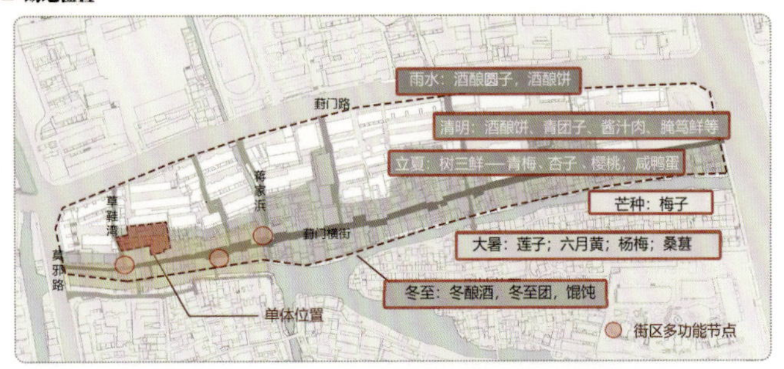

选址位于整个用地街区的西部，草鞋湾东侧，靠近中期城市设计中待激活的节点。

选址位于主街商铺和居民楼之间，西侧道路有小区的出入口。

连接了主街人流、支路人流、货运流线和居民人流，是各种功能空间交汇的重要位置。

功能定位

以传统老字号商铺和时令吃食为出发点，提取酒酿等元素，置入生产加工体验。计划以酒坊为主要节点，结合沿街支路做出店铺空间，酒坊在生产制作酒的同时，提供酒文化与酿酒工艺的展示。

空间需求

单体计划以酒坊为主要节点，结合沿街支路做出店铺空间，同时针对所处位置承接各类人群，为附近的居民提供一个社交、休闲、交流、活动、娱乐的公共空间。

综上，将建筑定位为以酒作坊加工体验售卖为主，兼具公共休闲功能的复合体。

概念分析

方案生成

肌理提取

提取场地原有民居的线条肌理

拆除沿着支路新建和加建的非传统形式建筑

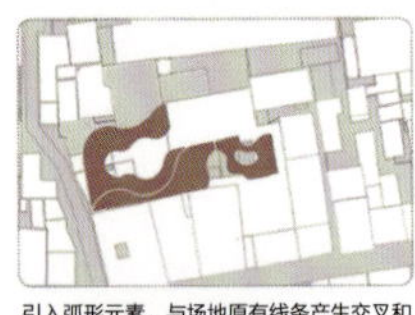

引入弧形元素，与场地原有线条产生交叉和碰撞，推演出合适的线条肌理

新建空间与原有空间形态交融

方案生成

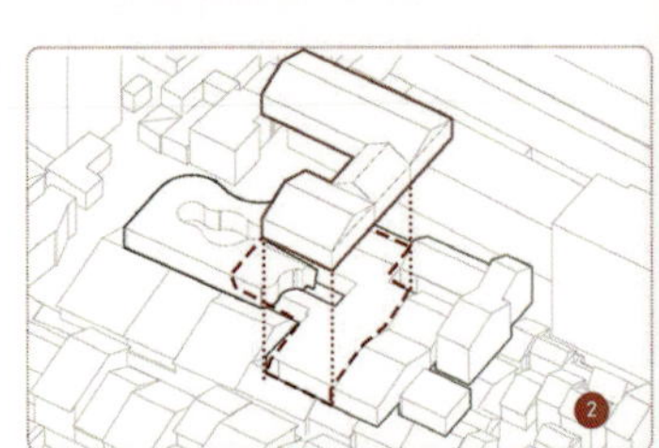

最左侧拆除占据道路的普通民宅和新增建筑，引入休闲、社交的开放性公共空间

中部保留原合院肌理，改造合院形式，重新规划结构与功能，满足大的空间需求

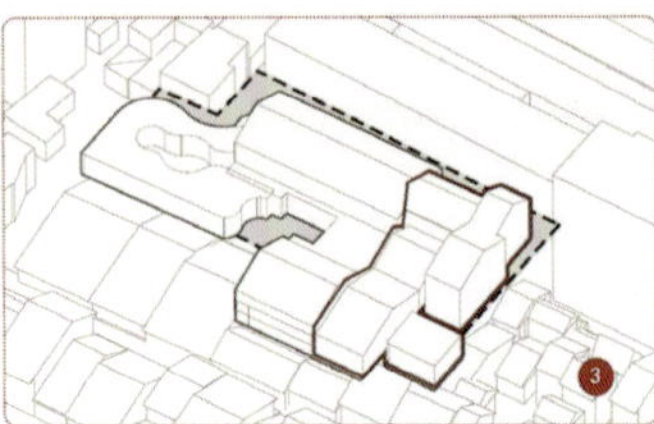

最右侧的苏州传统民居，保留大部分空间，再规划利用内部流线和使用功能

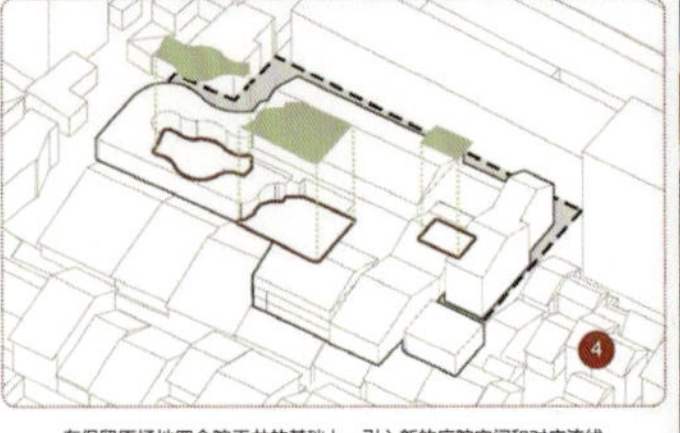

在保留原场地四合院天井的基础上，引入新的庭院空间和对应流线

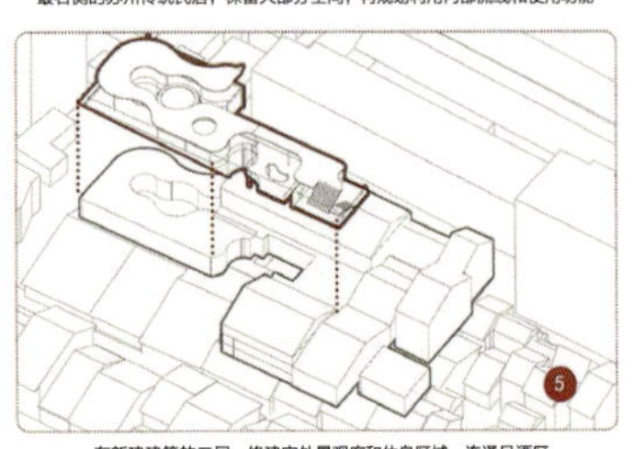

在新建建筑的二层，修建室外景观廊和休息区域，连通品酒区

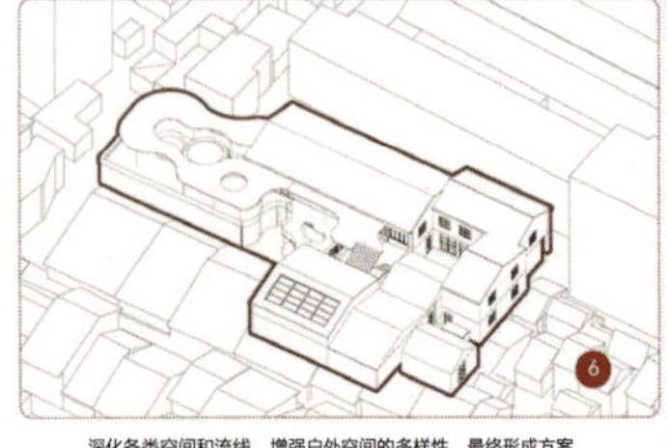

深化各类空间和流线，增强户外空间的多样性，最终形成方案

鸟瞰图

一层平面图

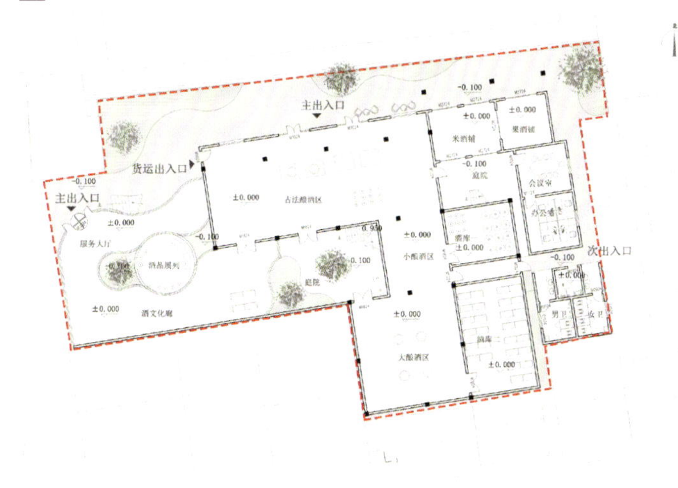

二层平面图

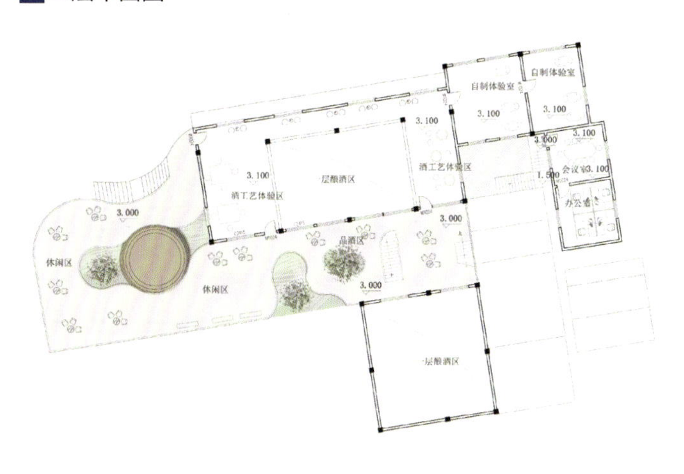

结构与材料分析图

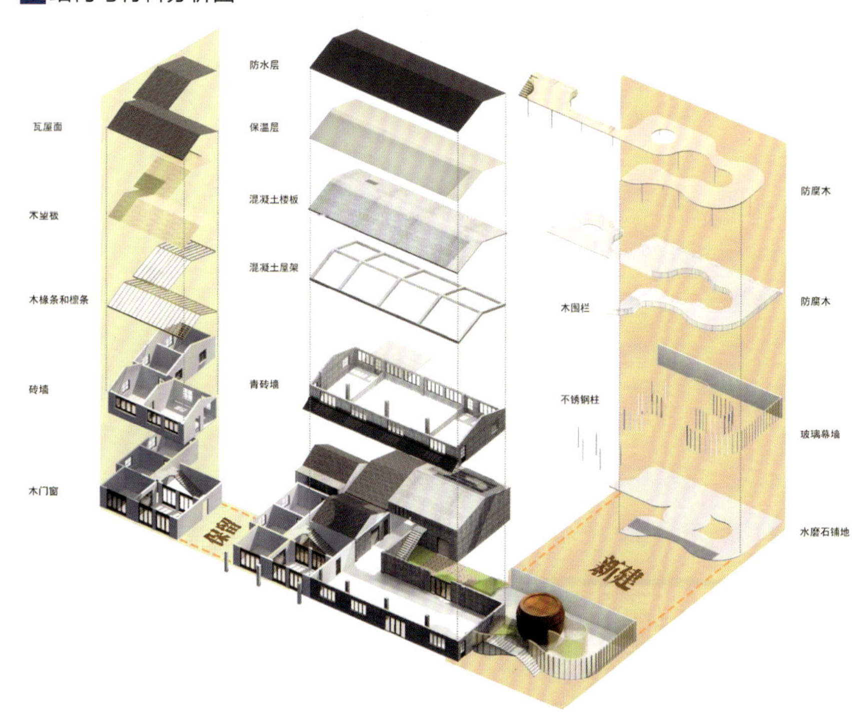

剖透视图

北立面图

桥屋

方案生成

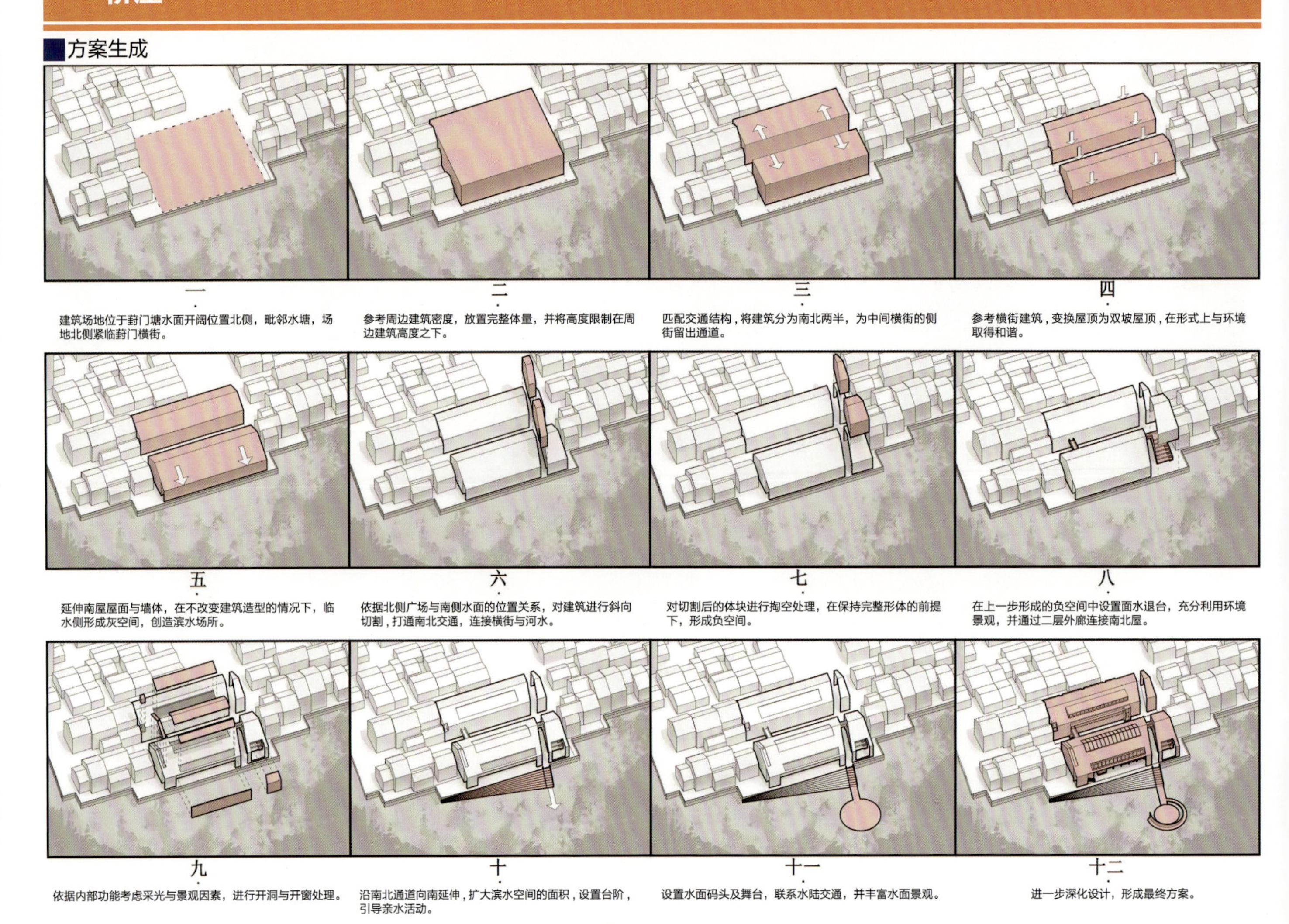

一.

建筑场地位于葑门塘水面开阔位置北侧，毗邻水塘，场地北侧紧临葑门横街。

二.

参考周边建筑密度，放置完整体量，并将高度限制在周边建筑高度之下。

三.

匹配交通结构，将建筑分为南北两半，为中间横街的侧街留出通道。

四.

参考横街建筑，变换屋顶为双坡屋顶，在形式上与环境取得和谐。

五.

延伸南屋屋面与墙体，在不改变建筑造型的情况下，临水侧形成灰空间，创造滨水场所。

六.

依据北侧广场与南侧水面的位置关系，对建筑进行斜向切割，打通南北交通，连接横街与河水。

七.

对切割后的体块进行掏空处理，在保持完整形体的前提下，形成负空间。

八.

在上一步形成的负空间中设置面水退台，充分利用环境景观，并通过二层外廊连接南北屋。

九.

依据内部功能考虑采光与景观因素，进行开洞与开窗处理。

十.

沿南北通道向南延伸，扩大滨水空间的面积，设置台阶，引导亲水活动。

十一.

设置水面码头及舞台，联系水陆交通，并丰富水面景观。

十二.

进一步深化设计，形成最终方案。

总平面图

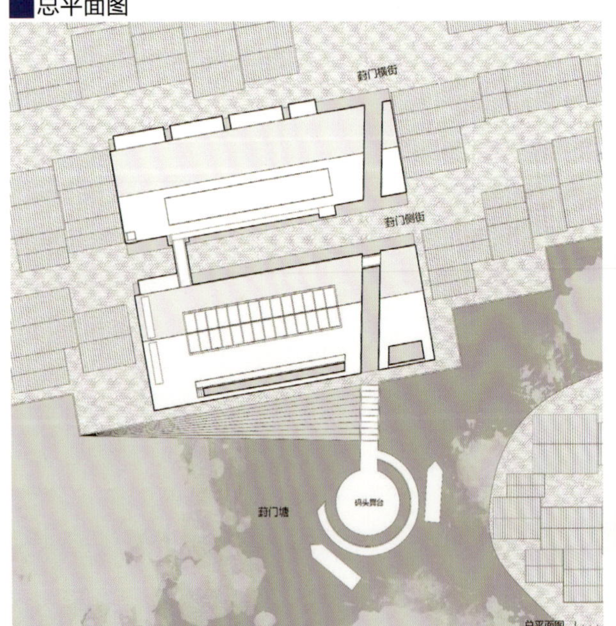

效果图

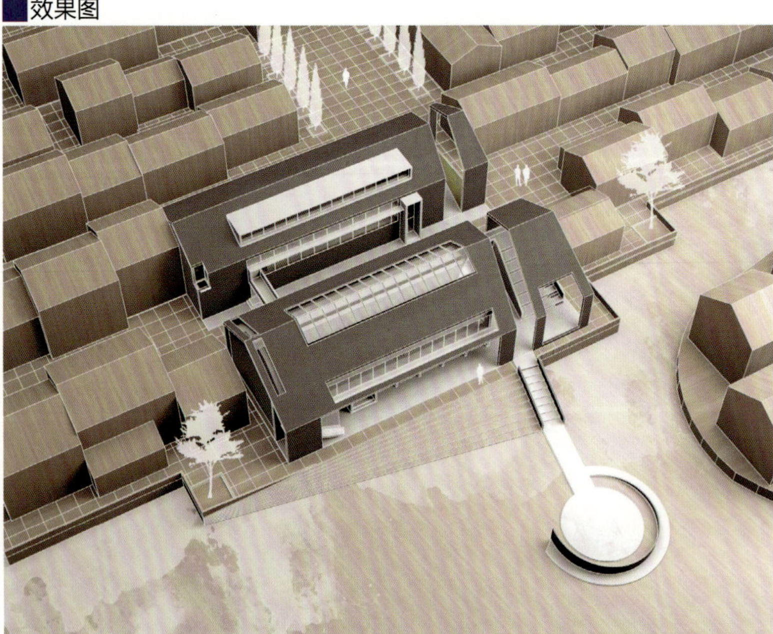

一层平面图

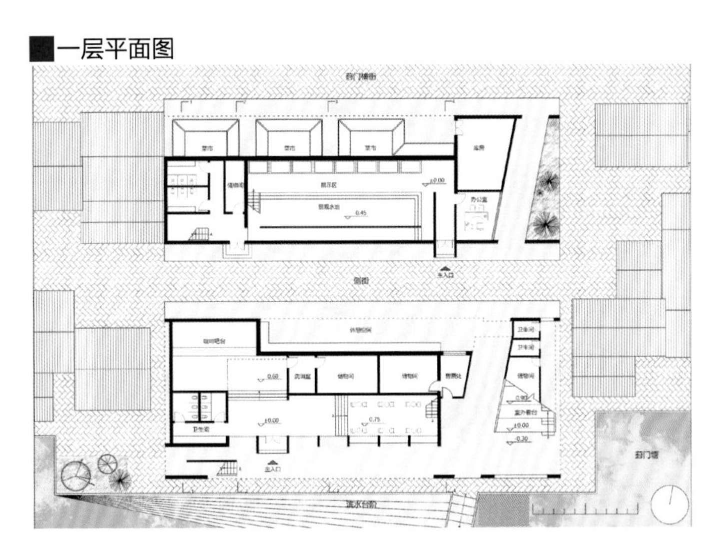

二层平面图

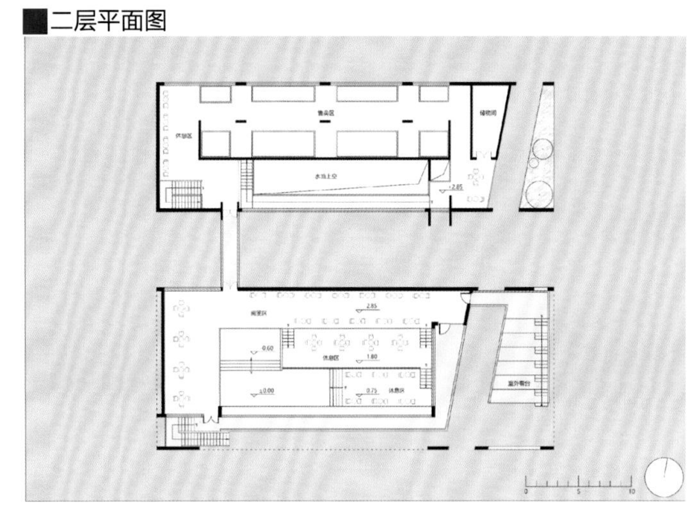

剖透视图

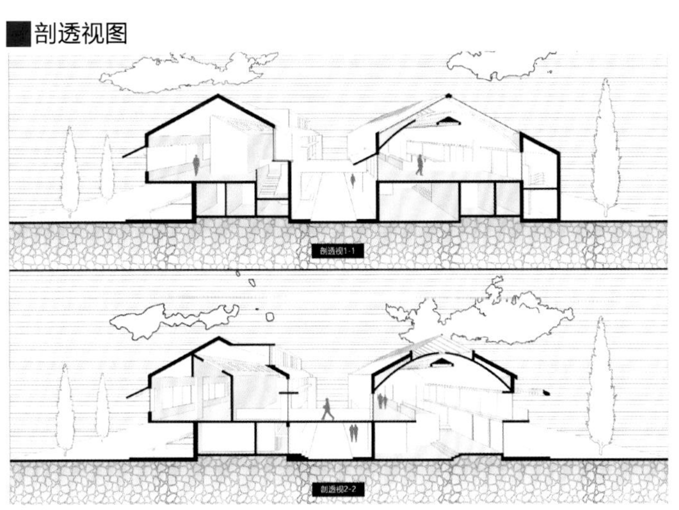

立面图

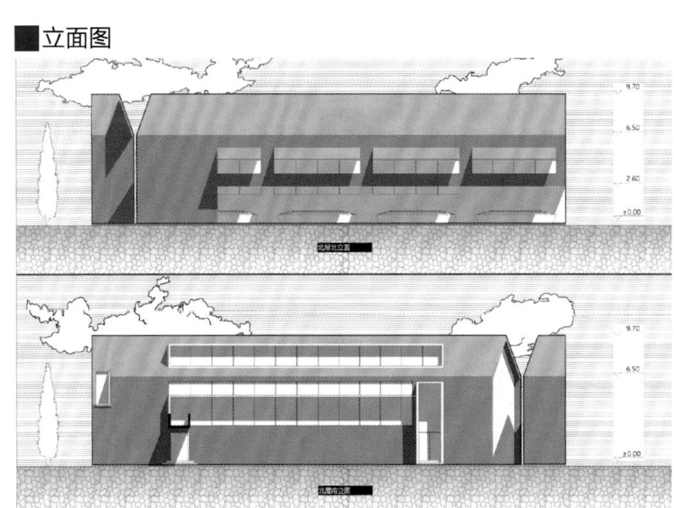

轴侧分析图

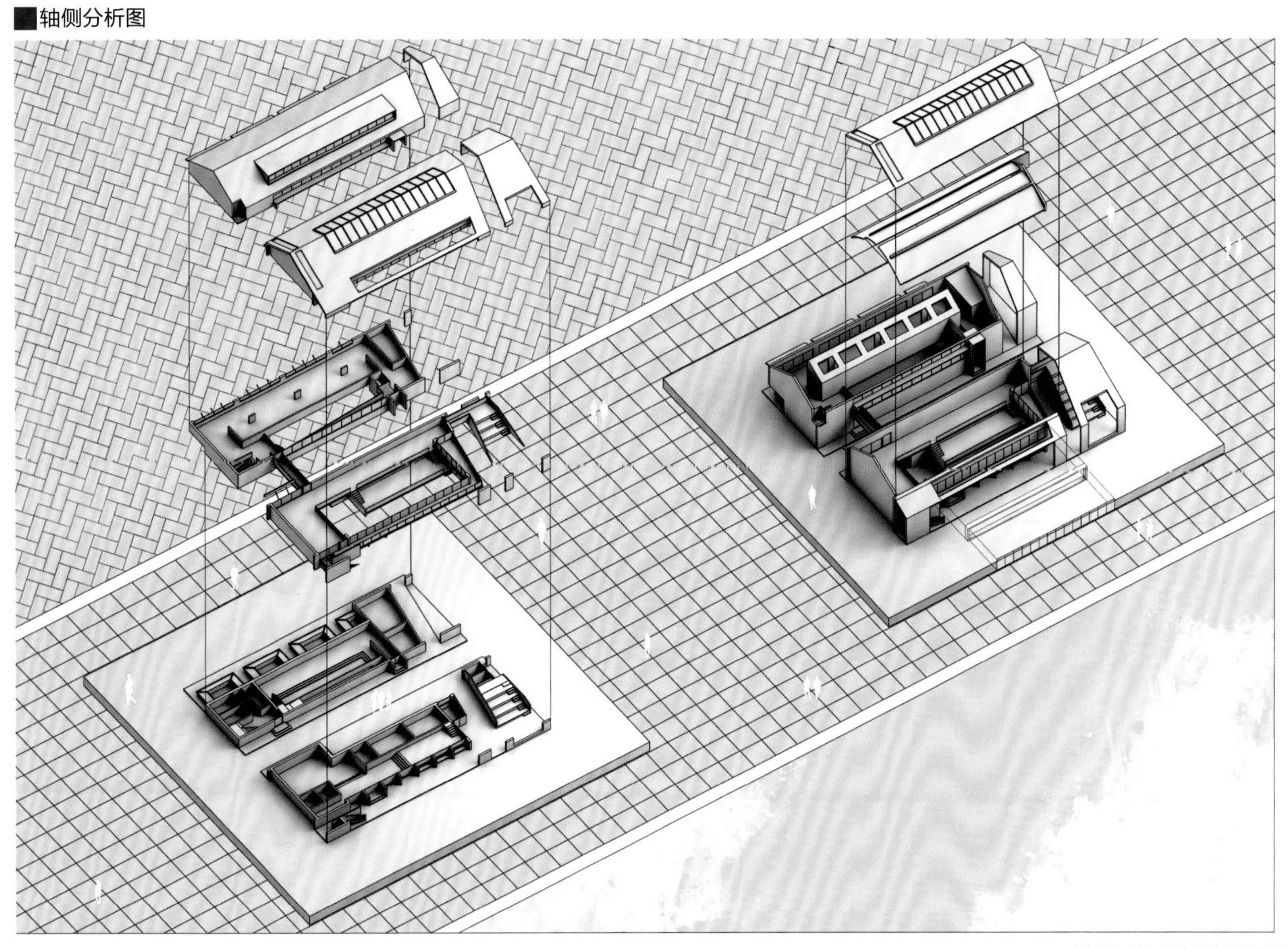

平行菜场

形式分析

形式呼应

菜市场的屋顶形式呼应苏州民居白墙黑瓦的坡屋顶

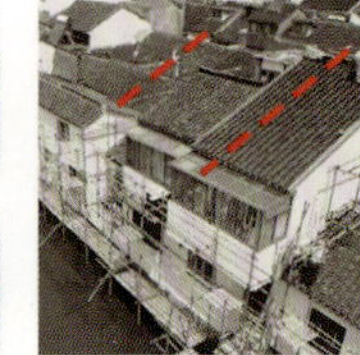

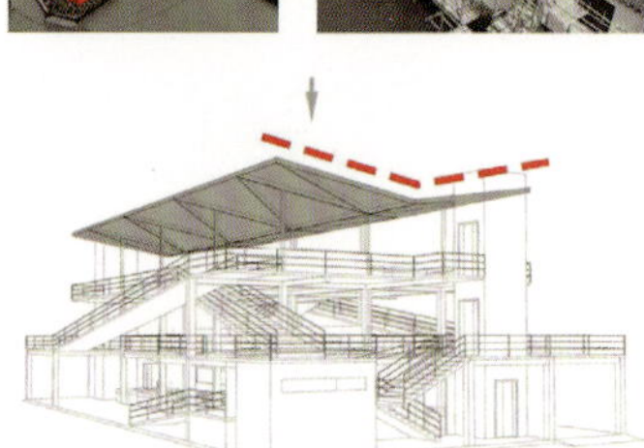

结构分析

结构

一、二层为钢筋混凝土框架结构，三层为钢结构坡顶

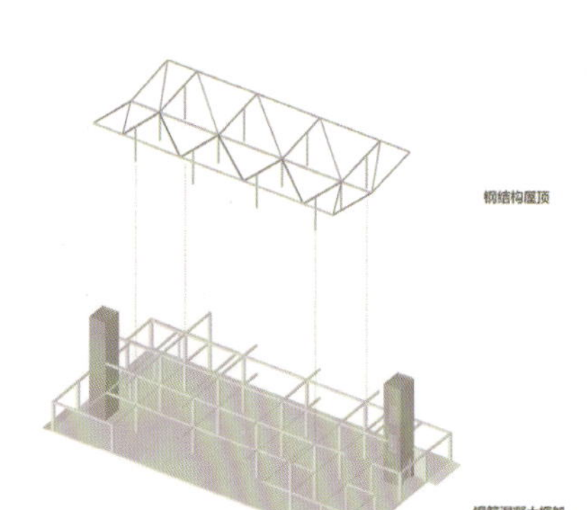

方案生成

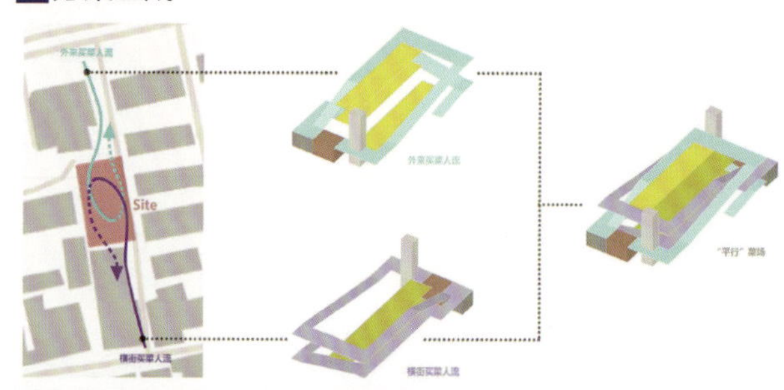

人视效果图

总平面图

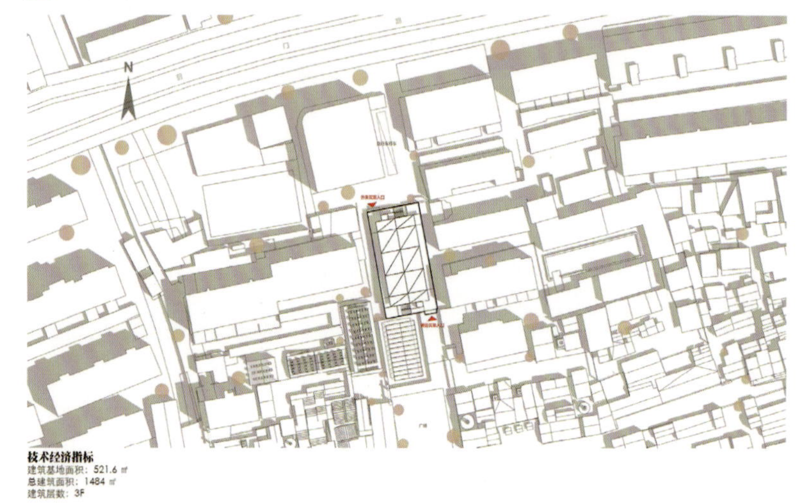

技术经济指标

建筑基地面积：521.6 ㎡

总建筑面积：1484 ㎡

建筑层数：3F

鸟瞰图

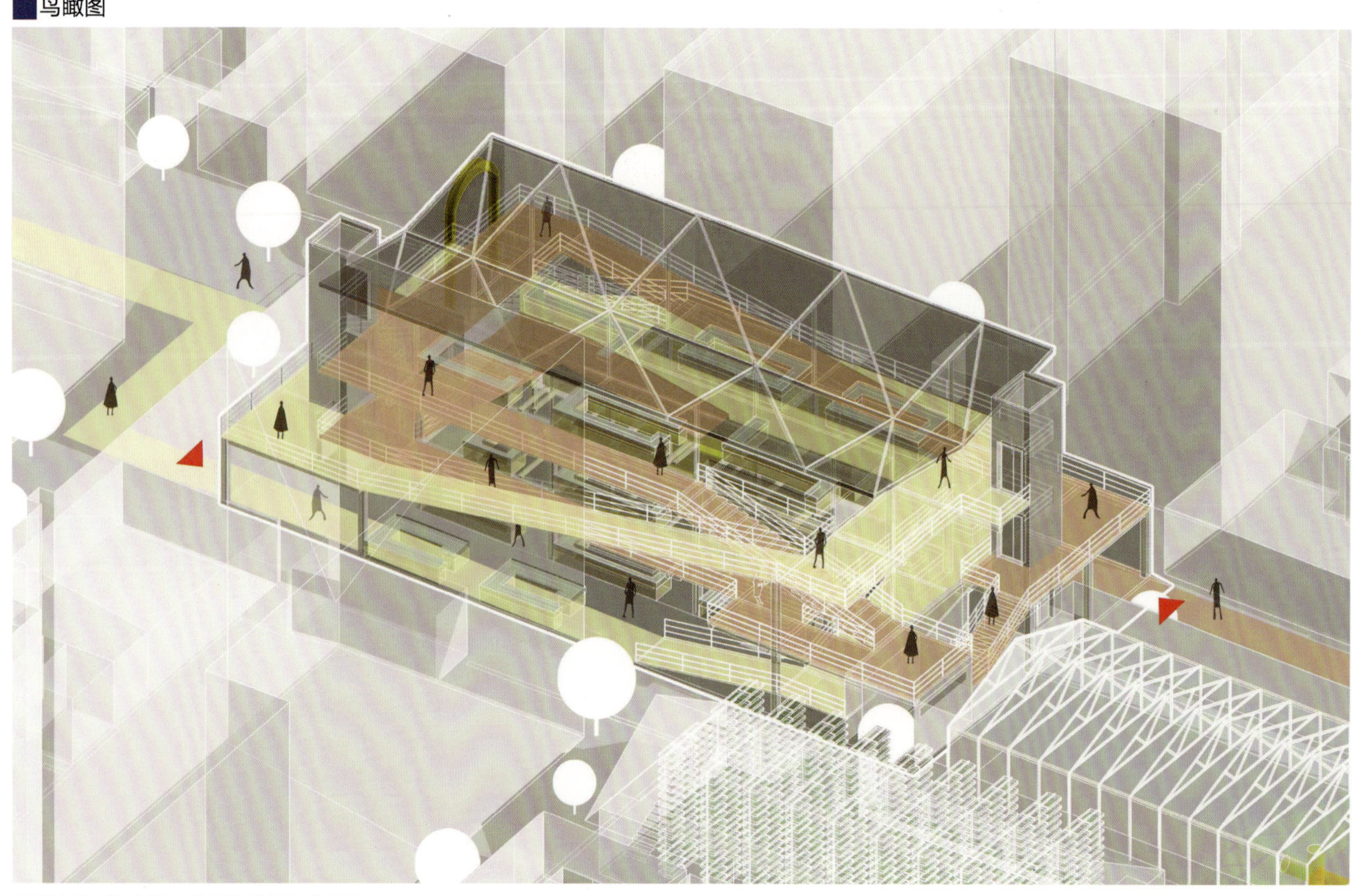

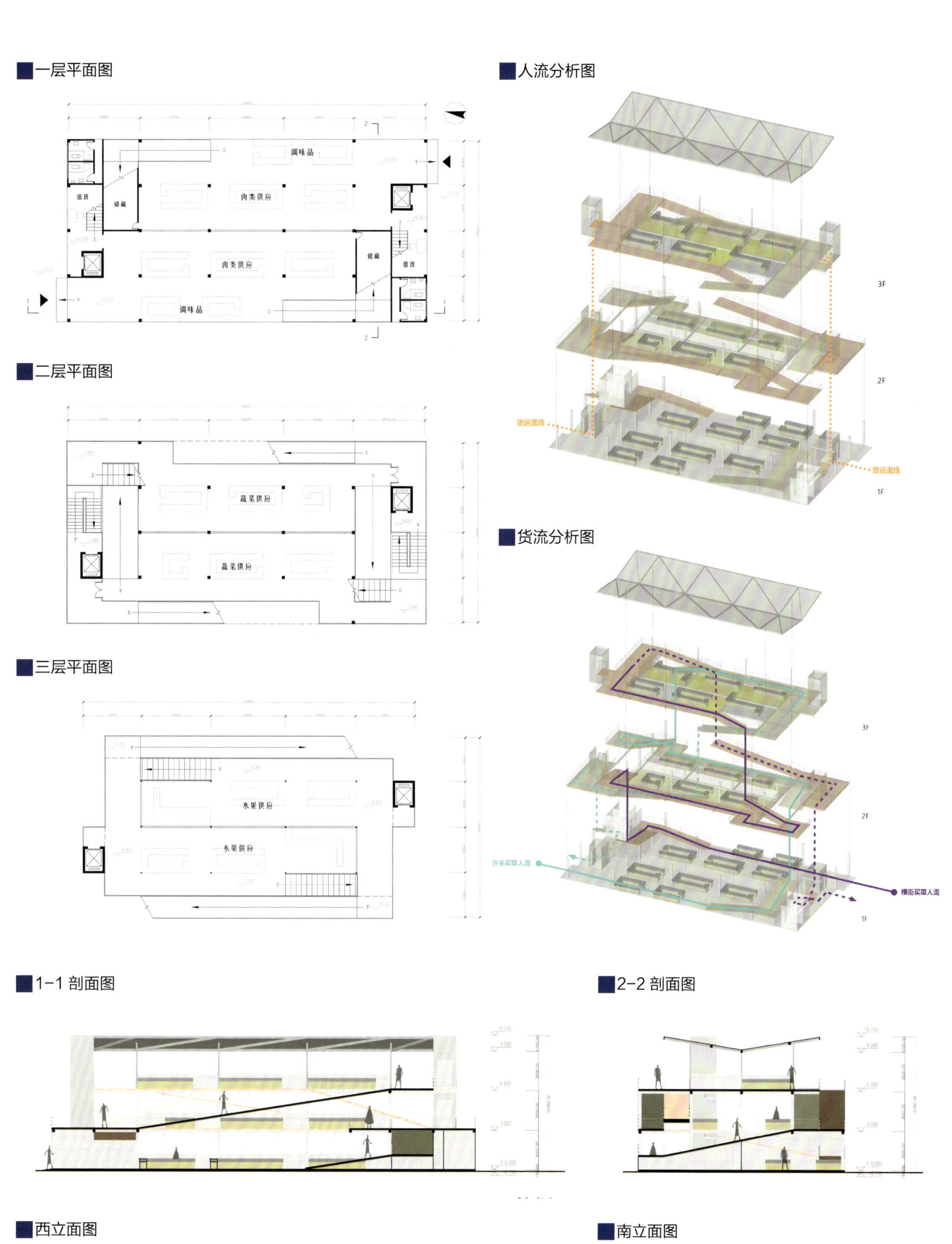
一层平面图
调味品
肉类供应
储藏
值班
二层平面图
蔬菜供应
三层平面图
水果供应
人流分析图
货运流线
3F
2F
1F
货流分析图
外来买菜人流
横街买菜人流
3F
2F
1F
1-1 剖面图
2-2 剖面图

西立面图

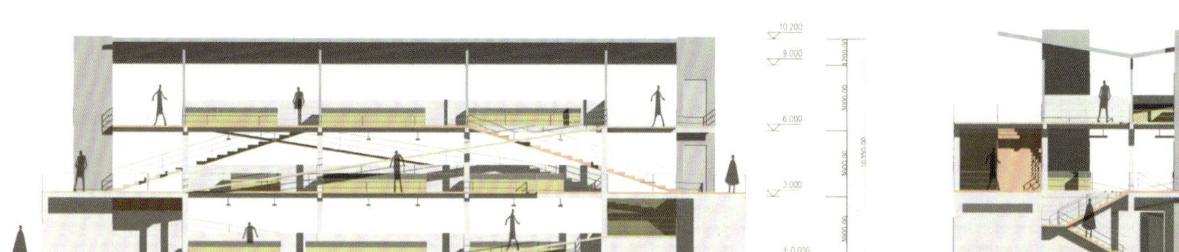

南立面图

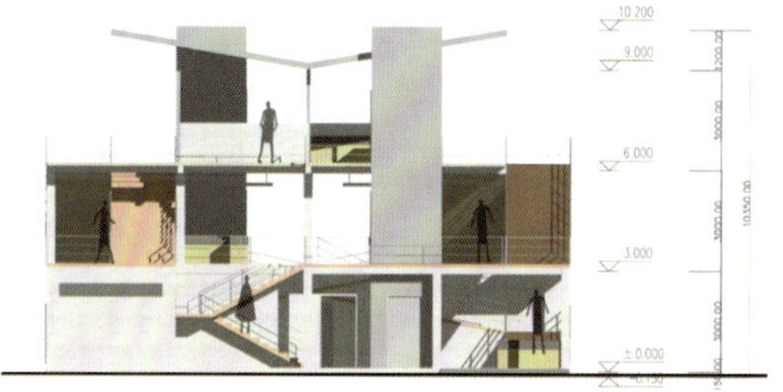

旧巷新生

场地位置及选择依据

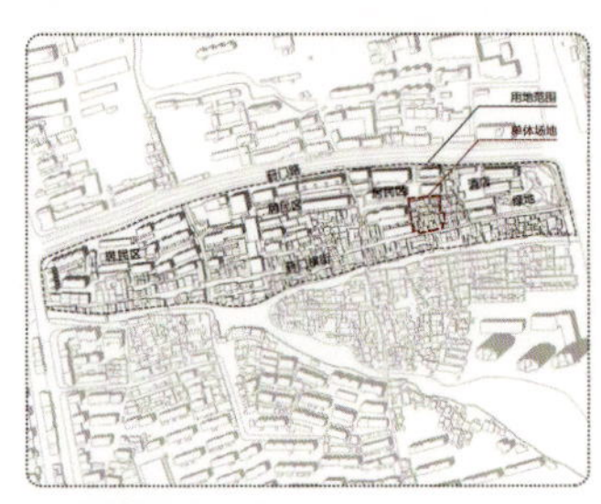
单体场地位于用地范围东南侧，靠近街角绿地

城市设计中需要改造的特定氛围街区

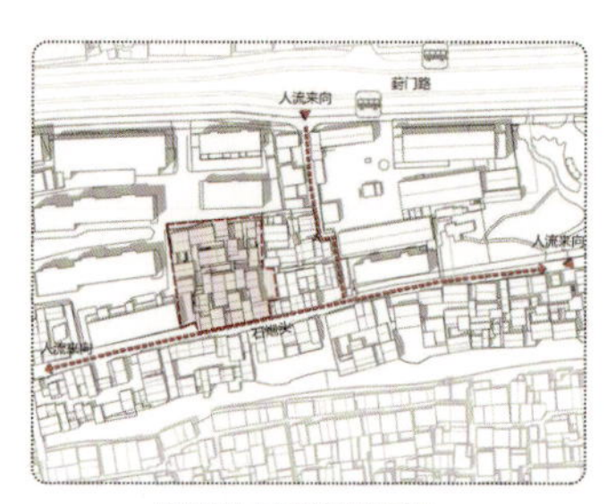
城市设计中规划的道路区域，
连接葑门路与横街，人流密集

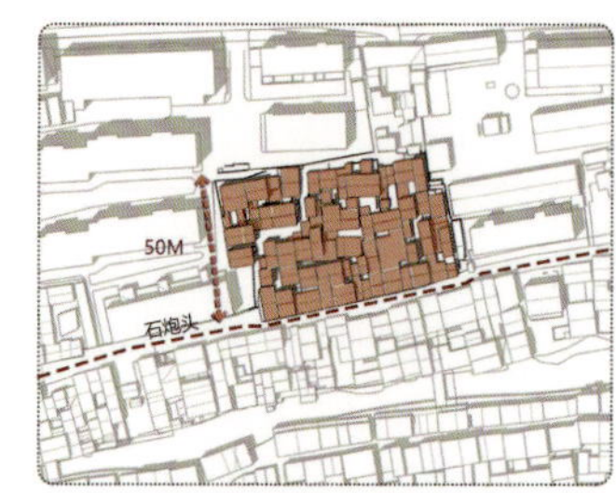

建筑保留清末民初的肌理及风格，
但街内建筑距离主街较远

功能选择

现状需求

固定店铺售卖，临时售卖，钟表、电器、锁具维修，日常社交及休憩等是横街现存功能中较为重要的功能，也是市井文化的体现，将这些功能延伸到单体的沿街部分

非遗再现

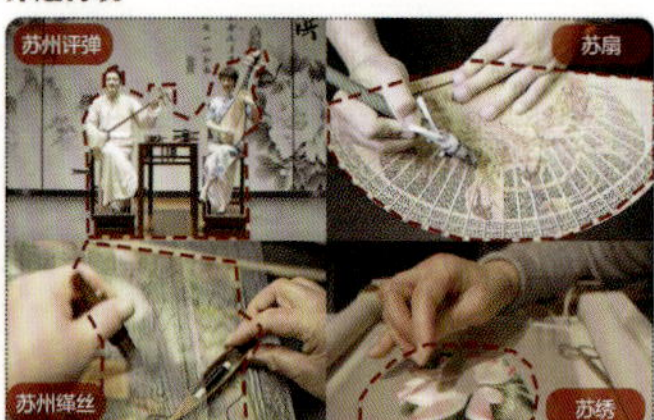

苏州共有 407 项非物质文化遗产，
但街内建筑距离主街较远

历史回溯

根据《姑苏繁华图》的记载，苏州历史上的商业区域有现场加工、曲艺展演、品茶休憩等功能，这些功能可沿用至今

方案生成

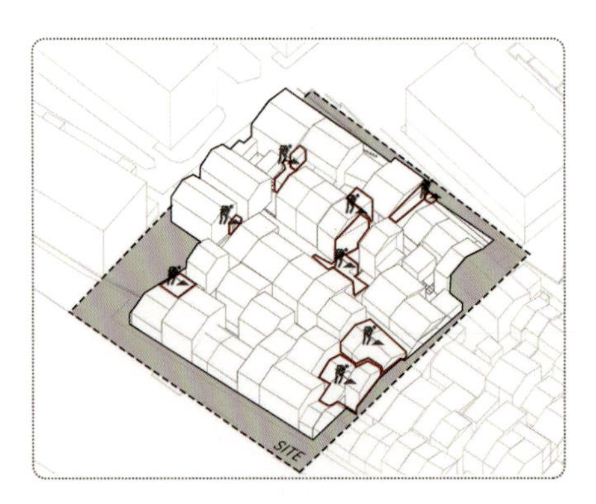

Step1：归置建筑形态，保留建筑肌理，拆除部分拥挤、矮小、偏转角度较大的建筑，形成公共空间

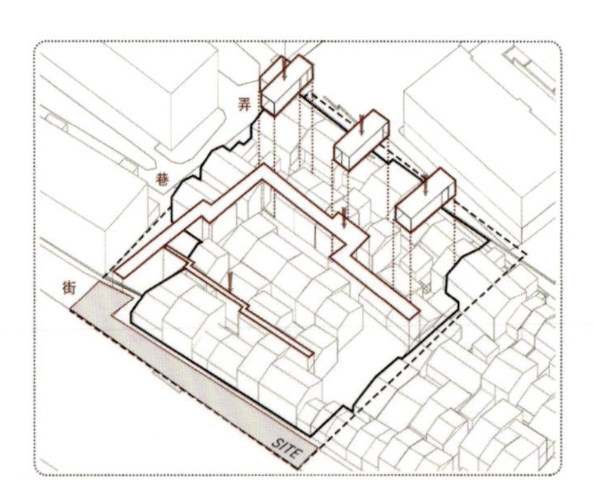

Step2：保留主街，结合建筑走向，重新对巷、弄进行规划，赋予不同的空间感受

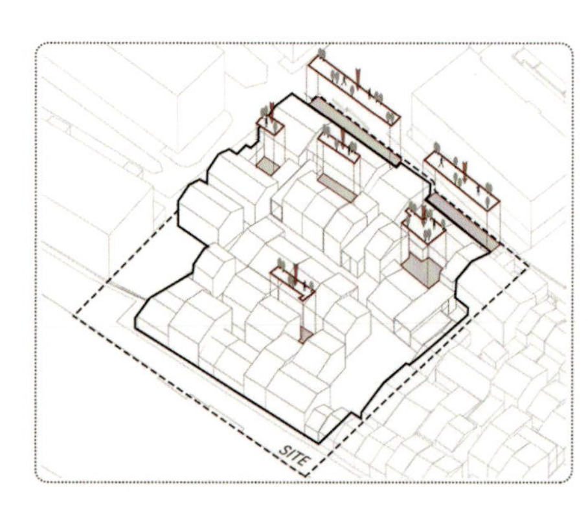

Step3：规整建筑，置入庭院空间，增加绿化，增强空间趣味

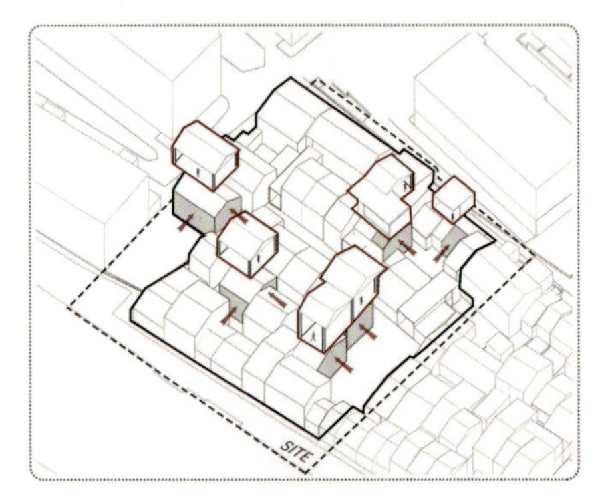

Step4：开放部分二层空间，解决建筑密度大、景观视野欠佳、缺乏休息平台等问题

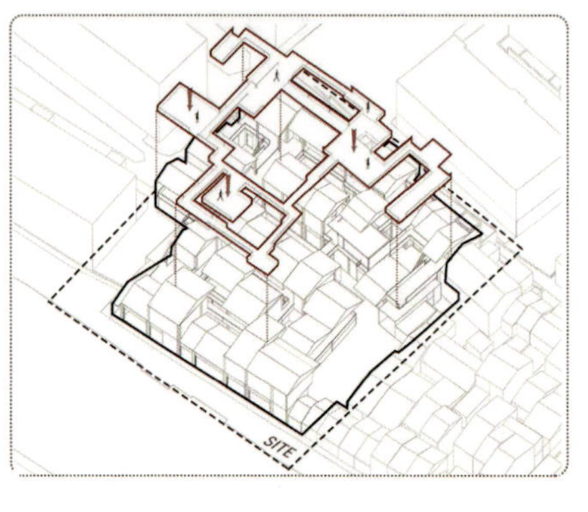

Step5：化用廊道空间，转译为二层外廊连廊，激活二层空间

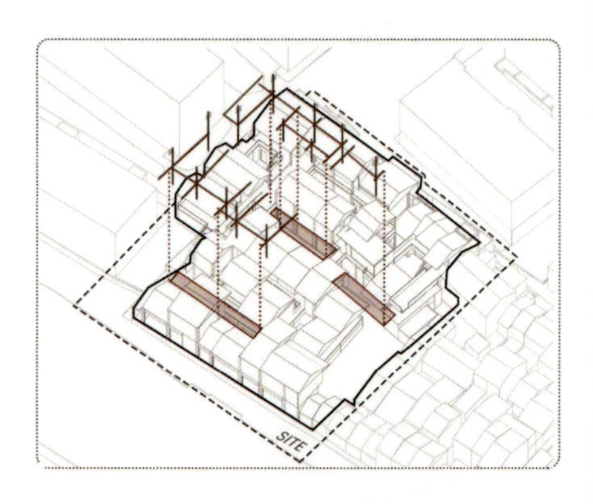

Step6：在街道中置入梁柱等杆件，增加临时售卖、空间延伸及休息空间

节点人视图

一层平面图

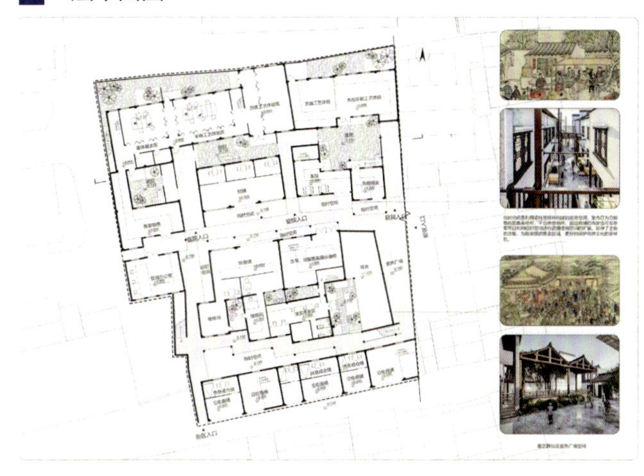

北立面图

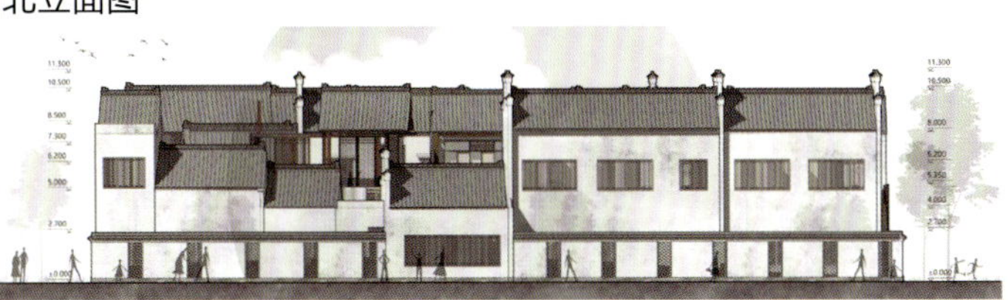

剖透视图

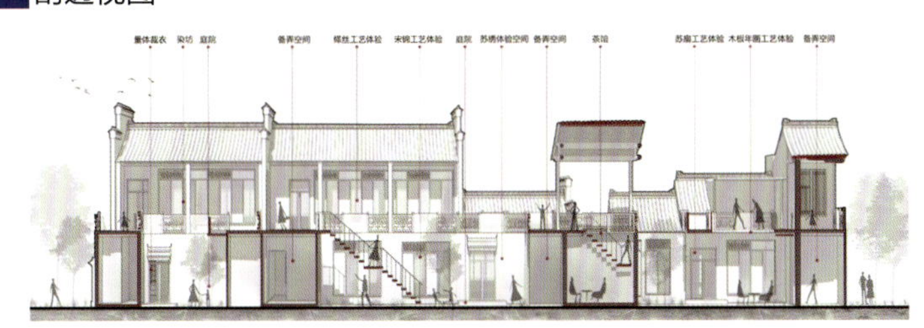

二层平面图

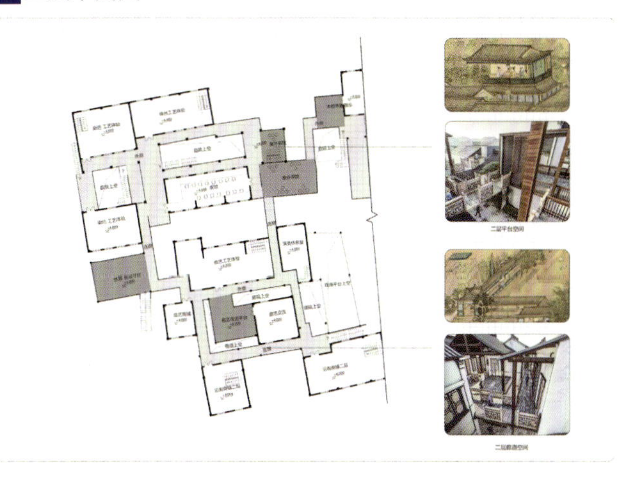

建筑流线分析图

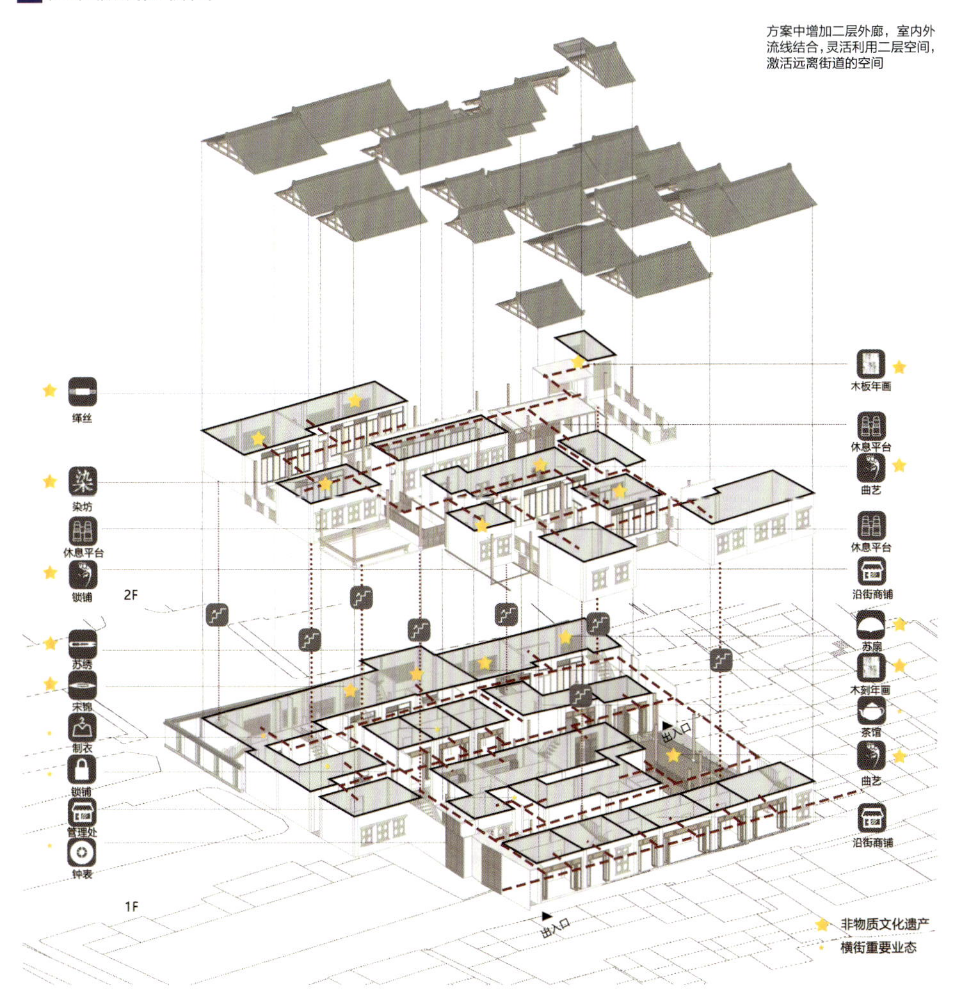

结构分析图

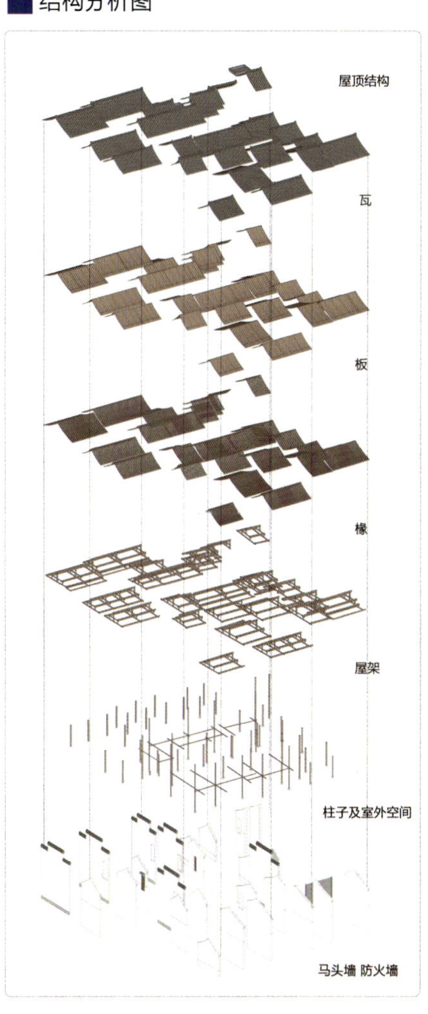

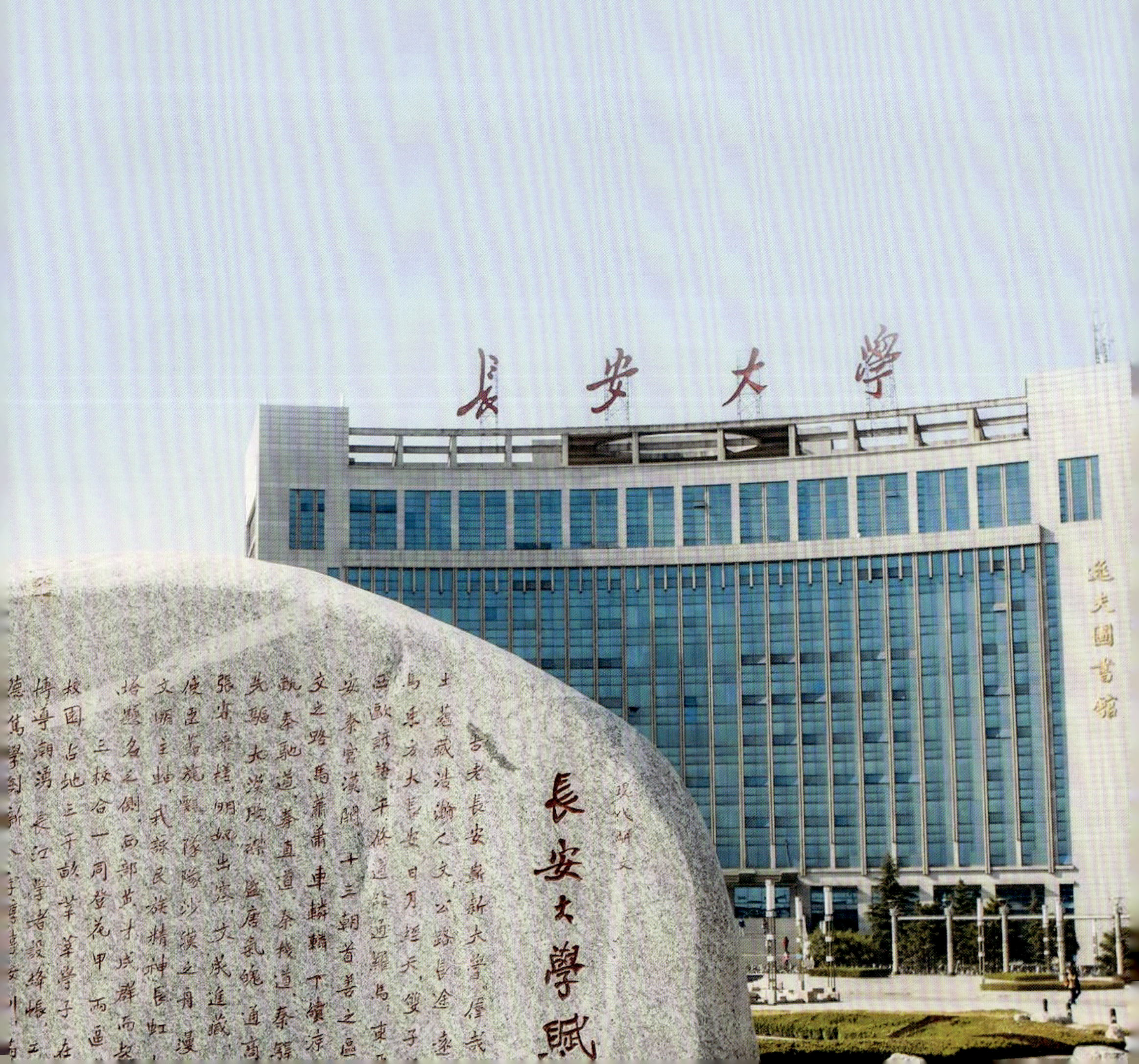
長安大學
逸夫圖書館
長安大學賦

教师感言

长安大学

刘 伟

卢 烨

感言

首先要衷心感谢苏州大学金螳螂建筑学院在这次名城四校联合毕业设计中的题目制定与精心组织，无论是人居环境的改善、历史文脉的传承，还是时空要素的制约，等等，都给师生们带来了印象深刻的思想交流与历练记忆。毕业设计是大学五年学习的最终成果检验，参加联合毕业设计又增加了额外的竞争压力。作为小组中的一员，每位同学都呈现出了良好的设计成果，表现出了良好的协作能力。这也增强了同学们在以后工作中的团队合作意识。在毕业设计结束时，大家都相约有缘再聚葑门横街，以弥补疫情下调研未能成行之遗憾，相信那时同学们的羽翼将更为丰满，天空也更为广阔。

毕业季末，个人还作为学院代表参加了在苏州大学举办的全国建筑学专业毕业设计研讨会，在进行场地寻访的过程中发现了很多真实的生活场景，并感悟到了城市发展中的种种现实问题。联合毕业设计题目的制定往往是基于城市设计的既有建筑改造及更新类型，这要求师生必须拓展视域，以专业的设计水准和技术能力体现负有社会责任的价值观，也以此验证建筑学科在社会发展进程中的持久生命力。而在联合毕业设计的活动组织中，苏州大学等院校不断提升仪式感和成果总结水平，亦是今后毕业设计迈向“联合、交流、创新”的榜样。

隐于市·显于世

长安大学
Chang'an University

小组成员：白文琦、叶锦超、王　晋、夏青阳
指导老师：刘　伟、卢　烨

第一阶段：熵评判地图绘制

第二阶段：运用熵增、熵减策略

第三阶段：城市更新前后熵值对比

设计说明

本次设计选址位于江苏省苏州市姑苏区葑门横街片区，葑门横街在历史上也曾经繁华一时，然而经过上百年的发展，今天的葑门横街呈现出了混乱无序的现象，因此我们提出了“熵”这个概念，旨在通过熵值的大小来衡量葑门横街片区的混乱度，并通过熵增、熵减手法对横街进行城市更新改造，使横街朝着熵平衡的方向发展。

在调研阶段，我们以道路、文化、居住三个主要方面为指标建立了葑门横街的层次分析法（AHP）评价分析模型。通过设计调研问卷和分析问卷结果，我们发现葑门横街存在 4 个熵值变化剧烈的地方 。在城市更新层面，我们从宏观到微观分别提出了场域活化、场所疏导、场景拼贴、装置植入四个城市更新策略，并且形成了葑门横街 、景观轴线这两条主要的场地轴线，在南北向形成了三个次轴线。我们通过横街主轴线和景观轴线来串联四个主要的改建建筑和景观小节点，使横街能点连成线、线交织成网，打破横街片区原来居民区、横街、葑门塘割裂的局面，加强横街发展的互动性和交融性，使横街在未来的发展中实现熵平衡。

设计感悟

谈到本次毕业设计，刚开始我想运用苏州传统的元素去塑造展览馆的形体。接下来，其实很大程度上受到老师和舍友的启发，展览类建筑更多的是从内部空间和光影的角度去分割空间，这也让我想到了路易斯康的一些服务与被服务空间的设计，到这儿解题思路已经明朗一些了。我最想说的还是名城四校联合毕业设计这个平台，它让我结识了苏州大学、厦门大学和青岛理工大学的一些非常优秀的同学，让我们一起交流、共同进步。

——白文琦

设计之初涉及个人的建筑观点：建筑不单代表屋顶墙体的完形，还应该处于一定的场域当中，并和人的行为、环境发生一定关系。建筑物是人类活动的产物，伴随着人类的生产活动产生出各色的构筑物。这些构筑物虽非出自建筑师之手，却呈现出独特的魅力。

本次设计选取苏州三个典型产业——织染、铁艺和鱼丸生产，当地还保留着古法的传统。但是现代化的生产模式使这种充满智慧的文化和活动行为处于消亡的边缘。设计的目的是使这种传统得以保留和改进，以免沦为博物馆的展品。参加本次联合毕业设计，我不仅增强了团队协作的能力，还认识了外校很多优秀的同学，大家相互学习交流。也很感谢有这样的平台，让我们能在同一片场地下设计出很多有个性的方案。

——王晋

该建筑位于葑门横街的东边区域，由前期的城市设计熵值评价分析可知，这块区域的熵值较低，缺乏活力，拟在该地块新建一座“商业 + 活动中心”的综合建筑。在功能上：1F 主要延续葑门横街的商业布局，引进年轻人喜欢的业态；2~3F 则开放给市民作为活动中心，拓展更多活动空间，作为天气情况不佳时社区公园的功能补充。在流线上：因为南北为主要的人流来向，所以 1~2F 的流线主要围绕 C 形庭院展开；3F 的流线发生错位，围绕右边的阶梯庭院展开，且在 3F 设计了面向公众开放的景观漫游连廊，可以从不一样的视角去欣赏葑门景观。在空间造型上：主要以葑门老旧建筑的尺度和肌理为出发点，通过开放中心两个 C 形庭院，使原本割裂的景观公园和老旧建筑产生联系与互动。同时将建筑东南面朝葑门街和小公园打开形成活泼的退台室外空间，让市民的运动活力和葑门的烟火气息在这一点交汇。

通过这次的联合毕业设计，我学习到了很多知识和技能，发现和解决了一些平时没有注意到的问题，也成长了许多。同时，能够和这么多的同学一起学习和成长，我感到十分开心和满足，希望未来大家都能继续成长和进步，实现每一个小目标。

——叶锦超

当我们说“有温度的”菜市场时，其实我们说的是一股烟火气。

毕业设计还是在摇摆不定的心境下结束了，所想、所虑、所求甚多，但末了很多想法还是难以表达。联合毕业设计给了我向队友和老师学习的机会，给了我反思自己五年大学建筑学习的时间，让我学会了沉淀经历，学会表达自己的诉求与想法，知道自己的目标、特长与不足。好与不好，开心或焦虑，本科学习都已经结束，希望最后留给长大的自己一个笑脸。

——夏青阳

个人设计作品

白文琦　玥映葑门——熵变视角下葑门横街片区社区展览馆设计
叶锦超　古茗葑门——熵变视角下葑门横街片区商业活动中心设计
王　晋　苏州葑门横街产业更新设计——Carlo Scarpa 手绘分镜引导下的在地性产业研究
夏青阳　凡市·繁世——熵变视角下葑门横街历史街区更新设计

1. 隐于市 · 显于世——熵变视角下苏州葑门横街片区更新改造设计研究

1.1 背景分析

苏州肌理

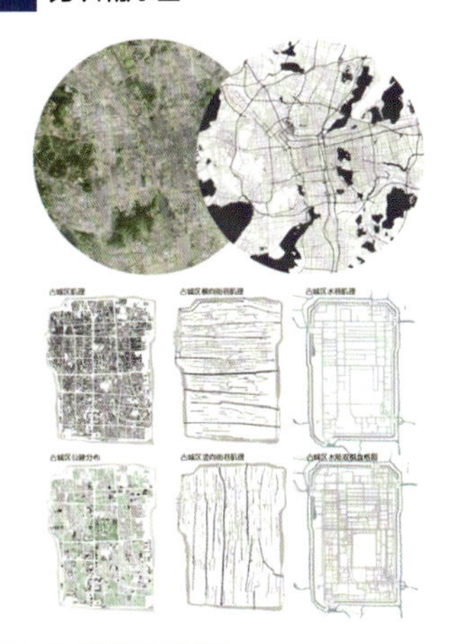

历史演进

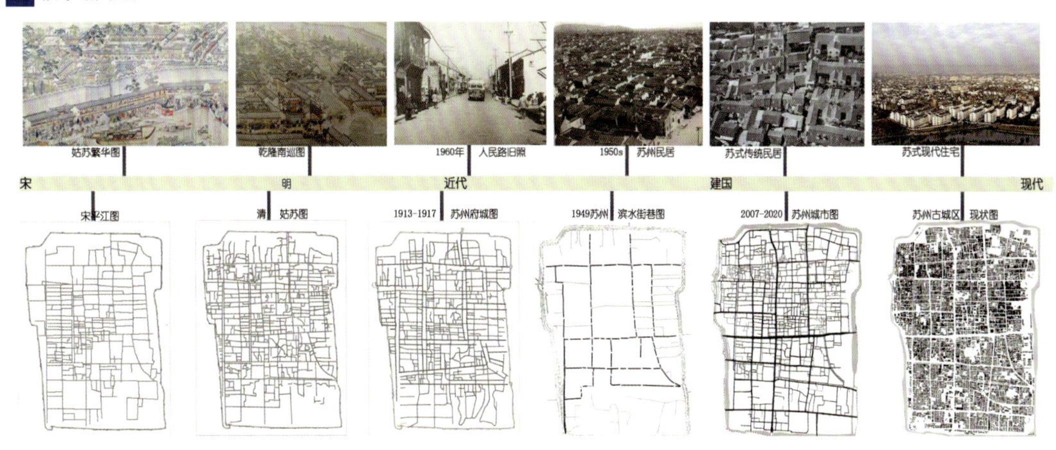

1.2 场地分析

用地概况

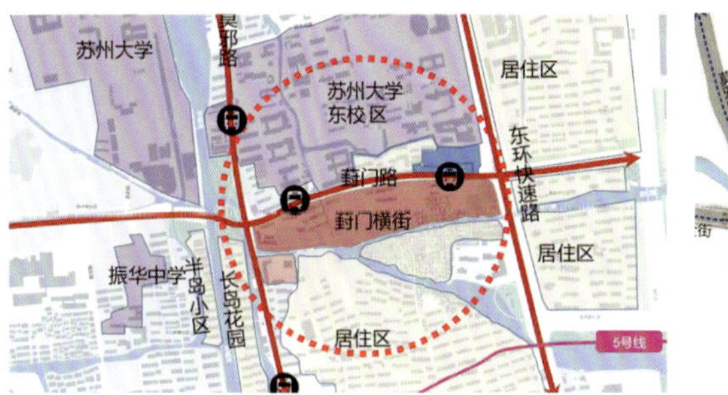

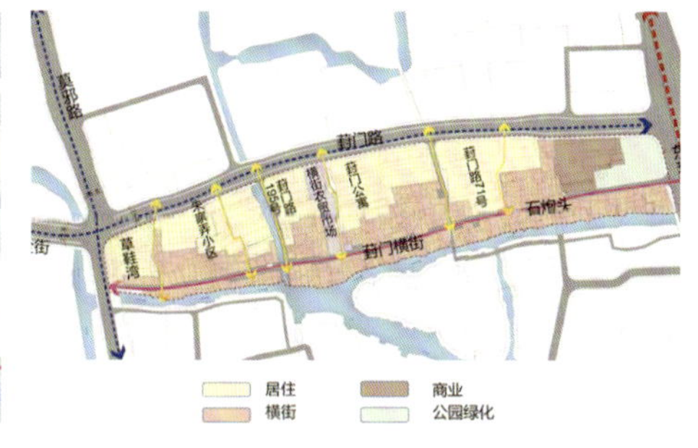

场地肌理

1.2.1 宏观场域肌理分析

古在区建筑肌理：以高密度低层住宅为主

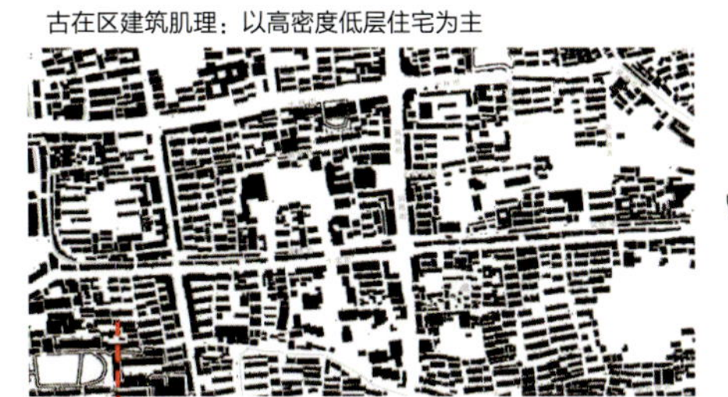

横街建筑肌理：高层或低层建筑兼而有之，肌理多样

苏州工业园区建筑肌理：以高层现代建筑为主

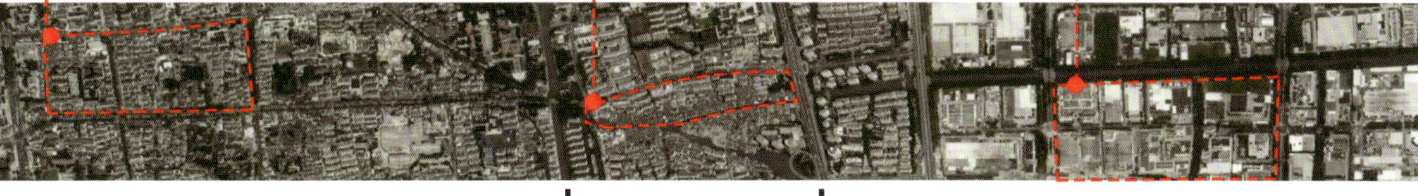

古城区　　基地位置　　苏州工业园区

1.2.2 微观场所肌理分析

自建房：20 世纪 90 年代初，建筑类型主要为低层高密度住宅，肌理杂乱，居住环境较差。

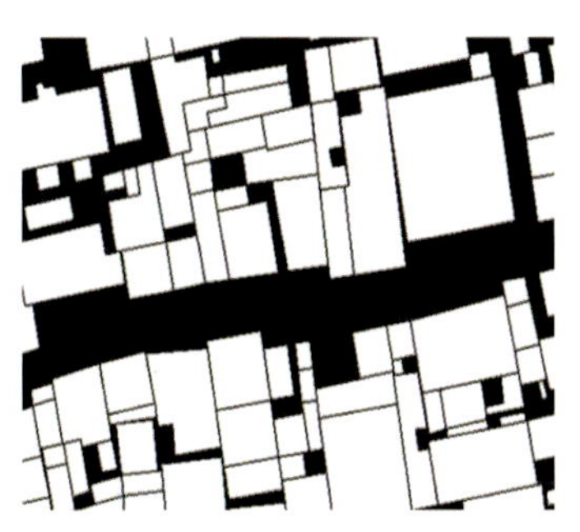

商业街：清末民初前街后河的商铺布局模式，是葑门横街主街上最有特色的模式。

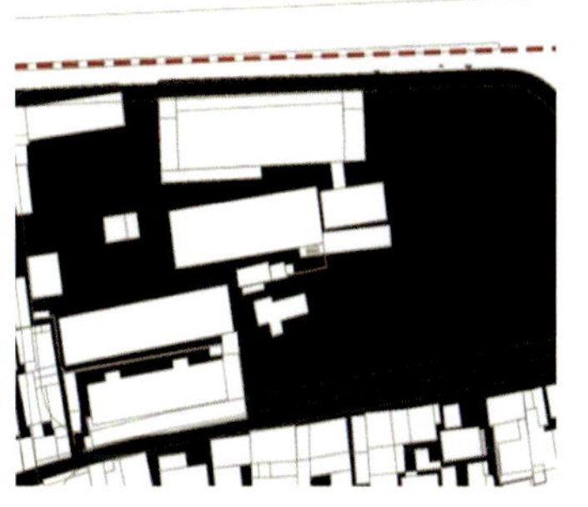

酒店商业：21 世纪初，商业功能较为不规整且老气的建筑组群。

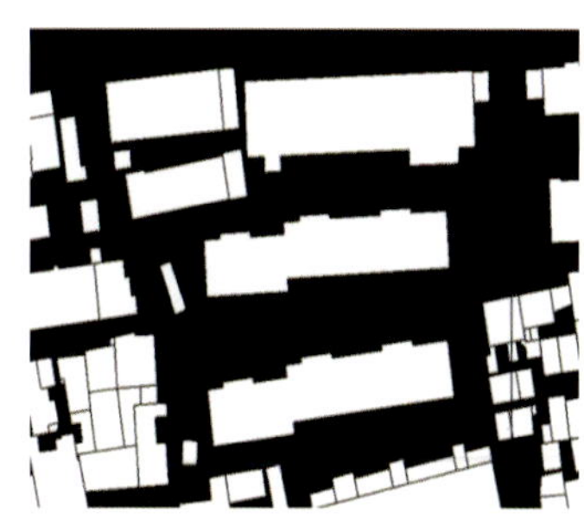

现代小区：2010 年以来，建筑的类型主要为高层现代住宅，居住环境好。

场地热力评估

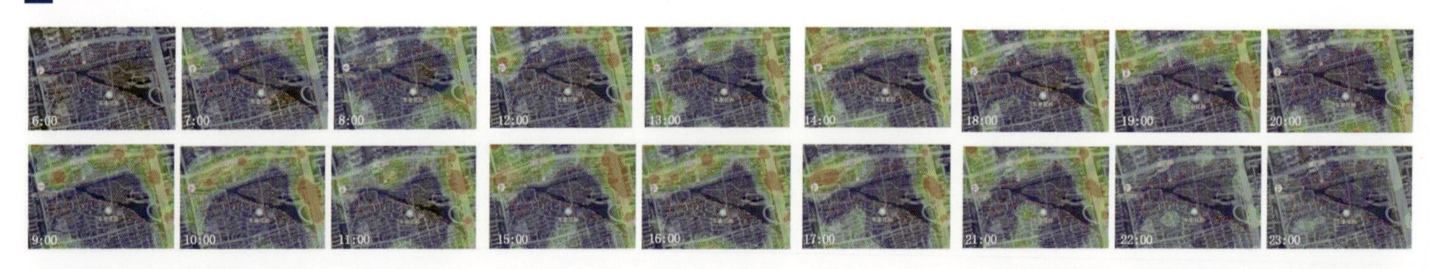

由对葑门横街街区全天的热力值进行的不间断的研究可知，其一天中的人口高密度集聚现象出现在白天阶段，而晚上和夜间的集聚程度相对较弱甚至热力值为 0。此变化趋势说明更多的市民选择在休息日白天出行，充分运用街区内的各类功能空间来放松身心、愉悦心情，晚餐时间过后开始回到住所结束出行。进一步可以得出：街区空间在日间被更多地驻足与穿行，在夜间相对少一些。

场地功能业态

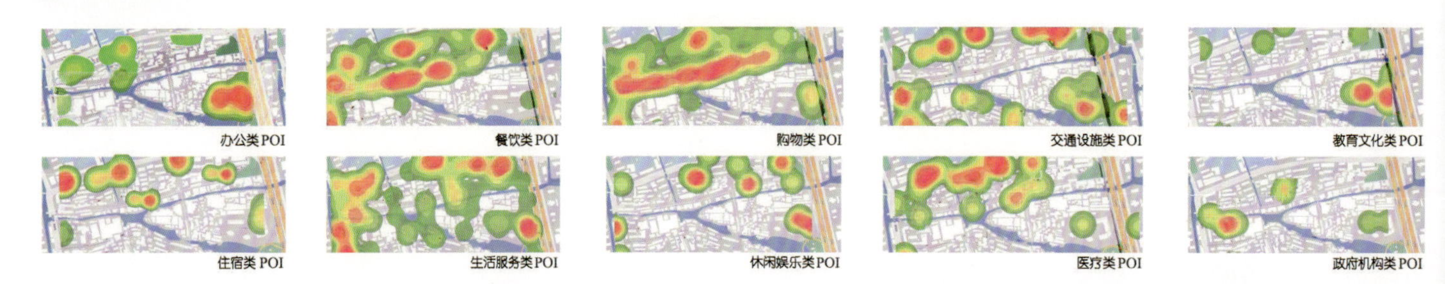

利用应用程序编程接口（API）软件生成各功能业态的兴趣点（POI）数据分析图，数据结果可以有效体现葑门横街街区内不同功能业态之间相互交融的聚集程度，即业态聚集度。通过将采集的的不同类别 POI 数据通过空间坐标进行可视化表达可以看出，业态分布较为密集的区域为北侧葑门横街沿线。除去购物、餐饮、生活服务类，其他如政府机构、办公企业、科教文化、金融等各类业态在空间中整体分布差异性较为明显，街区功能格局框架不合理，不能成功支撑空间活力的再生再造。在葑门横街街区中，各类功能业态基本覆盖了整个葑门横街主街，但是在街区内的其他片区，各类业态分布极度失衡。

1.3 街巷分析

基地交通分析

街巷尺度分析

街巷风貌

问题总结

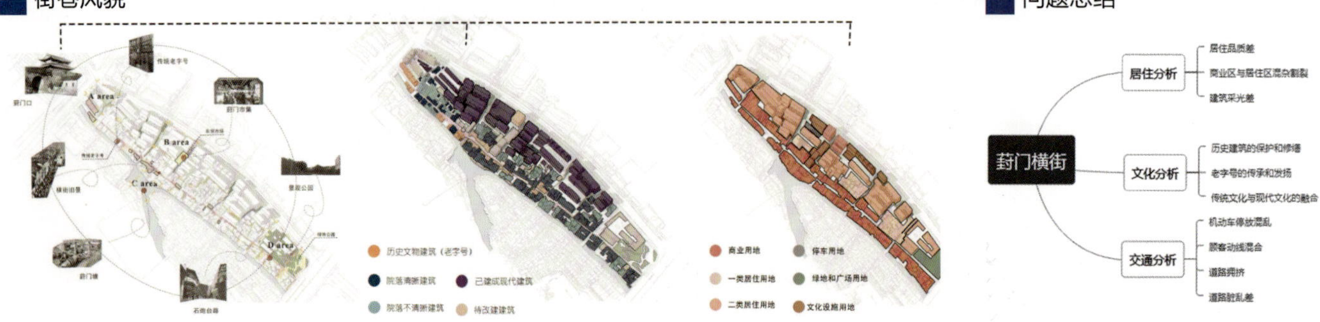

1.4 文化分析

生活文化

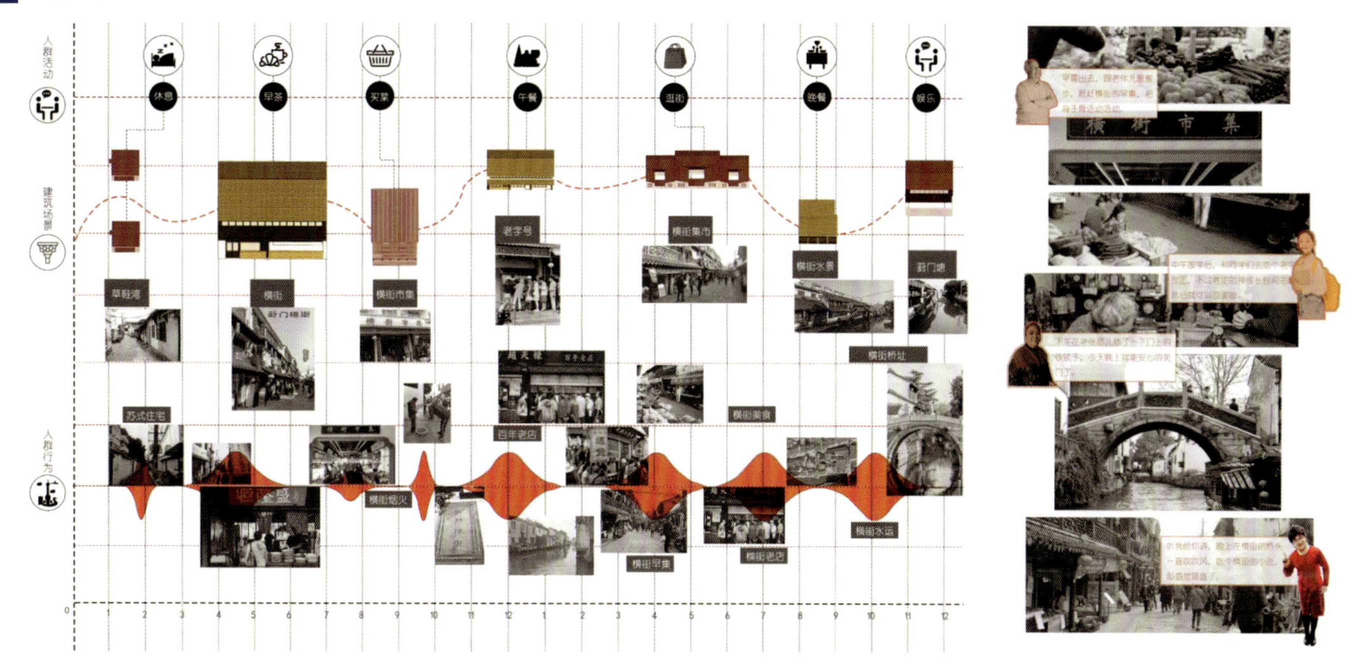

民俗文化

春 Spring	夏 Summer	秋 Autumn	冬 Winter
贺年 Jan 1st	清明扫墓 Apr 5th	乞巧节 Agu 4th	冬至节 Nov 9th
灯节 Jan 15th	轧神仙 Apr 14th	立秋 Agu 7th	腊八节 Dec 8th
邓尉探梅 Feb 15th	立夏 May 5th	中秋节 Agu 15th	除夕节 Dec 30th
百花生日 Feb 20th	端午节 Jun 3th	中元节 Agu 12th	

美食文化

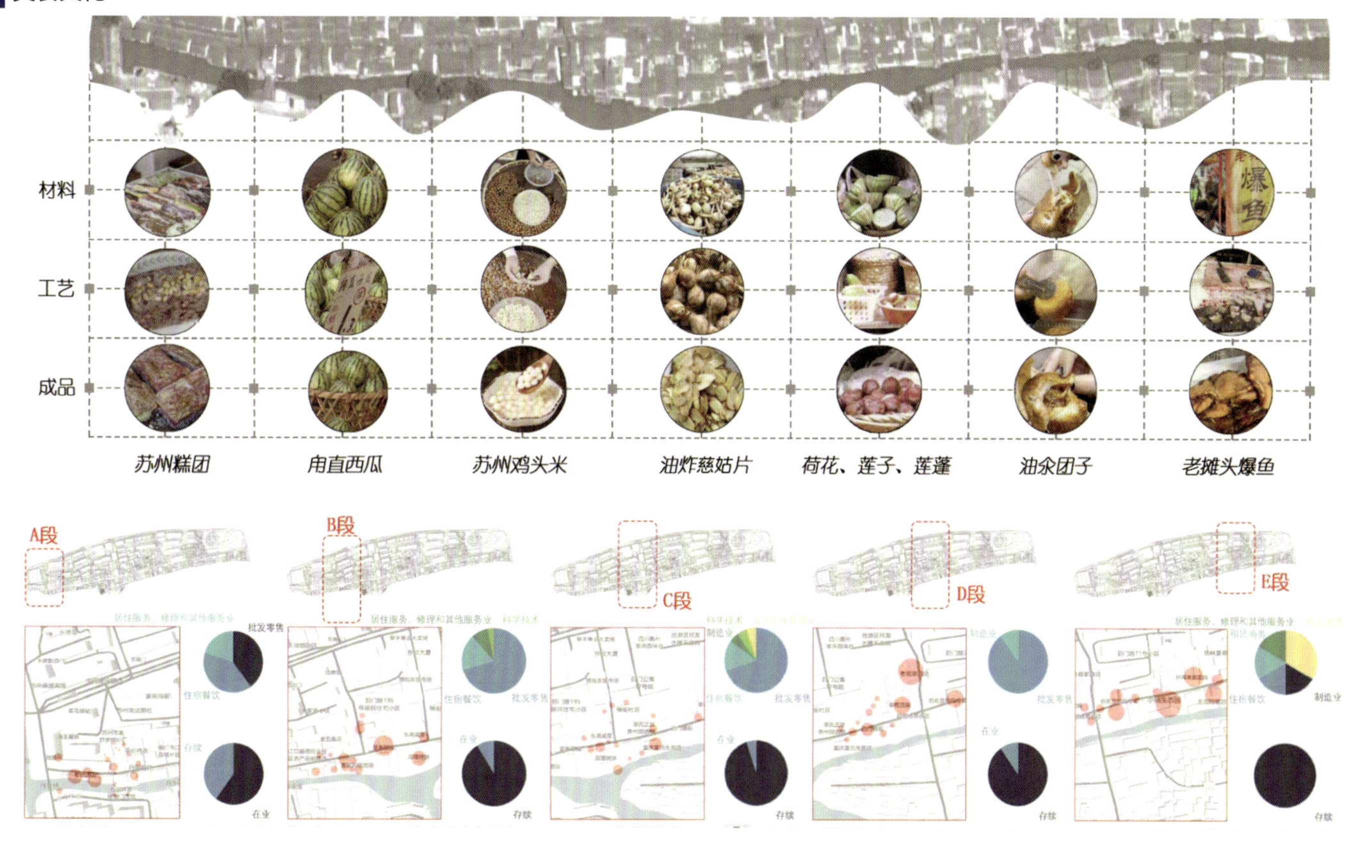

1.5 概念分析

理念来源

The Law of Entropy Generation

（基于熵增定律的城市空间探讨）

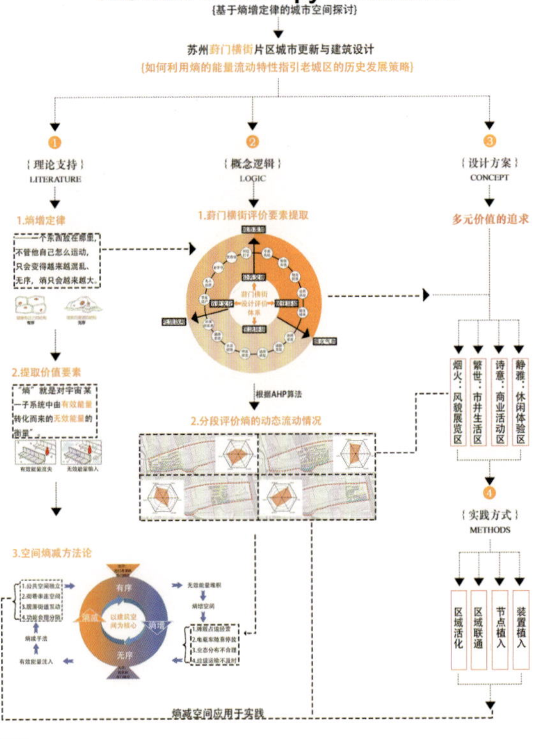

何为历史街区

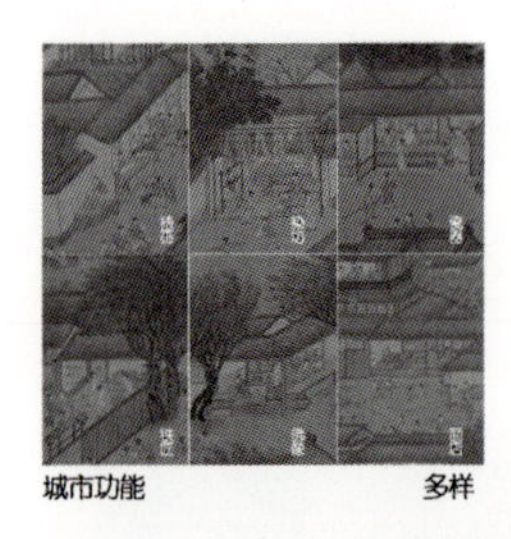

城市功能　多样

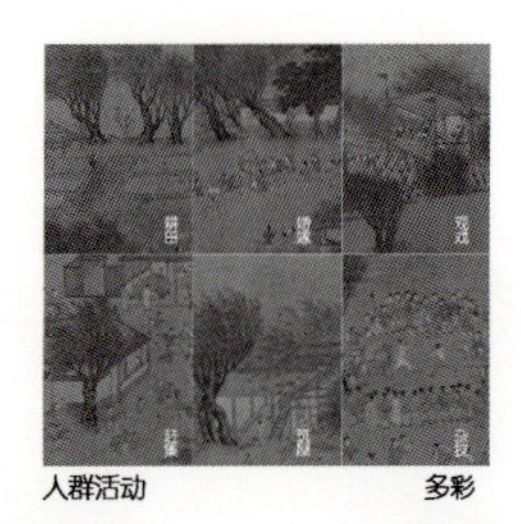

人群活动　多彩

空间肌理

历史符号　物质与非物质

文脉传承　由古至今

历史街区作为城市空间的重要组成部分，是我们理解城市的功能活动、风土人情、建筑空间的重要途径。熵是描述物质能量流动的物理量，随着时间的流动，每个物质、城市的每个空间都在发生变化。我们如何借助“熵”的模型，来衡量老城区多元化的历史街区的空间活力？

何为“熵”

解读“熵”：称量一件事物的混乱度，代表秩序与无序

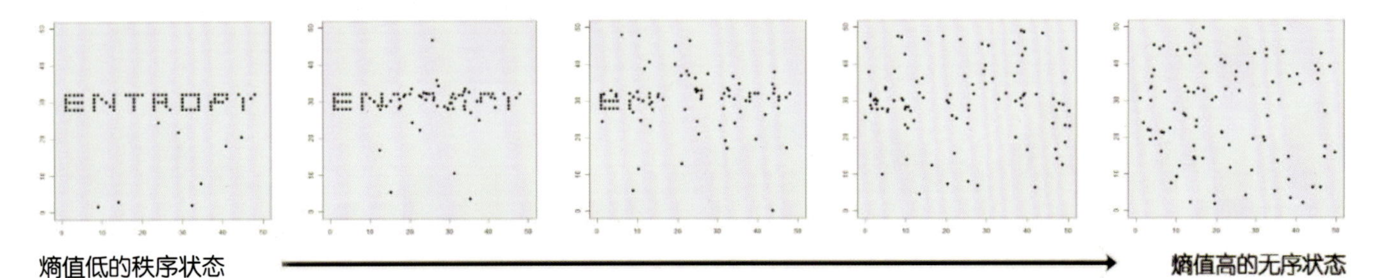

熵值低的秩序状态 → 熵值高的无序状态

解读“熵的流动”：

“熵增”：事物由有序变得无序、混乱的过程　　“熵减”：事物由单调、有序变得灵活、自由的过程

小到细胞

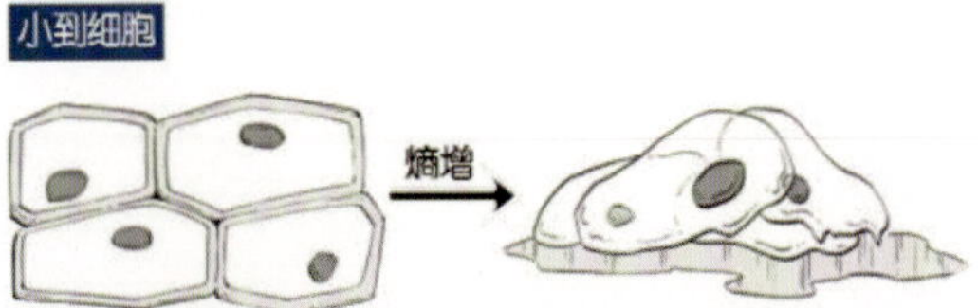
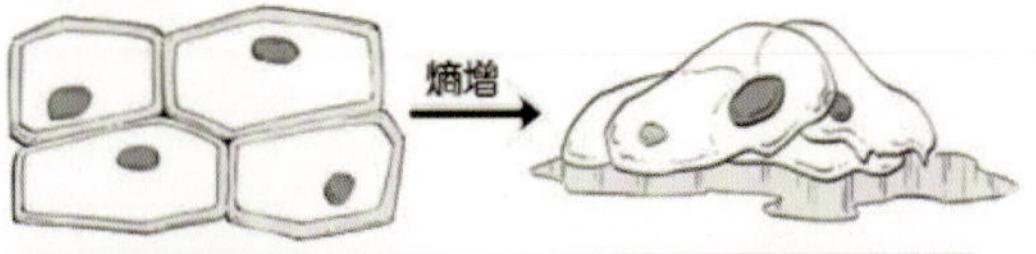

有序：健康有活力的结构　无序：破败而衰老的结构

大到生物体

尘归尘　土归土　弃养　尽早立遗嘱

有序：生命体　无序：一命呜呼

或者建筑空间

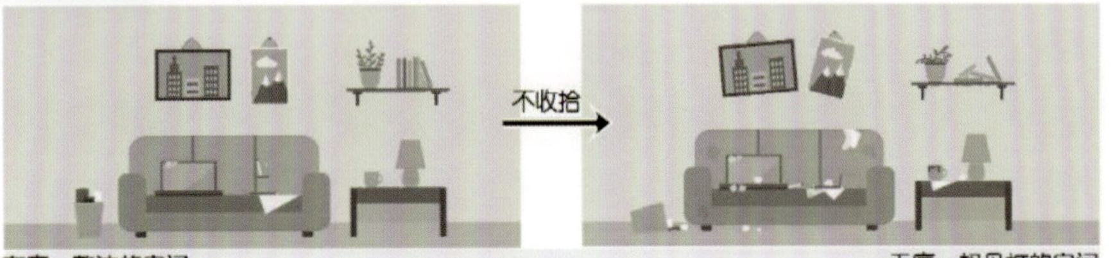

有序：整洁的房间　无序：妈见打的房间

又或者城市的一个区域

年久失修

有序：日益维新的片区　无序：废墟

是不是只能熵增？

无序：一盘散沙　有序：沙雕

人的活动是不是也遵循“熵”的流动规律？

有序：你的军训　无序：你喜欢的躺平　有序：如果国家需要

1.6 熵的应用

应用原理

我们能否将熵值的增减规律应用到城市空间的评价与设计指导上？如何将年久失修的无序、混乱空间进行熵减处理？如何将单调无趣、过于有序的空间进行熵增处理？

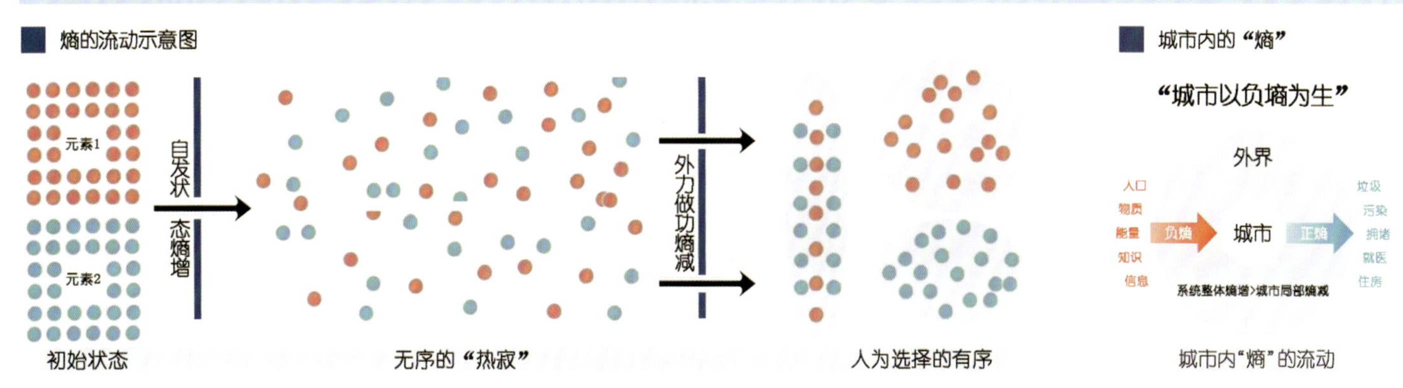

应用方式

Step 1 熵增空间

Step 2 AHP 分析法

公共交通	路网密度	道路情况	水系情况	道路老旧程度	环境脏乱差
路网密度	1	½	2	⅓	⅓
道路情况	2	1	2	½	⅓
水系情况	½	½	1	¼	¼
道路老旧程度	3	2	4	1	½
环境脏乱差	3	3	4	2	1

历史文化	历史建筑遗址	美食老字号	葑门菜市场
历史建筑遗址	1	⅓	½
美食老字号	3	1	2
葑门菜市场	2	½	1

居住环境	平面布局	独立院落	公共场地	民居物理环境	租赁需求
平面布局	1	½	¼	2	⅓
独立院落	2	1	⅓	3	3
公共场地	4	3	1	3	2
民居物理环境	½	⅓	⅓	1	¼
租赁需求	3	⅓	½	4	1

Step 3 模型生成

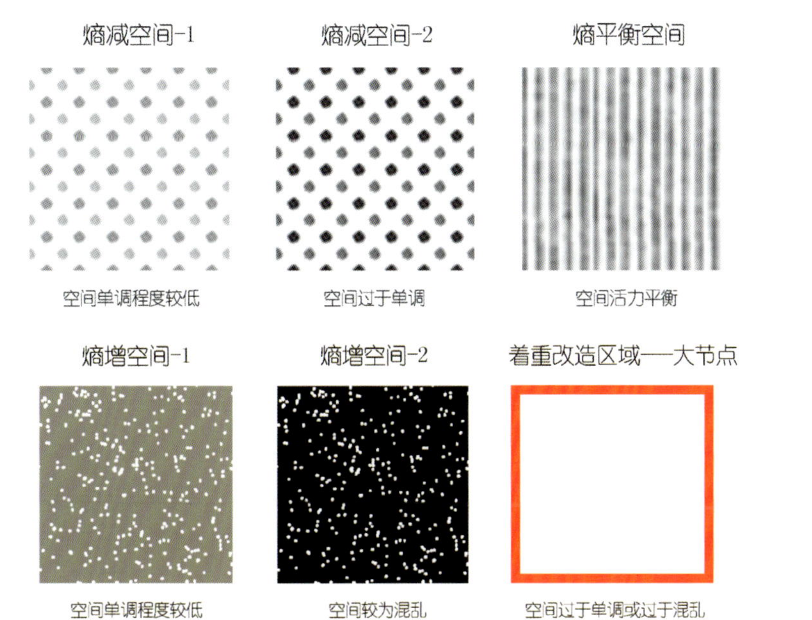

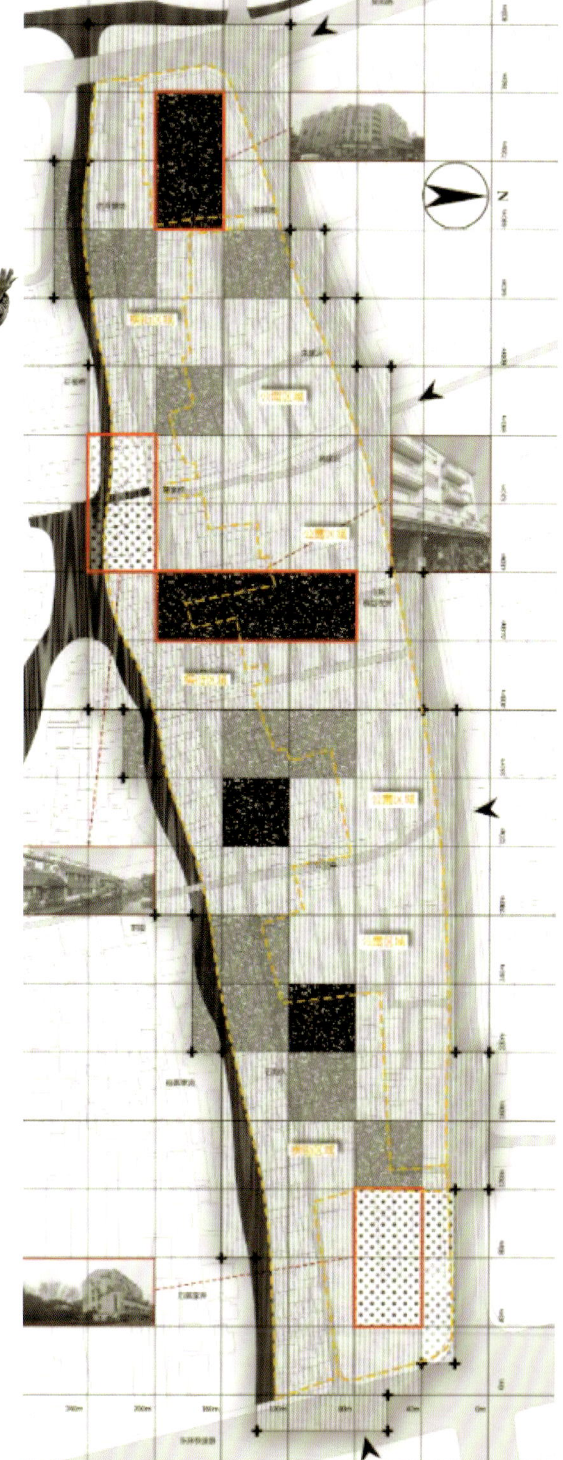

1.7 规划总平及分析

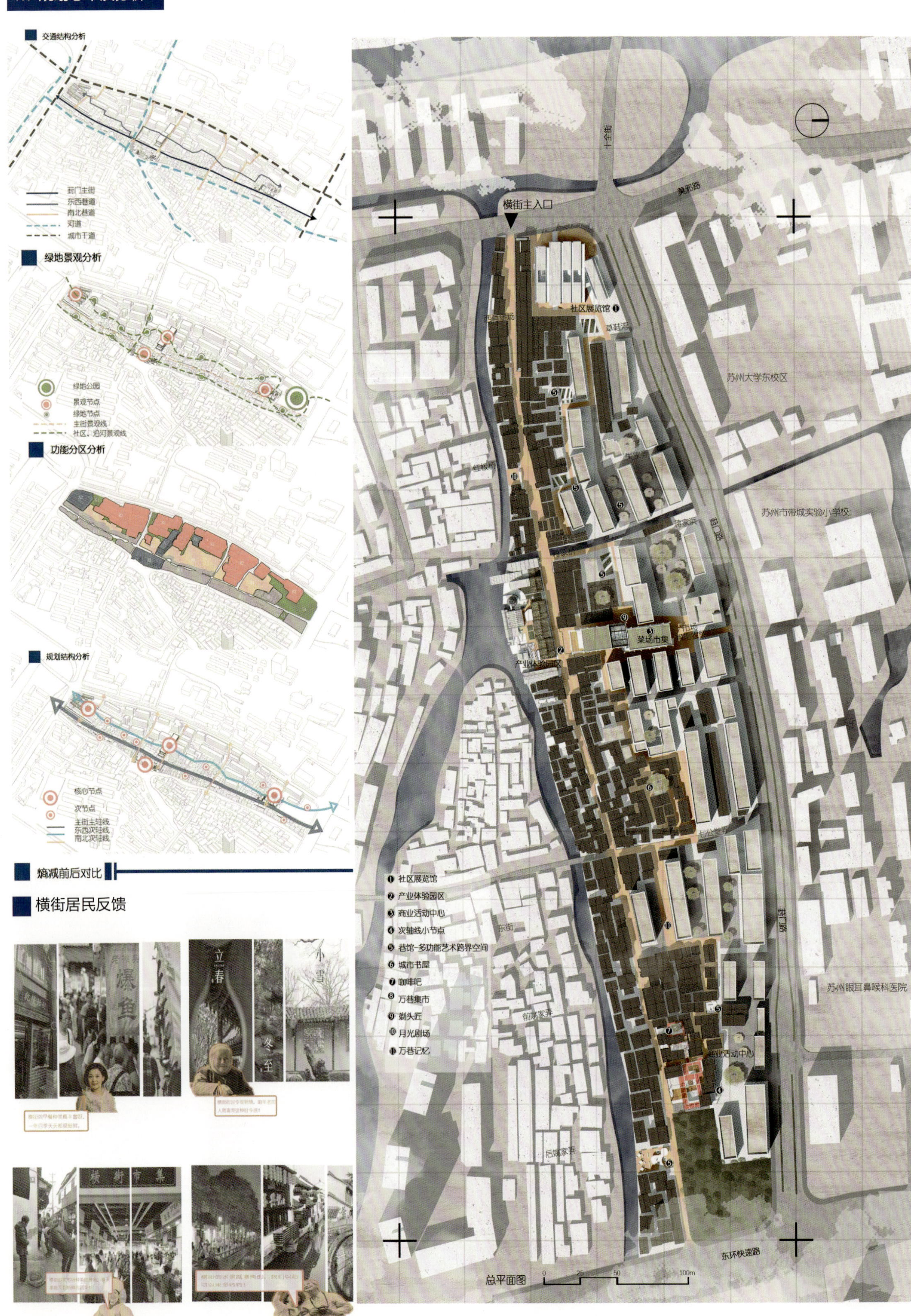

交通结构分析
葑门主街
东西巷道
南北巷道
河道
城市干道
绿地景观分析
绿地公园
景观节点
绿地节点
主街景观线
社区、沿河景观线
功能分区分析
规划结构分析
核心节点
次节点
主街主轴线
东西次轴线
南北次轴线
熵减前后对比
横街居民反馈
横街主入口
社区展览馆
草桥弄
苏州大学东校区
苏州市带城实验小学校
菜场市集
产业体验园区
葑门路
苏州眼耳鼻喉科医院
商业活动中心
后庄家弄
前庄家弄
东环快速路
❶ 社区展览馆
❷ 产业体验园区
❸ 商业活动中心
❹ 次轴线小节点
❺ 巷馆-多功能艺术跨界空间
❻ 城市书屋
❼ 咖啡吧
❽ 万巷集市
❾ 剃头匠
❿ 月光剧场
⓫ 万巷记忆
总平面图
0 25 50 100m
立春
冬至
小雪
横街市集

1.8 改造成果

效果图

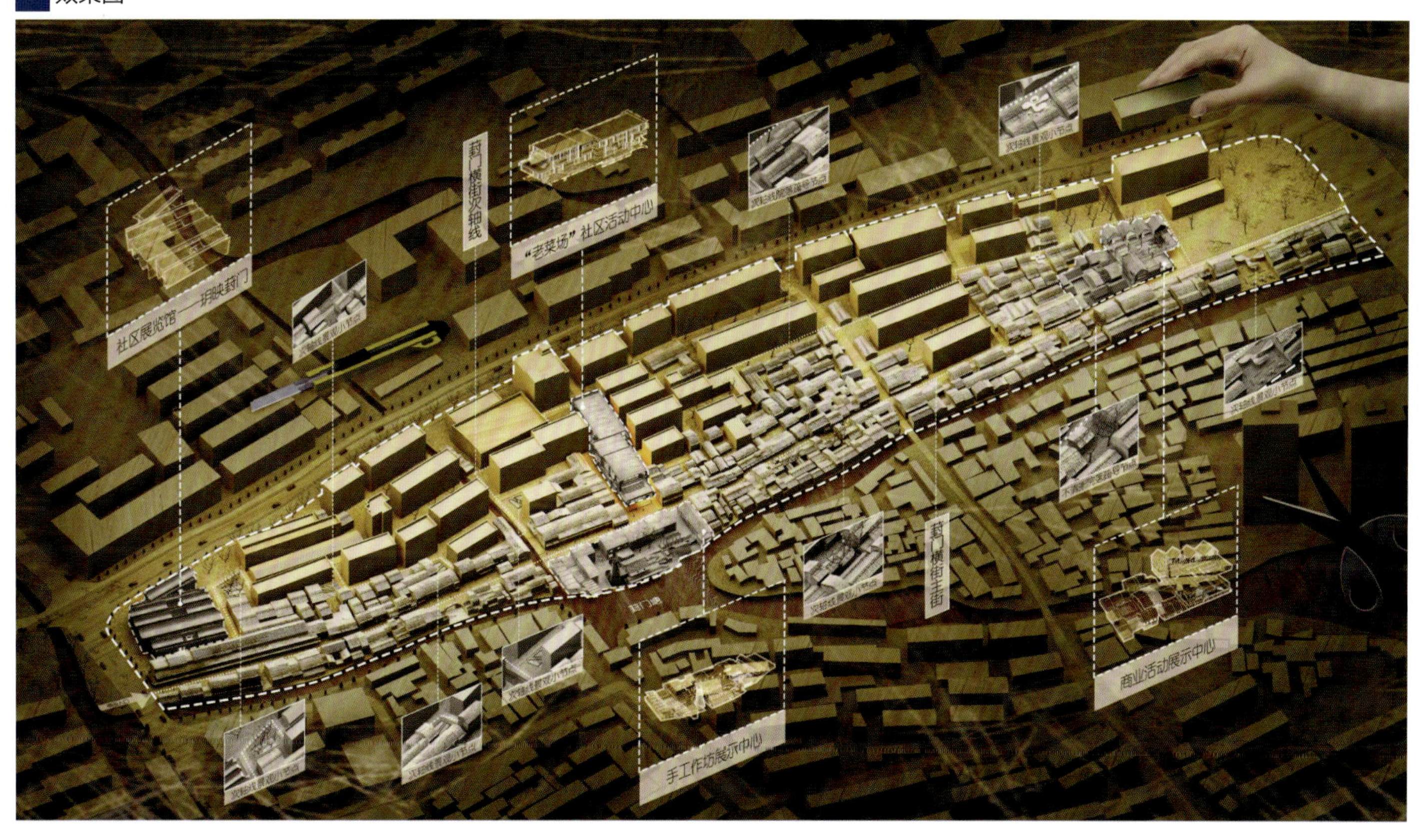

熵减前后对比

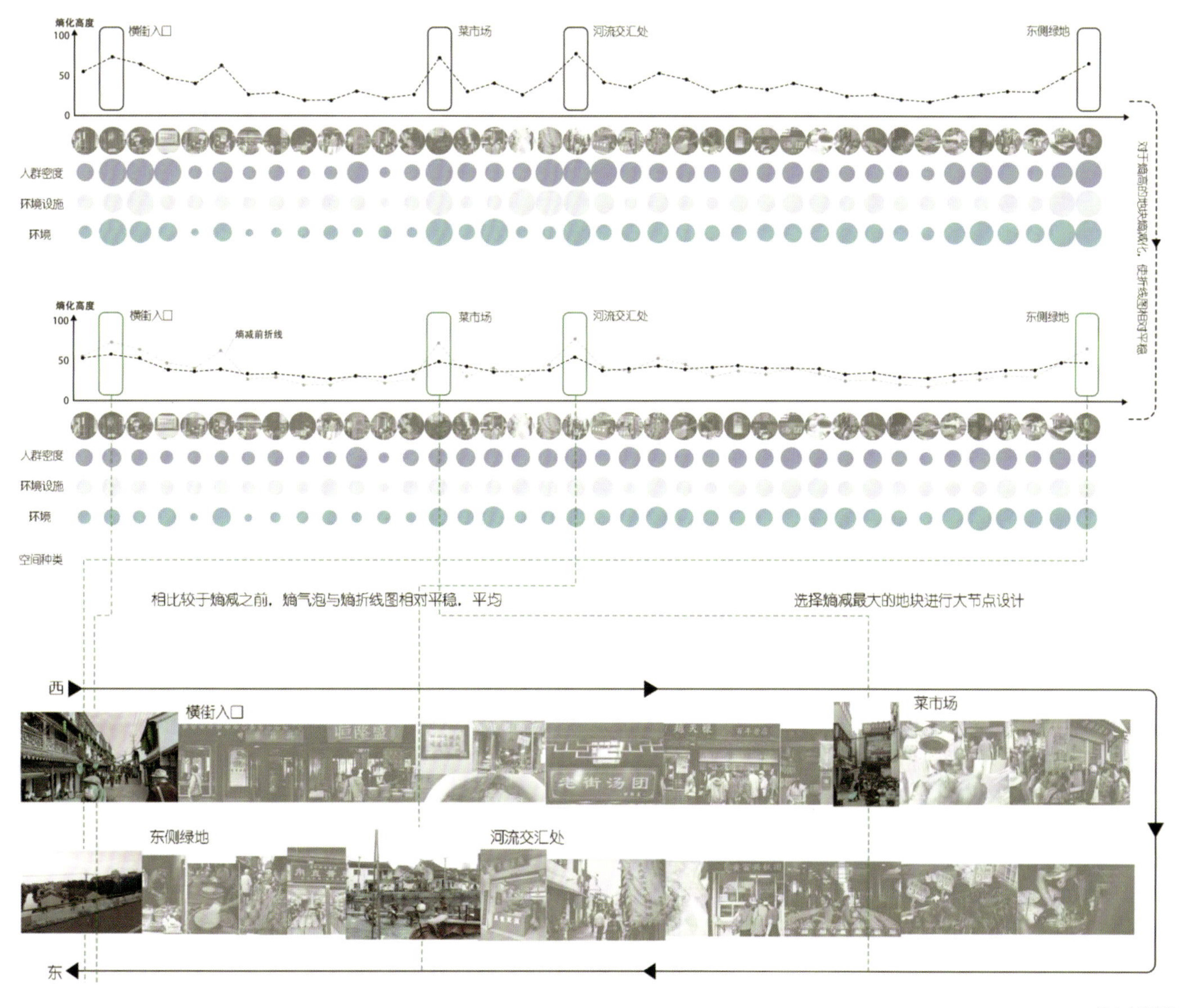

1.9 设计策略

空间策略

街道尺度

葑门横街街道尺度现状

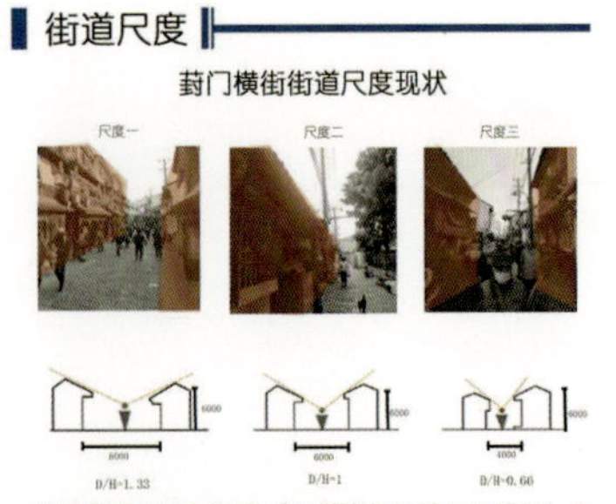

对街道尺度进行抽象归类分析，得到葑门横街的街道D/H的尺度关系。在进行节点改造时尽量保持其空间感受的一致性，在局部有特点的区域，通过D/H的改变来引导人流的视线，达到吸引人流的目的，从而使整个葑门横街在视线的尺度变化上朝着熵平衡的方向发展。

院落空间

较低的建筑和院落组合可以营造适宜的院落尺度

院落能让人产生归属感

院落促进人的交流

丰富的院落节点空间关系有利于营造良好的空间感受，对次轴上堵塞封闭的空间进行梳理、扩宽、营造舒适的空间关系。

空间重塑

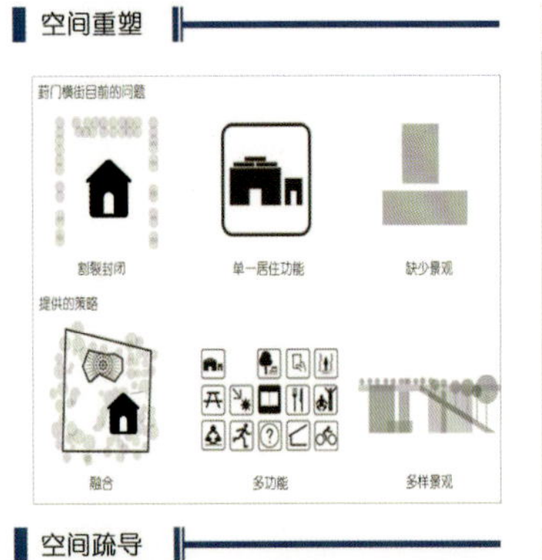

空间疏导

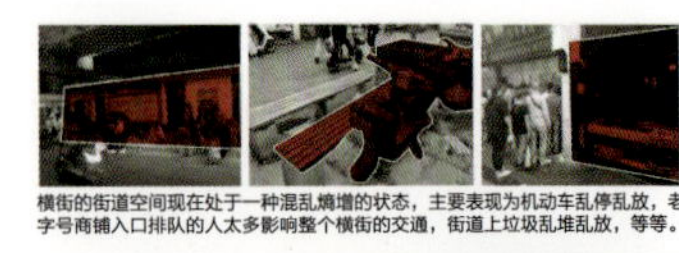

横街的街道空间现在处于一种混乱熵增的状态，主要表现为机动车乱停乱放，老字号商铺入口排队的人太多影响整个横街的交通，街道上垃圾乱堆乱放，等等。

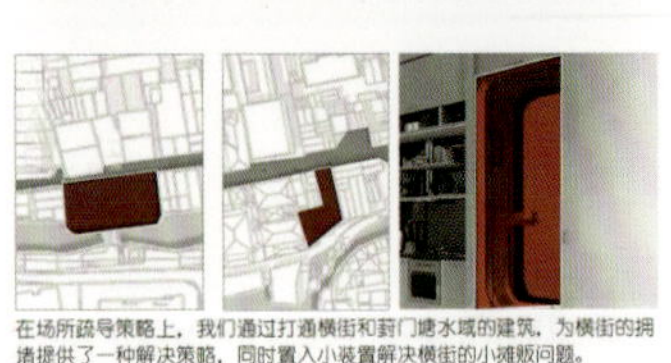

在场所疏导策略上，我们通过打通横街和葑门塘水域的建筑，为横街的拥堵提供了一种解决策略，同时置入小装置解决横街的小摊贩问题。

场域活化

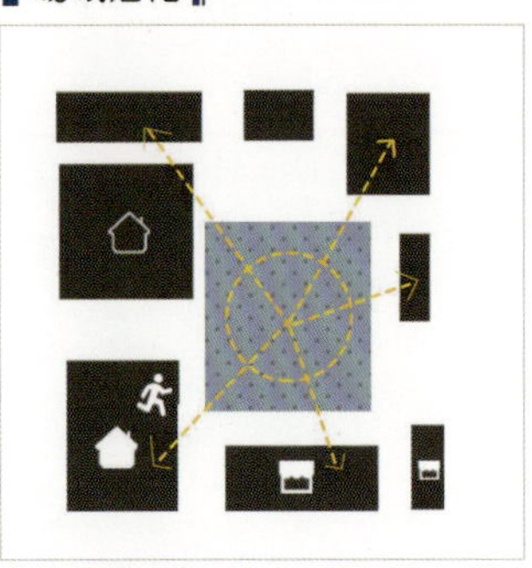

场所疏导

场景拼贴

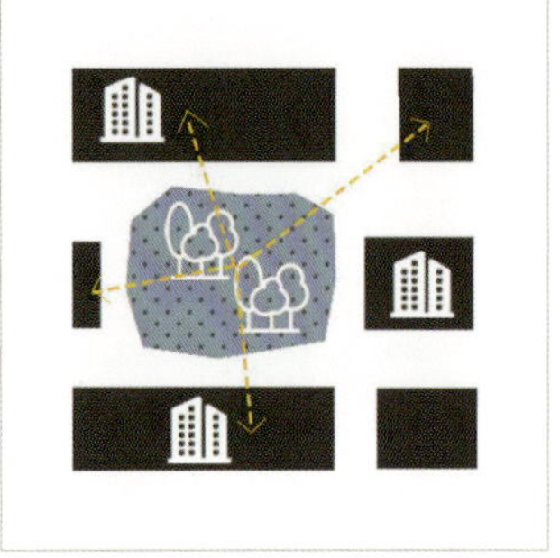

装置置入

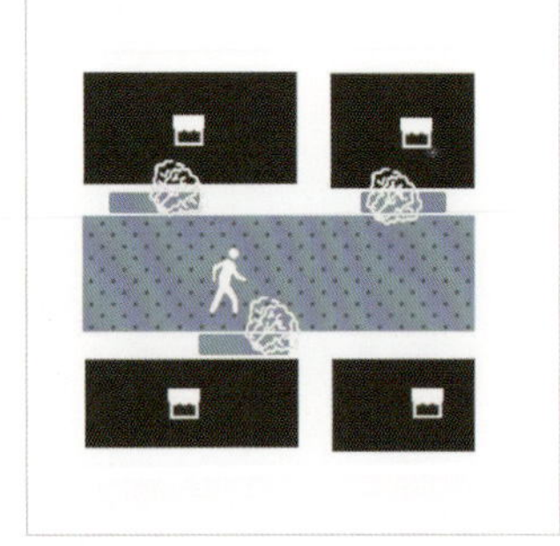

局部透视

交通疏导策略

现状道路

交通疏导

停车规划

地下停车 ①②③ 地下停车入口 非机动车停放 地面停车 地块人流入口

文化传承策略

文化传承策略

集市文化
- 传承老字号
  - 1.在老字号商铺周边地区形成休息区
  - 2.发扬老字号饮食文化，形成网红美食街
- 焕活莳门菜场
  - 1.解决菜市场周边交通问题
  - 2.打造社区会客厅

遗址文化
- 莳门桥
  - 1.打造莳门塘网红桥
  - 2.联系周边区域，形成水上通道
- 石炮台遗址 —— 提供遗址文化的展示空间，以及居民与游客的公共活动空间
- 城墙遗址 —— 连接横街入口，形成横街文化展示中心

空间布局策略

健康居住策略

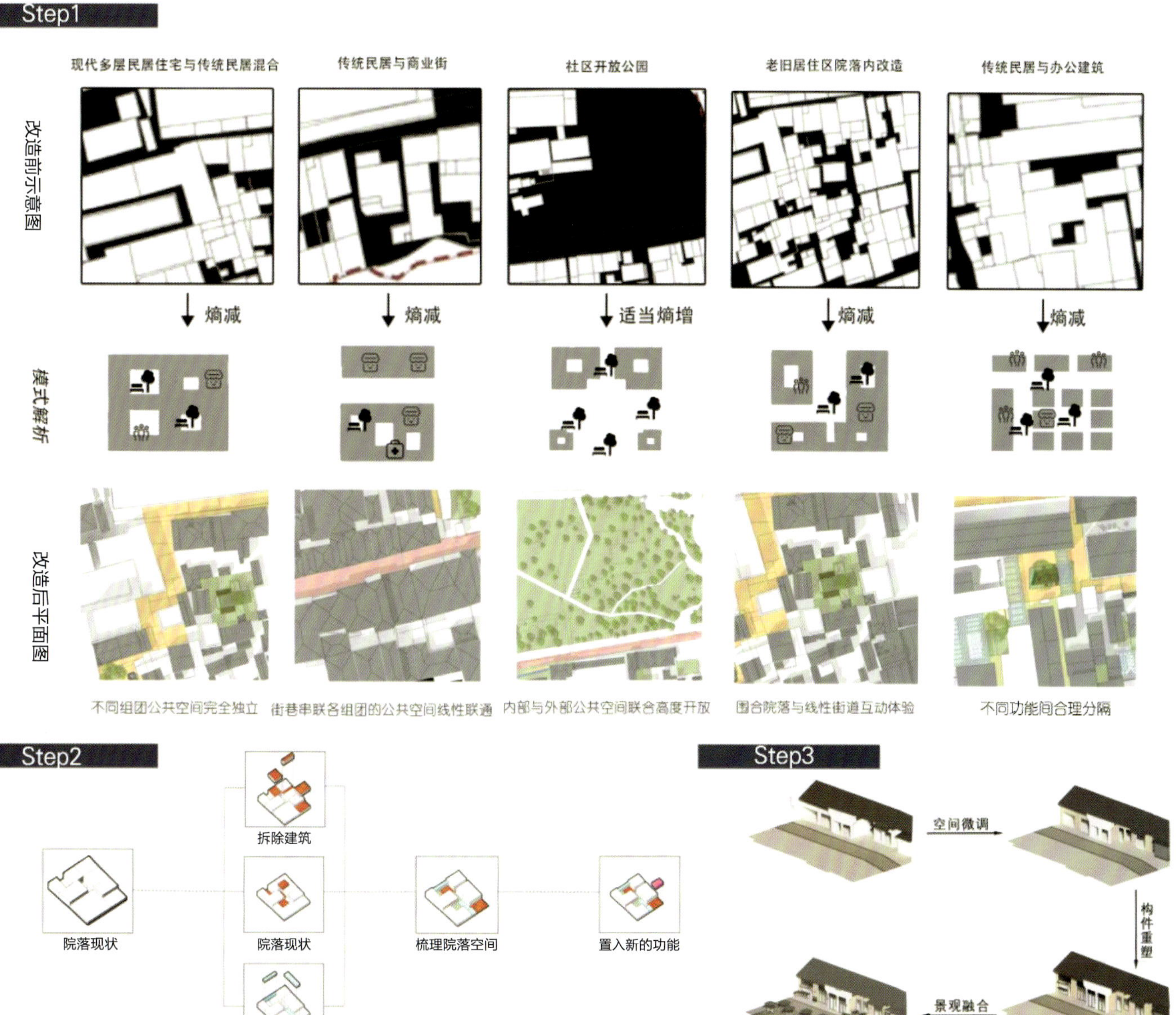

玥映葑门——熵变视角下苏州葑门横街片区社区展览馆设计

基地分析

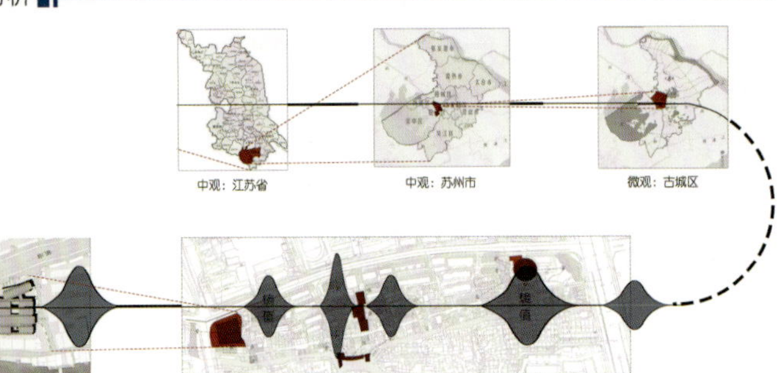

中观：江苏省　中观：苏州市　微观：古城区

微观：本次设计基地位于横街和苏州古城的交汇地带，结合这个片区的情况，旨在打造一个社区展览中心，丰富横街居民的生活。

微观：对于本次的设计基地——葑门横街，我们从道路、文化、居住这三个方面出发，建立了AHP评价体系，发现葑门横街在四个主要区域存在着熵剧烈变化的情况，因此，在城市设计层面，主要针对这四个区域进行改造，使葑门横街未来能朝着熵平衡的方向发展。

概念分析

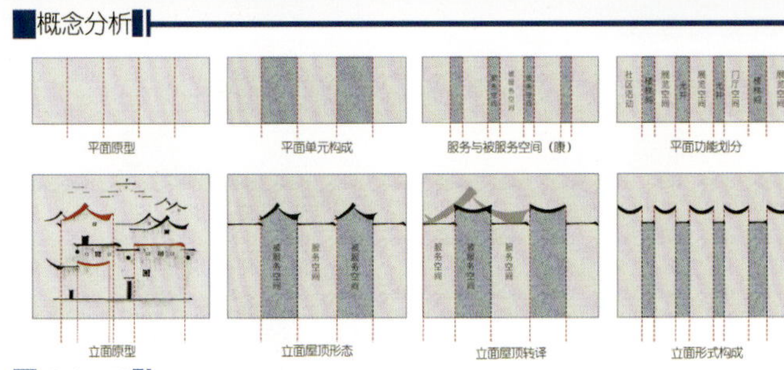

平面原型　平面单元构成　服务与被服务空间（康）　平面功能划分

立面原型　立面屋顶形态　立面屋顶转译　立面形式构成

设计说明

本次设计基地选址位于江苏省苏州市姑苏区葑门横街片区，采用AHP分析法对基地熵值进行分析发现，横街和苏州古城区的交汇地带存在明显的熵波动现象。通过对基地周边的建筑进行调研和评估，发现基地周边缺少文化、休闲类型的建筑，因此本次设计希望在横街和古城交界处引入一个横街社区展览馆，以此来丰富当地社区居民的生活，让横街居民能有更高层面的精神享受；同时社区展览馆可以展示数百年的横街饮食、建筑、生活文化，为葑门横街的文化在当下乃至未来社会的传承和发扬奠定基础。

经济技术指标：
建筑基地面积：2 500 ㎡
建筑面积：5 400 ㎡
建筑密度：0.7
绿化率：40%

总平面图

方案推演

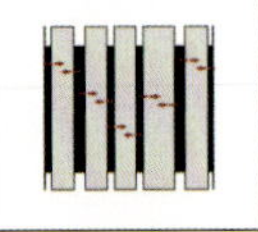
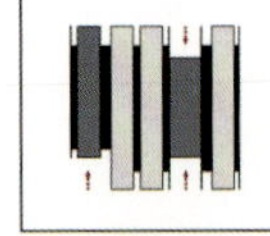
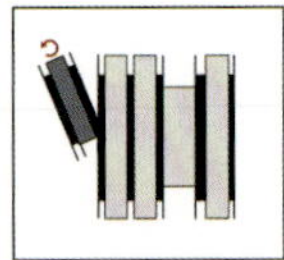
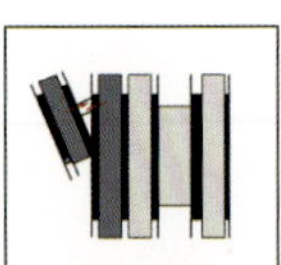
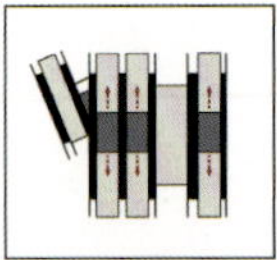
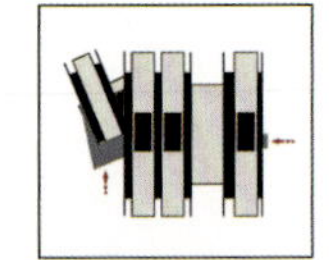

服务与被服务　十字路口退让　场地需求旋转　体块相互联通　内部设置庭院　外部悬挑楼梯

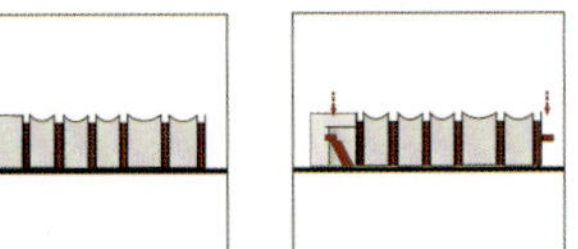
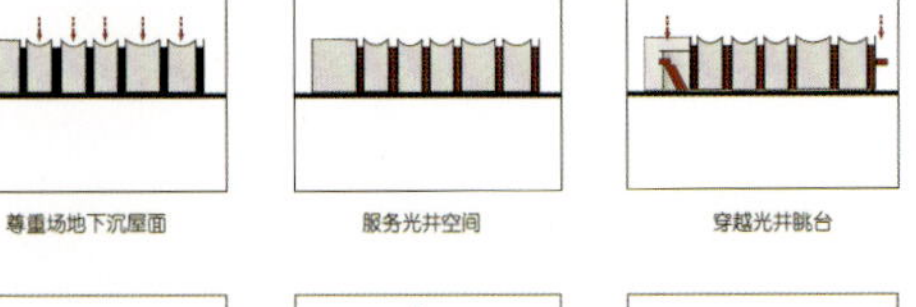

服务与被服务　被服务空间升高　场地需求旋转　尊重场地下沉屋面　服务光井空间　穿越光井瓶台

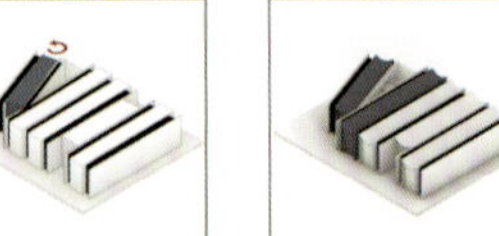
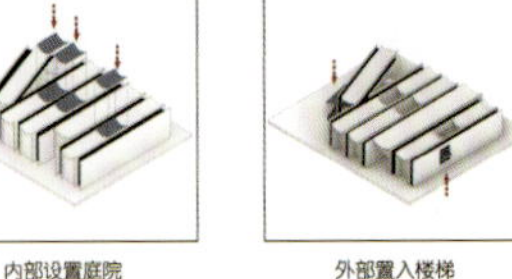

服务与被服务　退让形成入口　场地需求旋转　体块相互联通　内部设置庭院　外部置入楼梯

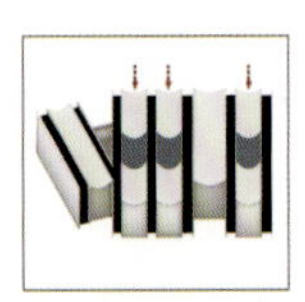
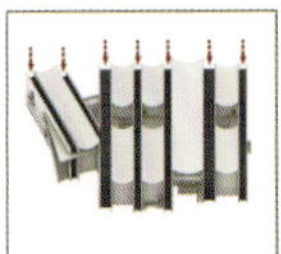

服务与被服务　退让形成入口　场地需求旋转　体块相互联通　内部设置庭院　服务空间下沉

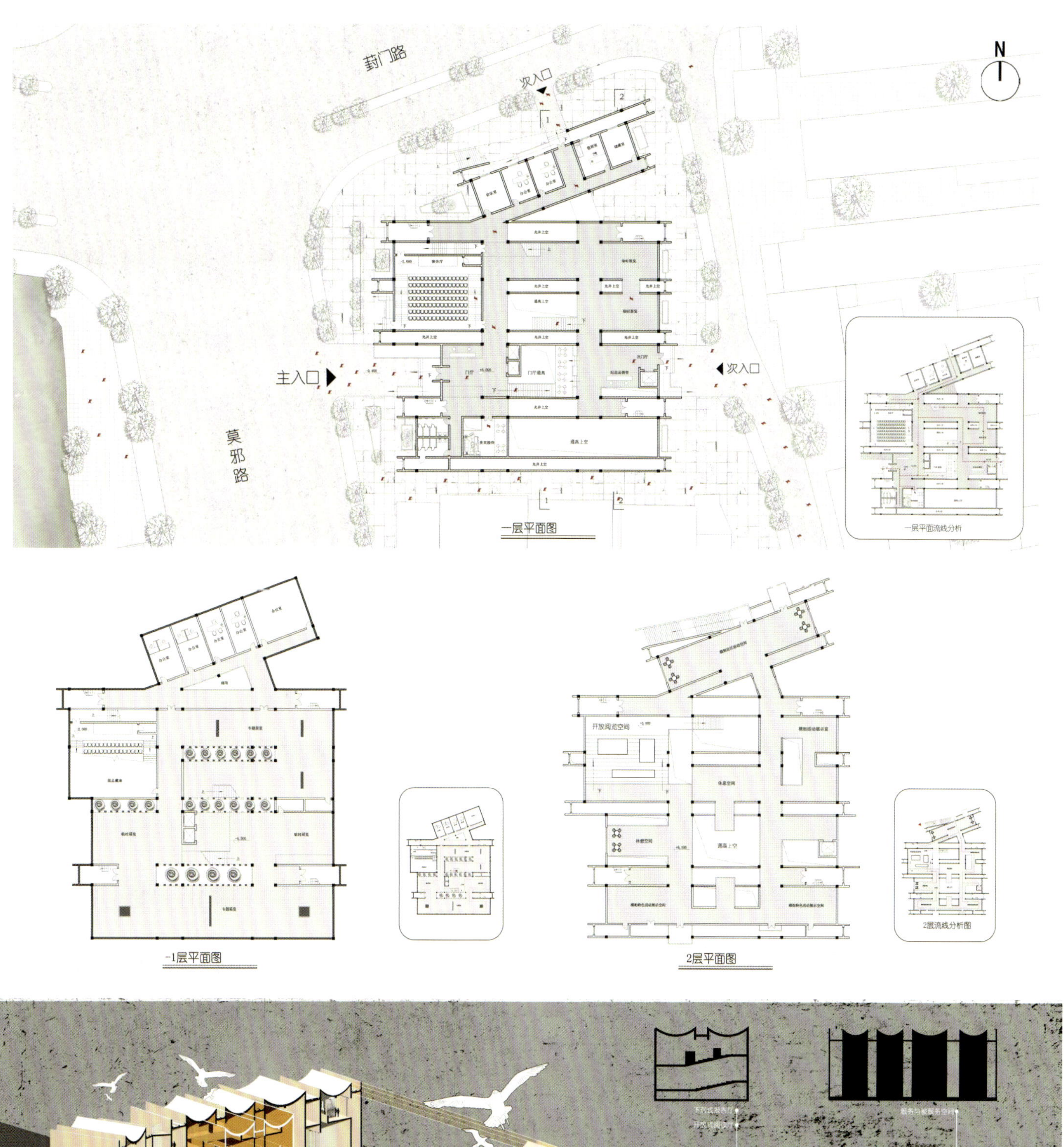
封门路
次入口
主入口
次入口
莫邪路
N
一层平面图
一层平面流线分析
-1层平面图
开放阅览空间
2层平面图
2层流线分析图

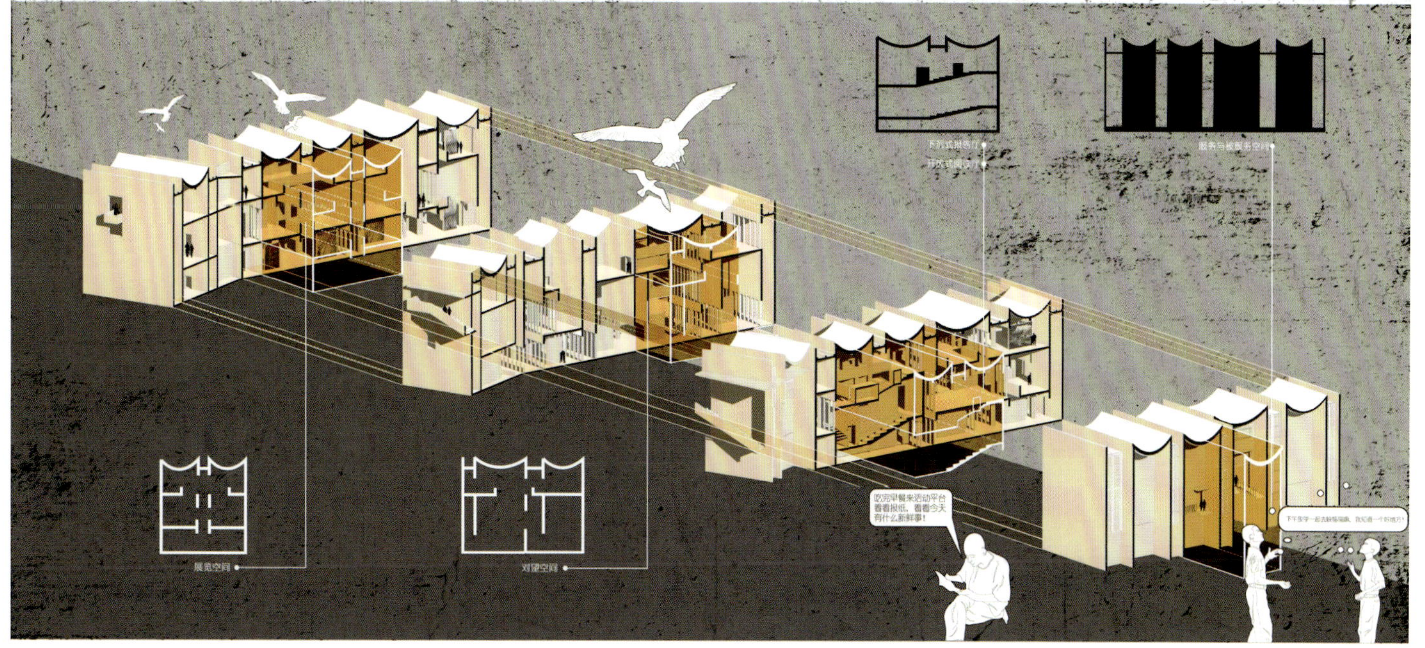
展览空间
对望空间
吃完早餐来活动平台看看报纸，看看今天有什么新鲜事！

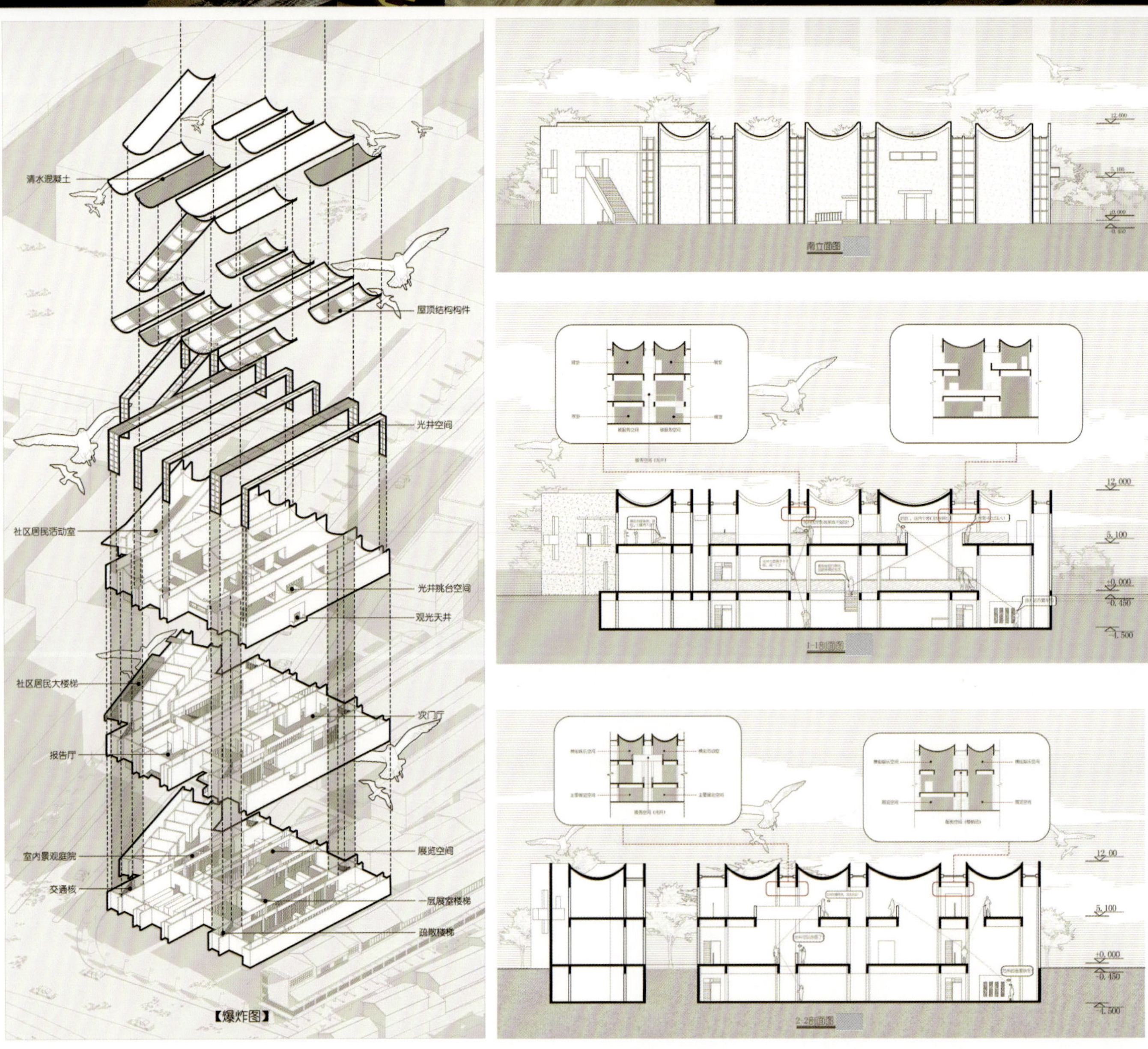
清水混凝土
屋顶结构构件
光井空间
社区居民活动室
光井挑台空间
观光天井
社区居民大楼梯
次门厅
报告厅
室内景观庭院
展览空间
交通核
一层展室楼梯
疏散楼梯
【爆炸图】
南立面图
1-1剖面图
2-2剖面图

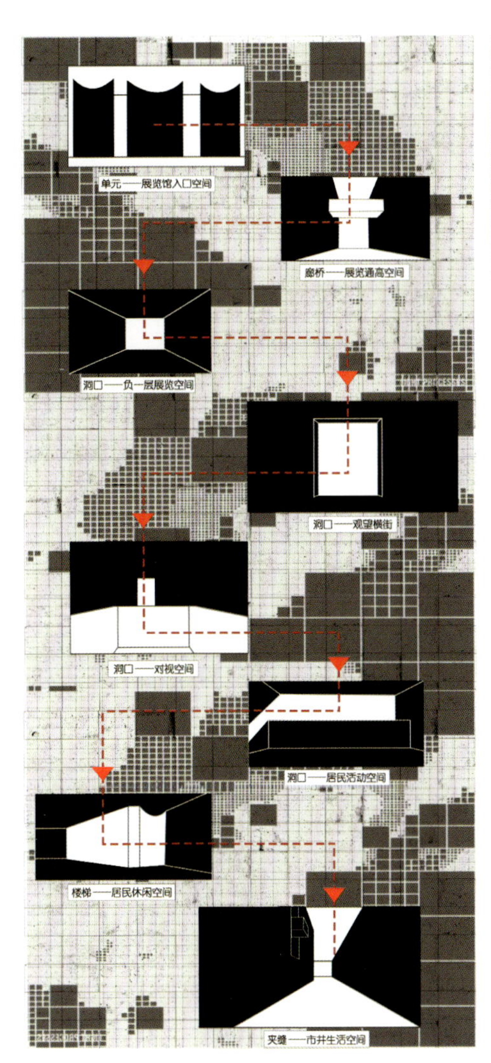
单元——展览馆入口空间
廊桥——展览通高空间
洞口——负一层展览空间
洞口——观望横街
洞口——对视空间
洞口——居民活动空间
楼梯——居民休闲空间
夹缝——市井生活空间

自律给我自由!

廊桥的错觉
真帅啊!

这就是苏
州的四季!

玥赏的会映入
封门横街吗?

遇见一个人已经很
好了!

有幸能遇到这
些让人怀念的!

玩会儿滑板去!

小集市,
大剧场!

剖轴测图

古茗葑门——熵变视角下苏州葑门横街片区商业活动中心设计

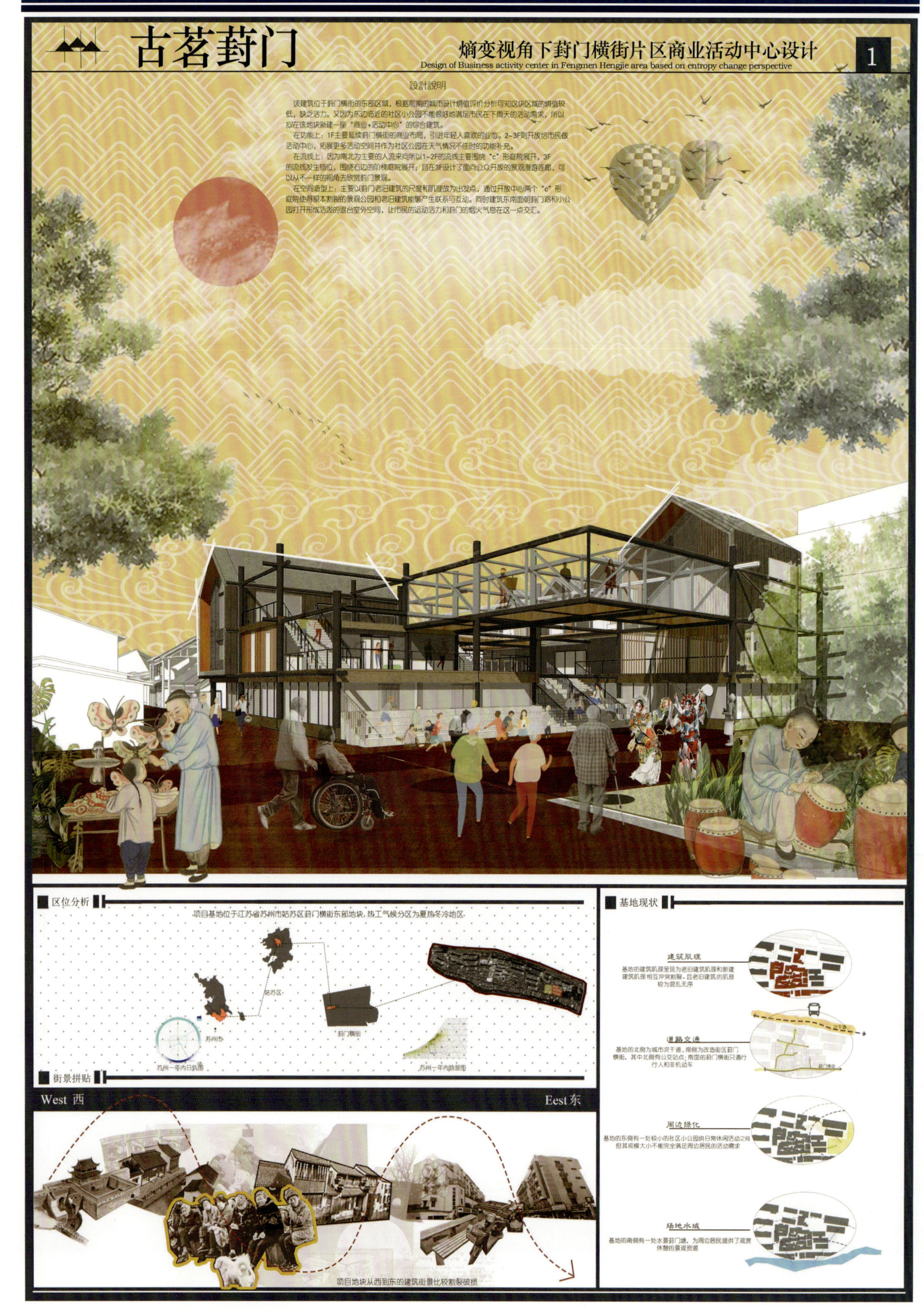

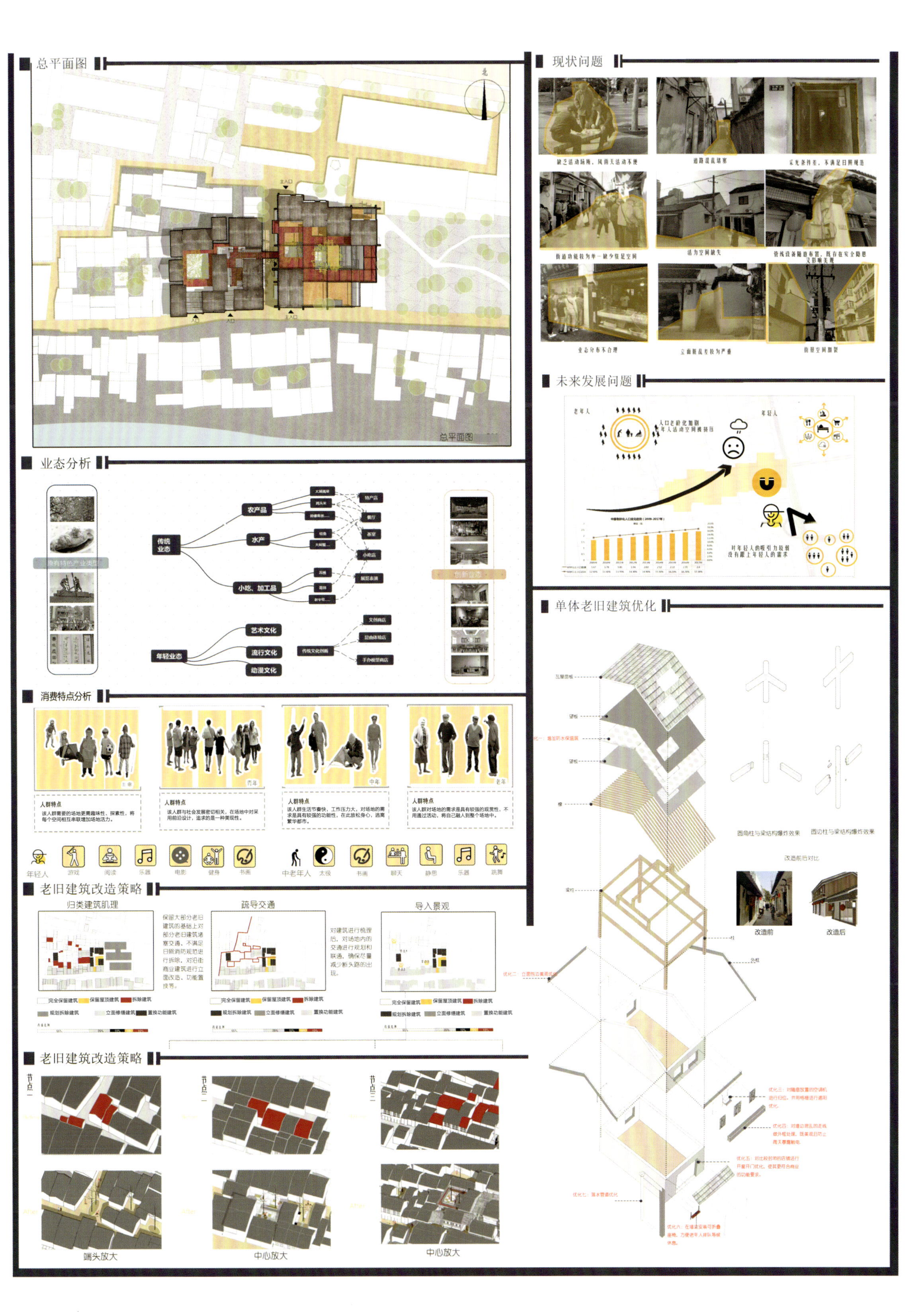

总平面图
现状问题
缺乏活动场所，风雨天活动不便
道路混乱堵塞
采光条件差，不满足日照规范
街道功能较为单一，缺少驻足空间
活力空间缺失
业态分布不合理
立面脏乱差较为严重
街景空间割裂
未来发展问题
业态分析
传统业态
农产品
水产
小吃、加工品
年轻业态
艺术文化
流行文化
动漫文化
消费特点分析
人群特点
老旧建筑改造策略
归类建筑肌理
疏导交通
导入景观
单体老旧建筑优化
改造前后对比
改造前
改造后
节点一
节点二
节点三
端头放大
中心放大
中心放大

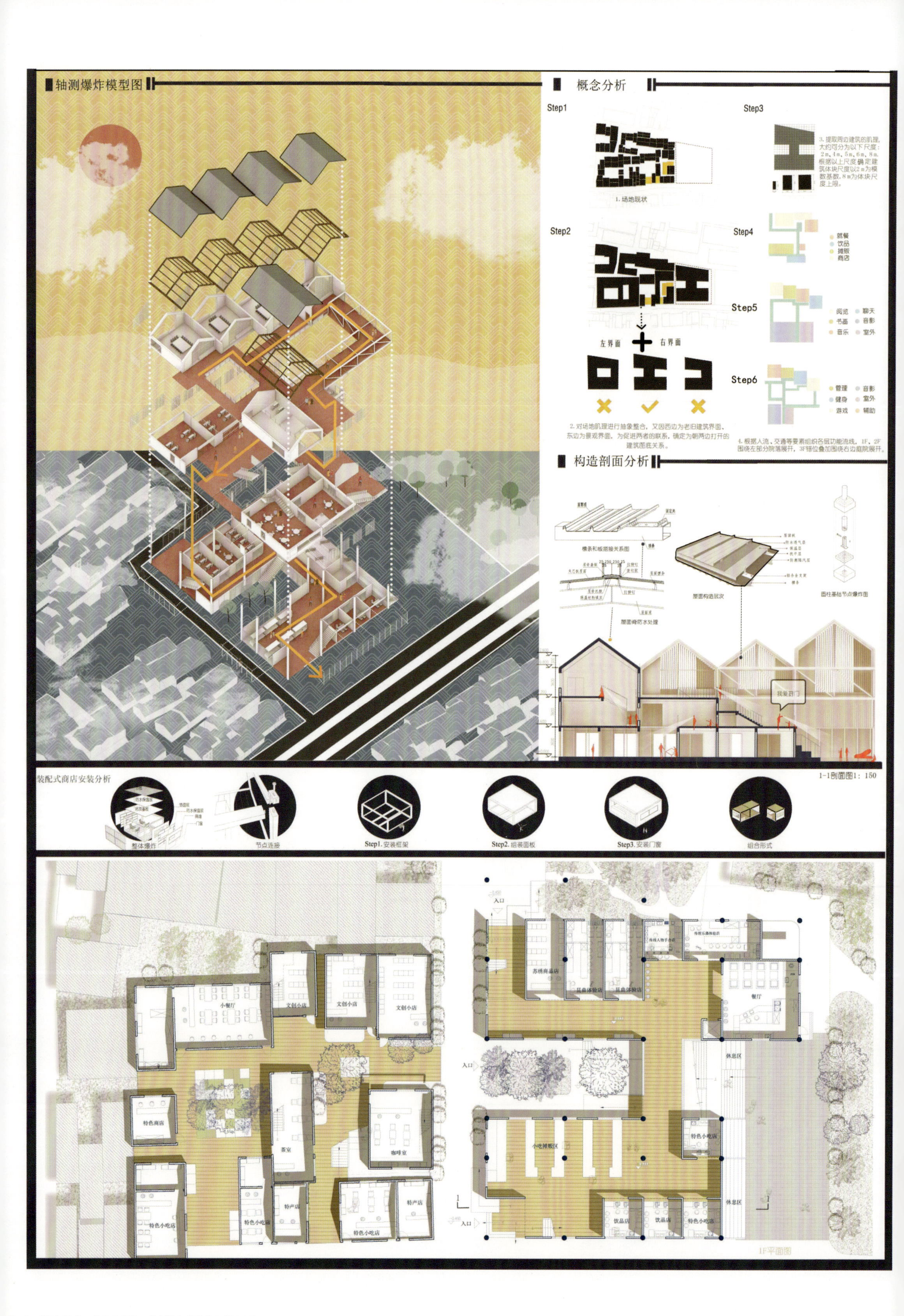

轴测爆炸模型图
概念分析
Step1
1. 场地现状
Step2
左界面
右界面
2. 对场地肌理进行抽象整合，又因西边为老旧建筑界面、东边为景观界面，为促进两者的联系，确定为朝两边打开的建筑图底关系。
Step3
3. 提取周边建筑的肌理，大约可分为以下尺度：2m、4m、5m、6m、8m。根据以上尺度确定建筑体块尺度以2m为模数基数，8m为体块尺度上限。
Step4
就餐
饮品
摊贩
商店
Step5
阅览
聊天
书画
音影
音乐
室外
Step6
管理
音影
健身
室外
游戏
辅助
4. 根据人流、交通等要素组织各层功能流线，1F、2F围绕左部分院落展开，3F错位叠加围绕右边庭院展开。
构造剖面分析
檩条和板搭接关系图
屋面脊防水处理
屋面构造层次
圆柱基础节点爆炸图
我爱葑门
1-1剖面图1：150
装配式商店安装分析
整体爆炸
节点连接
Step1. 安装框架
Step2. 组装面板
Step3. 安装门窗
组合形式
小餐厅
文创小店
文创小店
文创小店
特色商店
茶室
咖啡室
特色小吃店
特产店
特产店
特色小吃店
特色小吃店
入口
苏绣商品店
昆曲体验店
昆曲体验店
餐厅
休息区
小吃摊贩区
特色小吃店
饮品店
饮品店
特色小吃店
休息区
入口
入口
1F平面图

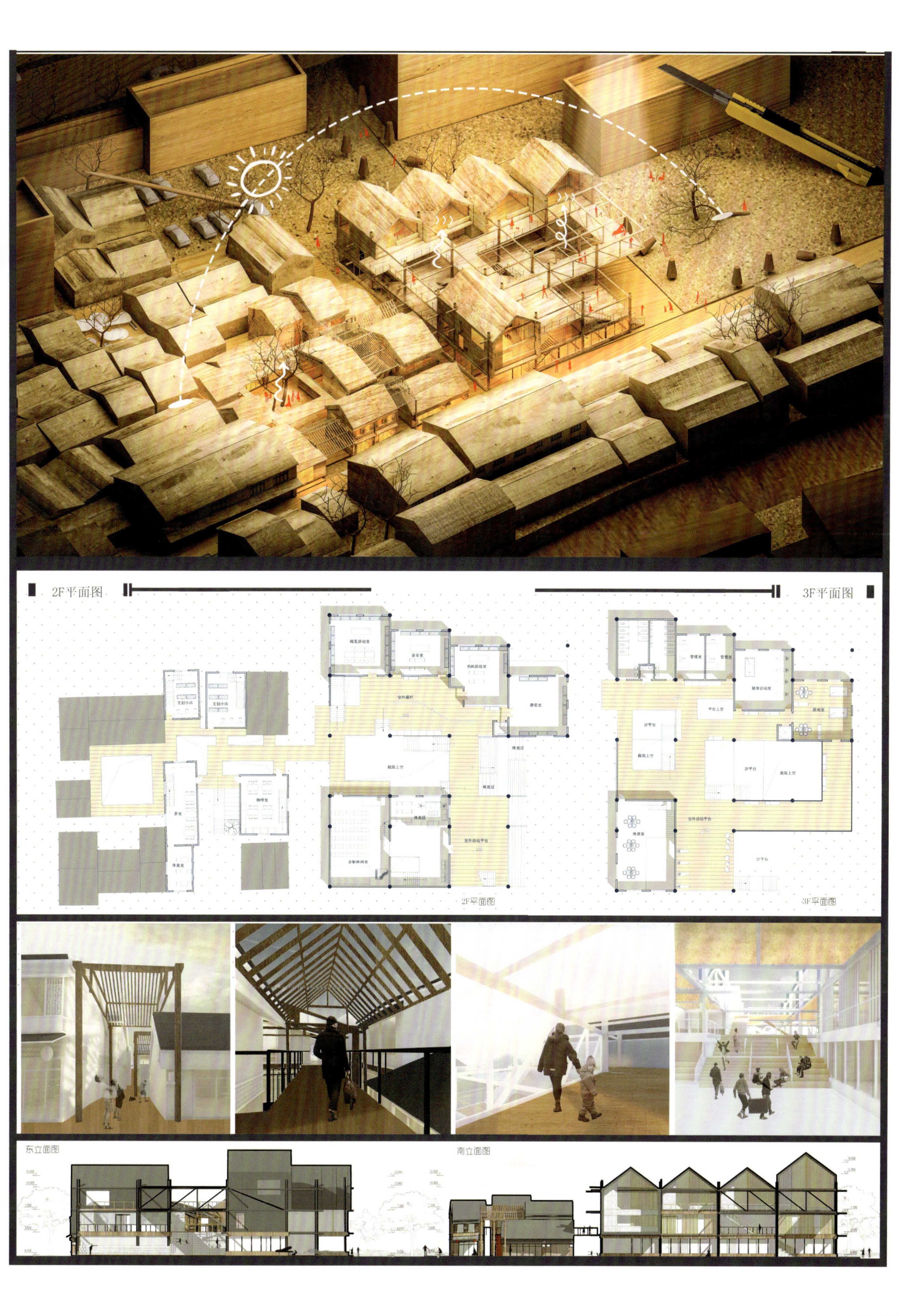
2F平面图
3F平面图
东立面图
南立面图

苏州葑门横街产业更新设计——Carlo Scarpa 手绘分镜引导下的在地性产业研究

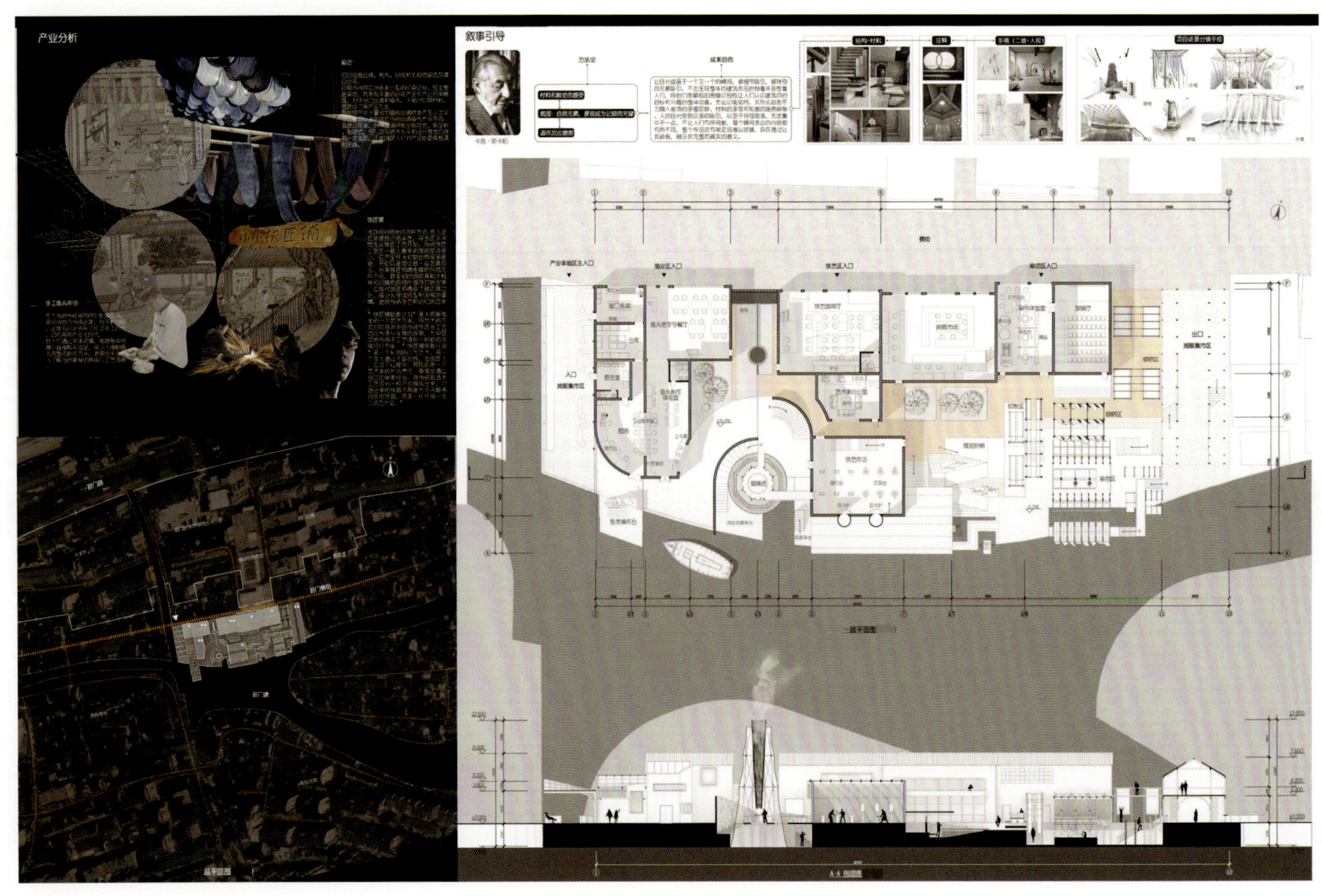

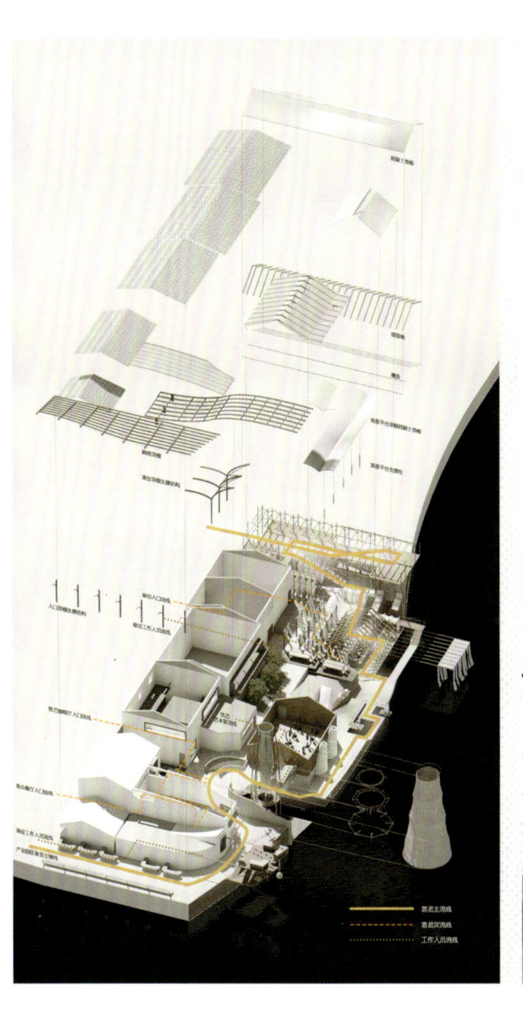

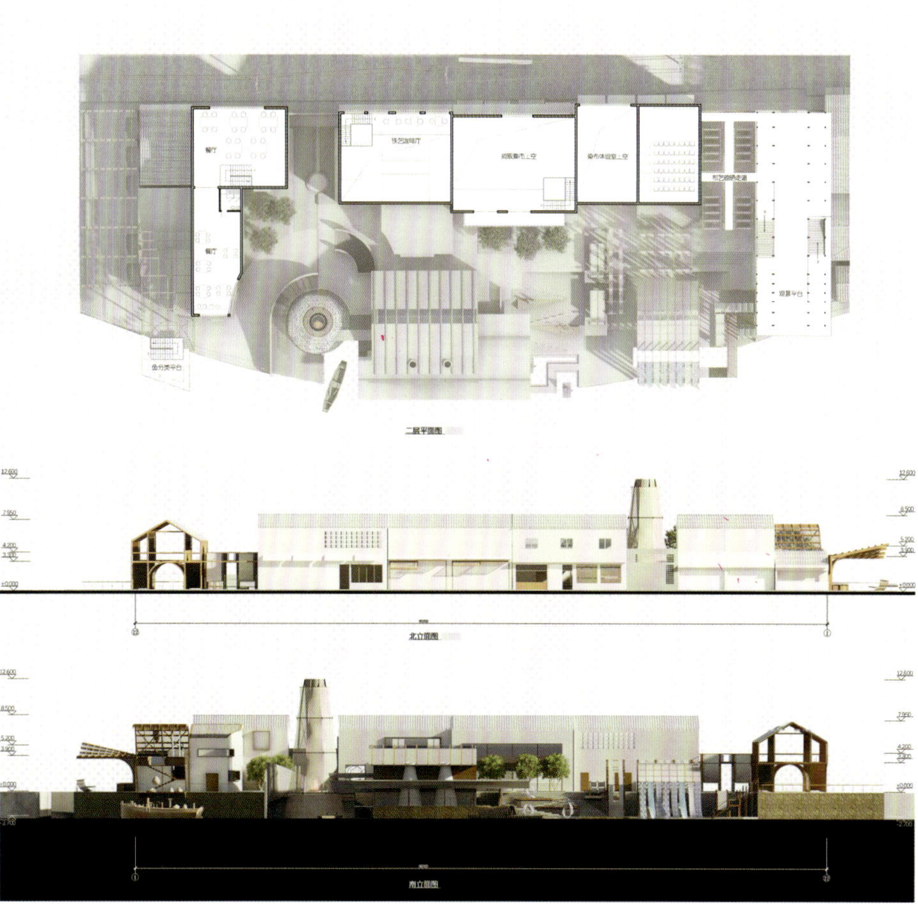
二层平面图
北立面图
南立面图

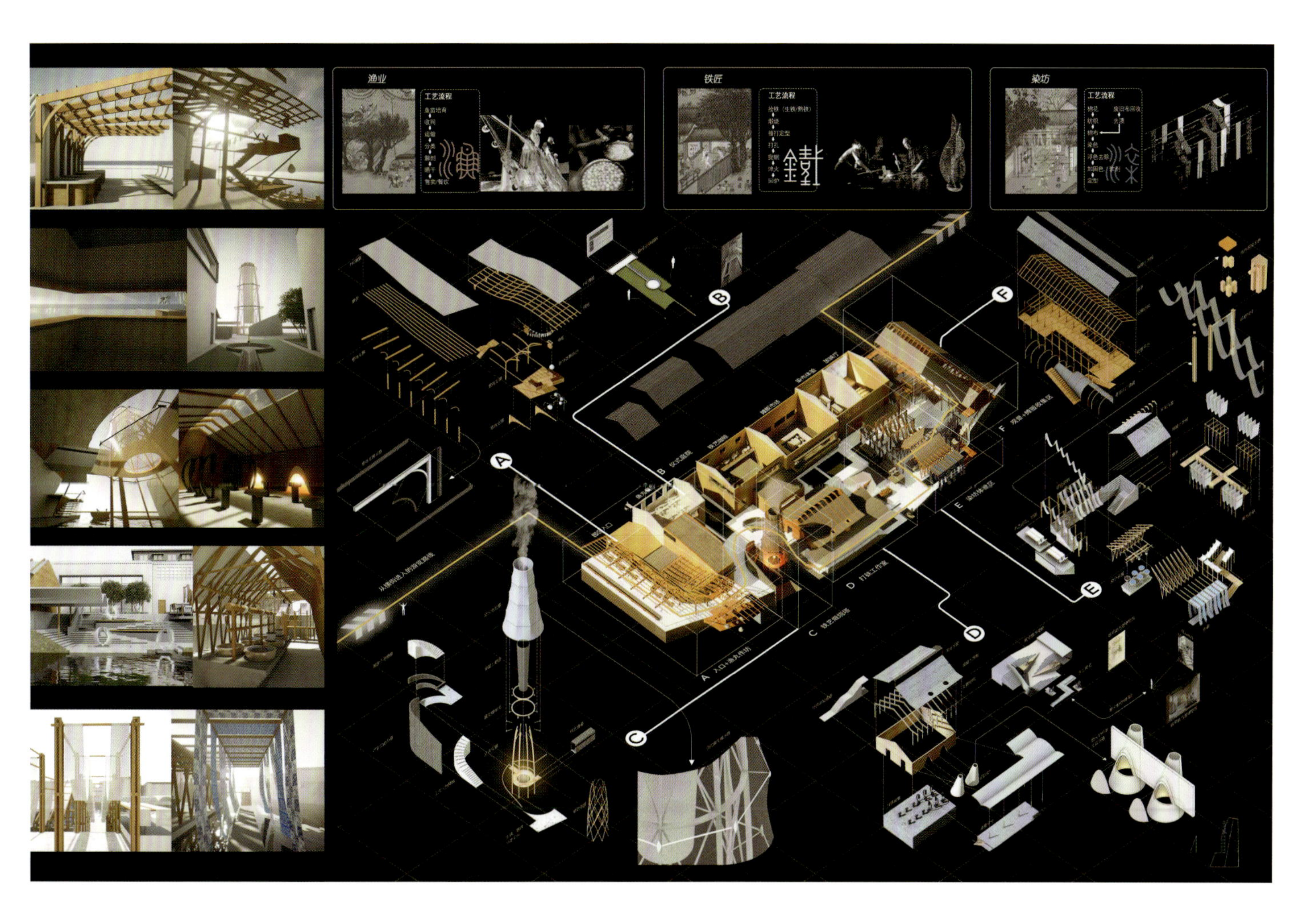
渔业
工艺流程
铁匠
工艺流程
染坊
工艺流程

凡市·繁世——熵变视角下苏州葑门横街历史街区更新设计

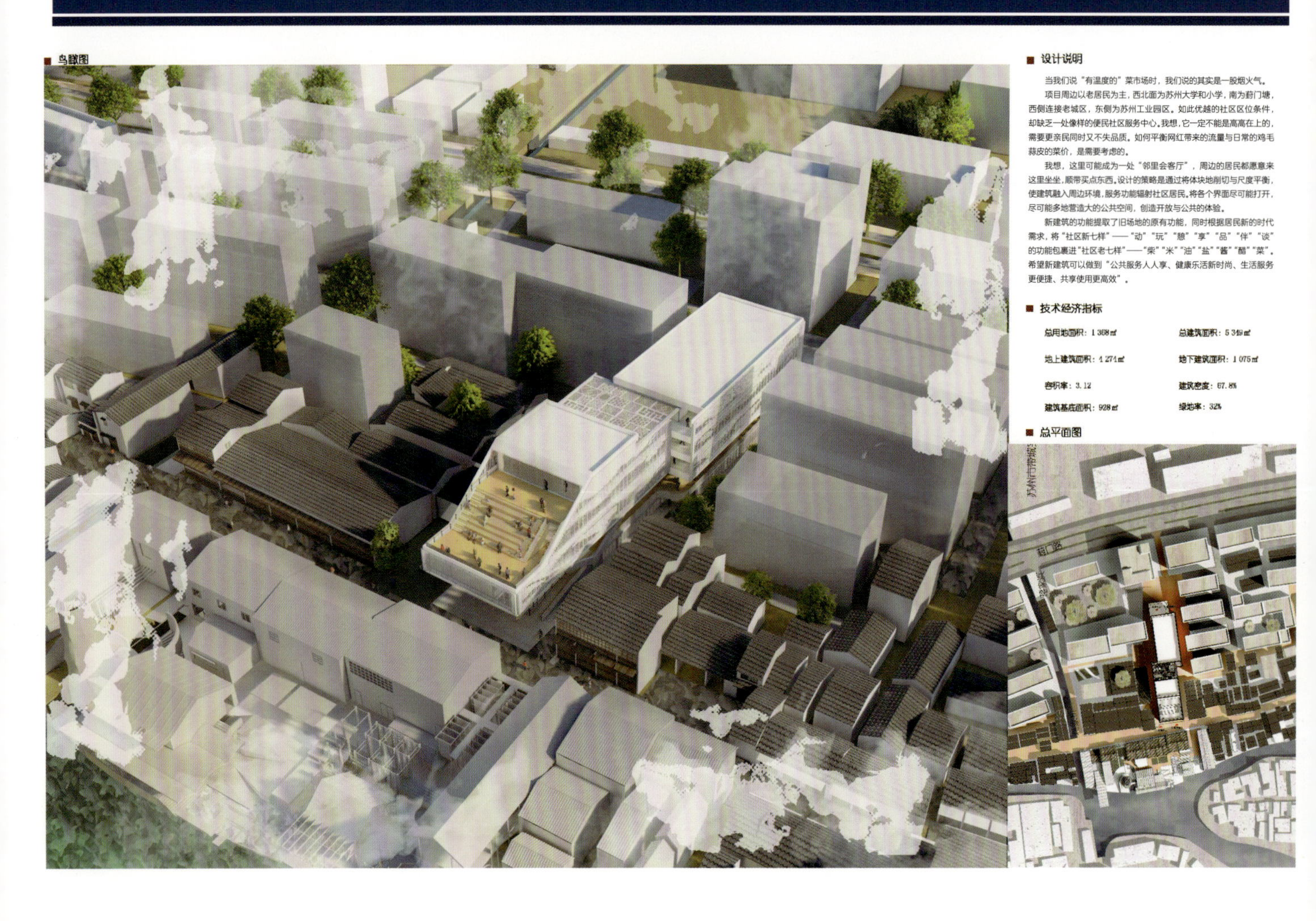

设计说明

当我们说"有温度的"菜市场时，我们说的其实是一股烟火气。

项目周边以老居民为主，西北面为苏州大学和小学，南为葑门塘，西侧连接老城区，东侧为苏州工业园区。如此优越的社区区位条件，却缺乏一处像样的便民社区服务中心。我想，它一定不能是高高在上的，需要更亲民同时又不失品质。如何平衡网红带来的流量与日常的鸡毛蒜皮的菜价，是需要考虑的。

我想，这里可能成为一处"邻里会客厅"，周边的居民都愿意来这里坐坐，顺带买点东西。设计的策略是通过将体块地削切与尺度平衡，使建筑融入周边环境，服务功能辐射社区居民。将各个界面尽可能打开，尽可能多地营造大的公共空间，创造开放与公共的体验。

新建筑的功能提取了旧场地的原有功能，同时根据居民新的时代需求，将"社区新七样"——"动""玩""憩""享""品""伴""谈"的功能包裹进"社区老七样"——"柴""米""油""盐""酱""醋""菜"。希望新建筑可以做到"公共服务人人享、健康乐活新时尚、生活服务更便捷、共享使用更高效"。

技术经济指标

总用地面积：1 368㎡	总建筑面积：5 349㎡
地上建筑面积：4 274㎡	地下建筑面积：1 075㎡
容积率：3.12	建筑密度：67.8%
建筑基底面积：928㎡	绿地率：32%

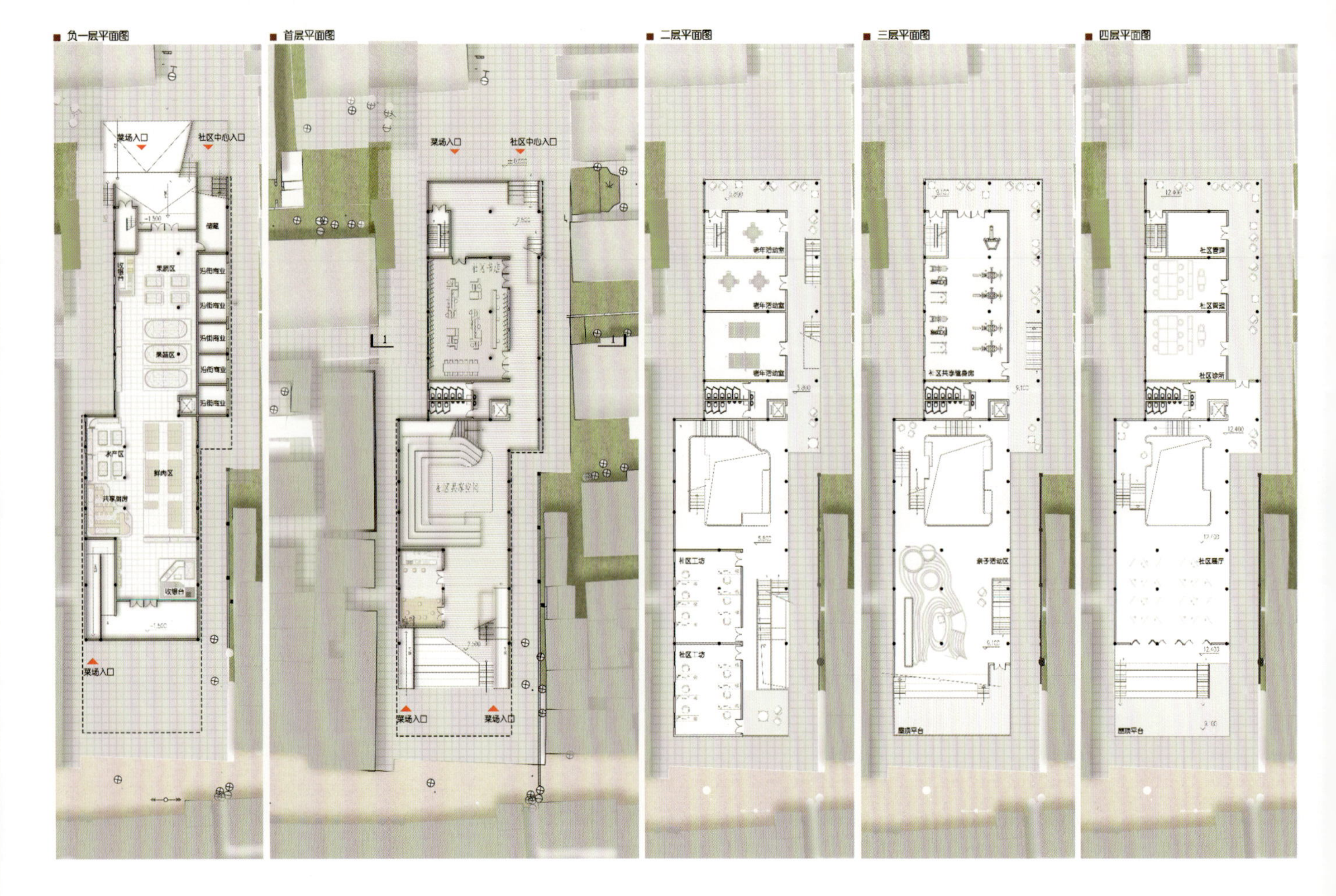

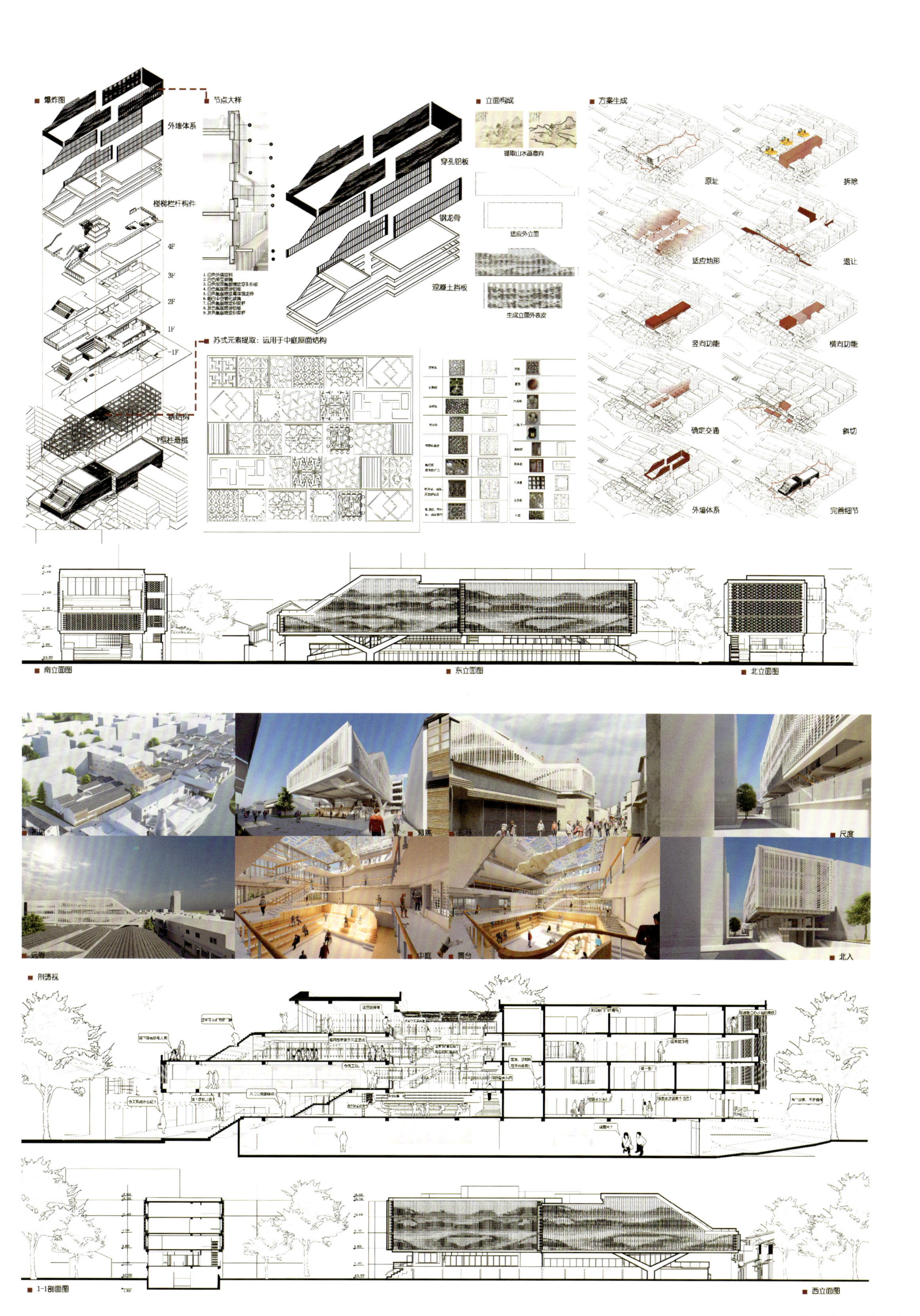
爆炸图
外墙体系
楼梯栏杆构件
4F
3F
2F
1F
-1F
钢结构
Y型柱悬挑
节点大样
穿孔铝板
钢龙骨
混凝土挡板
立面构成
提取山水画意向
适应外立面
生成立面外表皮
方案生成
原址
拆除
适应地形
退让
竖向功能
横向功能
确定交通
裁切
外墙体系
完善细节
苏式元素提取：运用于中庭屋面结构
南立面图
东立面图
北立面图
尺度
中庭
舞台
北入
剖透视
1-1剖面图
西立面图

记忆葑门

长安大学
Chang'an University

小组成员：田诗雨、潘晨烨、尹剑桥、王雪儿
指导老师：刘　伟、卢　烨

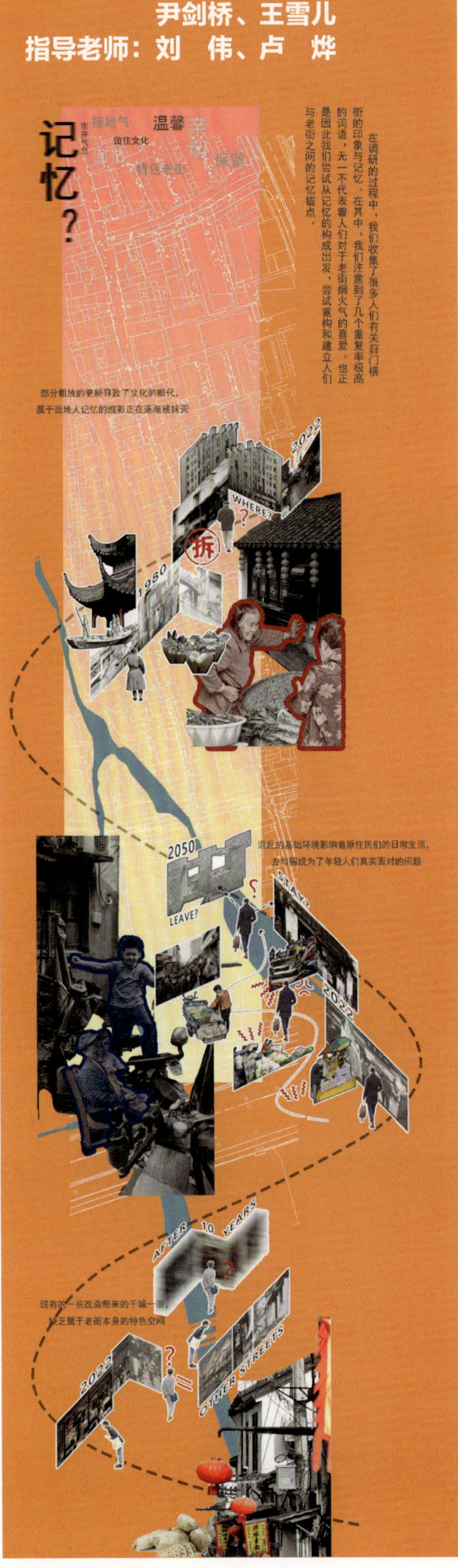

设计说明

苏州葑门横街地处苏州老城区与苏州工业园区交会处，一侧是传统的水陆并行双棋盘格局与清末民初建筑风貌，另一侧则是现代化城市风貌。于古，其容纳和传承了多种非物质文化遗产，是为数不多真正承载和延续历史记忆的街区；于今，其作为周边居民重要的公共生活中心，承载着当下苏州人的生活记忆；于未来，其作为联系古城区与苏州工业园区的纽带，承担着迎接新发展、创造未来记忆的重任。本次设计从记忆入手，深层剖析街区所承载的记忆，从人脑机制的角度将其分为长时记忆、短时记忆、感官记忆这三个层次。再用建筑去转译三层记忆，主要从传统文化继承、基础环境提升、感官体验创造三大方面入手，以不同的手段对街道进行更新，守其传统、留其温情、创其未来，从而达到街道整体焕活、记忆得以延续的目的。

长时记忆上，对街道整体风貌进行评级，作为后续改造与新建的参考依据。重塑传统符号，对葑门横街周边的历史建筑和与横街性质趋同的街道进行调研，从中提取出传统建筑的元素与符号，进行重组与再演绎，并将之置于单体建筑的设计与改造中，使最终的改造成果能最大限度地融入苏州整体城市环境；重塑传统空间，将场地内商铺进行分类，分为风味小吃、服饰手工、传统字号、果蔬商超、水产生鲜、米面粮油六类，针对各类商铺的不同需求给予不同的空间改造策略。

短时记忆上，对场地内绿化、停车、居住等功能进行改造升级；置入新的休憩空间、慢行路径与街后服务节点，以提升街道使用舒适度。其中住宅改造、市集改造、社区中心设计与民宿改造作为建筑深化设计部分。①住区部分设计（田诗雨）。针对场地内日趋增多的短租户，将街道北端草鞋湾小区改造为短租公寓，保留原有建筑的结构与体量，置换内部的部分功能，外部呼应城市进行特殊设计。空间上通过户间距离的调整和新公共空间的置入重塑邻里关系；通过山水的空间转译，重塑人与自然的关系。②市集部分设计（尹剑桥）。将街道尺度引入建筑，打破围墙，营造类似城市广场的空间氛围。保留部分原有功能和结构，置入大屋顶，同时结合中庭型钢斜撑的不同组合，创造更为灵活的半开放式檐下空间。倾斜的屋面在呼应城市设计中长时记忆的同时满足市集空间必要的通风采光要求。③社区中心设计（王雪儿）。这是“地景建筑”塑造愿景的一个体现，目的是在整体较为拥挤的场地中为大众提供更多的公共活动空间，并提供以往所欠缺的社区活动中心功能。屋顶为可上人的绿化屋面，可以增加活动场地并减轻场地的拥挤感。④民宿部分设计（潘晨烨）。建筑将长时记忆转译为分隔空间的山墙，采用错动的屋顶造型，融于街区之中。方案中的建筑对原有建筑进行了保留、加固和改造，同时通过院落整合，在不同空间之间效仿古典园林进行过渡，强调外部空间的感受，在建筑内随意可见苏州原始居住形态及市井风貌。

感官记忆上，对不同种类的商铺进行感官赋值，再将同一感官下的各类商铺赋值进行叠加，找到街道中的特定感官峰值，初步确定节点可能置入的位置。再根据各节点周边的商铺内容、自然景观等要素，一种感官确定一个最终点，以此让置入节点能够与周边联动和协同发展，实现效果最大化。

设计感悟

随着中国城镇化进程从过去的粗放式发展进入精细化运营时代，城市更新的需求也在不断强化。以城市更新作为毕业设计的题目，给了尚未脱离学生气的我们一个深入现实的机会。与以往的课设不同，这次设计的深度和细节更为复杂全面，面对复杂的设计背景，更新设计更加需要时刻牵挂历史、考虑未来，用更加多维的模式去寻找设计的出口。随着调研的深入，我们越来越能与使用者共情，如同文丘里选择“both and”（彼此兼顾）一样，我们希望能以更加包容的方式去处理如此复杂而鲜活的社会关系。虽然设计最终以记忆的框架统筹起了不同层级的需求，但我们始终认为葑门横街中一些或大或小的存在是无法被三言两语的目标与意义所概括的，我们也许无法根本改变其属性，但运用其复杂的属性使不同要素共生互惠，更加令我们感到振奋。

最后，感谢联合毕业设计给了我们与更多优秀的同学交流的机会，更加感谢各位老师的指导，短短三个月收获颇丰。

个人设计作品

潘晨烨	照烟火——葑门印象民宿设计
田诗雨	距离葑门——苏州葑门横街历史街区住宅改造
王雪儿	渡过葑门——葑门过渡地带的公共活动中心设计
尹剑桥	织廊引巷——葑门横街市集建筑改造

2. 记忆葑门——苏州葑门横街历史街区更新设计

2.1 背景分析

城市分析

苏州，古称“吴”“吴都”“吴中”“东吴”“吴门”，现简称“苏”，又称“姑苏”“平江”等。苏州自有文字记载以来的历史已有4000多年，公元前514年建城，是我国首批24个国家历史文化名城之一， 中国重点风景旅游城市，也是我国四个重点环境保护城市之一。隋开皇九年(589)始定名为“苏州”，以城西南的姑苏山得名，沿称至今。从苏州由古至今的城市肌理演化可以看出，苏州注重历史文化遗产的保护，保留了历史规划的肌理，同时外扩的新建建筑也具有现代都市的尺度，是一座现代与经典并存的城市。

区位分析

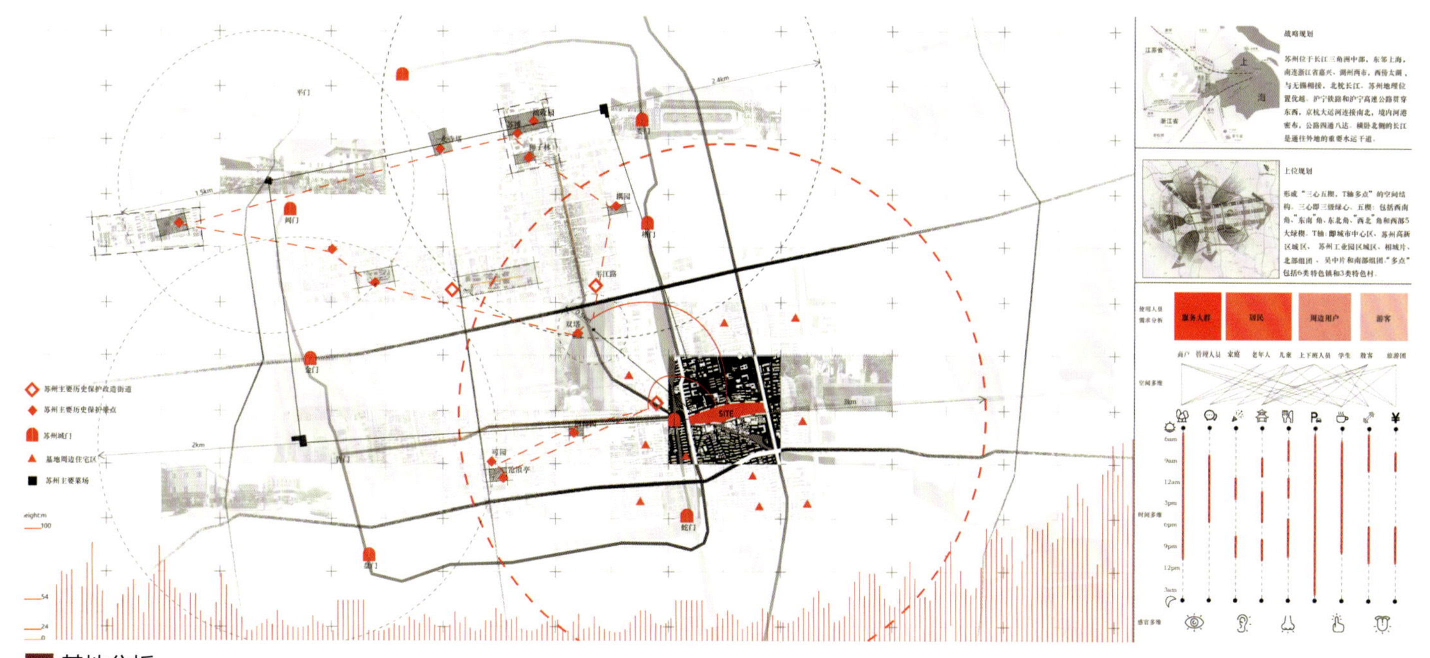

基地分析

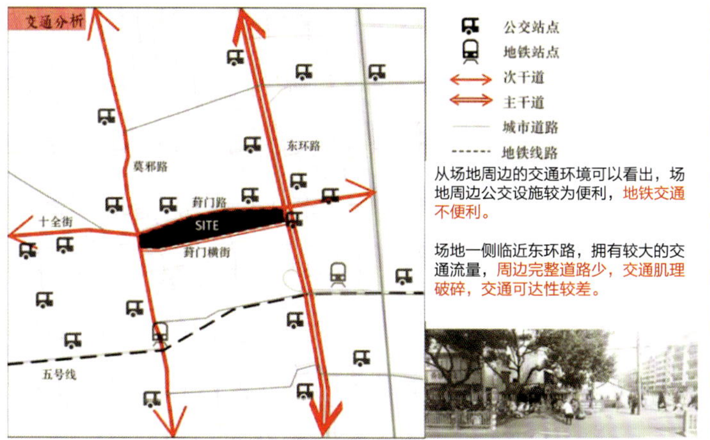

从场地周边的交通环境可以看出，场地周边公交设施较为便利，地铁交通不便利。

场地一侧临近东环路，拥有较大的交通流量，周边完整道路少，交通肌理破碎，交通可达性较差。

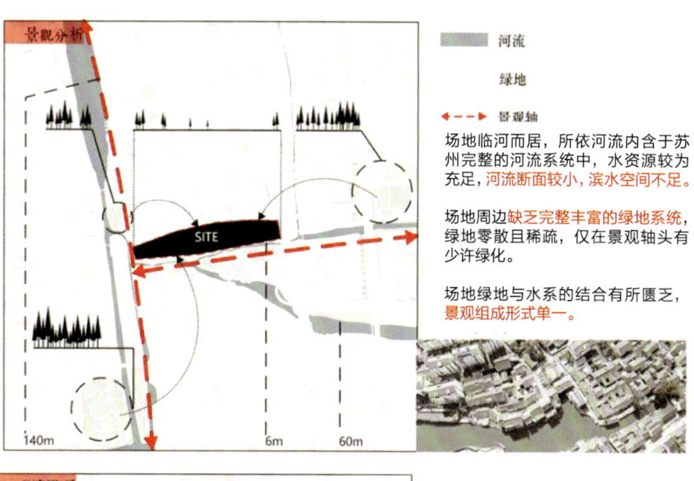

场地临河而居，所依河流内含于苏州完整的河流系统中，水资源较为充足，河流断面较小，滨水空间不足。

场地周边缺乏完整丰富的绿地系统，绿地零散且稀疏，仅在景观轴头有少许绿化。

场地绿地与水系的结合有所匮乏，景观组成形式单一。

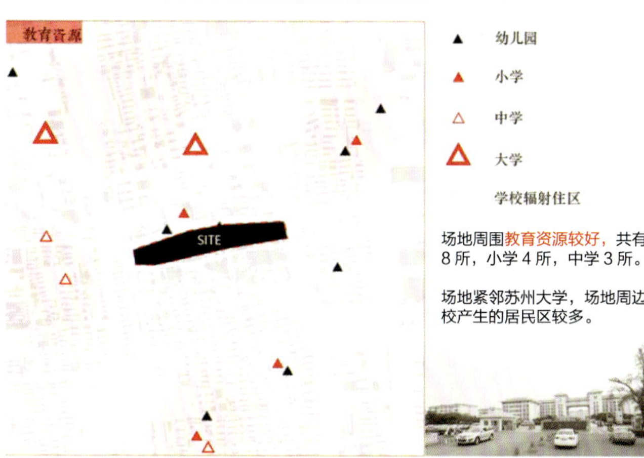

场地周围教育资源较好，共有幼儿园8所，小学4所，中学3所。

场地紧邻苏州大学，场地周边依托学校产生的居民区较多。

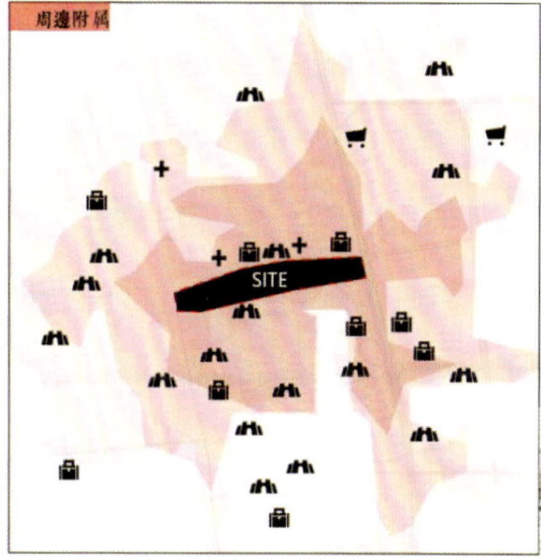

医院

购物中心

办公楼

政府机关街道办事处

5分钟步行等时圈

10分钟步行等时圈

15分钟步行等时圈

-场地周边商业医疗资源较为匮乏。

2.2 概念的提出

概念来源——记忆概念的延伸

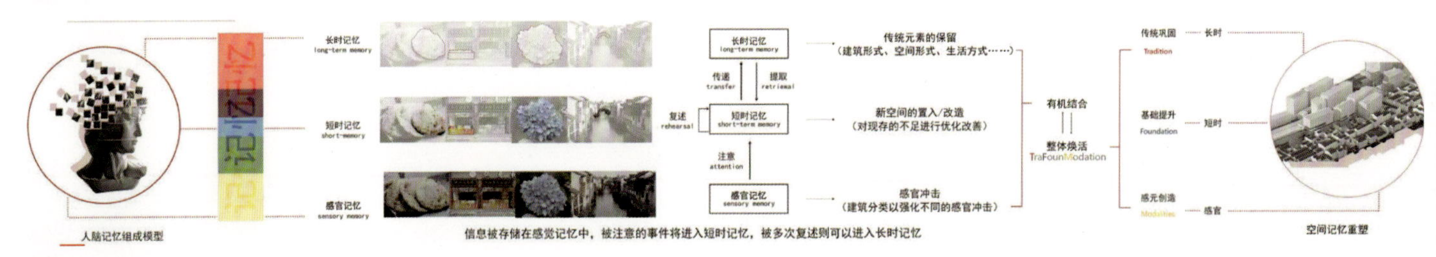

概念解析

2.2.1 长时记忆

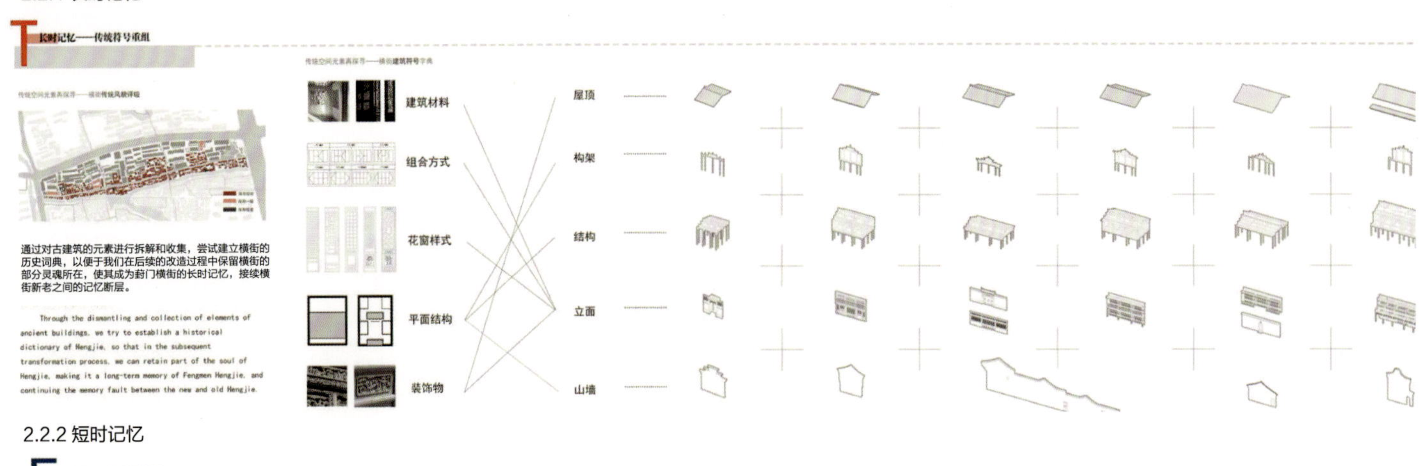

通过对古建筑的元素进行拆解和收集，尝试建立横街的历史词典，以便于我们在后续的改造过程中保留横街的部分灵魂所在，使其成为葑门横街的长时记忆，接续横街新老之间的记忆断层。

Through the dismantling and collection of elements of ancient buildings, we try to establish a historical dictionary of Hengjie, so that in the subsequent transformation process, we can retain part of the soul of Hengjie, making it a long-term memory of Fengmen Hengjie, and continuing the memory fault between the new and old Hengjie.

2.2.2 短时记忆

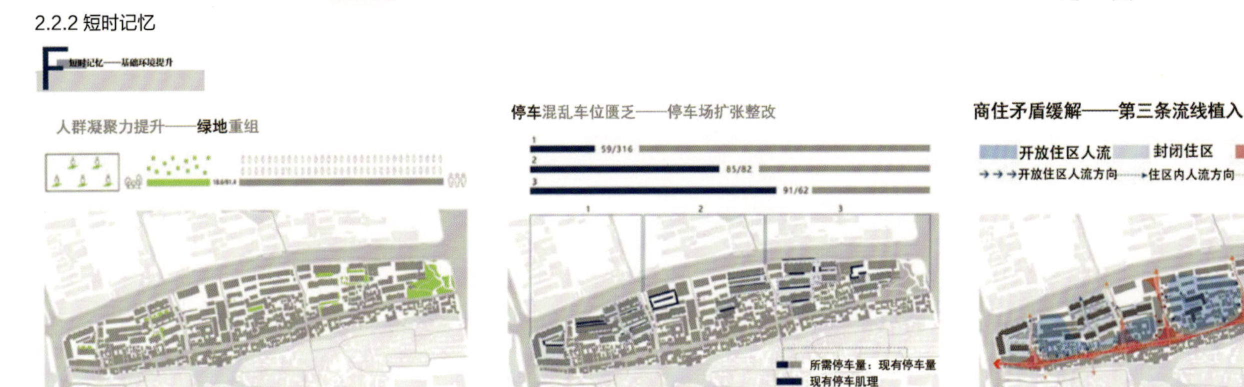

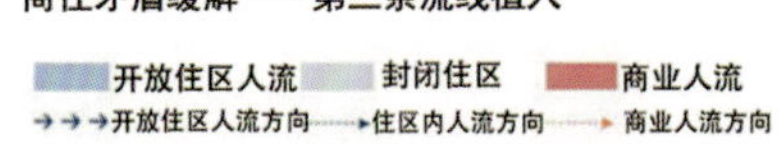

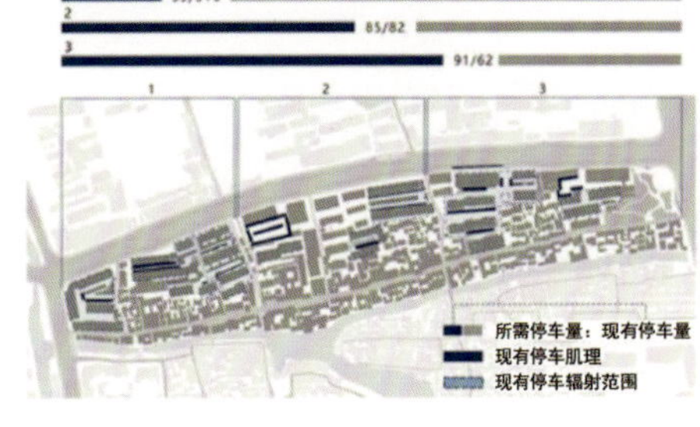

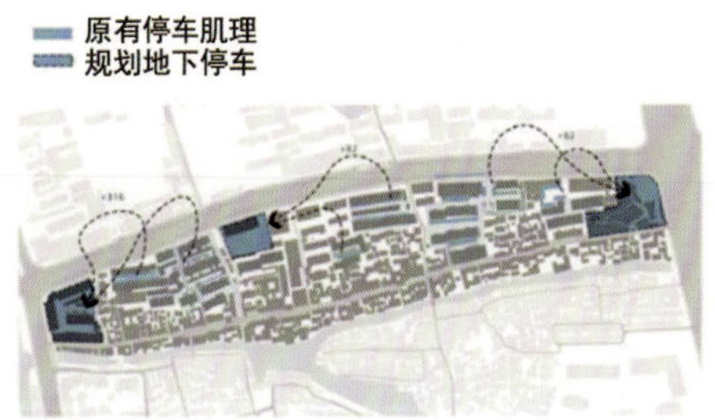

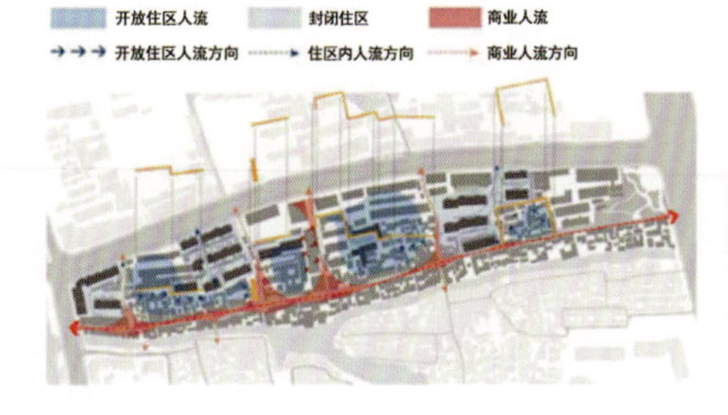

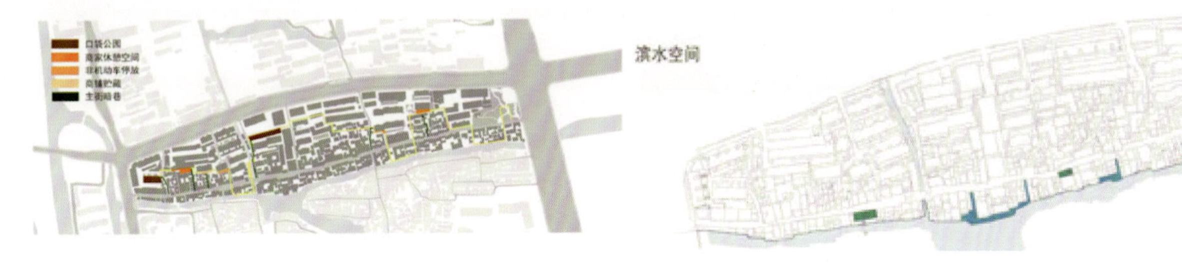

2.2.3 感官记忆

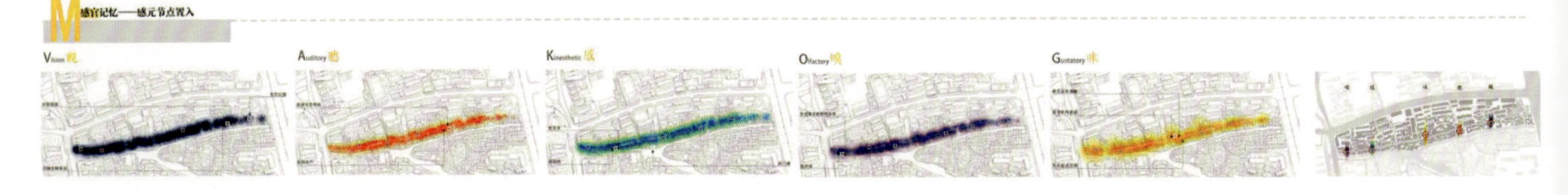

2.3 总平规划

总平面图

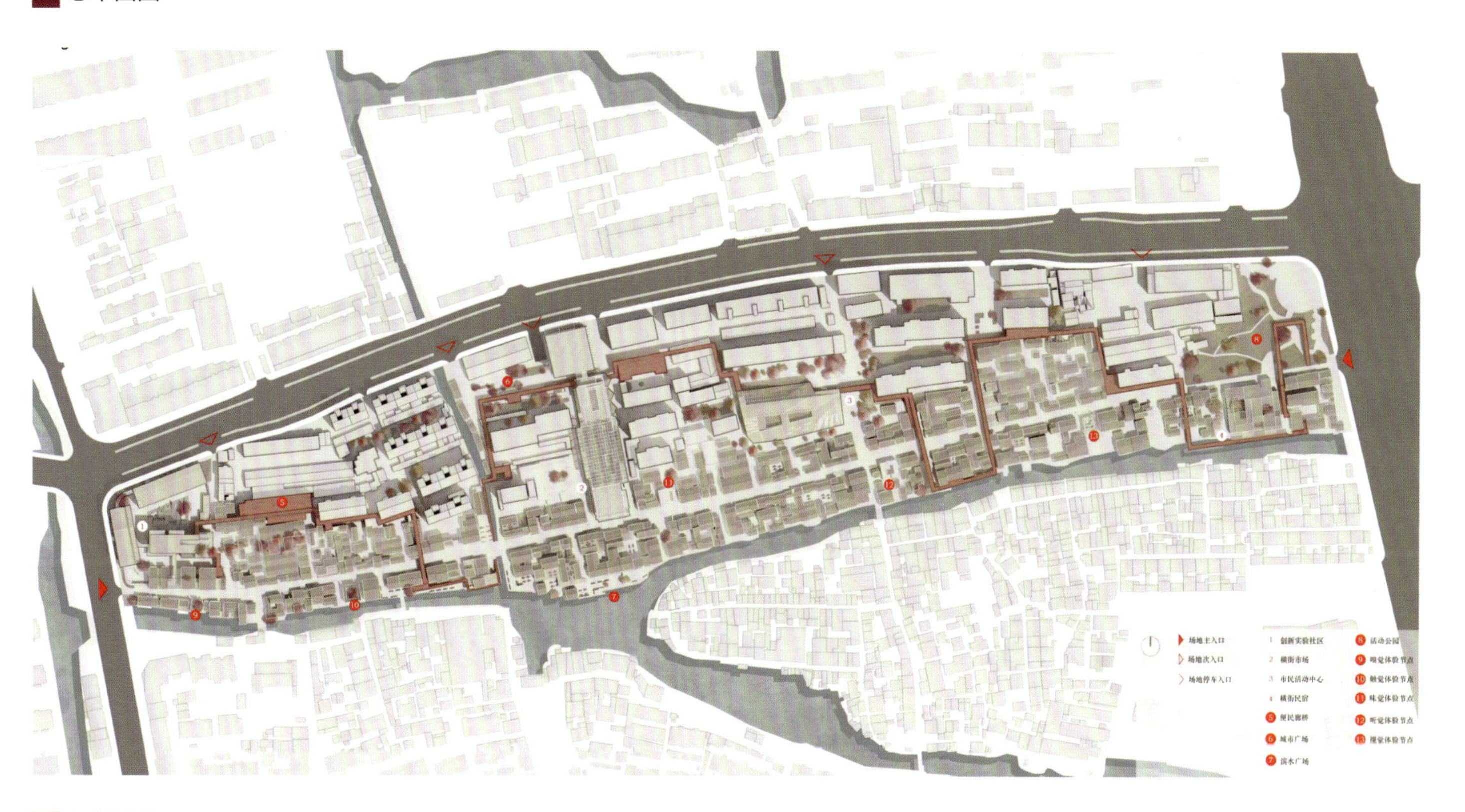

规划策略

用地性质规划

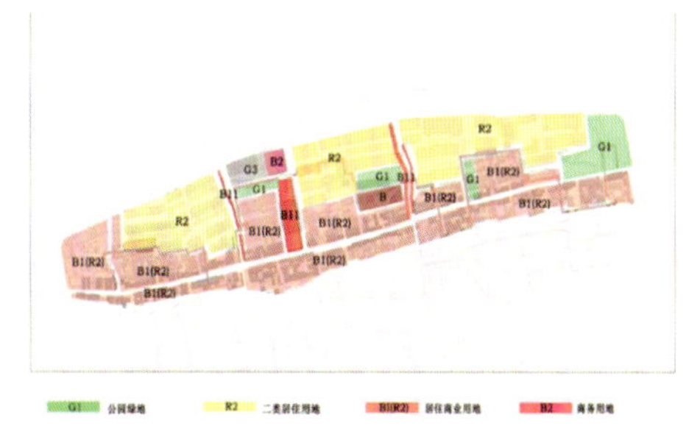

尊重基地内部的原有功能保护，在保留基地内部建筑肌理的情况下，延续基地的功能分布，在对基地现状进行评估后，对一些保留条件较差的建筑进行功能的置换。

总体规划结构

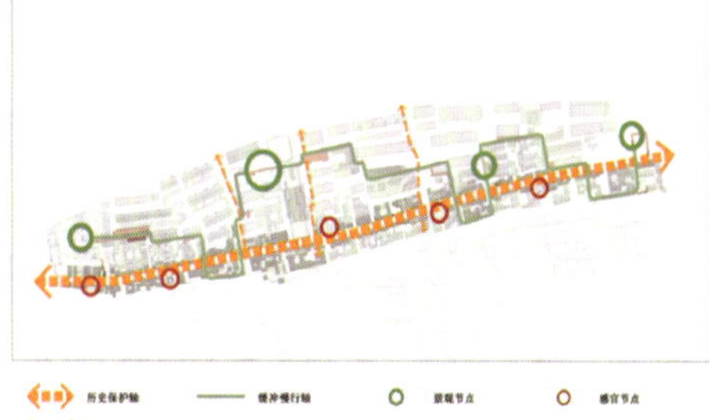

基地被三纵一横四个轴联系起来，同时基地上空穿过一条慢行轴，慢行轴下方空间作为缓冲空间夹在居住区和商业区之间，缓解不同功能空间存在的矛盾。

道路系统规划

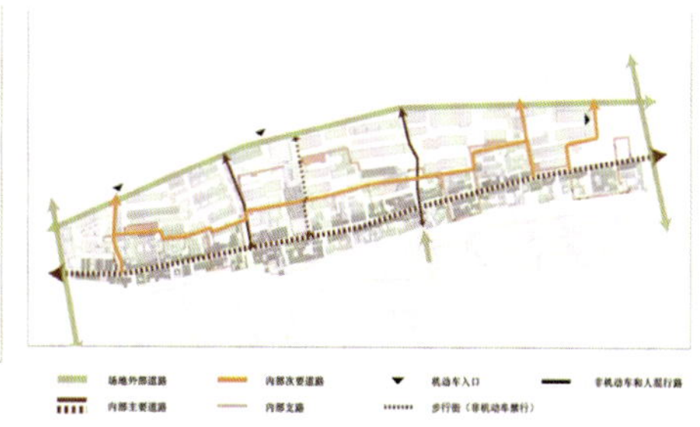

依托基地内原有的道路结构，对部分节点进行整理和疏通，建立基地范围的网格化道路系统，后街与暗巷结合，作为对主街功能的梳理和补充。

功能置换

慢行轴线　慢行轴线(缓冲空间)　互动空间　交互点

尊重基地内部的原有功能保护，在保留基地内部建筑肌理的情况下，延续基地的功能分布，在对基地现状进行评估后，对一些保留条件较差的建筑进行功能的置换。

建筑高度控制

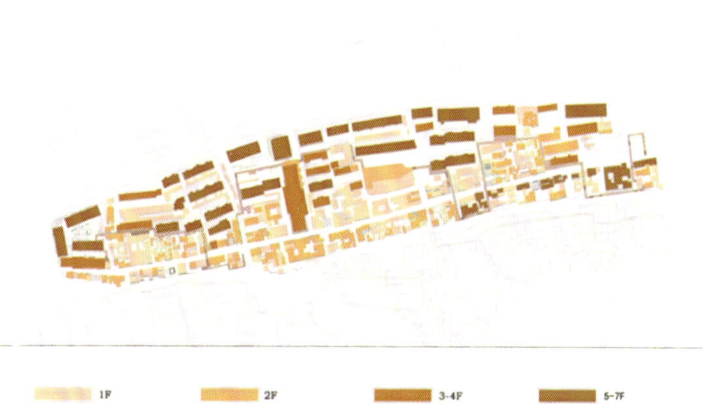

基地内建筑高度基本保持原状，基地内的新建筑大多延续了原有的基地高度，尤其是主街立面的高宽比。

2.4 概念运用

五感解读

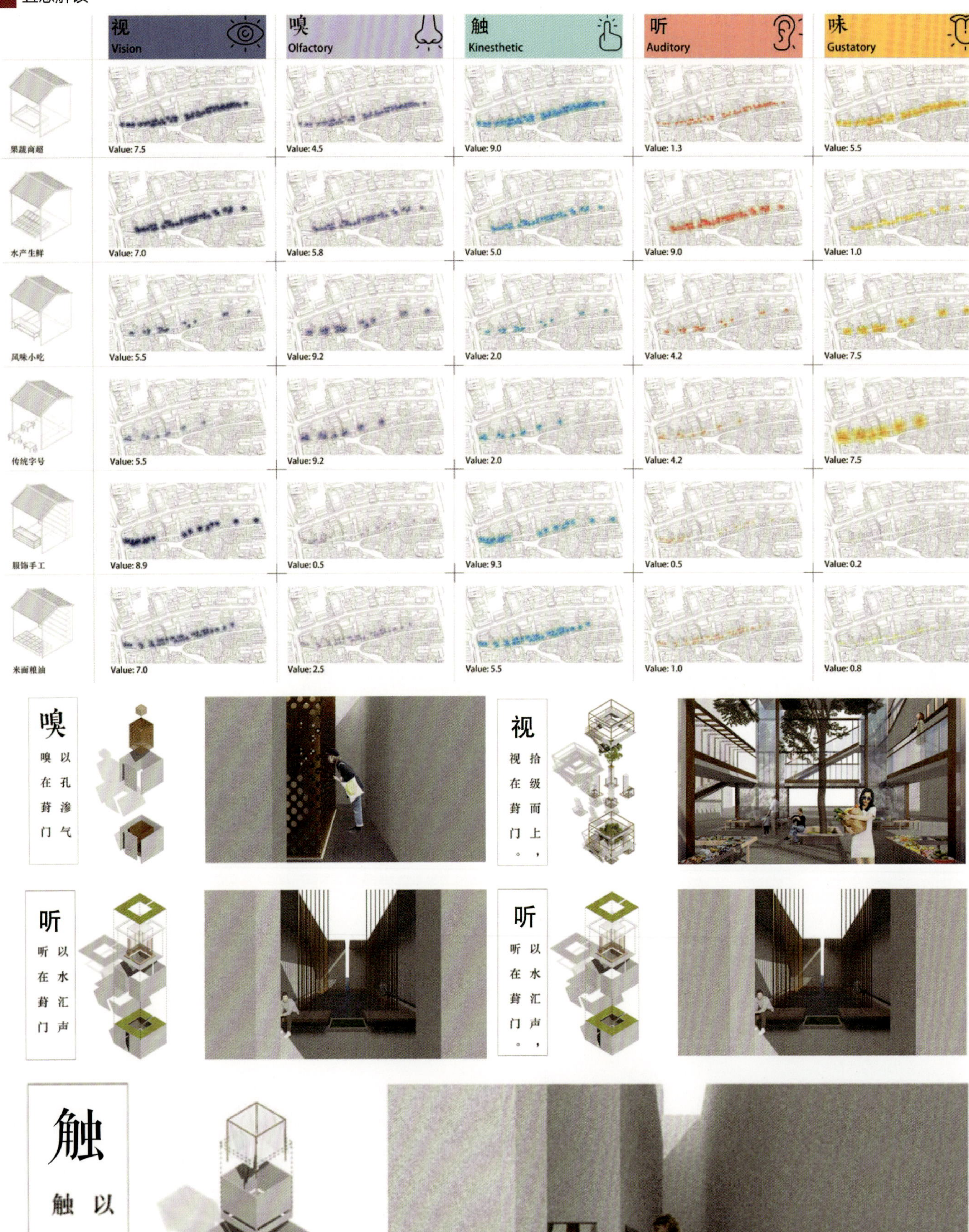
视
Vision
嗅
Olfactory
触
Kinesthetic
听
Auditory
味
Gustatory
果蔬商超
Value: 7.5
Value: 4.5
Value: 9.0
Value: 1.3
Value: 5.5
水产生鲜
Value: 7.0
Value: 5.8
Value: 5.0
Value: 9.0
Value: 1.0
风味小吃
Value: 5.5
Value: 9.2
Value: 2.0
Value: 4.2
Value: 7.5
传统字号
Value: 5.5
Value: 9.2
Value: 2.0
Value: 4.2
Value: 7.5
服饰手工
Value: 8.9
Value: 0.5
Value: 9.3
Value: 0.5
Value: 0.2
米面粮油
Value: 7.0
Value: 2.5
Value: 5.5
Value: 1.0
Value: 0.8
嗅
以孔渗气
嗅在葑门
视
拾级而上，
视在葑门。
听
以水汇声
听在葑门
听
以水汇声，
听在葑门。

触

以刚显柔
触在葑门

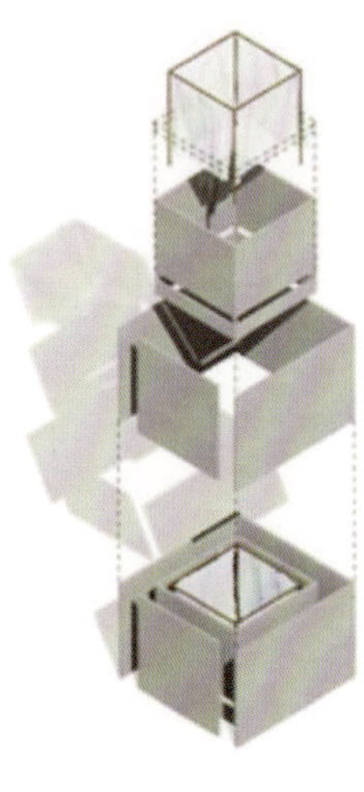

五感剖析

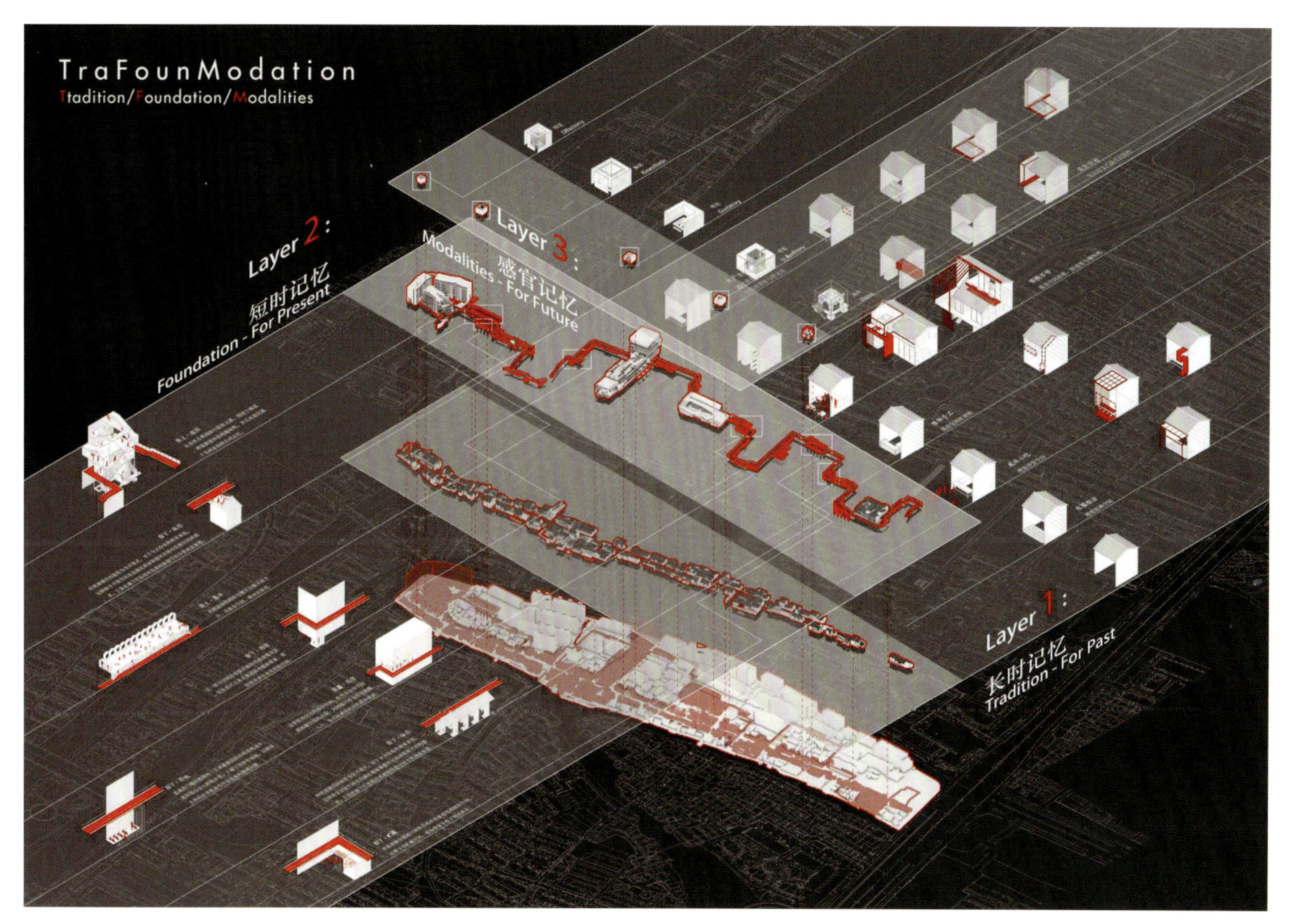

五感结合

根据感元分析，分别为五种感官确定五个峰值点后，结合场地周边商铺元素，从每五个峰值点中取一个峰值点与周边商铺进行互动与呼应。

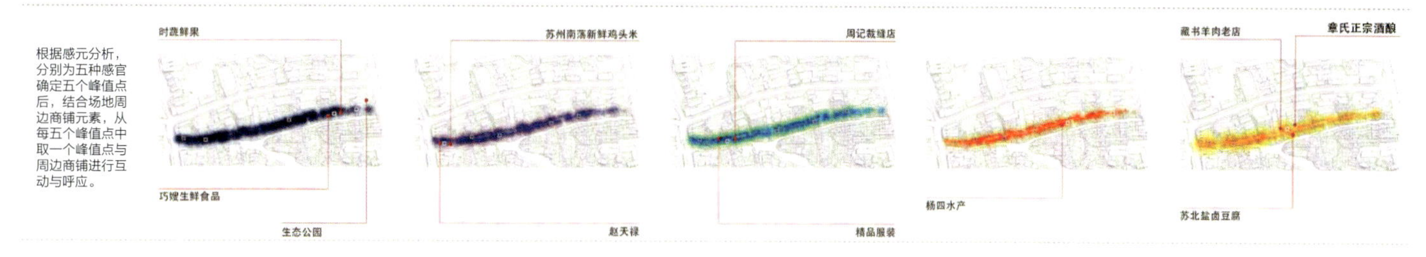

最终节点置入

2.5 设计成果

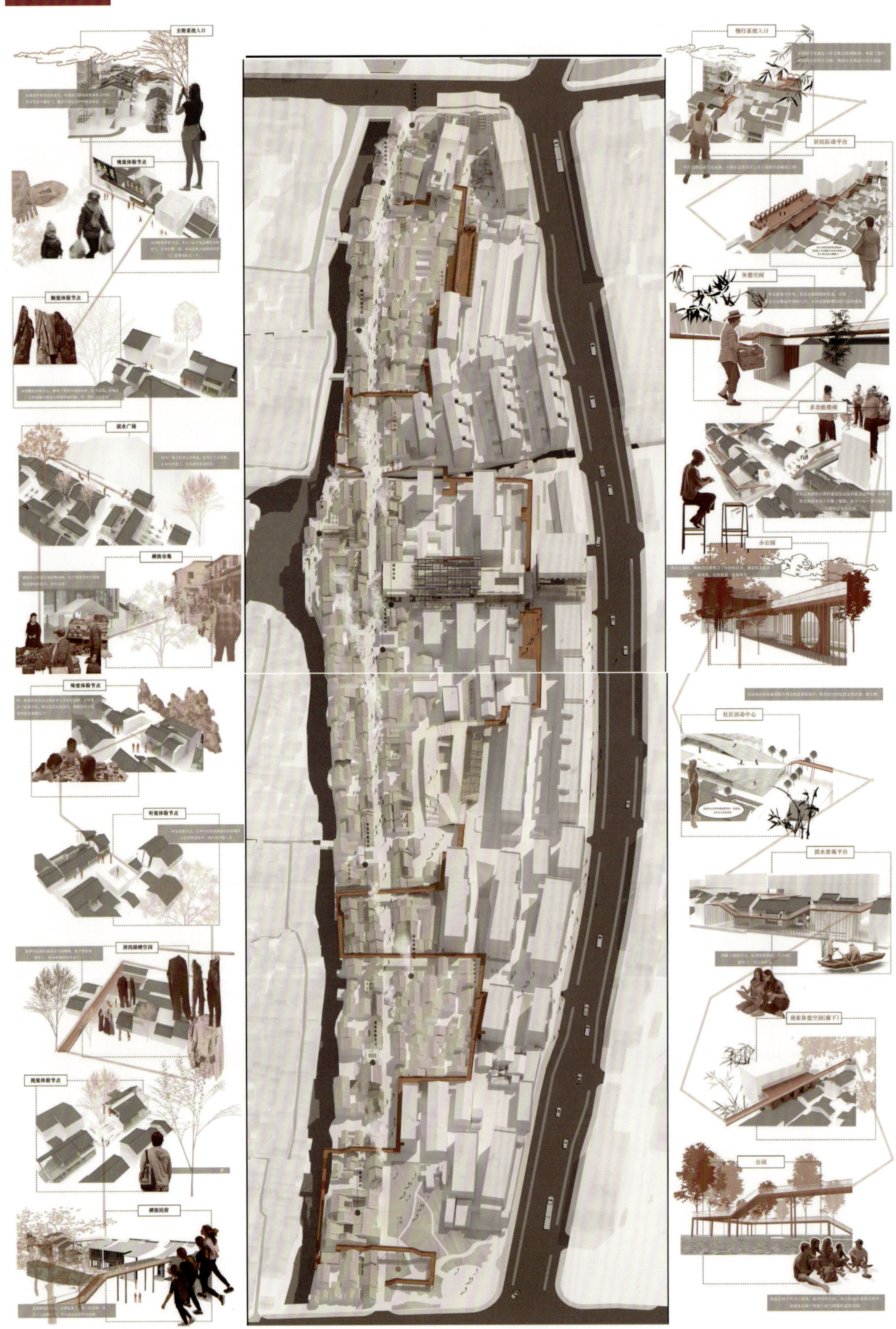

主街系统入口
味觉体验节点
触觉体验节点
滨水广场
横街市集
味觉体验节点
听觉体验节点
居民晾晒空间
视觉体验节点
横街民宿
慢行系统入口
居民运动平台
休憩空间
多功能楼梯
小公园
社区活动中心
滨水景观平台
商家休憩空间(廊下)
公园

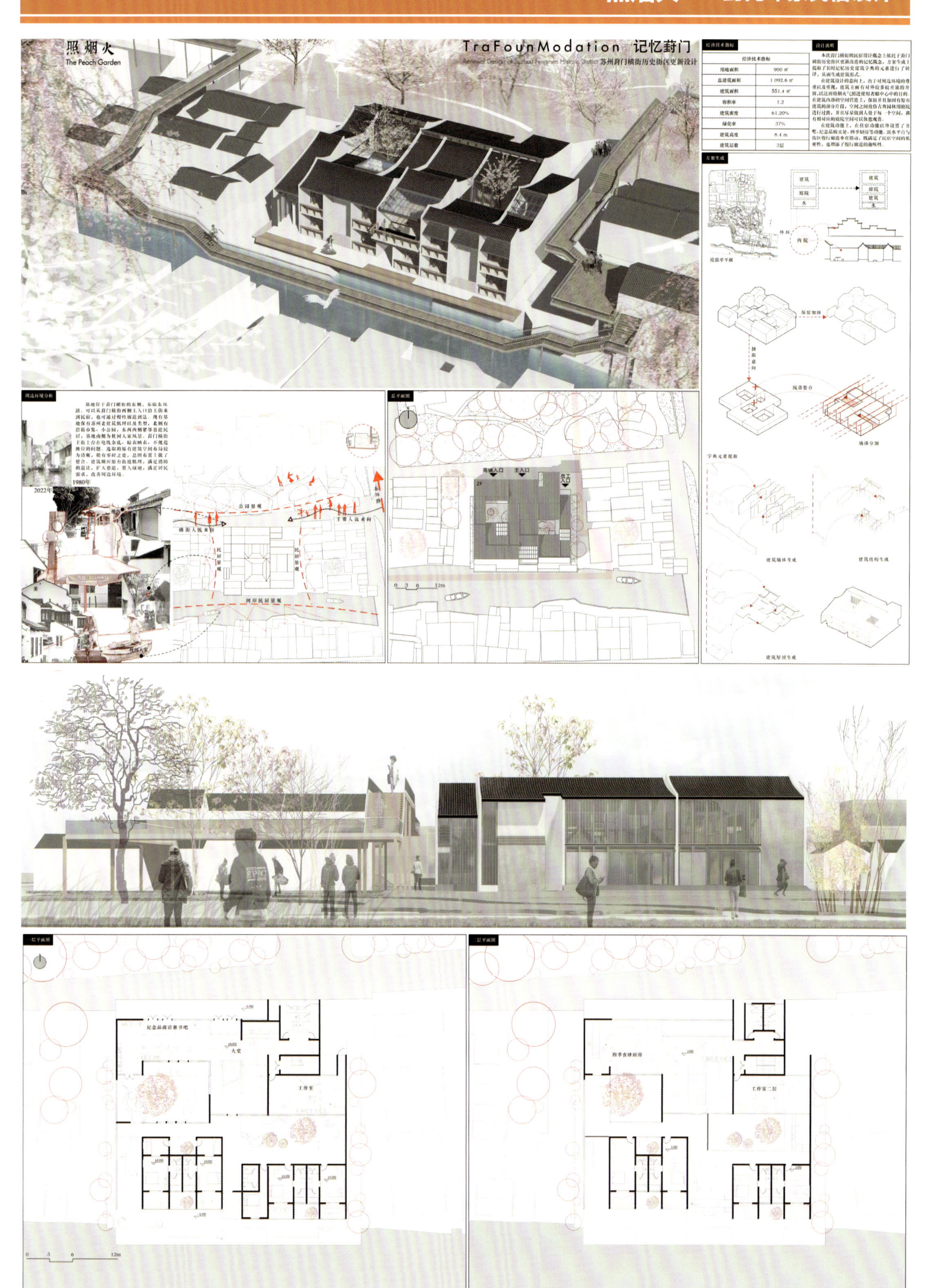

照烟火
The Peach Garden
TraFounModation 记忆葑门
Renewal Design of Suzhou Fengmen Historic District 苏州葑门横街历史街区更新设计
经济技术指标
经济技术指标
用地面积 900 ㎡
总建筑面积 1 092.6 ㎡
建筑面积 551.4 ㎡
容积率 1.2
建筑密度 61.20%
绿化率 37%
建筑高度 8.4 m
建筑层数 2层
设计说明
本次葑门横街的民宿设计概念上依托于葑门横街历史街区更新改造的记忆概念，方案生成上提取了长时记忆历史建筑字典的元素进行了转译，从而生成建筑形式。
在建筑设计的意向上，出于对周边环境的尊重以及重视，建筑立面有对外较多较开放的开窗，以达到将烟火气照进使用者眼中心中的目的。在建筑内部的空间营造上，保留并且加固有原有建筑的部分片段，空间之间效仿古典园林用庭院进行过渡，并且尽量做到人处于每一个空间，都有相对应的庭院空间可以休憩观赏。
在建筑功能上，在住宿功能以外设置了书吧、纪念品购买处、四季厨房等功能。滨水平台与街区慢行廊道垂直错动，既满足了民宿空间的私密性，也增添了慢行廊道的趣味性。
方案生成
建筑
庭院
水
建筑
庭院
建筑
水
周边环境分析
基地位于葑门横街的东侧，东临东环路。可以从葑门横街西侧主入口沿主街来到民宿，也可通过慢性廊道到达。现有基地保有苏州老建筑肌理以及类型，北侧有沿街市集、小公园，东西两侧紧邻巷道民居，基地南侧为枕河人家风景。葑门横街主街上存在电线杂乱、晾衣晒衣、不规范摊位的问题。选取的原有建筑空间布局较为清晰，稍有零碎之处，总图布置上做了整合。建筑顺应原有街道肌理，满足消防的退让，扩大巷道，置入绿地，满足居民需求，改善周边环境。
1980年
2022年
公园景观
横街人流来向
主要人流来向
民居景观
河岸民居景观
总平面图
商铺入口
主入口
员工入口
0 3 6 12m
墙体分割
建筑墙体生成
建筑结构生成
建筑屋顶生成
一层平面图
纪念品商店兼书吧
大堂
工作室
0 3 6 12m
二层平面图
四季食材厨房
工作室二层

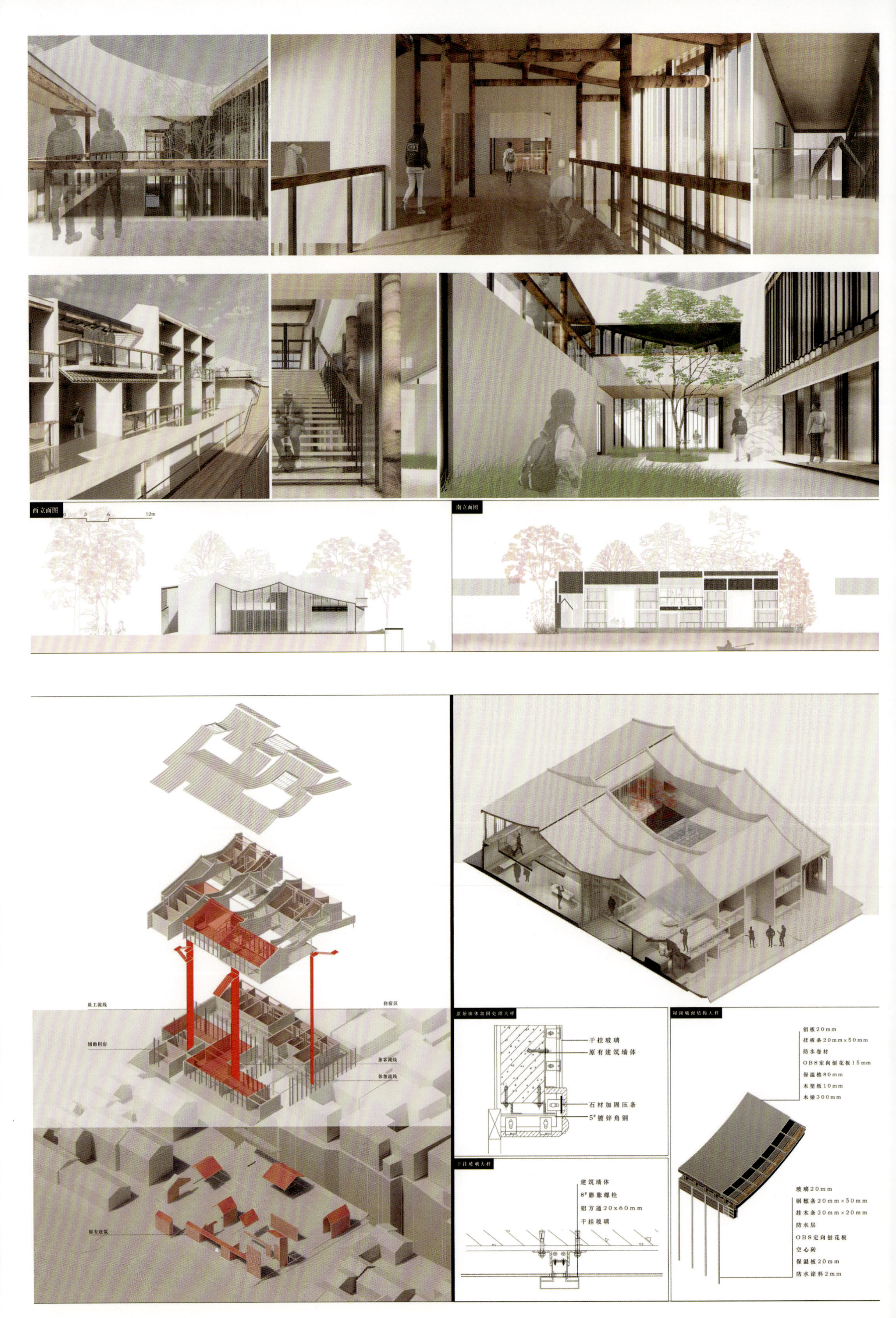
西立面图
0 3 6 12m
南立面图
员工流线
住宿区
辅助用房
旅客流线
休憩流线
原有建筑
原始墙体加固处理大样
干挂玻璃
原有建筑墙体
石材加固压条
5# 镀锌角钢
屋顶墙面结构大样
铝板20mm
挂板条20mm×50mm
防水卷材
OBS定向刨花板15mm
保温棉80mm
木塑板10mm
木梁300mm
干挂玻璃大样
建筑墙体
8# 膨胀螺栓
铝方通20x60mm
干挂玻璃
玻璃20mm
钢檩条20mm×50mm
挂木条20mm×20mm
防水层
OBS定向刨花板
空心砖
保温板20mm
防水涂料2mm

距离葑门——苏州葑门横街历史街区住宅改造

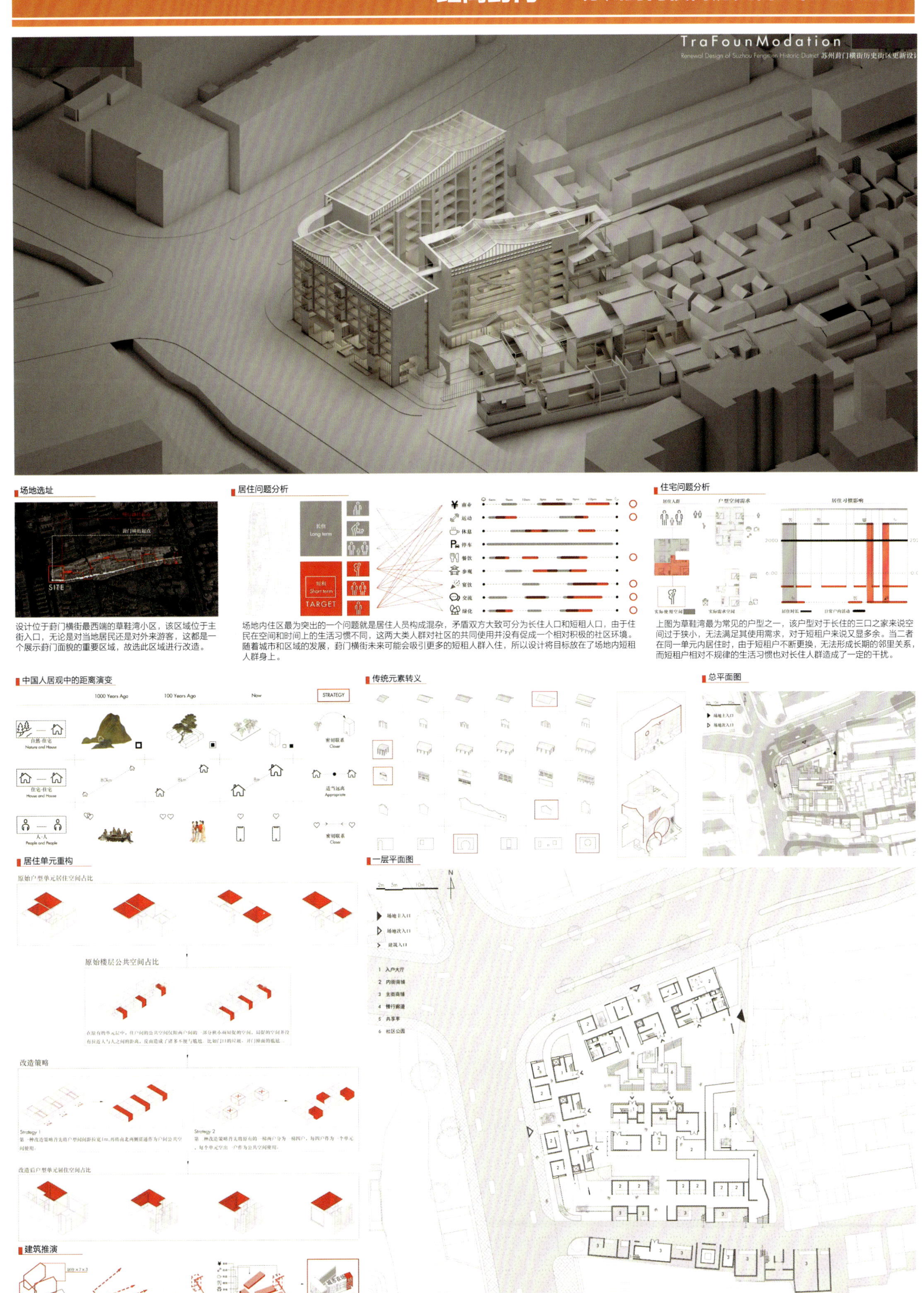

设计位于葑门横街最西端的草鞋湾小区，该区域位于主街入口，无论是对当地居民还是对外来游客，这都是一个展示葑门面貌的重要区域，故选此区域进行改造。

场地内住区最为突出的一个问题就是居住人员构成混杂，矛盾双方大致可分为长住人口和短租人口，由于住民在空间和时间上的生活习惯不同，这两大类人群对社区的共同使用并没有促成一个相对积极的社区环境。随着城市和区域的发展，葑门横街未来可能会吸引更多的短租人群入住，所以设计将目标放在了场地内短租人群身上。

上图为草鞋湾最为常见的户型之一，该户型对于长住的三口之家来说空间过于狭小，无法满足其使用需求，对于短租户来说又显多余。当二者在同一单元内居住时，由于短租户不断更换，无法形成长期的邻里关系，而短租户相对不规律的生活习惯也对长住人群造成了一定的干扰。

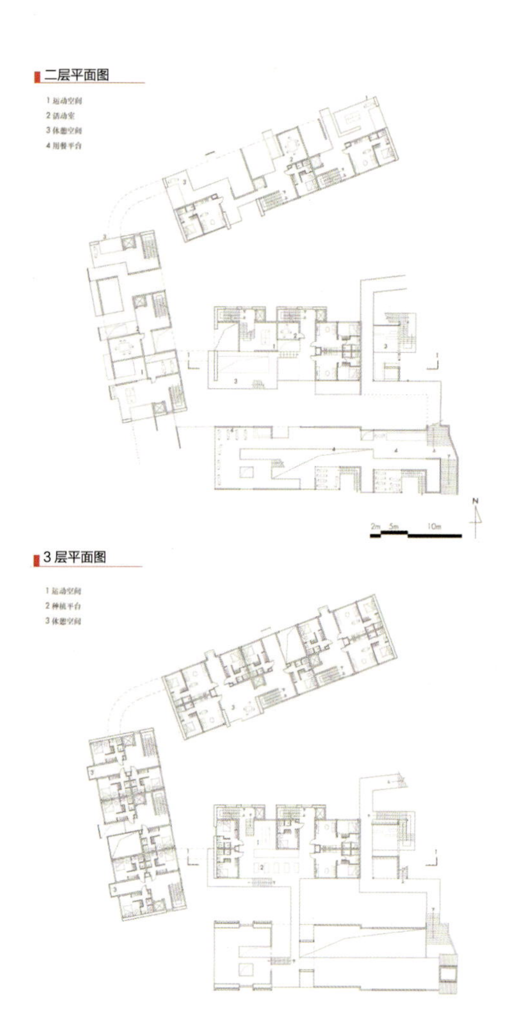
二层平面图
1 运动空间
2 活动室
3 休憩空间
4 观景平台
2m 5m 10m
N
3 层平面图
1 运动空间
2 种植平台
3 休憩空间

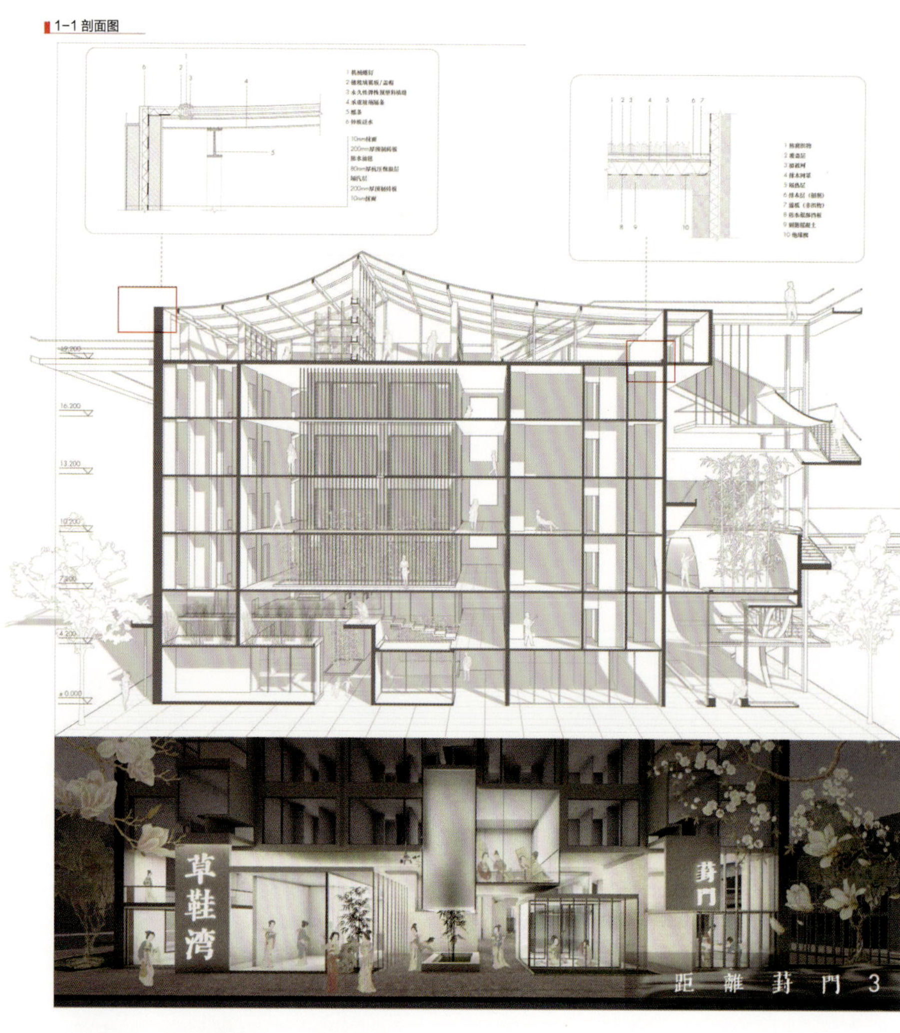
1-1 剖面图
16.200
13.200
10.200
7.200
4.200
±0.000
草鞋湾
葑門
距離葑門 3

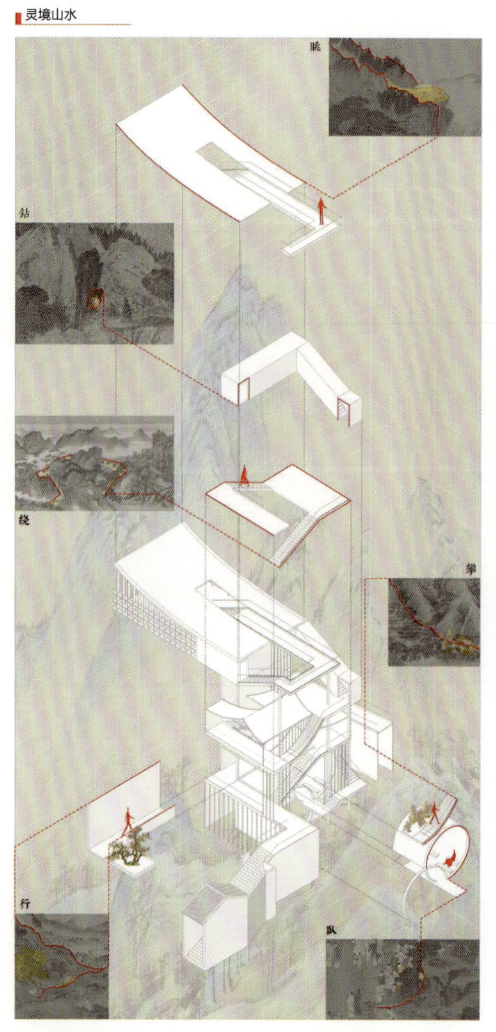
灵境山水
眺
钻
绕
攀
行

阳台改造
晾晒
种植
策略 1：生活习惯延续 晾晒+种植
Strategy 1 :Continuation of living habits
Strategy 1
4-7 层平面图
2m 5m 10m
N
晾晒
种植
交流
策略 2：交流空间营造 休憩
Strategy 2 :Creation of Communication Space
策略 3：交流空间营造 晾晒+种植
Strategy 3 :Creation of Communication Space

渡过葑门——苏州葑门过渡地带的公共活动中心设计

TraFounModation 记忆葑门

Renewal Design of Suzhou Fengmen Historic District 苏州葑门横街历史街区更新设计

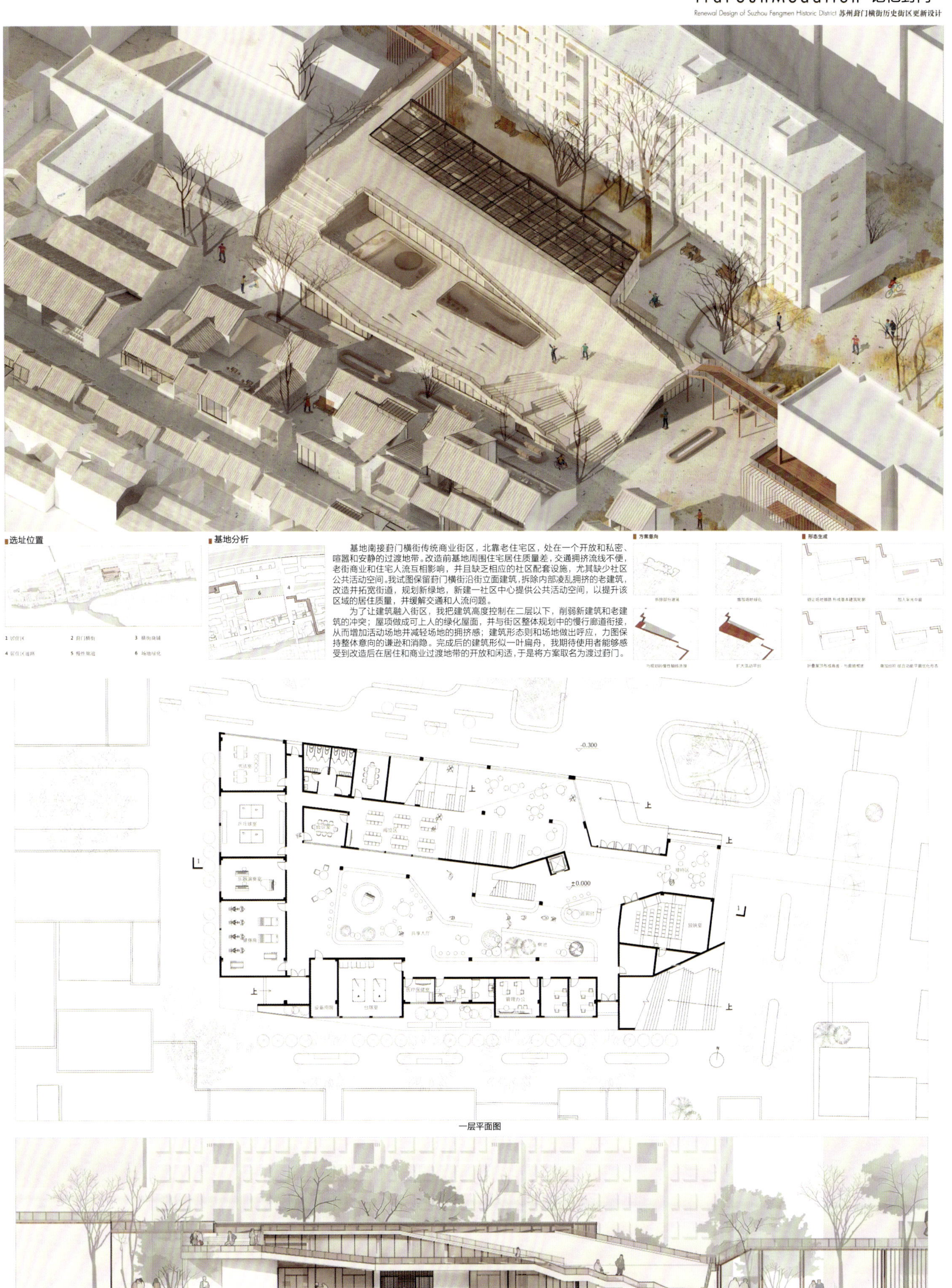

基地南接葑门横街传统商业街区，北靠老住宅区，处在一个开放和私密、喧嚣和安静的过渡地带。改造前基地周围住宅居住质量差，交通拥挤流线不便，老街商业和住宅人流互相影响，并且缺乏相应的社区配套设施，尤其缺少社区公共活动空间。我试图保留葑门横街沿街立面建筑，拆除内部凌乱拥挤的老建筑，改造并拓宽街道，规划新绿地，新建一社区中心提供公共活动空间，以提升该区域的居住质量，并缓解交通和人流问题。

为了让建筑融入街区，我把建筑高度控制在二层以下，削弱新建筑和老建筑的冲突；屋项做成可上人的绿化屋面，并与街区整体规划中的慢行廊道衔接，从而增加活动场地并减轻场地的拥挤感；建筑形态则和场地做出呼应，力图保持整体意向的谦逊和消隐。完成后的建筑形似一叶扁舟，我期待使用者能够感受到改造后在居住和商业过渡地带的开放和闲适，于是将方案取名为渡过葑门。

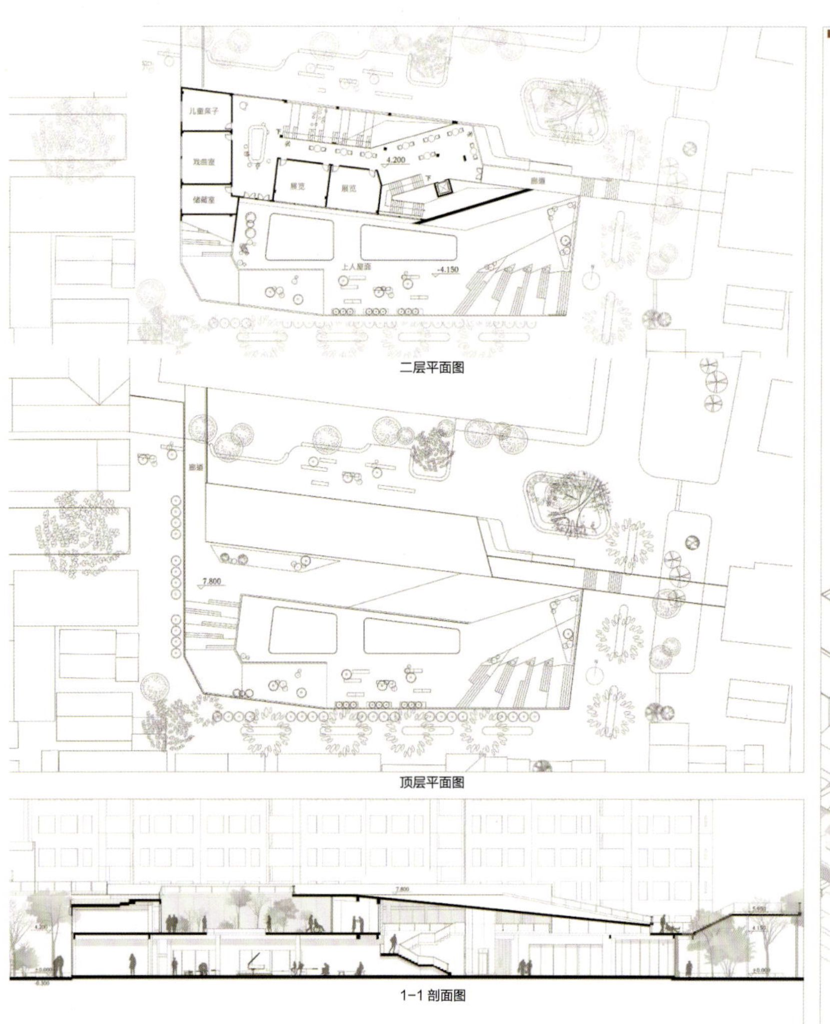

1-1 剖面图

功能爆炸图

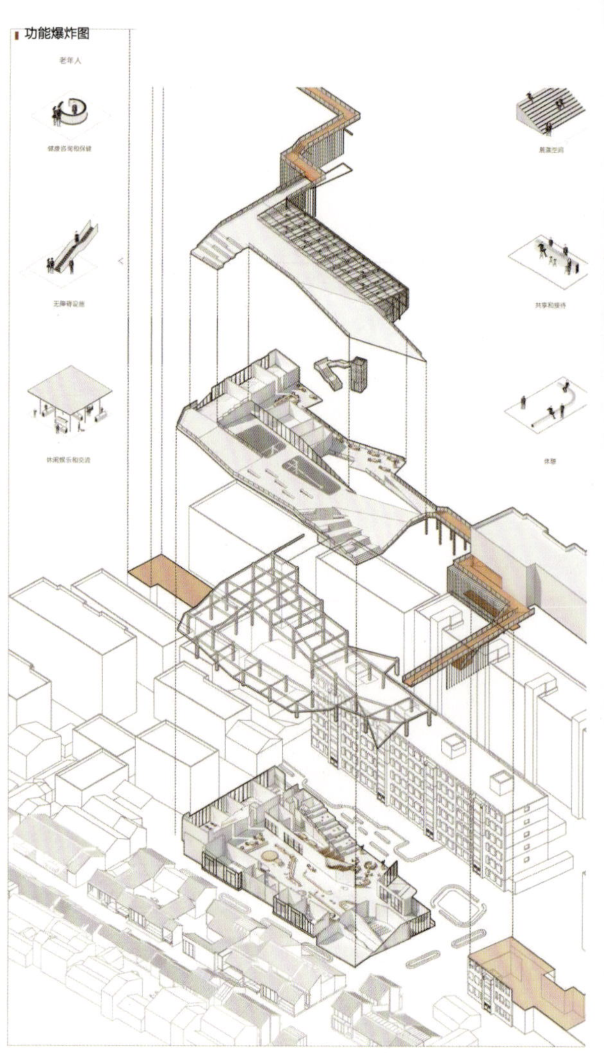

结构剖透视

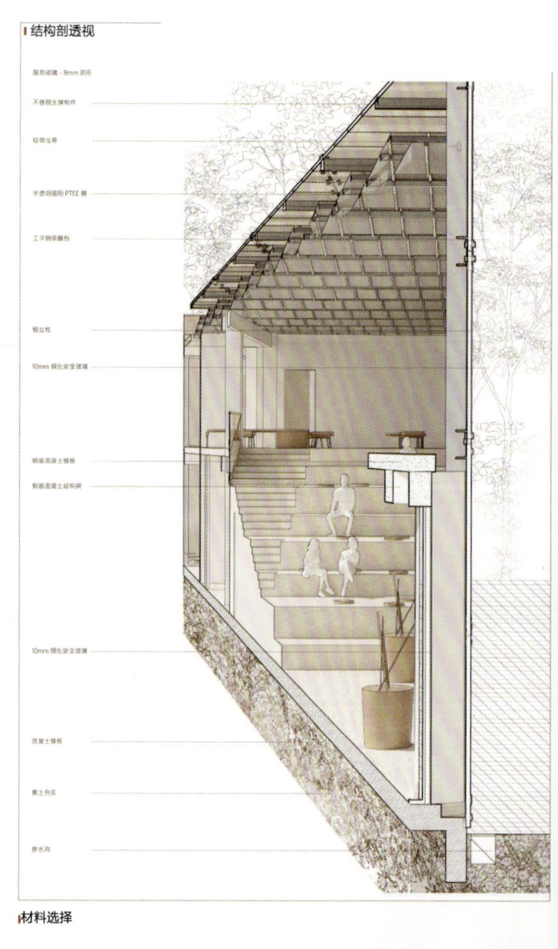

结构节点图

立面构造图

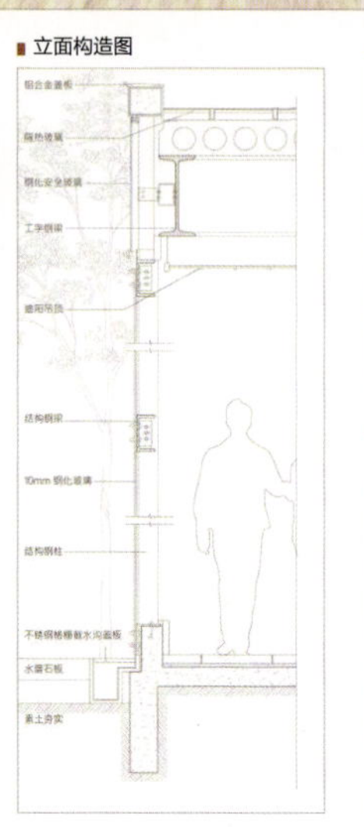

幕墙纵剖面节点大样图

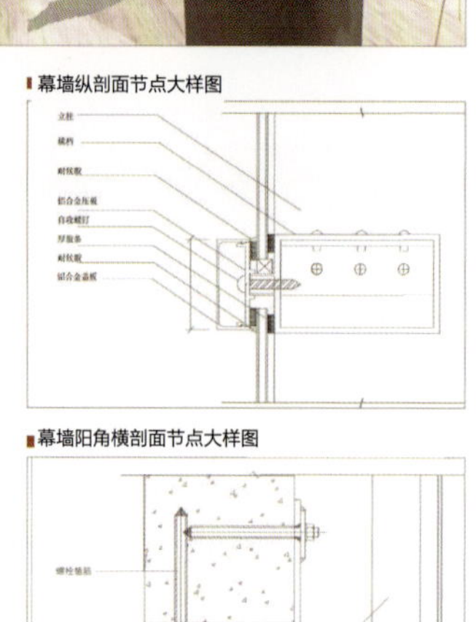

幕墙阳角横剖面节点大样图

材料选择

织廊引巷——苏州葑门横街市集建筑改造

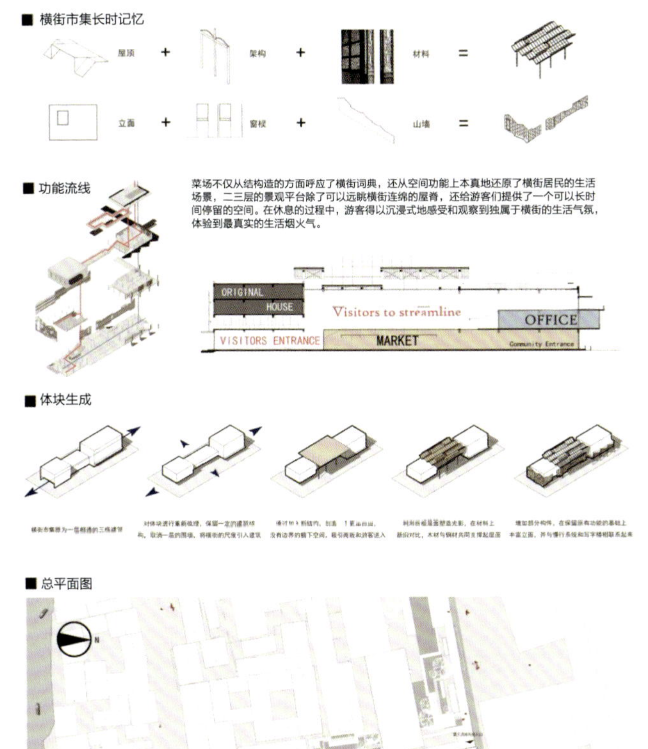

菜场不仅从结构造的方面呼应了横街词典，还从空间功能上本真地还原了横街居民的生活场景，二三层的景观平台除了可以远眺横街连绵的屋脊，还给游客们提供了一个可以长时间停留的空间。在休息的过程中，游客得以沉浸式地感受和观察到独属于横街的生活气氛，体验到最真实的生活烟火气。

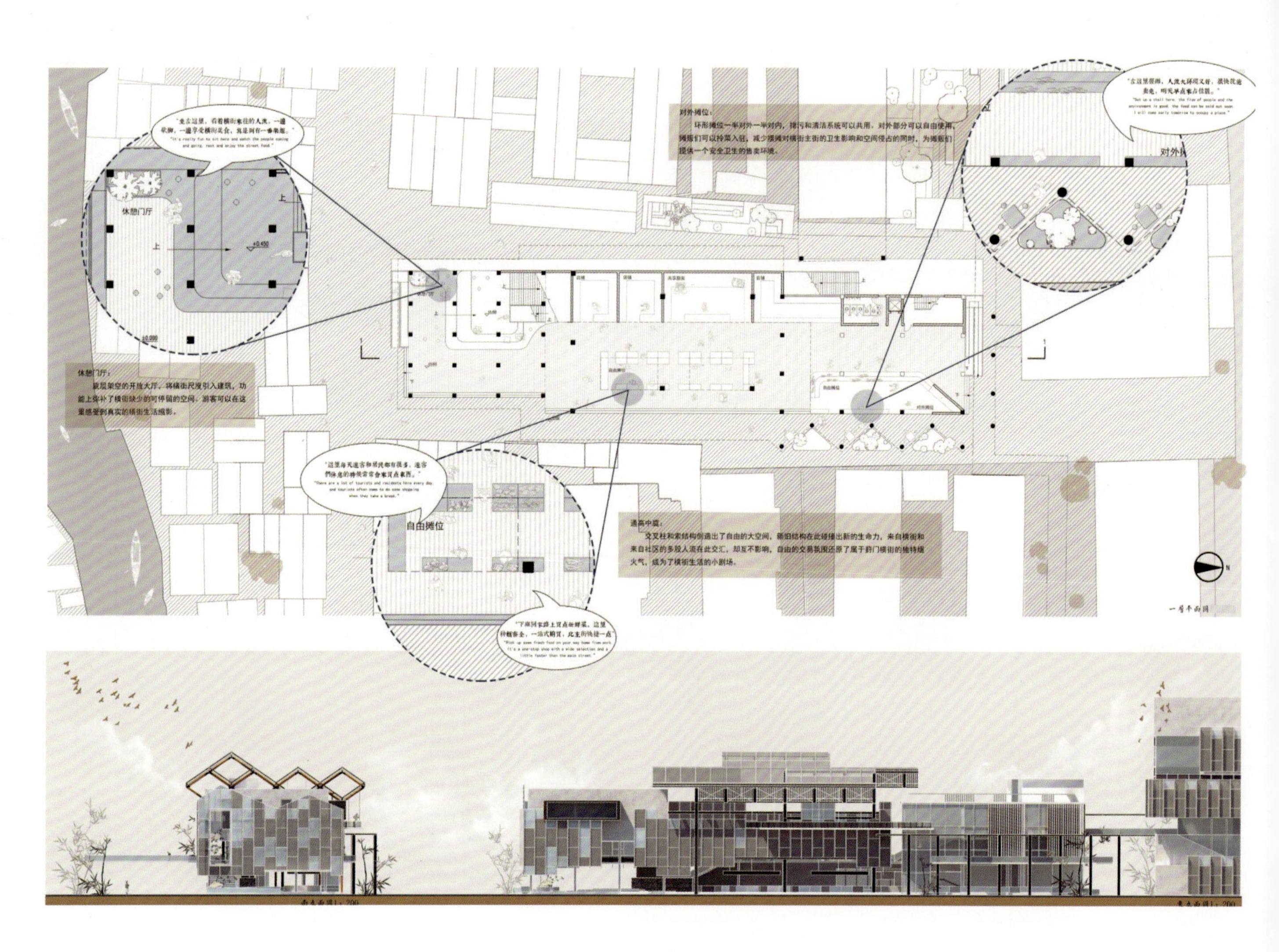
对外摊位：
环形摊位一半对外一半对内，排污和清洁系统可以共用，对外部分可以自由使用，摊贩们可以分菜入驻，减少摆摊对横街主街的卫生影响和空间侵占的同时，为摊贩们提供一个安全卫生的售卖环境。
"在这里摆摊，人流大环境又好，很快就能卖完，明天早点来占位置。"
"Set up a stall here: the flow of people and the environment is good, the food can be sold out soon. I will come early tomorrow to occupy a place."
对外摊
休憩门厅
上
±0.000
休憩门厅：
底层架空的开放大厅，将横街民居引入建筑，功能上弥补了横街缺少的可停留的空间，游客可以在这里感受到真实的横街生活细影。
自由摊位
"下班回家路上买点新鲜菜，这里种类齐全，一站式购买，比主街快捷一点"
通高中庭：
交叉柱和索结构创造出了自由的大空间，新旧结构在此碰撞出新的生命力，来自横街和来自社区的多股人流在此交汇，却互不影响，自由的交易氛围还原了属于葑门横街的独特烟火气，成为了横街生活的小剧场。
N

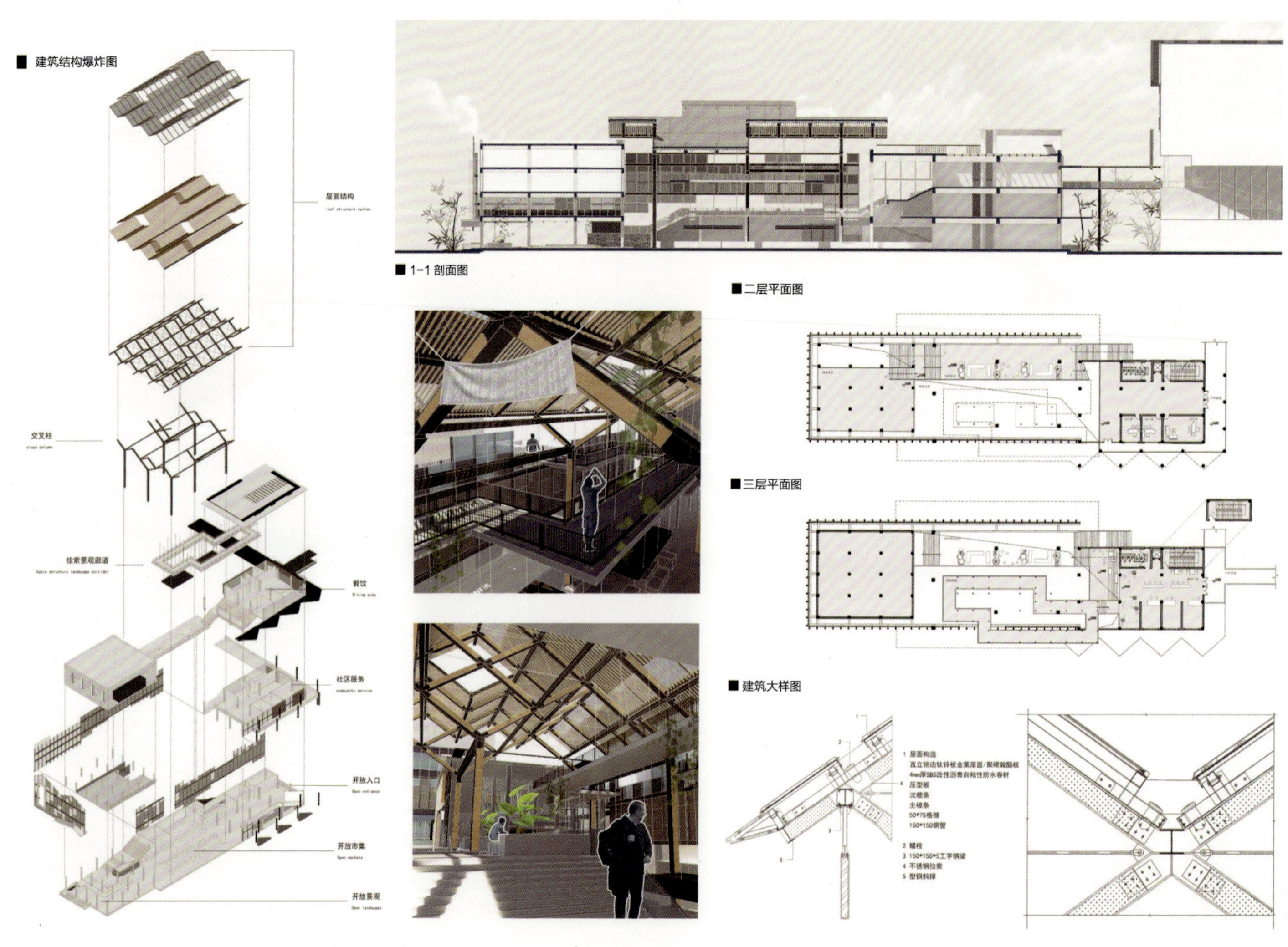
■ 建筑结构爆炸图
屋面结构
roof structure system
交叉柱
cross column
拉索景观廊道
Cable structure landscape corridor
餐饮
Dining area
社区服务
community service
开放入口
Open entrance
开放市集
Open markets
开放景观
Open landscape
■ 1-1 剖面图
■ 二层平面图
■ 三层平面图
■ 建筑大样图
1 屋面构造
直立锁边钛锌板金属屋面/聚碳酸酯板
4mm厚SBS改性沥青自粘性防水卷材
压型板
次檩条
主檩条
50*75格栅
150*150钢管
2 螺栓
3 150*150*5工字钢梁
4 不锈钢拉索
5 型钢斜撑